中文版Photoshop 2024 完全案例教程

（微课视频版）

298个实例**讲解**+**486**集同步**视频**+赠送**海量资源**+在线**交流

☑ 配色宝典 ☑ 构图宝典 ☑ 创意宝典 ☑ 商业设计宝典 ☑ Illustrator 基础
☑ CorelDRAW 基础 ☑ PPT 课件 ☑ 素材资源库 ☑ 工具速查 ☑ 色谱表

唯美世界　　瞿颖健　　编著

中国水利水电出版社
www.waterpub.com.cn

·北京·

内 容 提 要

《中文版Photoshop 2024完全案例教程（微课视频版）》以实例操作的形式系统讲述了Photoshop必备知识和抠图、修图、调色、合成、特效等核心技术的应用，是一本全面讲述Photoshop软件应用的自学教程、案例视频教程。

《中文版Photoshop 2024完全案例教程（微课视频版）》共18章，具体内容包括Photoshop入门、Photoshop基本操作、选区与填色、数字绘画与图像修饰、调色、使用Camera Raw处理照片、实用抠图技法、蒙版与合成、图层混合与图层样式、矢量绘图、文字、滤镜、通道、网页切片与输出、创建3D立体效果、视频与动画、文档的自动处理、综合实例。内容涵盖了从基础功能操作到综合实例应用的详细过程，覆盖了平面设计、数码照片处理、电商网页设计、UI设计、插画设计、创意设计、视频动画等多行业的应用，突出了软件的实用功能。全书每个实例均配有视频教程，方便读者高效学习。

《中文版Photoshop 2024完全案例教程（微课视频版）》的各类学习资源包括：

（1）315集实例视频、171集Photoshop基础视频、素材源文件。

（2）赠送《Photoshop常用快捷键速查》《Photoshop滤镜速查》《Photoshop工具速查》《Illustrator基础教学》《CorelDRAW基础教学》《7款PS实用插件基本介绍》电子书。

（3）赠送设计理论及色彩技巧资源等电子书：《配色宝典》《创意宝典》《构图宝典》《商业设计宝典》《色彩速查宝典》《行业色彩应用宝典》《43个高手设计师常用网站》《解读色彩情感密码》《常用颜色色谱表》。

（4）赠送练习资源：实用设计素材、Photoshop资源库。

（5）赠送教师授课的辅助资源《Photoshop基础》课程教案、教学大纲和PPT课件。

《中文版Photoshop 2024完全案例教程（微课视频版）》适合Photoshop初学者学习使用，也适合有一定Photoshop使用经验的读者学习本书的高级功能，本书亦可作为学校和相关培训机构的教材使用。Photoshop 2023、Photoshop 2022、Photoshop CC等较低版本的读者也可以参考学习。

图书在版编目（CIP）数据

中文版 Photoshop 2024 完全案例教程：微课视频版 /
唯美世界，瞿颖健编著 . — 北京：中国水利水电出版社，
2024.2（2024.5重印）

ISBN 978-7-5226-2253-8

Ⅰ . ①中… Ⅱ . ①唯… ②瞿… Ⅲ . ①图像处理软件
—教材 Ⅳ . ① TP391.413

中国国家版本馆 CIP 数据核字 (2023) 第 252702 号

书　　　名	中文版Photoshop 2024完全案例教程（微课视频版） ZHONGWENBAN Photoshop 2024 WANQUAN ANLI JIAOCHENG	
作　　　者	唯美世界　瞿颖健　编著	
出版发行	中国水利水电出版社 （北京市海淀区玉渊潭南路1号D座 100038） 网址：www.waterpub.com.cn E-mail: zhiboshangshu@163.com 电话：（010）62572966-2205/2266/2201（营销中心）	
经　　　售	北京科水图书销售有限公司 电话：（010）68545874、63202643 全国各地新华书店和相关出版物销售网点	
排　　　版	北京智博尚书文化传媒有限公司	
印　　　刷	北京富博印刷有限公司	
规　　　格	190mm×235mm　16开本　29.75印张　962千字　4插页	
版　　　次	2024年2月第1版　2024年5月第2次印刷	
印　　　数	6001—11000册	
定　　　价	118.00元	

▲ 使用混合模式更改草地颜色

使用仿制图章去除杂物 ▲ 校正带有弧度的地平线

使用磁性套索抠出杯子 ▲ 模糊环境突出主体物

收缩植物选区 ▲ 使用海绵工具减弱局部饱和度

快速变更色彩 ▲ 使用画笔工具为画面增添朦胧感

梦幻感化妆品广告

▲ 绘制空心矩形选区并制作边框

▲ 使用路径运算制作电影海报

使用图层蒙版合成超现实主义摄影

▲ 栅格化文字制作文字翅膀

▲ 清新主题海报设计

自由变换制作户外广告牌

使用画笔工具制作卖场广告

设置不透明度制作多层次广告

▲ 制作拼图效果的摩托车详情页

▲ 利用网格系统进行版面构图

▲ 服装展示页面

创建可以随时编辑颜色的背景 1

▲ 创建可以随时编辑颜色的背景 2

▲ 创建可以随时编辑颜色的背景 3

使用安全色设计网页

▲ 使用填充命令制作文字底色

▲ 杂志内页排版

▲ 从电脑中走出的大象

▲ 制作红砖文字

▲ 制作木质 3d 文字

中文版 Photoshop 2024 完全案例教程
（微课视频版）
本书精彩案例欣赏

▲ 飞走的小鸟

▲ 制作商品显现动画

▲ 制作景区展示转场特效

▲ 制作 QQ 动态表情

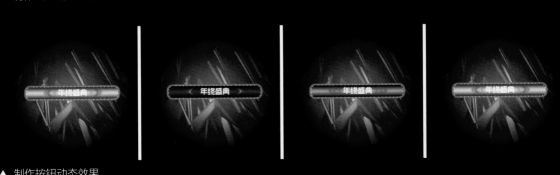

▲ 制作按钮动态效果

前 言

Preface

Photoshop（简称PS）软件是Adobe公司研发的全球应用广泛的图像处理软件，通过对图形图像进行编辑、合成、调色、特效制作等特定处理，可以达到美轮美奂的效果。Photoshop广泛应用于日常设计工作中，平面设计、电商美工、数码照片处理、网页设计、UI设计、手绘插画、服装设计、室内设计、建筑设计、园林景观设计、创意设计等都要用到它，它几乎成了各种设计工作的必备软件，即"设计师必备"。

本书显著特色

1. 配备大量视频讲解，手把手教您学PS

本书配备了486集教学视频，涵盖全书的实例和重要知识点，如同老师在身边手把手教您，学习能够更轻松、更高效。

2. 扫描二维码，随时随地看视频

本书在章首页、基础知识、实例等多处设置了二维码，手机扫一扫，可以随时随地看视频（若个别手机不能播放，可下载后在计算机上观看）。

3. 内容全面，注重学习规律

本书将Photoshop几乎所有常用工具、命令的应用融入到实例中，以实例操作的形式进行讲解，知识点更容易被理解和吸收。同时采用"实例操作+选项解读+技巧提示+实例秘诀"的模式编写，也符合轻松易学的学习规律。

4. 实例丰富，强化动手能力

全书共290个中小型练习实例，8个大型综合实例，实例类别涵盖平面设计、数码照片处理、网页设计、电商美工、UI设计、包装设计、3D设计、视频动画、创意设计等诸多设计领域，便于读者动手操作，在模仿中学习。

5. 实例效果精美，注重审美熏陶

Photoshop只是工具，设计好的作品一定要有美的意识。本书实例效果精美，可以使读者感受到美的熏陶，并培养美感。

6. 配套资源完善，便于深度广度拓展

除了提供几乎覆盖全书实例的配套视频和素材源文件外，本书还根据设计师必学的内容赠送了大量的教学与练习资源。

7. 专业作者心血之作，经验技巧尽在其中

作者系艺术专业高校教师、中国软件行业协会专家委员、Adobe创意大学专家委员会委员、Corel中国专家委员会成员。作者的设计、教学经验丰富，在撰写本书时，将大量的经验技巧融于书中，可以使读者提高学习效率，少走弯路。

8. 提供在线服务，随时随地交流学习

提供公众号、QQ群等在线互动、答疑、资源下载服务。

关于本书资源及下载方法

本书学习资源及赠送资源

（1）315集实例视频、171集Photoshop基础视频、素材源文件。

（2）赠送《Photoshop常用快捷键速查》《Photoshop滤镜速查》《Photoshop工具速查》《Illustrator基础教学》《CorelDRAW基础教学》《7款PS实用插件基本介绍》电子书。

（3）赠送设计理论及色彩技巧资源等电子书：《配色宝典》《创意宝典》《构图宝典》《商业设计宝典》《色彩速查宝典》《行业色彩应用宝典》《43个高手设计师常用网站》《解读色彩情感密码》《常用颜色色谱表》。

（4）赠送练习资源：实用设计素材、Photoshop 资源库。

（5）赠送教师授课的辅助资源《Photoshop基础》课程教案、教学大纲和PPT课件。

本书资源获取交流方式

（1）扫描并关注下方的微信公众号"设计指北"，然后输入"PS2024AL"并发送到公众号后台，即可获取本书资源的下载链接；然后将此链接复制到计算机浏览器的地址栏中，根据提示下载本书资源（注意，本书资源须使用百度网盘进行下载，一定要将链接复制到计算机浏览器的地址栏中，通过计算机下载，手机不能下载，也不能在线解压，没有解压密码）。

（2）加入本书学习QQ群549392701（若群满会创建新群，请注意加群时的提示，并根据提示加入相应的群），与广大读者和老师进行在线交流与学习。

说明：本书实例及插图中出现的企业、机构、品牌、文字、图形等内容均属虚构，仅用于辅助软件功能的讲解以及实例效果的展示，不具有任何实际作用。部分实例中使用到的文字为"假字"，仅作为保证作品画面效果的完整性。请勿执着于插图中文字的具体含义，多多关注软件功能的学习即可。为了方便读者学习，本书提供了大量的素材资源供读者下载，这些资源仅限于读者学习使用，不可用于其他任何商业用途，否则，由此带来的一切后果由读者承担。

提示：本书提供的下载文件包括教学视频和素材等，教学视频可以演示观看。要按照书中实例操作，必须安装Photoshop 2024软件之后，才可以进行。您可以通过如下方式获取Photoshop 2024简体中文版：

（1）登录Adobe官方网站查询。

（2）可到网上咨询、搜索购买方式。

关于作者

本书由唯美世界组织编写，其中，瞿颖健负责主要编写工作，参与本书资料整理的还有曹茂鹏、杨力、瞿学严、杨宗香、曹元钢、张玉华、孙晓军等人，在此一并表示感谢。

编 者

目 录

Contents

第4章 数字绘画与图像修饰 …………… 87

视频讲解：109分钟

第5章 调色 ……………………………… 127

视频讲解：131分钟

第6章　使用Camera Raw处理照片 …　176

视频讲解：31分钟

第7章　实用抠图技法 ···············　196

视频讲解：81分钟

第8章　蒙版与合成 ···············　224

视频讲解：43分钟

Chapter

1

第1章

扫一扫，看视频

Photoshop入门

本章内容简介：

　　本章主要讲解Photoshop的一些基础知识，包括认识Photoshop的工作界面，在Photoshop中进行新建、打开、置入、存储、打印文件等基本操作以及学习在Photoshop中查看图像细节的方法。

重点知识掌握：

- 熟悉Photoshop的工作界面。
- 掌握"新建""打开""置入""存储""存储副本"命令的使用。
- 掌握"缩放工具""抓手工具"的使用方法。

通过本章的学习，我能做什么？

　　通过本章的学习，我们应该熟练掌握新建、打开、置入、存储文件等功能。通过使用这些功能，能够将多张图片添加到一个文档中，制作出简单的拼贴画，或者为照片添加一些装饰元素等。

中文版Photoshop 2024完全案例教程（微课视频版）

1.1 开启你的Photoshop之旅

Photoshop，全称为Adobe Photoshop，是由Adobe Systems公司开发并发行的一款图像处理软件，但Photoshop并不仅仅是一款图像处理软件，更是一款设计师必备的软件。

当前设计行业有很多分支，平面设计、室内设计、景观设计、UI设计、服装设计、产品设计、游戏设计、动画设计等。而每种设计行业中还可进行进一步细分，如平面设计师的工作还可以被细分为海报设计、标志设计、书籍装帧设计、广告设计、包装设计、卡片设计等。虽然具体工作不同，但是从草稿到完整效果图几乎都可以用到Photoshop，如图1-1和图1-2所示。

图1-1　　　　　　　　图1-2

摄影师与Photoshop的关系之紧密是人所共知的。在传统暗房的年代，人们想要实现某些简单的特殊效果往往都需要通过很烦琐的技法和时间的等待，而在Photoshop中可能只需执行一个命令，瞬间就能够实现某些特殊效果。Photoshop为摄影师提供了极大的便利和艺术创作的可能性。尤其对于商业摄影师而言，Photoshop技术更是提升商品照片品质的有力保证，如图1-3和图1-4所示。

图1-3　　　　　　　　图1-4

室内设计师通常会利用Photoshop进行室内效果图的后期美化处理，如图1-5所示。景观设计师的效果图有很大一部分工作也可以在Photoshop中进行，如图1-6所示。

图1-5　　　　　　　　图1-6

对于服装设计师而言，在Photoshop中不仅可以进行服装款式图的绘制、服装效果图的绘制，还可以进行成品服装的照片美化，如图1-7和图1-8所示。

图1-7　　　　　　　　图1-8

产品设计要求尺寸精准、比例正确，所以在Photoshop中很少会进行平面图的绘制，更多的是使用Photoshop绘制产品概念稿或者效果图，如图1-9和图1-10所示。

图1-9　　　　　　　　图1-10

游戏设计是一项工程量大、涉及工种较多的设计类型，不仅需要美术设计人员，还需要程序开发人员。Photoshop在游戏设计中主要应用在游戏界面、角色设定、场景设定、材质贴图绘制等方面。虽然Photoshop也具有3D功能，但是目前游戏设计中的3D部分主要使用Autodesk 3ds Max、Autodesk Maya等软件，几乎不会用到Photoshop中的3D功能，如图1-11和图1-12所示。

图1-11　　　　　　　　图1-12

动画设计与游戏设计相似，虽然不能使用Photoshop制作动画片，但是可以使用Photoshop进行角色设定、场景设定等"平面""静态"绘图方面的工作，如图1-13和图1-14所示。

图 1-13　　　　　图 1-14

插画设计并不算是一个新的行业，但是随着数字技术的普及，插画绘制的过程更多地从纸上转移到计算机上。数字绘图不仅可以轻松地在油画、水彩画、国画、版画、素描画、矢量画、像素画等多种绘画模式之间进行切换，还可以轻松消除绘画过程中的"失误"，更能够创造出前所未有的视觉效果。同时也可以使插画能够更方便地为印刷行业服务。Photoshop是数字插画师常用的绘画软件，除此之外，Painter、Illustrator也是插画师常用的工具。图1-15和图1-16所示为优秀的插画作品。

图 1-15　　　　　图 1-16

实例：安装Photoshop

文件路径	第1章\安装Photoshop
技术掌握	安装Photoshop

扫一扫，看视频

实例说明：

想要使用Photoshop，就需要安装Photoshop。可以通过Adobe官网获取Photoshop相关的下载及购买信息。不同版本的安装方式略有不同，本书讲解的是Photoshop 2024，所以在这里介绍的也是Photoshop 2024的安装方式。想要安装其他版本的Photoshop，可以在网络上搜索一下，非常简单。

操作步骤：

步骤 01 打开Adobe的官方网站，在页面中找到与Creative Cloud下载、试用或了解详情等相关的按钮，如图1-17所示。在下一个页面中可以看到下载Creative Cloud的按钮，然后单击"下载"按钮，如图1-18所示。（网页内容可能会经常更新，只需在Adobe官网中找到并下载Creative Cloud的安装程序即可。）

图 1-17

图 1-18

步骤 02 弹出"新建下载任务"窗口，按照提示进行下载即可，如图1-19所示。

图 1-19

步骤 03 Creative Cloud的安装程序将会被下载到计算机里，如图1-20所示。双击安装程序进行安装，在弹出的窗口中单击"继续"按钮，如图1-21所示。

图1-20　　　　　　图1-21

提示：试用与购买

在没有付费购买Photoshop软件之前，我们可以免费试用一段时间，如果需要长期使用则需要购买。

步骤 04 进行登录。如果没有Adobe ID，可以单击顶部的"创建账户"按钮，按照提示创建一个新的账户并进行登录，如图1-22所示。打开安装好的Adobe Creative Cloud，然后找到Photoshop，单击"试用"按钮，如图1-23所示。稍后软件会被自动安装到当前计算机中。

图1-22

图1-23

实例秘诀

Adobe Photoshop几乎每年都会推出新的版本，而且软件还会不定时地更新部分功能，所以在不同的时间点下载的软件可能会出现版本不同的情况。但是没关系，相邻的几个版本之间功能差别非常小，几乎不影响使用。

实例：启动Photoshop

文件路径	第1章\启动Photoshop
技术掌握	启动Photoshop、关闭Photoshop

扫一扫，看视频　**实例说明：**

软件安装完毕后，启动软件即可看到软件的操作界面。Photoshop的操作界面包含菜单栏、选项栏、标题栏、工具箱、状态栏、文档窗口及面板等模块，通过本实例来熟悉操作界面，为以后的功能学习奠定基础。

操作步骤：

步骤 01 成功安装Photoshop之后，在程序菜单中找到并单击Adobe Photoshop选项，或者双击桌面的Adobe Photoshop快捷方式都可启动Photoshop，如图1-24所示。到这里我们终于见到了Photoshop的"芳容"，如图1-25所示。

图1-24　　　　　　图1-25

步骤 02 如果在Photoshop中进行过一些文档的操作，在主页中会显示之前操作过的文档，如图1-26所示。

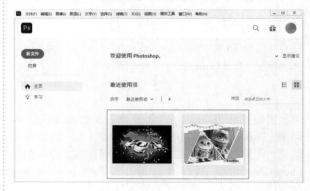

图1-26

步骤 03 虽然打开了Photoshop，但是此时我们看到的却不是Photoshop的完整样貌，因为当前的软件中并没有能够操作的文档，所以很多功能都未被显示。为了便于学习，我们可以在这里打开一张图片。执行"文件→打开"菜单命令，在弹出的窗口中选择一张图片，并单击"打开"按钮，如图1-27所示（此处可以选择素材文件中的素材图片，也可以随意打开任意一张图片）。

步骤 04 文档被打开，Photoshop的完整样貌才得以呈现，如图1-28所示。Photoshop的工作界面由菜单栏、选项栏、标题栏、工具箱、状态栏、文档窗口以及多个面板组成。

图 1-27

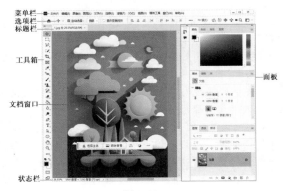

图 1-28

步骤 05 Photoshop的菜单栏位于顶部，其中包含多个菜单按钮，单击菜单按钮，即可打开相应的菜单列表。每个菜单都包含很多个命令，而有的命令后方还带有▶符号，表示该命令还包含多个子命令。有的命令后方带有一连串的"字母"，这些字母就是Photoshop的快捷键，例如"文件"菜单下的"关闭"命令后方显示着Ctrl+W，那么同时按下Ctrl键和W键即可快速使用该命令，如图1-29所示。

图 1-29

步骤 06 在已有文档的状态下，在窗口的左上角可以看到关于这个文档的相关信息，如图1-30所示（文档名称、文档格式、缩放比例以及颜色模式等）。

步骤 07 工具箱位于Photoshop操作界面的左侧，在工具箱中可以看到有很多个小图标，每个图标都是工具，有的图标右下角显示着 ◢，表示这是个工具组，其中可能包含多个工具。右击工具组按钮即可看到该工具组中的其他工具，将光标移动到某个工具上单击，即可选择该工具，如图1-31所示。

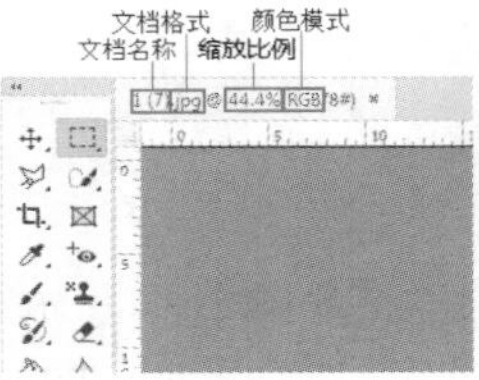

图 1-30 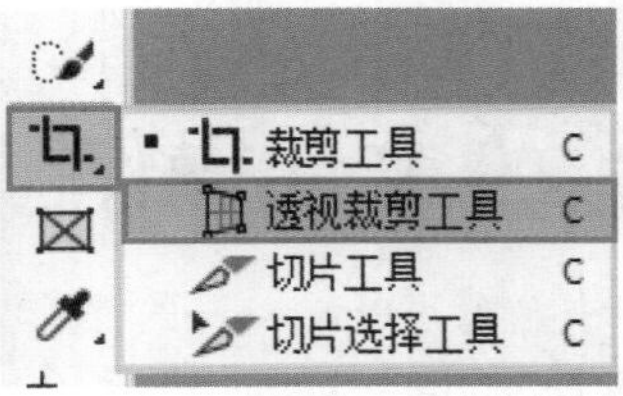　　　　　　　　图 1-31

步骤 08 选择了某个工具后，在菜单栏的下方——工具选项栏中可以看到当前使用工具的参数选项，不同工具的选项栏也不同，如图1-32所示。

图 1-32

步骤 09 面板主要用来对图像的编辑、操作进行控制以及设置参数等。默认情况下，面板堆叠位于窗口的右侧。面板可以堆叠在一起，单击面板名即可切换到相对应的面板。将光标移动至面板名称上方，按住鼠标左键拖曳即可将面板与窗口进行分离，如图1-33所示。

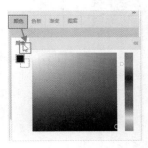

图 1-33

步骤 10 当不需要使用Photoshop时，就可以把软件关闭了。我们可以单击窗口右上角的"关闭"按钮 ×，也可以执行"文件→退出"菜单命令（快捷键Ctrl+Q），退出Photoshop，如图1-34所示。

图 1-34

1.2 文件操作

熟悉了Photoshop的操作界面后，就可以开始正式接触Photoshop的功能了。但是打开Photoshop之后，我们会发现很多功能都无法使用，这是因为当前的Photoshop中没有可以操作的文件。所以我们就需要新建文件，或者打开已有的图像文件。在对文件进行编辑的过程中还经常会使用到"置入"操作。文件制作完成后需要对文件进行存储，而存储文件时就涉及存储文件格式的选择，下面我们就来学习一下这些知识。

实例：创建用于打印的A4尺寸文档

文件路径	第1章\创建用于打印的A4尺寸文档
技术掌握	新建文档

扫一扫，看视频 **实例说明：**

新建文档是设计制图的第一步，创建文档时要考虑文档的用途、尺寸，而有些常用的尺寸可以直接利用"新建文档"窗口中的文档预设进行创建。

操作步骤：

步骤 01 执行"文件→新建"菜单命令或按快捷键Ctrl+N，如图1-35所示。

步骤 02 弹出"新建文档"窗口。A4尺寸位于"打印"预设组中，单击顶部的"打印"按钮，可以在左侧看到多种尺寸的预设方式，单击A4选项。这时右侧出现

图 1-35

相应的尺寸，单击 按钮可以将文档设置为纵向。由于文档需要用于打印，为了获得较高的清晰度，"分辨率"需要设置为300像素/英寸，"颜色模式"设置为用于打印的"CMYK颜色"，单击"创建"按钮，如图1-36所示。

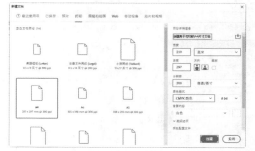

图 1-36

选项解读：新建文档

宽度/高度：用来设置文件的宽度和高度，其单位有"像素""英寸""厘米""毫米""点""派卡"和"列"7种。

分辨率：用来设置文件的分辨率大小，其单位有"像素/英寸"和"像素/厘米"两种。创建新文件时，文档的宽度与高度通常与实际印刷的尺寸相同（超大尺寸文件除外）。而在不同情况下分辨率需要进行不同的设置。通常来说，图像的分辨率越高，印刷出来的质量就越好。但也并不是任何时候都需要将分辨率设置为较高的数值。一般印刷品的分辨率为150~300dpi，高档画册的分辨率为350dpi以上，大幅的喷绘广告（5~10m）的分辨率为70~100dpi，巨幅喷绘的分辨率为25dpi，多媒体显示图像的分辨率为72dpi。当然分辨率的数值并不是一成不变的，需要根据计算机以及印刷精度等实际情况进行设置。

颜色模式：用来设置文件的颜色模式以及相应的颜色深度。

背景内容：用来设置文件的背景内容，有"白色""背景色"和"透明"3个选项。

高级选项：展开该选项组，在其中可以进行"颜色配置文件"以及"像素长宽比"的设置。

步骤 03 现在就得到了新的文档，白色的区域就是文档的图像范围，如图1-37所示。

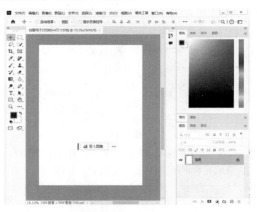

图1-37

实例秘诀

根据不同行业，Photoshop将常用的尺寸进行了分类。我们可以根据需要在预设中找到需要的尺寸。如果用于排版、印刷，那么单击"打印"按钮，即可在下方看到常用的打印尺寸，如图1-38所示。

图1-38

如果你是一名UI设计师，那么单击"移动设备"按钮，在下方就可以看到时下较流行的电子移动设备的常用尺寸，如图1-39所示。

图1-39

实例：创建用于在计算机上显示的图像文档

文件路径	第1章\创建用于在计算机上显示的图像文档
技术掌握	新建文档

扫一扫，看视频

实例说明：

本实例需要创建的是用于在计算机上显示的文档，需要了解的是，在电子屏幕上显示的文档通常需要设置为RGB颜色模式，且分辨率无须设置得过高。

操作步骤：

步骤 01 执行"文件→新建"菜单命令或按快捷键Ctrl+N，弹出"新建文档"窗口。在右侧列表中可以直接进行参数的设置。首先输入文档的名称；然后进行文档尺寸的设置，将"宽度"设置为1920像素，"高度"设置为1080像素；接着单击█按钮，即可得到横幅的文档，将"分辨率"设置为72像素/英寸，将"颜色模式"设置为"RGB颜色"；最后单击"创建"按钮即可完成新建文档，如图1-40所示。

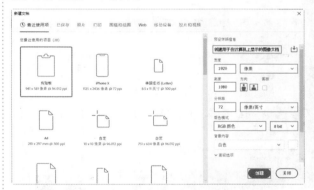

图1-40

步骤 02 现在就得到了新的文档，在文档的名称栏中可以看到当前文档的颜色模式为RGB，如图1-41所示。

图1-41

实例：打开已有的图像文档

文件路径	第1章\打开已有的图像文档
技术掌握	打开、切换显示方式

扫一扫，看视频

实例说明：

想要处理数码照片，或者想要继续编辑之前的设计方案，这就需要在Photoshop中打开已有的文件。在Photoshop中既可以一次性打开一个图像文档，又可以一次性打开多个图像文档。

操作步骤：

步骤 01 执行"文件→打开"菜单命令（快捷键Ctrl+O），然后在弹出的窗口中找到文件所在的位置，单击选择需要打开的文件，接着单击"打开"按钮，如图1-42所示。

图 1-42

步骤 02 这时文件在Photoshop中被打开了，如图1-43所示。

图 1-43

步骤 03 在"打开"窗口中可以一次性加选多个文档进行打开。既可以按住鼠标左键拖曳框选多个文档，又可以按住Ctrl键单击选择多个文档，然后单击"打开"按钮，如图1-44所示。

图 1-44

步骤 04 被选中的多张照片就都被打开了，但默认情况下只能显示其中一张照片，如图1-45所示。

图 1-45

步骤 05 虽然我们一次性打开了多个文档，但是窗口中只显示了一个文档。单击文档名称即可切换到相对应的文档窗口，如图1-46所示。

图 1-46

步骤 06 默认情况下打开多个文档时，多个文档均合并到文档窗口中，除此之外，文档窗口还可以脱离界面呈现"浮动"的状态。将光标移动至文档名称上方，按住鼠标左键向界面外拖曳，如图1-47所示。

中文版Photoshop 2024完全案例教程（微课视频版）

图 1-47

步骤 07 松开鼠标后文档即为浮动的状态，如图 1-48 所示。

图 1-48

提示：将文档合并到界面

若要恢复为堆叠的状态，可以将浮动的窗口拖曳到文档窗口上方，当出现蓝色边框后松开鼠标，即可完成堆叠。

步骤 08 要一次性查看多个文档，除了让窗口浮动之外，还有一个办法，就是通过设置窗口排列方式进行查看。执行"窗口→排列"菜单命令，在子菜单中可以看到多种显示文档的方式，选择适合自己的方式即可，如图 1-49 所示。例如，当我们打开了 3 张图片，想要一次性看到，可以选择"三联垂直"方式，效果如图 1-50 所示。

图 1-49   图 1-50

实例秘诀

新手朋友在进行设计制图时，可能会需要多文档共同制作，或者需要同时显示用于参考的文档，就可以使用到"窗口→排列"子菜单中的多文档排列方式，同时显示多个文档，便于观察。

实例：置入图片制作照片拼图

文件路径	第1章\置入图片制作照片拼图
技术掌握	置入嵌入对象、栅格化图层

扫一扫，看视频

实例说明：

设计作品制作过程中经常需要用到其他图像元素，而将其他素材添加到当前文档中的操作就被称为置入。利用"置入嵌入对象"命令可以向文档中添加位图、矢量图，置入的素材将作为"智能对象"存在，如果需要对智能对象进行进一步编辑，则需要对其进行栅格化操作。

实例效果：

实例效果如图 1-51 所示。

图 1-51

操作步骤：

步骤 01 执行"文件→打开"菜单命令，在弹出的"打开"窗口中找到素材位置，选择素材 1.jpg，单击"打开"按钮，如图 1-52 所示。这时图片就打开了，如图 1-53 所示。

步骤 02 执行"文件→置入嵌入对象"菜单命令，在打开的"置入嵌入的对象"窗口中找到素材位置，选择素材 2.jpg，如图 1-54 所示。单击"置入"按钮置入素材，如图 1-55 所示。

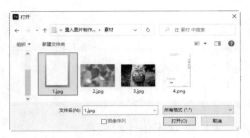

图 1-52

图 1-53

图 1-54　　　　　　　图 1-55

步骤 03 将光标放在图片上，按住鼠标左键向上拖曳，将图片素材向上移动，如图1-56所示。按Enter键完成置入操作，如图1-57所示。

图 1-56　　　　　　　图 1-57

步骤 04 此时置入的对象为智能对象，可以将其栅格化。在"图层"面板中右击智能图层，在弹出的快捷菜单中

执行"栅格化图层"命令，如图1-58所示。此时智能图层变为普通图层，如图1-59所示。

图 1-58　　　　　　　图 1-59

步骤 05 使用同样的方式依次置入其他素材，如图1-60和图1-61所示。

图 1-60　　　　　　　图 1-61

实例：存储制作好的文档

文件路径	第1章\存储制作好的文档
技术掌握	存储、存储副本

扫一扫，看视频　**实例说明：**

　　将制作好的文档存储为PSD格式，以便于再次进行编辑，同时也经常需要另存一个方便预览以及上传的JPG格式文档。

操作步骤：

步骤 01 打开素材文件夹，从中将背景素材1.jpg拖曳到空白的Photoshop中，如图1-62所示。

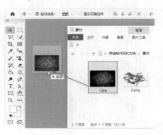

图 1-62

步骤 02 此时素材在界面中打开了，如图1-63所示。

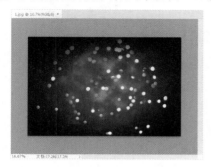

图 1-63

步骤 03 将前景素材2.png继续拖曳到背景素材1中，素材2被置入进来，如图1-64所示。

图 1-64

步骤 04 按Enter键完成素材的置入，此时效果如图1-65所示。

图 1-65

步骤 05 到这里文件编辑完成，需要将当前操作保存到当前文档中。这时我们需要执行"文件→存储"菜单命令（快捷键Ctrl+S）。如果文档存储时没有弹出任何窗口，则会在原始位置进行存储。存储时将保留所作的更改，并且会替换掉上一次保存的文件。如果是第一次对文档进行存储，在弹出的"存储为"窗口中选择文件存储位置，并设置文件存储格式以及文件名称。将文档存储为PSD格式文件，在"文件名"后方输入名称，在"保存

类型"列表中选择"Photoshop(*.PSD;*.PDD;*.PSDT)"，然后单击"保存"按钮，如图1-66所示。

图 1-66

> **提示：PSD——Photoshop源文件格式，保存所有图层内容**
>
> 在存储新建的文件时，我们会发现默认的格式为Photoshop(*.PSD;*.PDD;*.PSDT)，PSD格式是Photoshop的默认存储格式，能够保存图层、蒙版、通道、路径、未栅格化的文字、图层样式等。在一般情况下，保存文件都采用这种格式，以便随时进行修改。
>
> 选择该格式，然后单击"保存"按钮，接着会弹出一个"Photoshop格式选项"窗口，勾选"最大兼容"选项可以保证在其他版本的Photoshop中能够正确打开该文档。在这里单击"确定"按钮即可。也可以勾选"不再显示"选项，接着单击"确定"按钮，就可以每次都采用当前设置，并不再显示该窗口。

步骤 06 想要对已经存储过的文档更换位置、名称或者格式进行存储，也可以执行"文件→存储副本"菜单命令（快捷键Alt+Ctrl+S），打开"存储副本"窗口，在这里可以重新进行存储位置、文件名、保存类型的设置，设置完毕后单击"保存"按钮。例如，此时选择保存类型为"JPEG(*.JPG;*.JPEG;*.JPE)"，然后单击"保存"按钮，如图1-67所示。接下来就可以得到JPG格式的预览图片。

图 1-67

提示：JPG——最常用的图像格式，方便存储、浏览、上传

JPEG格式是平时最常用的一种图像格式。它是一个最有效、最基本的有损压缩格式，被绝大多数的图形处理软件所支持。JPEG格式常用于制作一个对质量要求不是特别高，或者需要上传网络、传输给他人或者在计算机上随时查看的情况，如做了一个标志设计的作业、修了张照片等。对于极高要求的图像输出打印，最好不要使用JPEG格式，因为它是以损坏图像质量而提高压缩质量的。

选择这种格式会将文档中的所有图层合并，并进行一定的压缩，存储为一个在绝大多数计算机、手机等电子设备上可以轻松预览的图像格式。在选择格式时可以看到保存类型显示为JPEG(*.JPG;*.JPEG;*.JPE)，JPEG是这种图像格式的名称，而这种图像格式的后缀名可以是jpg或jpeg。

选择此格式并单击"保存"按钮之后，会弹出"JPEG选项"窗口，在这里可以进行图像品质的设置，品质数值越大，图像质量越高，文件也就越大。如果对图像文件的大小有要求，那么就可以参考右侧的文件大小数值来调整图像的品质。设置完成后单击"确定"按钮。

1.3 查看图像

在Photoshop中编辑图像文件时，有时需要观看画面整体，有时需要放大显示画面的局部，这时就可以使用工具箱中的"缩放工具"以及"抓手工具"。

实例：观察图片细节

文件路径	第1章\观察图片细节
技术掌握	缩放工具、平移工具

扫一扫，看视频

实例说明：

在进行图像编辑时，经常需要对画面细节进行操作，这就需要将画面的显示比例放大一些。此时可以使用工具箱中的"缩放工具"。

操作步骤：

步骤 01 打开图像素材，单击工具箱中的"缩放工具"按钮 Q ，将光标移动到画面中，如图1-68所示。

图 1-68

步骤 02 单击鼠标左键即可放大图像显示比例，如需放大多倍可以多次单击，如图1-69所示。也可以同时按Ctrl键和"+"键放大图像显示比例。

图 1-69

步骤 03 "缩放工具"既可以放大又可以缩小显示比例，在"缩放工具"的选项栏中可以切换该工具，单击"缩小"按钮 Q 可以切换到缩小模式，在画面中单击鼠标左键可以缩小图像。也可以同时按下Ctrl键和"-"键缩小图像显示比例，如图1-70所示。

图 1-70

选项解读：缩放工具

☐ 调整窗口大小以满屏显示：勾选该选项后，在缩放窗口的同时自动调整窗口的大小。

☐ 缩放所有窗口：如果当前打开了多个文档，勾选该选项后可以同时缩放所有打开的文档窗口。

☑ 细微缩放：勾选该选项后，在画面中按住鼠标左键并向左侧或右侧拖曳鼠标，能够以平滑的方式快速放大或缩小窗口。

100% ：单击该按钮，图像将以实际像素的比例进行显示。

适合屏幕 ：单击该按钮，可以在窗口中最大化显示完整的图像。

填充屏幕 ：单击该按钮，可以在整个屏幕范围内最大化显示完整的图像。

步骤 04 当画面显示比例比较大的时候，有些局部可能就无法显示，这时可以使用工具箱中的"抓手工具" ，在画面中按住鼠标左键并拖曳，如图1-71所示。

图 1-71

> **提示**：快速切换到"抓手工具"
>
> 在使用其他工具时，按住Space键（即空格键）即可快速切换到"抓手工具"状态，此时在画面中按住鼠标左键并拖曳即可平移画面；松开Space键时，会自动切换回之前使用的工具。

步骤 05 此时界面中显示的图像区域产生了变化，如图1-72所示。

图 1-72

> **实例秘诀**
>
> 通过"缩放工具"对画面进行缩放，并不是真正更改了画面的尺寸，而是单纯地为了方便用户观察而放大或缩小了图像的显示比例，就像用"放大镜"观察小物体时，物体本身的大小并不会发生变化。

实例：观看画面完整效果

文件路径	第1章\观看画面完整效果
技术掌握	缩放工具

扫一扫，看视频

实例说明：

　　制图过程中经常需要切换图像的缩放比例，对细节处进行编辑时需要放大图像显示比例；观察画面整体效果时则需要适当缩小显示比例；而需要对画面细节进行逐一检查时，通常需要将图像切换为1:1的显示比例。本实例就来学习一种快速切换为100%显示比例的方法。

操作步骤：

步骤 01 执行"文件→打开"菜单命令，打开素材，此时图像在Photoshop中打开。在画面左下角可以看到当前画面的缩放比例。如果想要以100%的比例显示画面，无须切换工具，在其他工具状态下可以直接双击"缩放工具"，如图1-73所示。

图 1-73

> **提示**：为什么打开的图像相同而缩放比例却不同
>
> 不同的显示器尺寸，打开软件的界面大小也不相同。而较大的软件界面，打开图片后的缩放比例相对也会大一些。

步骤 02 此时画面缩放比例直接变为100%，在名称栏右侧或界面左下角都可以看到图像的显示比例，如图1-74所示。

步骤 03 虽然画面目前以1:1显示，能够清晰地看到每一个细节，但是过大的缩放比例无法看到画面整体，如果想要重新观察整个画面，可以单击"缩放工具"选项栏中的"适合屏幕"按钮，如图1-75所示。

图 1-74

图 1-75

实例：从新建到打印

扫一扫，看视频

文件路径	第1章\从新建到打印
技术掌握	新建、置入嵌入对象、还原、重做、"历史记录"面板、存储、存储副本、打印、关闭

实例说明：

在制作设计作品时，通常都需要经历"从无到有"的过程。在没有文档时，利用"新建"命令创建出空白的文档。接下来通过"置入嵌入对象"命令向画面中添加图像元素。编辑操作完成后则需要对已有的文件进行存储，存储一份可供编辑的PSD格式源文件，再存储一份方便预览的JPG格式文件。如果有其他的印刷或输出方面的要求，则需要根据要求存储相应格式。存储完毕如需打印，则可以使用"打印"命令。全部编辑完成后则需要使用"关闭"命令关闭文档。

实例效果：

案例效果如图1-76所示。

图 1-76

操作步骤：

步骤 01 执行"文件→新建"菜单命令或按快捷键Ctrl+N，在弹出的"新建文档"窗口中单击"打印"按钮，选择A4选项，接着单击 按钮，设置"分辨率"为300像素/英寸，"颜色模式"为"CMYK颜色"，单击"创建"按钮，如图1-77所示，完成新建文档，如图1-78所示。

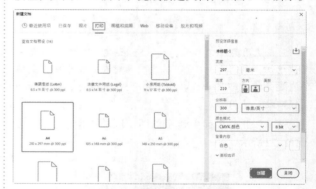

图 1-77

图 1-78

步骤 02 执行"文件→置入嵌入对象"菜单命令，在打开的"置入嵌入的对象"窗口中找到素材位置，选择

中文版Photoshop 2024完全案例教程（微课视频版）

素材1.png，单击"置入"按钮，如图1-79所示。接着将光标移动到素材右上角处，按住快捷键Shift+Alt的同时按住鼠标左键向右上角拖曳等比例放大素材，如图1-80所示。

图 1-79

图 1-80

步骤 03 双击鼠标左键或者按Enter键，此时定界框消失，完成置入操作，如图1-81所示。

图 1-81

步骤 04 使用同样的方式置入素材2.png，实例完成效果如图1-82所示。

图 1-82

步骤 05 如果操作时出错，则可以执行"编辑→还原"菜单命令（快捷键Ctrl+Z）撤销操作，多次按下快捷键Ctrl+Z可连续撤销。

步骤 06 如果要取消撤销的操作，可以连续执行"编辑→重做"菜单命令（快捷键Shift+Ctrl+Z）来逐步恢复被后退的操作。"还原"与"重做"是非常常用的操作，所以一定要使用快捷键，非常方便。

步骤 07 在Photoshop中，对文档进行过的编辑操作被称为"历史记录"。而"历史记录"面板是Photoshop中一项用于记录文件进行过的操作记录的功能。执行"窗口→历史记录"菜单命令，打开"历史记录"面板。当我们对文档进行一些编辑操作时，会发现"历史记录"面板中出现刚刚进行的操作条目。单击其中某一项历史记录操作，就可以使文档返回到之前的编辑状态，如图1-83所示。

图 1-83

步骤 08 执行"文件→存储"菜单命令，在弹出的"存储为"窗口中找到要保存的位置，设置合适的文件名，设置"保存类型"为"Photoshop（*.PSD;*.PDD;*.PSDT）"，单击"保存"按钮完成文件的存储，如图1-84所示。

图 1-84

步骤 09 弹出"Photoshop格式选项"对话框，单击"确定"按钮，即可完成文件的存储，如图1-85所示。

图 1-85

步骤 10 在没有安装特定的看图软件和Photoshop的计算机上，PSD格式的文档会比较难预览和观看效果，为了方便预览，我们将文档另存一份JPEG格式。执行"文件→存储副本"菜单命令，接着在弹出的"存储副本"窗口中找到要保存的位置，设置合适的文件名，设置"保存类型"为"JPEG(*.JPG;*.JPEG;*.JPE)"，单击"保存"按钮，如图1-86所示。

图 1-86

步骤 11 在弹出的"JPEG选项"窗口中设置"品质"为10，单击"确定"按钮，完成设置，如图1-87所示。

图 1-87

提示：其他常用格式

1. TIFF：高质量图像，保存通道和图层

TIFF格式是一种通用的图像文件格式，可以在绝大多数制图软件中打开并编辑，也是桌面扫描仪扫描生成的图像格式。TIFF格式最大的特点就是能够最大限度地保证图像质量不受影响，而且能够保存文档中的图层信息以及Alpha通道。但TIFF并不是Photoshop特有的格式，所以有些Photoshop特有的功能（如调整图层、智能滤镜）就无法被保存下来。这个格式常用于对图像文件质量要求较高，而且还需要在没有安装Photoshop的计算机上预览时使用，例如制作了一个平面广告需要发送到印刷厂，选择该格式后，会弹出"TIFF选项"窗口，在这里可以进行图像压缩选项的设置，如果对图像质量要求很高，可以选择"无"选项，

然后单击"确定"按钮。

2. PNG：透明背景、无损压缩

当图像文档中有一部分区域透明时，存储成JPG格式会发现透明的部分被填充上了颜色。若存储为PSD格式又不方便打开，存储为TIFF格式文件又比较大，这时不要忘了PNG格式。PNG是一种专门为Web开发的，用于将图像压缩上传到Web上的文件格式。由于PNG格式可以实现无损压缩，并且背景部分是透明的，因此常用来存储背景透明的素材。选择该格式后，会弹出"PNG选项"窗口，对压缩方式进行设置后，单击"确定"按钮完成操作。

3. GIF：动态图片、网页元素

GIF格式是输出图像到网页最常用的格式。GIF格式采用LZW压缩，它支持透明背景和动画，被广泛应用在网络中。网页切片后常以GIF格式进行输出，除此之外，我们常见的动态QQ表情、搞笑动图也是GIF格式。选择这种格式，会弹出"索引颜色"窗口，在这里可以进行"颜色"等的设置，勾选"透明度"可以保存图像中的透明部分。

4. PDF：电子书

PDF格式是由Adobe Systems创建的一种文件格式，允许在屏幕上查看电子文档，也就是通常我们所说的"PDF电子书"。PDF文件还可以被嵌入Web的HTML文档。这种格式常用于多页面的排版中。选择这种格式，在弹出的"存储Adobe PDF"窗口中可以选择一种高质量或低质量的"Adobe PDF预设"，也可以在左侧列表中进行压缩、输出的设置。

步骤 12 执行"文件→打印"菜单命令，打开"Photoshop打印设置"窗口，在这里可以进行打印参数的设置。首先在右侧顶部设置要使用的打印机，输入打印份数，选择打印版面。单击"打印设置"按钮，在弹出的窗口中设置打印纸张的尺寸，设置完成后单击底部的"打印"按钮，如图1-88所示。

图 1-88

　　在"位置和大小"选项组中设置文档位于打印页面的位置和缩放大小（也可以直接在左侧打印预览图中调整图像大小）。勾选"居中"选项，可以将图像定位于可打印区域的中心；关闭"居中"选项，可以在"顶"和"左"文本框中输入数值来定位图像，也可以在预览区域中移动图像进行自由定位。勾选"缩放以适合介质"选项，可以自动缩放图像到适合纸张的可打印区域；关闭"缩放以适合介质"选项，可以在"缩放"选项中输入图像的缩放比例，或在"高度"和"宽度"选项中设置图像的尺寸。勾选"打印选定区域"可以启用对话框中的裁剪控制功能，调整定界框移动或缩放图像。

步骤 13 执行"编辑→打印一份"菜单命令，即可使用设置好的打印选项快速打印当前文档。

步骤 14 执行"文件→关闭"菜单命令（快捷键Ctrl+W）可以关闭当前所选的文件。单击文档窗口右上角的"关闭"按钮，也可关闭所选文件，如图1-89所示。执行"文件→关闭全部"菜单命令或按快捷键Alt+Ctrl+W可以关闭所有打开的文件。

图1-89

　　当软件中打开了两个或两个以上文件时，执行"文件→关闭其他"菜单命令（快捷键Ctrl+Alt+P），可以直接将所选文档之外的文档关闭。

　　对一个文件进行了一些操作后，执行"文件→恢复"菜单命令，可以直接将文件恢复到最后一次保存时的状态。如果一直没有进行过存储操作，则可以返回到刚打开文件时的状态。

扫一扫，看视频

Chapter 2
第2章

Photoshop基本操作

本章内容简介：

　　通过上一章的学习，我们已经能够在Photoshop中打开图片或创建新文件，并且能够向已有的文件中添加一些漂亮的装饰素材。本章将要学习一些最基本的操作。由于Photoshop是典型的图层制图软件，所以在学习其他操作之前必须要充分理解"图层"的概念，并熟练掌握图层的基本操作方法。在此基础上学习画板、剪切/复制/粘贴图像、图像的变形以及辅助工具的使用方法等。

重点知识掌握：

- 掌握"图像大小"命令的使用方法。
- 熟练掌握"裁剪工具"的使用方法。
- 熟练掌握图层的选择、复制、删除、移动等操作。
- 熟练掌握剪切、复制与粘贴图像。
- 熟练掌握自由变换操作图像。

通过本章的学习，我能做什么？

　　通过本章的学习，我们将适应Photoshop的图层化操作模式，为后面的操作奠定坚实的基础。在此基础上，我们可对数码照片的尺寸进行调整，能够将图像调整为所需的尺寸，能够随意裁切、保留画面中的部分内容。对象的变形操作也是本章的重点内容，想要使对象"变形"有多种方式，最常用的是"自由变换"。通过本章的学习，我们可熟练掌握该命令，并将图层变换为所需的形态。

2.1 调整图像的尺寸及方向

尺寸是设计制图过程中非常重要的条件，例如户外广告、网页广告、淘宝主图、名片设计都有其特定的尺寸。除了在新建文档时可以设置准确的尺寸之外，还可以通过其他方法调整文档的尺寸。

实例：将照片长宽调整至800像素×800像素

文件路径	第2章\将照片长宽调整至800像素×800像素
技术掌握	图像大小

扫一扫，看视频

实例说明：

想要调整已有图像的尺寸，可以使用"图像大小"命令来完成。例如，电商平台通常会对产品主图尺寸有所要求，想要将图片尺寸更改为长、宽均为800像素，则可以通过使用该命令进行处理。

实例效果：

实例对比效果如图2-1所示。

图2-1

操作步骤：

步骤 01 执行"文件→打开"菜单命令，打开素材文件，如图2-2所示。执行"图像→图像大小"菜单命令，打开"图像大小"窗口，在这里可以看到图像的长宽均为1200像素，如图2-3所示。

图2-2

图2-3

选项解读：图像大小

尺寸：显示当前文档的尺寸。单击按钮，在弹出的下拉菜单中可以选择长度单位。

调整为：在该下拉列表框中可以选择多种常用的预设图像大小。例如，想要将图像制作为适合A4大小的纸张，则可以在该下拉列表框中选择"A4 210×297毫米 300dpi"。

宽度、高度：在文本框中输入数值即可设置图像的宽度或高度。在输入数值之前，需要在右侧的单位下拉列表框中选择合适的单位，其中包括"像素""英寸""厘米"等。

⑧：启用"约束长宽比"⑧时，对图像大小进行调整后，图片还会保持之前的长宽比；未启用"约束长宽比"⑧时，可以分别调整宽度和高度的数值。

分辨率：用于设置分辨率数值。在输入数值之前，也需要在右侧的"单位"下拉列表框中选择合适的单位。需要注意的是，即使增大"分辨率"数值，也不会使模糊的图片变清晰，因为原本就不存在的细节只通过增大分辨率是无法"画出"的。

重新采样：在该下拉列表框中可以选择重新采样的方式。

步骤 02 更改尺寸。首先设置单位为"像素"，接着设置"宽度"和"高度"为800，设置完成后单击"确定"按钮，如图2-4所示。至此尺寸调整完成。

图2-4

提示：调整图像大小时需要注意的问题

由于原始图像的长宽比例为1:1，目标尺寸的长宽比也为1:1，所以直接更改数值也不会产生变形的问题。而目标尺寸的比例与原始图像的比例不同时，则会产生图像变形的问题。

步骤 03 尺寸修改完成后执行"文件→存储"菜单命令或者使用快捷键Ctrl+S进行保存，如图2-5所示。此时图像尺寸已被调整到了目标大小。

文件(F) 编辑(E) 图像(I) 图层(L) 文字(Y)
新建(N)...   Ctrl+N
打开(O)...   Ctrl+O
在 Bridge 中浏览(B)...   Alt+Ctrl+O
打开为...   Alt+Shift+Ctrl+O
打开为智能对象...
最近打开文件(T)   ▶
关闭(C)   Ctrl+W
关闭全部   Alt+Ctrl+W
关闭其它   Alt+Ctrl+P
关闭并转到 Bridge...   Shift+Ctrl+W
存储(S)   Ctrl+S
存储为(A)...   Shift+Ctrl+S

图 2-5

 实例秘诀

在调整图像大小时，首先一定要设置好正确的单位，接着在"宽度"和"高度"文本框中输入数值；若忽略单位直接输入尺寸的话，则很容易造成巨大的尺寸偏差。

实例：调整图片到不同的长宽比

文件路径	第2章\调整图片到不同的长宽比
技术掌握	图像大小、画布大小

扫一扫，看视频

实例说明：

将一个长方形的图片更改为正方形，如果直接使用"图像大小"命令去更改尺寸，那么得到的图像肯定会出现"走形""不等比"的现象。如果想要保证图像不发生变形，则需要先使用"图像大小"命令将宽度或高度设置为特定尺寸，然后通过"画布大小"命令将画布尺寸调小进行裁剪。因此，想要保持图像不变形且比例变化，必然会裁剪掉一部分图像。

实例效果：

实例对比效果如图2-6所示。

图 2-6

操作步骤：

步骤 01 打开图像，执行"图像→图像大小"菜单命令，可以看到原始图像尺寸为宽度2806像素、高度3930像素（宽高比为1:1.2），如图2-7所示。在这里需要将其调整为长度、宽度均为500像素（宽高比为1:1）。如果利用"图像大小"命令进行调整，将宽度和高度直接设置为目标尺寸，那么图片的比例会发生变化，图像会变形。所以可以首先利用"图像大小"命令将图像最短边调整为500像素，然后利用"画布大小"命令裁切画布，去掉多余的区域。

图 2-7

步骤 02 启用"约束长宽比" 🔗，在"宽度"中输入图像短边的目标尺寸，接着另外一条边的长度会自动出现，单击"确定"按钮，如图2-8所示。此时图像会等比缩小，且另一条边的尺寸大于目标尺寸。

图 2-8

步骤 03 经过了图像大小的调整，此时图像变为了500像素×600像素，接下来执行"图像→画布大小"菜单命令去掉多余的部分。在"画布大小"窗口中将高度的数值也设置为500像素，然后单击"确定"按钮，如图2-9所示。

图 2-9

中文版Photoshop 2024完全案例教程（微课视频版）

选项解读：画布大小

定位：主要用来设置当前图像在新画布上的位置，单击各个箭头即可切换图像定位。

画布扩展颜色：当"新建大小"大于"当前大小"（即原始文档尺寸）时，在此处可以设置扩展区域的填充颜色。

步骤 04 由于输入的数值比图像小，所以会弹出窗口提示是否要对图像进行裁切，单击"继续"按钮即可，如图2-10所示。

图 2-10

步骤 05 图像高度超过500像素以外的区域被裁切掉了，效果如图2-11所示。

图 2-11

实例秘诀

本实例中所使用的调整图像长宽比的方法比较适合画面四周没有重要内容的图像，这样就算裁切掉一部分也不会影响到画面主体内容。

实例：制作特定大小的证件照

文件路径	第2章\制作特定大小的证件照
技术掌握	新建文档、自由变换、存储

扫一扫，看视频

实例说明：

在网上报名时，经常会要求上传电子版的证件照，而且通常上传的照片会要求指定的尺寸与大小，若不符合要求，就会上传失败。在本实例中就需要将一张全身照制作成特定尺寸与大小的证件照。

实例效果：

实例对比效果如图2-12和图2-13所示。

图 2-12   图 2-13

操作步骤：

步骤 01 例如，网站的上传要求为一寸照片，文件要小于200K，并且文件格式为JPG，如图2-14所示。而原图是一个全身照，大小也不符合规范，如图2-15所示。

图 2-14   图 2-15

步骤 02 首先执行"文件→新建"菜单命令，在弹出的"新建文档"窗口中设置单位为"厘米"，然后设置"宽度"为2.5，"高度"为3.5，"方向"为"纵向"，"分辨率"为300，"颜色模式"为"RGB颜色"，设置完成后单击"确定"按钮，如图2-16所示。

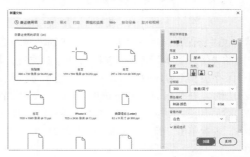

图 2-16

提示：新建文档的颜色模式

由于照片用于网络上传，所以"颜色模式"为RGB即可。如果新建的文档用于打印，那么"颜色模式"则需要选定为CMYK。

步骤 03 新建操作完成后执行"文件→置入嵌入对象"

菜单命令，将人像素材置入文档，在选项栏中单击W和H之间的"保持长宽比"按钮 🔗（置入素材时，可以直接进行自由变换操作），如图2-17所示。然后拖曳四角处的控制点保证在放大图像的过程中是等比的，因为证件照通常需要显示头部和肩部的位置，图像大小调整完成后适当地调整人像在画面中的位置，如图2-18所示。

图 2-17　　　　　　图 2-18

步骤 04 调整完成后按Enter键确定变换操作，此时图像大小就调整完成了，效果如图2-19所示。

图 2-19

步骤 05 进行保存。执行"文件→存储副本"菜单命令，在弹出的"存储副本"窗口中选择文件存储位置，然后设置"保存类型"为JPEG，接着单击"保存"按钮，如图2-20所示。在弹出的"JPEG选项"窗口中设置"品质"为12，然后勾选"预览"选项，此时能够看到当前图像的大小，接着单击"确定"按钮，如图2-21所示。

图 2-20　　　　　　图 2-21

步骤 06 完成效果如图2-22所示。

图 2-22

实例秘诀

在存储为JPEG格式时，在弹出的"JPEG选项"窗口中可以先勾选"预览"选项查看图像的大小，如果图像仍然超出指定的大小，那么可以向左拖曳滑块将图像的品质降低，从而达到减小图像大小的目的，如图2-23所示。

图 2-23

实例：增大图像尺寸并增强清晰度

文件路径	第2章\增大图像尺寸并增强清晰度
技术掌握	图像大小、智能锐化

扫一扫，看视频　**实例说明：**

在设计工作中经常会遇到需要使用大尺寸图片的情况，若已有的素材尺寸比较小，这时就需要将图像尺寸增大，但图像尺寸变大后往往会出现图像模糊、细节不清、变"虚"等情况，那么就需要对图像进行适度的"锐化"，以增强画面清晰度。

实例效果：

实例对比效果如图2-24和图2-25所示。

图 2-24　　　　　　　　　图 2-25

操作步骤：

步骤 01　首先打开图片，执行"图像→图像大小"菜单命令，看一下原始的图像尺寸，如图 2-26 所示。

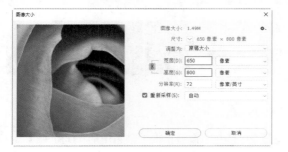

图 2-26

步骤 02　将宽度和高度等比例增大一倍，单击"确定"按钮完成操作，如图 2-27 所示。

步骤 03　在文档左下角设置显示比例为100%，观察图像细节，如图 2-28 所示。由于图像尺寸被强制增大，画面有一些模糊，所以需要适当地"锐化"。

图 2-27　　　　　　　图 2-28

步骤 04　执行"滤镜→锐化→智能锐化"菜单命令，在弹出的"智能锐化"窗口中设置"数量"为400%，"半径"为2像素，设置完成后单击"确定"按钮，如图 2-29 所示。

步骤 05　此时可以看到画面变得更加清晰，效果如图 2-30 所示。

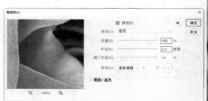

图 2-29　　　　　　　　　图 2-30

 实例秘诀

　　增大图像尺寸后，画面或多或少会变得模糊一些，此时想要恢复到之前的清晰度是不可能的，但是可以利用"锐化"功能尽可能地使图像变得"清晰"一些。但是需要注意的是，图像模糊是因为细节处像素的丢失，而已经丢失的像素是无法复原的。锐化功能是通过增强像素之间的颜色对比而使其产生视觉上的清晰度增强的效果。而且如果锐化过度可能会出现噪点过多的情况，反而影响画面效果。

实例：裁剪图像改变画面构图

文件路径	第2章\裁剪图像改变画面构图
技术掌握	裁剪工具

扫一扫，看视频

实例说明：

　　想要裁剪掉画面中的部分内容，最便捷的方法就是在工具箱中选择"裁剪工具"，直接在画面中绘制出需要保留的区域即可。

实例效果：

　　实例对比效果如图 2-31 和图 2-32 所示。

图 2-31　　　　　　　　图 2-32

操作步骤：

步骤 01　打开图像后单击工具箱中的"裁剪工具" ，随即画布边缘会显示裁剪框，直接调整裁剪框的大小即可进行裁剪。如果想要以特定的比例进行裁剪，就需要单击选项栏中的"比例"按钮，比如此处在下拉列表中选择5:7，如图2-33所示。单击"高度和宽度互换"按钮 ⇄，此时长宽比互换。接着拖曳控制点调整裁剪框，裁剪框会一直按照所选比例进行缩放。在调整裁剪框的过程中需要将网格交叉点定位在人像的面部，如图2-34所示。

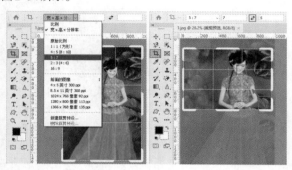

图 2-33   图 2-34

> **提示：三分法构图**
>
> 三分法构图也被称为井字构图法，它是将图片划分为9个相等大小的区域，用两条竖线和两条横线分割，将摄影的主体放在两条线的交叉点位置，这样能够使整个画面显得主题鲜明、生动有趣。这种构图方法常应用在绘画、摄影或设计行业。

步骤 02 裁剪框调整完成后按Enter键确定裁剪操作，如图2-35所示。最后执行"文件→置入嵌入对象"菜单命令将文字素材置入文档，并调整到合适位置，实例完成效果如图2-36所示。

图 2-35   图 2-36

> **实例秘诀**
>
> 若要旋转裁剪框，可将光标放置在裁剪框外侧，当它变为带弧线的箭头形状时，按住鼠标左键拖曳即可，调整完成后，按Enter键确认。旋转裁剪框并进行裁剪可以起到旋转画面的作用。

实例：拉直地平线

扫一扫，看视频

文件路径	第2章\拉直地平线
技术掌握	裁剪工具

实例说明：

在拍摄照片时，经常会由于相机倾斜而导致照片的地平线无法水平的问题，尤其是在场景较大的画面中，地平线是否水平尤为重要。使用"裁剪工具"选项栏中的"拉直"按钮可以轻松矫正这个问题。

实例效果：

实例对比效果如图2-37和图2-38所示。

图 2-37   图 2-38

操作步骤：

步骤 01 打开图像后单击工具箱中的"裁剪工具"，接着单击选项栏中的"拉直"按钮，然后沿着海平面的位置按住鼠标左键拖曳，如图2-39所示。释放鼠标后可以看到图片的倾斜问题已经被校正，如图2-40所示。

图 2-39   图 2-40

步骤 02 按Enter键确定裁剪操作，实例完成效果如图2-41所示。

图 2-41

中文版Photoshop 2024完全案例教程（微课视频版）

实例：拉平带有透视的图像

文件路径	第2章\拉平带有透视的图像
技术掌握	透视裁剪工具

扫一扫，看视频

实例说明：

　　"透视裁剪工具" 可以在对图像进行裁剪的同时调整图像的透视效果，常用于去除图像中的透视感，或者在带有透视感的图像中提取局部，还可以用来为图像添加透视感。例如，在只有书籍立体图的情况下需要书籍的平面图，就可以通过"透视裁剪工具"轻松去除图像的透视关系。

实例效果：

　　实例对比效果如图2-42和图2-43所示。

图2-42　　　　　　图2-43

操作步骤：

步骤 01 打开图像后单击工具箱中的"透视裁剪工具"，接着在书籍的边缘单击，然后沿着书籍的边缘在转折的位置单击，如图2-44所示。继续沿着书籍的边缘单击创建透视裁剪框，如图2-45所示。

步骤 02 按Enter键确定透视裁剪操作，区域内的画面被拉伸为平面效果，完成效果如图2-46所示。

图2-44

图2-45　　　　　　图2-46

实例：自动去除多余背景

文件路径	第2章\自动去除多余背景
技术掌握	"裁切"命令

扫一扫，看视频

实例说明：

　　"裁切"命令可以根据像素颜色差别裁剪画布。例如，在拍摄商品时经常会采用单色背景，并且场景会拍摄得大一些，对于这类图片的裁切可以使用"裁切"命令，快速将画面中具有相同像素的区域进行裁切，只保留画面的主体。

实例效果：

　　实例对比效果如图2-47和图2-48所示。

图 2-47　　　　　图 2-48

操作步骤：

打开图片后执行"图像→裁切"菜单命令，在弹出的"裁切"窗口中选择"左上角像素颜色"选项，然后单击"确定"按钮，如图2-49所示。完成后的效果如图2-50所示。

图 2-49　　　　　图 2-50

 实例秘诀

当画面中包含像素空白区域时，"裁切"窗口中的"透明像素"选项才能被激活，选择该选项后单击"确定"按钮，如图2-51所示。裁剪后只保留带有像素的区域，但画板仍然为矩形，如图2-52所示。

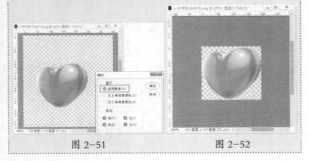

图 2-51　　　　　图 2-52

实例：旋转照片到正确的角度

文件路径	第2章\旋转照片到正确的角度
技术掌握	图像旋转

扫一扫，看视频

实例说明：

使用相机拍摄照片时，有时会由于相机朝向使照片产生横向或竖向效果。这些问题可以通过"图像→图像旋转"子菜单中的相应命令来解决。

实例效果：

实例对比效果如图2-53和图2-54所示。

图 2-53　　　　　图 2-54

操作步骤：

步骤 01 打开图像后可以发现本应该垂直显示的图像此时为横向显示，如图2-55所示。执行"图像→图像旋转→逆时针旋转90度"菜单命令，图像变成了垂直显示，效果如图2-56所示。

图 2-55　　　　　图 2-56

步骤 02 继续执行"图像→图像旋转→水平翻转画布"菜单命令可以调整画面构图，效果如图2-57所示。

图 2-57

 实例秘诀

如果想要将图像旋转特定角度，可以执行"图像→图像旋转→任意角度"菜单命令，在弹出的"旋转画

中文版Photoshop 2024完全案例教程（微课视频版）

布"窗口中输入特定的旋转角度，并设置旋转方向为"度顺时针"或"度逆时针"。旋转之后，画面中多余的部分被填充为当前的背景色。

2.2 掌握图层的基本操作

Photoshop是一款以"图层"为基本操作单位的制图软件。换句话说，"图层"是在Photoshop中进行一切操作的载体。顾名思义，图层就是图+层，图即图像，层即分层、层叠。简而言之，就是以分层的形式显示图像。

在"图层"模式下，操作起来非常方便、快捷。如果要在画面中添加一些元素，可以新建一个空白图层，然后在新的图层中绘制内容。这样新绘制的图层不仅可以随意移动位置，还可以在不影响其他图层的情况下进行内容的编辑。

除了方便操作以及图层之间互不影响外，Photoshop的图层之间还可以进行"混合"。

执行"窗口→图层"菜单命令，打开"图层"面板，如图2-58所示。"图层"面板常用于新建图层、删除图层、选择图层、复制图层等，还可以进行图层混合模式的设置，以及添加和编辑图层样式等。

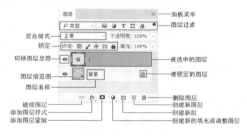

图 2-58

选项解读："图层"面板

图层过滤：用于筛选特定类型的图层或查找某个图层。在左侧的下拉列表框中可以选择筛选方式，在其列表右侧可以选择特殊的筛选条件。单击最右侧的●按钮，可以启用或关闭图层过滤功能。

锁定：选中图层，单击"锁定透明像素"按钮❏，可以将编辑范围限制为只针对图层的不透明部分；单击"锁定图像像素"按钮✔，可以防止使用绘画工具修改图层的像素；单击"锁定位置"按钮✛，可以防止图层的像素被移动；单击"防止在画板和画框外自动嵌套"按钮❏，可以防止在画板内外自动嵌套；单击"锁定全部"按钮🔒，

可以锁定透明像素、图像像素和位置，处于这种状态下的图层将不能进行任何操作。

设置图层混合模式：用来设置当前图层的混合模式，使之与下面的图像产生混合。在该下拉列表框中提供了很多的混合模式，选择不同的混合模式，产生的图层混合效果不同。

设置图层不透明度：用来设置当前图层的不透明度。

设置填充不透明度：用来设置当前图层的填充不透明度。该选项与"不透明度"选项类似，但是不会影响图层样式效果。

处于显示👁/隐藏▢状态的图层：当该图标显示为👁时表示当前图层处于可见状态，而显示为▢时则处于不可见状态。单击该图标，可以在显示与隐藏之间进行切换。

链接图层👄：选择多个图层后，单击该按钮，所选的图层会被链接在一起。被链接的图层可以在选中其中某一图层的情况下进行共同移动或变换等操作。当链接多个图层以后，图层名称的右侧就会显示链接标志。

添加图层样式 fx：单击该按钮，在弹出的菜单中选择一种样式，可以为当前图层添加该样式。

创建新的填充或调整图层◑：单击该按钮，在弹出的菜单中选择相应的命令，即可创建填充图层或调整图层。此按钮主要用于创建调色调整图层。

创建新组▢：单击该按钮，即可创建出一个图层组。

创建新图层⊞：单击该按钮，即可在当前图层的上一层新建一个图层。

删除图层🗑：选中图层后，单击该按钮，可以删除该图层。

实例：复制图层制作多层次重叠效果

文件路径	第2章\复制图层制作多层次重叠效果
技术掌握	选择图层、调整上下顺序、复制图层、移动图层

扫一扫，看视频

实例说明：

在进行设计制图的过程中，有一些元素会重复使用，以此来达到某种效果。如果一个一个地进行绘制不仅会浪费大量的时间，而且也不能保证制作出来的图形效果完全相同。所以，就要借助"图层"这个功能，将相同的图层进行复制来制作多层次的重叠效果，让设计整体协调统一。

实例效果:

实例效果如图2-59所示。

图 2-59

操作步骤:

步骤 01 打开素材1,此时可以看到该文档中包含背景图层和文字图层,如图2-60所示。

图 2-60

步骤 02 执行"文件→置入嵌入对象"菜单命令,将素材2置入画面,然后按住Shift键拖曳控制点进行等比缩小,如图2-61所示。接着按Enter键完成素材置入,然后右击执行"栅格化图层"命令,将该素材图层进行栅格化处理。

图 2-61

步骤 03 调整图层顺序。选择素材2所在的图层,按住鼠标左键不放并向下拖曳,如图2-62所示。将其移动至文字图层下方位置,松开鼠标即可完成图层顺序的调整,

然后将图形向左移动,效果如图2-63所示。

图 2-62　　　　　　　　图 2-63

步骤 04 选择素材2所在的图层,使用快捷键Ctrl+J将其复制一份,如图2-64所示。

图 2-64

选项解读:"图层"面板基本操作

选择一个图层: 单击图层名称或缩览图,即可将其选中。

选择多个图层: 按住Ctrl键的同时单击其他图层名称部分,即可选中多个图层。

取消选择图层: 在"图层"面板空白处单击鼠标左键,即可取消选择所有图层。

新建图层: 在"图层"面板底部单击"创建新图层"按钮 ➕,即可在当前图层的上一层新建一个图层。

删除图层: 如果画面中没有选区,直接按Delete键即可删除所选图层。

复制图层: 选中图层后,通过快捷键Ctrl+J快速复制图层。如果包含选区,则可以快速将选区中的内容复制为独立图层。

调整图层顺序: 在"图层"面板中按住鼠标左键并向上层或向下层拖曳即可调整图层顺序。

移动图层: 选择图层,使用工具箱中的"移动工具",按住鼠标左键并拖曳即可移动图层。

移动并复制: 在使用"移动工具"移动图像时,按住Alt键拖曳图像,可以复制图层。

图层组: 单击"图层"面板底部的"创建新组"按

中文版Photoshop 2024完全案例教程（微课视频版）

钮 ，即可创建一个新的图层组。接着可以将图层移动到该组中。将图层组中的图层拖曳到组外，就可以将其从图层组中移出。

　　合并图层：想要将多个图层合并为一个图层，可以在"图层"面板中单击选中某一个图层，然后按住Ctrl键加选需要合并的图层，执行"图层→合并图层"命令或按快捷键Ctrl+E。

　　盖印：盖印可以将多个图层的内容合并到一个新的图层中，同时保持其他图层不变。选中多个图层，然后按快捷键Ctrl+Alt+E，可以将这些图层中的图像盖印到一个新的图层中，而原始图层的内容保持不变。

步骤 05 单击工具箱中的"移动工具"按钮，按住鼠标左键并向右拖曳，效果如图2-65所示。

图2-65

步骤 06 继续对图层进行多次复制，并调整图形在画面中的位置。实例完成效果如图2-66所示。

图2-66

> 🤖 **提示：快速切换到移动工具的方法**
> 　　移动是设计制图过程中经常使用的操作，在使用其他工具时，按住Ctrl键即可切换到移动工具，松开Ctrl键即可切换回之前的工具。

实例：对齐与分布制作波点图案

文件路径	第2章\对齐与分布制作波点图案
技术掌握	复制图层、移动复制图层、对齐图层、分布图层、图层编组、合并图层

扫一扫，看视频

实例说明：

　　在版面的编排中，有一些元素是必须要进行对齐的，如界面设计中的按钮、版面中规律分布的图案等。那么如何快速、精准地进行对齐呢？使用"对齐"功能可以将多个图层对象排列整齐。使用"分布"功能可以将所选的图层以上下、左右两端的对象为起点和终点，将所选图层在这个范围内进行均匀地排列，得到具有相同间距的图层。

实例效果：

　　实例效果如图2-67所示。

图2-67

操作步骤：

步骤 01 执行"文件→新建"菜单命令，新建一个大小合适的空白文档。单击工具箱中的"椭圆工具"，在选项栏中设置绘制模式为"形状"，"填充"为红色，"描边"为无，设置完成后在画面中单击，在弹出的"创建椭圆"窗口中设置"宽度"和"高度"均为100像素，设置完成后单击"确定"按钮，如图2-68所示。

步骤 02 绘制一个正圆，并将正圆移动至画面左上角的位置，如图2-69所示。

图2-68　　　　　　　图2-69

步骤 03 选择素材图层，将光标放在图形上方，使用"移动工具"，按住Alt键的同时按住鼠标左键不放并向右移动，如图2-70所示。释放鼠标即可完成图形的复制，效果如图2-71所示。

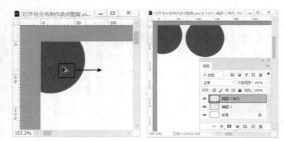

| 图2-70 | 图2-71 |

步骤 04 继续按住Alt键复制图形并向右移动，完成多个复制后，效果如图2-72所示。

图2-72

步骤 05 此时画面中的图形参差不齐，需要进行对齐与分布。按住Ctrl键依次加选各个图层，如图2-73所示。

步骤 06 单击工具箱中的"移动工具"，单击选项栏中的…按钮，在下拉面板中单击"顶对齐"和"水平居中分布"按钮，对图形进行对齐与分布设置，如图2-74所示。

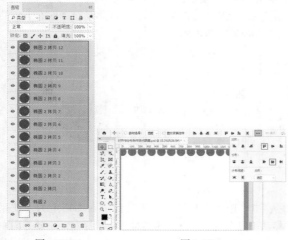

| 图2-73 | 图2-74 |

选项解读：对齐、分布

顶对齐 ⊤：将所选图层顶端的像素与当前顶端的像素对齐。

垂直居中对齐 ⊪：将所选图层的中心像素与当前图层垂直方向的中心像素对齐。

底对齐 ⊥：将所选图层的底端像素与当前图层底端的中心像素对齐。

左对齐 ⊢：将所选图层的中心像素与当前图层左边的中心像素对齐。

水平居中对齐 ≢：将所选图层的中心像素与当前图层水平方向的中心像素对齐。

右对齐 ⊣：将所选图层的中心像素与当前图层右边的中心像素对齐。

垂直顶部分布 ≛：平均每一个对象顶部基线之间的距离。

垂直居中分布 ≛：平均每一个对象水平中心基线之间的距离。

底部分布 ⊫：平均每一个对象底部基线之间的距离。

左分布 ⊪：平均每一个对象左侧基线之间的距离。

水平居中分布 ≢：平均每一个对象垂直中心基线之间的距离。

右分布 ≢：平均每一个对象右侧基线之间的距离。

步骤 07 在当前各个图层被加选的状态下，使用快捷键Ctrl+G进行编组，如图2-75所示。

步骤 08 选择编组的图层组，使用快捷键Ctrl+J将其复制一份。然后选择复制得到的图层组，使用"移动工具"，将该组内的图形先向下移动再向右移动，效果如图2-76所示。

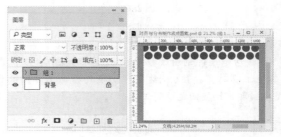

| 图2-75 | 图2-76 |

步骤 09 按住Ctrl键依次加选两个图层组，使用快捷键Ctrl+J将其复制一份，并将复制得到的图形整体向下移动，如图2-77所示。

中文版Photoshop 2024完全案例教程（微课视频版）

步骤 10 使用同样的方式复制图层组并将图形向下移动，直至图形铺满整个画面，效果如图2-78所示。

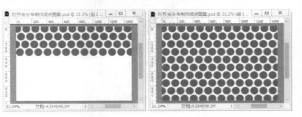

图2-77　　　　　　图2-78

步骤 11 将素材置入画面，调整大小后放在画面中间位置并将该图层进行栅格化处理。此时本实例制作完成，效果如图2-79所示。

图2-79

实例：删除图像局部制作照片边框

文件路径	第2章\删除图像局部制作照片边框
技术掌握	矩形选框工具、删除画面局部

扫一扫，看视频

实例说明：

在制图的过程中，有时需要对素材进行局部删除来得到特定的效果，如制作照片边框、镂空设计等。怎么才能对图像局部进行删除呢？在删除之前首先制作出需要删除部分的选区。如果删除部分为规则图形，可以借助"矩形选框工具组"来绘制选区，然后再进行删除操作；如果是较为复杂且不规则的区域，此时则可以借助"钢笔工具""套索工具组"等进行操作。具体工具的选用还要与实际情况相结合。

实例效果：

实例效果如图2-80所示。

图2-80

操作步骤：

步骤 01 执行"文件→打开"菜单命令将素材1打开。接着执行"文件→置入嵌入对象"菜单命令将素材2置入画面，如图2-81所示。调整大小使其充满整个画面并将该图层进行栅格化处理，如图2-82所示。

图2-81　　　　　　图2-82

步骤 02 此时素材2完全遮挡住了照片，需要将中间的部分进行删除，以便于显示出底层照片。选择工具箱中的"矩形选框工具"，按住鼠标左键自左上向右下拖曳，绘制矩形选区，如图2-83所示。

图2-83

步骤 03 选中素材2所在图层，按Delete键将选区内的图形删除，如图2-84所示，然后使用快捷键Ctrl+D取消选区。

步骤 04 将文字素材3置入画面，调整大小放在背景画面中下的位置并将该图层进行栅格化处理。此时本实例制作完成，效果如图2-85所示。

图2-84　　　　　　　　　图2-85

 实例秘诀

删除普通图层和删除背景图层局部的区别在于：删除普通图层的局部图像可以直接使用选框工具绘制选区，然后按Delete键进行删除；而删除背景图层的局部图像时，首先需要按住Alt键的同时双击背景图层将其转换为普通图层，再绘制选区进行局部图像的删除。

实例：调整图层位置将横版广告变为竖版广告

文件路径	第2章\调整图层位置将横版广告变为竖版广告
技术掌握	旋转图像、自由变换、移动图层、隐藏图层

扫一扫，看视频

实例说明：

在制作平面广告时，因为广告投放的场地不同，需要对画面比例进行更改，如将横版画面改为竖版。如果直接进行旋转或者使用"画布大小"命令进行更改就容易产生变形、方向不对的问题。这时就需要将画面内容进行重新排版。当然前提是利用原有的PSD分层文件，只需移动画面元素的位置就可以了。

实例效果：

实例效果如图2-86所示。

图2-86

操作步骤：

步骤 01 执行"文件→打开"菜单命令，将分层文件素材打开，如图2-87所示。可以看到"图层"面板中包括多个图层，如图2-88所示。

图2-87　　　　　　　　　图2-88

步骤 02 执行"图像→图像旋转→逆时针90度"菜单命令，将图像整体逆时针旋转90度，画面变为竖版，如图2-89所示。

图2-89

中文版Photoshop 2024完全案例教程（微课视频版）

步骤 03 对画面中除了背景图层之外的其他对象进行位置与角度的调整。按住Ctrl键依次单击加选除了背景图层之外的其他图层，如图2-90所示。使用快捷键Ctrl+T调出定界框，在选项栏中输入旋转数值为90°，将图像旋转90°，按Enter键完成操作，如图2-91所示。

图2-90   图2-91

步骤 04 如果要调整位置，可以使用工具箱中的"移动工具" ⊕，在"图层"面板中单击"右上文字"图层，接着在画面中按住鼠标拖曳，将文字移动至画面的右上角位置，如图2-92所示。

步骤 05 继续使用"移动工具"将其他图形进行位置的移动，效果如图2-93所示。

图2-92   图2-93

提示：移动图层局部

如果要调整图层中部分内容的位置，可以使用选区工具绘制出特定范围，然后使用"移动工具"进行移动。

当选中的是背景图层，使用"移动工具"进行移动时，选区部分将会被移动且原选区位置被填充背景色。

步骤 06 通过操作已经将横版广告变为竖版，但其中有不再需要的图层，需要将其隐藏。选择"标题背景"图层，单击图层前方的眼睛按钮将其隐藏，如图2-94所示

示。相应地，在画面中也不再显示该图形，此时本实例制作完成，效果如图2-95所示。

图2-94   图2-95

实例秘诀

在使用"移动工具"移动对象的过程中，按住Shift键可以沿水平或垂直方向移动对象。

2.3 画板

在一个文档中可以创建多个画板，它就像一本书有很多页一样。在制作单幅的海报、网页这类作品时通常是不需要新建画板的，如果要制作多页画册或者两面都带有内容的设计项目时，就可以创建多个画板，这样在制作的时候互不影响，并且方便查看预览效果。例如，在制作VI画册时，通常会创建一个特定的版面格式，然后通过复制的方法添加到其他画板中，快速得到统一的效果。

实例：创建用于制作名片的画板

文件路径	第2章\创建用于制作名片的画板
技术掌握	画板工具

扫一扫，看视频

实例说明：

制作类似名片、传单等双面都带有内容的设计项目时，创建两个画板是非常方便的做法。可以首先创建一个带有画板的文档，然后复制出一个相同的画板。

在本实例中就是在两个画板中分别制作名片正反两面的内容。

实例效果：

实例效果如图2-96所示。

图 2-96

操作步骤：

步骤 01 执行"文件→新建"菜单命令，在弹出的"新建文档"窗口中设置"宽度"为9厘米，"高度"为5.5厘米，"分辨率"为300像素/英寸，勾选"画板"选项，设置完成后单击"创建"按钮，如图 2-97 所示。

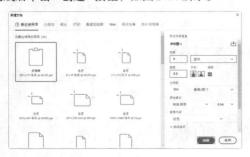

图 2-97

步骤 02 此时创建出的文档自动带有一个画板，且"图层"面板中出现"画板1"，单击选择该画板，如图 2-98 所示。

图 2-98

步骤 03 单击移动工具组中的"画板工具"按钮，此时画板1的四周出现圆形加号，单击右侧的加号，如图 2-99 所示。

图 2-99

步骤 04 此时在已有画板右边会自动创建出一个具有相同尺寸的画板，如图 2-100 所示。

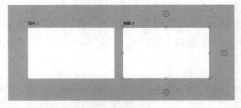

图 2-100

步骤 05 向画板中添加名片的正反面内容。单击选择画板1，执行"文件→置入嵌入对象"菜单命令，将素材1置入画板1。调整大小使其充满整个画面，如图 2-101 所示。然后按Enter键完成置入，并将该图层进行栅格化处理。

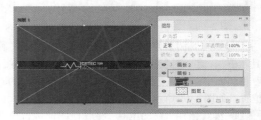

图 2-101

步骤 06 单击选择画板2，执行"文件→置入嵌入对象"菜单命令，将素材2置入画面，如图 2-102 所示。按Enter键完成置入，并将该图层进行栅格化。

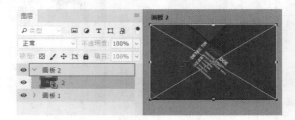

图 2-102

步骤 07 此时本实例制作完成，最终效果如图 2-103 所示。

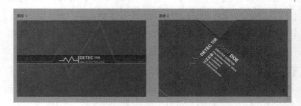

图 2-103

实例：创建不同用途的画板

文件路径	第2章\创建不同用途的画板
技术掌握	画板工具

扫一扫，看视频

实例说明：

产品包装袋的平面图通常具有特定的尺寸，而展示效果的版面尺寸与平面图尺寸也不相同，所以可以尝试在同一个文档中创建不同大小的画板，用来分别制作平面图和展示效果。

实例效果：

实例对比效果如图2-104和图2-105所示。

图 2-104

图 2-105

操作步骤：

步骤 01 创建包装平面图的画板。执行"文件→新建"菜单命令，在弹出的"新建文档"窗口中设置"宽度"为25厘米，"高度"为12厘米，勾选"画板"选项，设置完成后单击"创建"按钮，如图2-106所示。

步骤 02 此时创建出的文档自动带有一个画板，且"图层"面板中出现"画板1"，单击选择该画板，如图2-107所示。

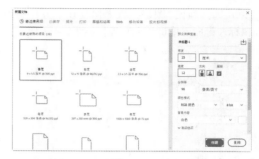

图 2-106

图 2-107

步骤 03 创建展示效果的画板。单击移动工具组中的"画板工具"按钮，此时画板1的四周出现圆形加号，单击下方的加号按钮，如图2-108所示。

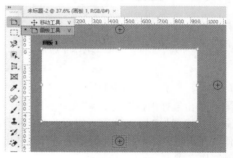

图 2-108

步骤 04 此时在已有画板下方会自动创建出一个具有相同尺寸的画板，如图2-109所示。

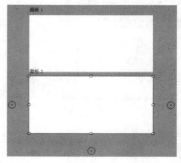

图 2-109

步骤 05 选择画板2图层，将光标放在下方控制点上，按住鼠标左键向下拖曳扩大画板，如图2-110所示。

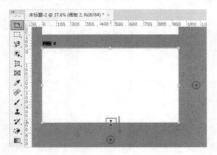

图 2-110

步骤 06 向画板中添加包装平面图和效果图的内容。单击选择画板1，执行"文件→置入嵌入对象"菜单命令，将素材1置入画面，如图2-111所示。调整大小使其充满整个画板，并将该图层进行栅格化处理。

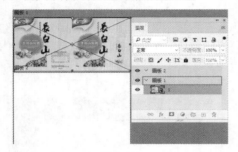

图 2-111

步骤 07 单击选择画板2，执行"文件→置入嵌入对象"菜单命令，将素材2置入画面，如图2-112所示。调整大小使其充满整个画板，并将该图层进行栅格化，此时本实例制作完成。

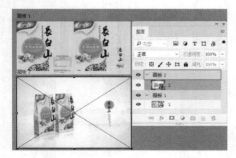

图 2-112

 实例秘诀

如果要设定精确的画板尺寸，可以在选择画板后，

在选项栏中进行尺寸的设定，如图2-113所示。

图 2-113

2.4 剪切/复制/粘贴图像

剪切、复制、粘贴相信大家都不陌生，剪切是将某个对象暂时存储到剪贴板备用，并从原位置删除；复制是保留原始对象并复制到剪贴板中备用；粘贴则是将剪贴板中的对象提取到当前位置。

实例：使用复制粘贴制作照片拼图

文件路径	第2章\使用复制粘贴制作照片拼图
技术掌握	拷贝、粘贴

扫一扫，看视频

实例说明：

当我们要使用画面中的某个部分时，可以通过复制、粘贴的方式将这个局部复制为独立的图层并进行调整。这两个命令非常常用，一定要熟记其快捷键。

实例效果：

实例效果如图2-114所示。

图 2-114

操作步骤：

步骤 01 打开背景素材1，素材中自带参考线（参考线为虚拟对象，将文档存储为.jpg格式时自动消失）。可以按照参考线的位置摆放图片，如图2-115所示。置入素材2.jpg并栅格化，如图2-116所示。

图 2-115　　　　　　图 2-116

步骤 02 单击工具箱中的"矩形选框工具"按钮，按照参考线的位置，按住鼠标左键自左上向右下拖曳绘制一个矩形选区，如图 2-117 所示。接着执行"编辑→拷贝"菜单命令(快捷键Ctrl+C)，再执行"编辑→粘贴"菜单命令(快捷键Ctrl+V)，粘贴选区里的内容为独立图层。

图 2-117

> 🦉 **提示：为什么要绘制选区**
>
> 　　当我们想要对图层的局部进行操作时，就需要以"选区"的形式"告知"软件，此区域范围内是要进行操作的内容。例如，此处要对局部进行复制，就需要将要复制的区域覆盖在选区范围内，所以需要绘制选区。

步骤 03 "图层"面板中出现新图层，此时由于复制粘贴位置相同，所以在画面中无法观察到效果，隐藏原始人物图层，如图 2-118 所示。使用快捷键Ctrl+D取消选区，效果如图 2-119 所示。

图 2-118　　　　　　图 2-119

步骤 04 继续置入素材 3，缩放到合适大小并摆放在右下角。同样绘制一个矩形选区，如图 2-120 所示。接着可以使用更加便捷的复制图层的快捷键Ctrl+J，直接将选区内的部分粘贴为独立图层。隐藏原图层，效果如图 2-121 所示。

图 2-120　　　　　　图 2-121

步骤 05 使用同样的方法将素材 3 摆放在不同的位置，并缩放到不同的比例，复制出另外两个部分的细节，此时本实例制作完成，效果如图 2-122 所示。

图 2-122

实例秘诀

在对图形使用快捷键Ctrl+C复制、使用快捷键Ctrl+V进行粘贴时，复制的图形会在原始图形上方，但不会重合。如果要进行原位粘贴，让两个图形完全重合在一起，可以使用快捷键Shift+Ctrl+V。

实例：使用剪切粘贴制作碎片效果

文件路径	第2章\使用剪切粘贴制作碎片效果
技术掌握	剪切、粘贴

实例说明：

在一些具有创意的画面中，我们经常会看到将人物或物品进行碎片化分割，形成错落的视觉效果。这种效果可以通过在一幅完整的图像上对局部进行剪切、粘贴，再经过位置的移动来制作，从而形成分离破碎的效果。

实例效果：

实例效果如图2-123所示。

图 2-123

操作步骤：

步骤 01 执行"文件→打开"菜单命令，将素材1打开。接着选择背景图层，使用快捷键Ctrl+J将其复制一份，如图2-124所示。

图 2-124

步骤 02 选择复制得到的图层，单击工具箱中的"矩形选框工具"，从画面一侧按住鼠标左键自左上向右下拖曳绘制一个矩形选区，如图2-125所示。

图 2-125

实例秘诀

当我们想要向图像中添加一些绘制的元素时，最好创建新的图层，这样可以避免绘制失误而对原图产生影响。

在对数码照片进行修饰时，建议复制背景图层后进行操作。这样可以避免由于操作不当而无法还原的情况。

步骤 03 在当前选区状态下，执行"编辑→剪切"菜单命令（快捷键Ctrl+X）将图形剪切，接着执行"编辑→粘贴"菜单命令（快捷键Ctrl+V）将其进行粘贴，区域内的部分形成一个独立图层，如图2-126所示。

图 2-126

步骤 04 选择粘贴得到的图层，使用"移动工具"将图形向上移动，与原始图形形成错落效果，如图2-127所示。

图 2-127

步骤 05 选择剪切、粘贴的图层，按住Ctrl键的同时单击该图层的缩览图载入选区，如图2-128所示。然后在使用"矩形选框工具"的状态下，将光标放在选区内并按住鼠标左键向下拖曳，将选区向下移动到颈部，如图2-129所示。

图 2-128   图 2-129

步骤 06 在当前选区状态下，选择复制得到的背景图层，使用快捷键Ctrl+X进行剪切，使用快捷键Ctrl+V进行粘贴。然后将得到的图形进行位置的移动，效果如图2-130所示。

图 2-130

步骤 07 使用同样的方式继续剪切粘贴出其他图形，并错落摆放，效果如图2-131所示。然后将素材2置入画面，调整大小并将其进行栅格化处理。此时本实例制作完成，效果如图2-132所示。

图 2-131   图 2-132

实例秘诀

此处使用的选区为相同大小的选区，可以在第一个部分移动完成后载入当前选区。接着在使用"矩形选框工具"的状态下将光标放在选区内，按住鼠标左键向上或向下拖曳进行选区的移动，然后经过剪切、粘贴成独立的图层。这样可以让整体效果协调一致。

在移动时需注意，一定是在使用选框工具的状态下移动选区。如果使用"移动工具"，则移动的是像素而不是选区。

2.5 变换与变形

在"编辑"菜单中提供了多种对图层进行各种变形的命令："内容识别缩放""操控变形""透视变形""自由变换""变换"（"变换"命令与"自由变换"命令的功能基本相同，使用"自由变换"更方便一些）"自动对齐图层""自动混合图层"等，如图2-133所示。

图 2-133

实例：自由变换制作立体书籍

文件路径	第2章\自由变换制作立体书籍
技术掌握	缩放、旋转、扭曲

扫一扫，看视频

实例说明：

在制图过程中，经常需要调整图层的大小、角度，有时也需要对图层的形态进行扭曲、变形，这些都可以通过"自由变换"命令来实现。选中需要变换的图层，执行"编辑→自由变换"菜单命令（快捷键Ctrl+T）即可进入自由变换状态。

实例效果：

实例效果如图2-134所示。

图2-134

操作步骤：

步骤 01 首先将素材1打开。接着执行"文件→置入嵌入对象"命令，将素材2置入画面，按Enter键完成置入，如图2-135所示。执行"编辑→自由变换"菜单命令，接着单击选项栏中的 ∞ 按钮使其处于激活状态，然后向内移动控制点即可进行等比缩小（在当前状态下可以按住Shift键拖动控制点进行不等比变形），如图2-136所示。

图2-135　　　　图2-136

步骤 02 在当前调整状态下，将光标放在定界框右上角控制点的外部，按住鼠标左键将该图形进行适当的旋转，如图2-137所示。

图2-137

步骤 03 将素材图形进行扭曲变形，使其与立体书籍的封面轮廓相吻合。为了让操作起来更加方便，首先在

"图层"面板中适当降低该图层的不透明度，如图2-138所示。然后右击执行"扭曲"命令，将光标放在定界框右上角的控制点上，按住鼠标左键向左下角拖曳，如图2-139所示。

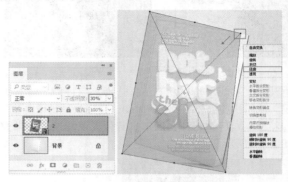

图2-138　　　　　　　图2-139

选项解读：自由变换

放大、缩小：按住鼠标左键并拖曳定界框上、下、左、右边框上的控制点，即可进行等比放大或缩小的操作。如果要进行不等比的变换可以按住Shift键拖动控制点。

旋转：将光标移动至4个角点处的任意一个控制点上，当其变为弧形的双箭头形状后，按住鼠标左键拖动即可进行旋转。

斜切：在自由变换状态下，右击执行"斜切"命令，然后按住鼠标左键拖曳控制点，即可看到变换效果。

扭曲：在自由变换状态下，右击执行"扭曲"命令，按住鼠标左键拖曳上、下控制点，可以进行水平方向的扭曲；按住鼠标左键拖曳左、右控制点，可以进行垂直方向的扭曲。

透视：在自由变换状态下，右击执行"透视"命令，拖曳一个控制点即可产生透视效果。

变形：在自由变换状态下，右击执行"变形"命令，拖动控制点进行变形，还可以创建变形网格线，拖动网格线也能进行变形。

步骤 04 在当前扭曲变形的状态下，使用同样的方式对其他3个角进行调整，使其与立体书籍的封面轮廓相吻合，如图2-140所示。

步骤 05 将图层的不透明度恢复到100%的状态，如图2-141所示。操作完成后按Enter键完成扭曲变形，并将该图层进行栅格化处理。

图 2-140　　　　　图 2-141

步骤 06 为了使封面图与书籍的明暗相匹配，可以选择该图层，设置"混合模式"为"正片叠底"。此时本实例制作完成，效果如图 2-142 所示。

图 2-142

> **实例秘诀**
>
> 背景图层无法直接进行自由变换、内容识别缩放等操作，但普通图层可以。对于背景图层可以通过按住Alt键双击背景图层将其转换为普通图层后进行操作。
>
> 由于立体书籍在素材图形下方，在进行扭曲变形时观察起来不是太方便，所以可以适当降低素材图形的不透明度，当操作完成后再恢复100%的状态即可。

实例：自由变换制作带有透视感的手机海报

文件路径	第2章\自由变换制作带有透视感的手机海报
技术掌握	自由变换、透视、缩放、复制并重复上一次自由变换

扫一扫，看视频

实例说明：

　　手机海报一般都会体现出科技感、时尚感，大面积的留白能够让海报看起来简约、大气，容易将视线聚集

到产品，而这时产品的摆放位置和摆放形式就变得非常重要。可以尝试将产品以带有一定透视的方式进行展示，增强画面空间感。在本实例中就是将手机进行透视，并将其进行复制呈现出重复构图的效果。

实例效果：

　　实例效果如图 2-143 所示。

图 2-143

操作步骤：

步骤 01 将素材1打开。执行"文件→置入嵌入对象"菜单命令，将素材2置入画面，并将该图层栅格化，如图 2-144 所示。

步骤 02 使用快捷键Ctrl+T调出定界框，右击执行"透视"命令，将光标放在定界框右上角的控制点上，按住鼠标左键向上拖曳，制作出透视效果，如图 2-145 所示。

图 2-144　　　　　图 2-145

步骤 03 在当前自由变换状态下，右击执行"缩放"命令，将光标放在定界框任意一个角的控制点上，按住鼠标左键拖曳，将图形进行等比例缩小，如图 2-146 所示。操作完成后按Enter键完成操作。

图 2-146

步骤 04 选择该图层，使用快捷键Ctrl+J将其复制一份，并将复制得到的图层向下移动一层。接着使用快捷键Ctrl+T调出定界框，然后将该图形进行等比缩小，并将该图形向右移动，如图2-147所示。操作完成后按Enter键完成操作。

图 2-147

步骤 05 使用复制并重复上一步自由变换快捷键Ctrl+Alt+Shift+T，即可得到按照上一次的变换规律（缩放比例和移动距离）变换得到的第3个立体透视手机，此时本实例制作完成，效果如图2-148所示。

图 2-148

实例：自由变换制作户外广告牌

文件路径	第2章\自由变换制作户外广告牌
技术掌握	扭曲

扫一扫，看视频

实例说明：

当户外广告作品制作完成后，为了使客户能够更直观地感受到广告的效果，通常会制作一个展示效果给客户观看。例如，可以拍摄广告投放场地的照片，并将制作好的平面图放在其中。而拍摄的广告牌大多都是带有透视关系的，想要将平面图放在带有透视关系的广告牌中，就需要进行扭曲操作。本实例就是将平面广告通过"扭曲"命令使其与广告牌外形轮廓相吻合。

实例效果：

实例效果如图2-149所示。

图 2-149

操作步骤：

步骤 01 首先将背景素材1打开。接着执行"文件→置入嵌入对象"菜单命令，将广告素材2置入画面，并将该图层进行栅格化处理，如图2-150所示。

步骤 02 选择素材2图层，适当降低该图层的不透明度，将下方的立体户外广告牌显示出来，以便于后续操作，如图2-151所示。

图 2-150　　　　　　图 2-151

步骤 03 使用快捷键Ctrl+T调出定界框，右击执行"扭曲"命令，将光标放在定界框右上角的控制点上，按住鼠标左键向左下角拖曳，如图2-152所示。

步骤 04 在当前扭曲状态下，同样对其他3个角的控制点进行操作，使其与户外广告牌的外形轮廓相吻合。操作完成后按Enter键完成操作。最后将图层的不透明度恢复为100%的状态。此时本实例制作完成，效果如图2-153所示。

中文版Photoshop 2024完全案例教程（微课视频版）

图 2-152

图 2-153

实例：自由变换制作倾斜的版式

文件路径	第2章\自由变换制作倾斜的版式
技术掌握	旋转

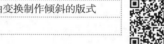

扫一扫，看视频

实例说明：

在平面设计作品中，中规中矩可能会造成沉闷、呆板的感觉，而避免这种呆板印象的方法之一就是添加倾斜的元素。在本实例中，色调和构图都给人活泼、轻松的感觉，所以可以尝试将商品素材进行旋转，制作倾斜的效果，既与背景相匹配，又可以活跃气氛。

实例效果：

实例效果如图2-154所示。

图 2-154

操作步骤：

步骤 01 打开背景素材1，如图2-155所示。接着置入饮品素材2并进行栅格化处理。由于背景的版面颜色被倾斜地切分为了两个部分，而新添加的饮品则是垂直摆

放的，搭配起来很不协调，所以需要对其进行旋转，如图2-156所示。

图 2-155

图 2-156

步骤 02 选择素材2图层，使用快捷键Ctrl+T调出定界框，将光标放在定界框右上角的控制点上，按住鼠标左键进行旋转，使饮品的倾斜角度与背景分界线的角度相匹配。同时，饮品瓶瓶身上的标志也基本水平，如图2-157所示。

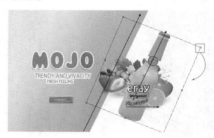

图 2-157

步骤 03 按Enter键完成素材2的旋转操作，然后置入素材3，调整其大小并放在饮料瓶瓶颈位置，最后将其栅格化。此时本实例制作完成，效果如图2-158所示。

图 2-158

实例秘诀

为什么不对实例中的文字进行倾斜处理？倾斜的版本可以体现出活泼、轻松，还可以体现出危险、不安、紧张。在本实例中倾斜的商品是视觉的重心，将观者的视线吸引到画面中，再去阅读文字内容。如果将文字全部进行倾斜，那么整个画面就失去了重心，找不到画面的重点。

实例：等比例缩小的卡通人物

文件路径	第2章\等比例缩小的卡通人物
技术掌握	自由变换、复制并重复上一步自由变换

扫一扫，看视频

实例说明：

在制图的过程中，有时需要制作多个重复且有规律变大、变小或旋转的对象。这时就需要先复制出一份，使用"自由变换"进行大小的调整，然后使用"复制并重复上一步自由变换"即可按照上一次变换的规律得到下一个重复并变换的对象。

实例效果：

实例效果如图2-159所示。

图 2-159

操作步骤：

步骤 01 打开带有两个图层的素材1，单击选择图层1，如图2-160所示。接着使用快捷键Ctrl+J复制该图层。使用快捷键Ctrl+T进入自由变换状态。将光标放在右上角的控制点上，向内拖曳进行等比例缩放，效果如图2-161所示。

图 2-160　　　　图 2-161

步骤 02 将光标放在定界框以内，按住鼠标左键向左移动，如图2-162所示。

步骤 03 移动完成后按Enter键完成操作，如图2-163所示。此时的缩放以及移动都会被记录下来，作为后面进行再次复制并自由变换的规律。

图 2-162　　　　　　　图 2-163

步骤 04 使用快捷键Ctrl+Alt+Shift+T即可得到按照上一次的变换规律（缩放比例和移动距离）变换得到的第3个卡通对象。此时本实例制作完成，效果如图2-164所示。

图 2-164

实例秘诀

如果重复多次使用该复制并自由变换命令，可以按照此规律得到一系列的对象，并且旋转、扭曲、透视、变形等自由变换操作都可以被记录为规律。

实例：制作超宽广告背景

文件路径	第2章\制作超宽广告背景
技术掌握	内容识别缩放、保护特定区域

扫一扫，看视频

实例说明：

当我们想要进行非等比缩放时，需要考虑画面主体物是否会变形的问题，而使用"内容识别缩放"功能则可以在较好地保护主体物在不变形的情况下缩放画面比例。这个功能常常应用于制作宽幅海报的背景，如网页广告、店招或者户外广告等。

实例效果：

实例效果如图2-165所示。

中文版Photoshop 2024完全案例教程（微课视频版）

图 2-165

操作步骤：

步骤 01 打开素材1，单击背景图层上的🔒，将其转换为普通图层。首先使用"裁剪工具"将光标放在左侧中间的控制点上按住鼠标左键向左拖曳，调整画面大小，如图 2-166 所示。完成后按Enter键完成操作。

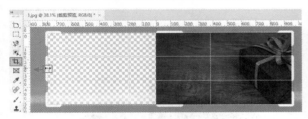

图 2-166

提示：为什么要将背景图层转换为普通图层

如果当前文档仍然包括背景图层，那么对画面尺寸进行放大时，多余的部分则会被填充上背景色而无法保持为透明，不利于后面的内容识别缩放的操作。

步骤 02 单击工具箱中的"矩形选框工具"按钮，在画面右侧礼物盒的位置绘制选区，如图 2-167 所示。

图 2-167

步骤 03 执行"选择→存储选区"菜单命令，在弹出的"存储选区"窗口中设置合适的名称，再单击"确定"按钮，如图 2-168 所示。然后使用快捷键Ctrl+D取消选区。当前选区内的范围将作为一个新的"通道"存储起来，而在后面进行缩放时，可以通过调用该通道对此范围内的部分进行保护，而使其免于变形。

图 2-168

步骤 04 执行"编辑→内容识别缩放"菜单命令，在选项栏中的"保护"下拉列表中选择通道1。然后将光标放在画面左侧中间位置的控制点上，由于此时选项栏中的长宽比已锁定，所以需要按住Shift键并按住鼠标左键，向左拖曳进行不等比的拉伸，使木纹背景填满空白区域，而右侧的礼盒没有发生变化，如图 2-169 所示。操作完成后按Enter键完成操作。

图 2-169

步骤 05 将素材2置入画面，并将其栅格化。此时置入的素材将下方的图形遮挡住，所以设置图层"混合模式"为"滤色"，将上下两个图层更好地融为一体，如图 2-170 所示。此时本实例制作完成，效果如图 2-171 所示。

图 2-170

图 2-171

实例秘诀

在使用"内容识别缩放"进行较大比例的缩放时，或者主体物与环境颜色较为接近时，为了避免主体物被破坏，都可以将主体物范围绘制出来并存储。只有这样，才能在"保护"下拉列表中找到存储的对象。

实例：调整人像照片的背景大小

文件路径	第2章\调整人像照片的背景大小
技术掌握	内容识别缩放、保护肤色

扫一扫，看视频

实例说明：

在我们的日常生活中，有时候拍摄的照片背景过大，需要适当地缩小。需要将背景缩小的同时保证人物不变形，这听起来似乎有一定的难度。但在Photoshop中可以通过"内容识别缩放"命令和"保护肤色"功能避免人物部分变形。

实例效果：

实例对比效果如图2-172和图2-173所示。

图 2-172　　　　　图 2-173

操作步骤：

步骤 01 打开素材1，单击背景图层上的🔒，将其转换为普通图层，如图2-174所示。

图 2-174

步骤 02 执行"编辑→内容识别缩放"菜单命令，在选项栏中取消长宽比的锁定状态，将光标放在画面左侧中

间的控制点上，按住鼠标左键向右拖曳，缩小人像照片的背景大小，如图2-175所示。

图 2-175

步骤 03 此时可以看到右侧手臂出现了变形的问题，如图2-176所示。

步骤 04 在"内容识别缩放"状态下，单击工具选项栏中的"保护肤色"按钮，此时人物手臂的变形问题被纠正了，如图2-177所示。操作完成后按Enter键完成操作，此时本实例制作完成。

图 2-176　　　　　图 2-177

实例秘诀

如果要缩放人像图片，可以在执行了"内容识别缩放"命令后，单击工具选项栏中的"保护肤色"按钮，然后进行缩放。这样可以最大限度地保证人物比例。

实例：制作奇特的扭曲文字

文件路径	第2章\制作奇特的扭曲文字
技术掌握	操控变形

扫一扫，看视频

实例说明：

"操控变形"命令通常用来修改人物的动作与发型、缠绕的藤蔓、变形的物体等。该命令通过可视网格，以添加控制点的方法扭曲图像。本实例将利用该命令制作变形的文字。

实例效果：

实例效果如图2-178所示。

图 2-178

操作步骤：

步骤 01 打开素材文件1，然后选择文字图层。接着执行"编辑→操控变形"菜单命令，此时文字会显示网格，如图2-179所示。

图 2-179

选项解读：操控变形

模式：选择"刚性"模式时，变形效果比较精确，但是过渡效果不是很柔和；选择"正常"模式时，变形效果比较准确，过渡也比较柔和；选择"扭曲"模式时，可以在变形的同时创建透视效果。

密度：用于设置网格的密度，共有"较少点""正常"和"较多点"3个选项。

扩展：用于设置变形效果的衰减范围。如果设置较大的像素值，变形网格的范围也会相应地向外扩展，变形之后，图像的边缘会变得更加平滑；如果设置较小的像素值，图像的边缘变化效果会显得很生硬。

显示网格：控制是否在变形图像上显示出变形网格。

图钉深度：用于调整"图钉"的上下顺序。

旋转：选择"自动"选项时，在拖曳"图钉"变形图像时，系统会自动对图像进行旋转处理（按住Alt键，将光标放置在"图钉"范围之外，即可显示出旋转变形框）；如果要设定精确的旋转角度，可以选择"固定"选项，然后在后面的文本框中输入旋转度数。

步骤 02 在网格上方通过单击添加多个"图钉"，如图2-180所示。接着选中"图钉"，然后按住鼠标左键拖曳进行操控变形，如图2-181所示。

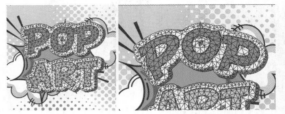

图 2-180　　　　　　　　图 2-181

步骤 03 继续对下方的文字进行操控变形操作，如图2-182所示。变形完成后按Enter键确定变形操作，效果如图2-183所示。

图 2-182　　　　　　　　图 2-183

实例秘诀

"图钉"添加得越多，变形的效果越精确。添加一个"图钉"并拖曳，可以进行移动，达不到变形的效果；添加两个"图钉"，会以其中一个"图钉"作为"轴"进行旋转。当然，添加"图钉"的位置也会影响到变形的效果。

实例：调整建筑物透视效果

文件路径	第2章\调整建筑物透视效果
技术掌握	透视变形

扫一扫，看视频

实例说明：

"透视变形"可以根据图像现有的透视关系进行透视的调整。当我们想要矫正某张带有明显透视问题的照片时，使用"透视变形"命令进行调整非常合适。

实例效果：

实例效果如图2-184所示。

图 2-184

操作步骤：

步骤 01 将素材1打开，使用快捷键Ctrl+J将背景图层复制一份。选择复制得到的背景图层，执行"编辑→透视变形"菜单命令，在画面中单击创建透视框，然后按照当前建筑透视的角度将4个控制点拖曳到相应位置，按Enter键提交操作，如图2-185所示。

图 2-185

步骤 02 在当前透视变形状态下，单击选项栏中的"变形"按钮，将光标放在左上角的控制点上，拖曳鼠标即可调整透视角度，如图2-186所示。

图 2-186

选项解读：透视变形

▥：自动拉直接近垂直的线段。

▤：自动拉平接近水平的线段。

田：自动进行水平和垂直变形。

步骤 03 使用同样的方式调整其他3个角的控制点，让有透视效果的建筑物呈现出平面化，如图2-187所示。

图 2-187

步骤 04 选择工具箱中的"裁剪工具"，裁切去掉多余部分，最终效果如图2-188所示。

图 2-188

实例秘诀

在进行透视变形时可以同时创建多个透视变形网格，首先需要创建一个透视变形网格并将其进行变形，然后在画面中按住鼠标左键拖曳，松开鼠标即可得到第2个透视变形网格，如图2-189所示。然后拖动控制点就可以对透视变形网格进行调整，如图2-190所示。

图 2-189   图 2-190

实例：拼接多张照片制作超宽幅风景图

文件路径	第2章\拼接多张照片制作超宽幅风景图
技术掌握	自动对齐图层

扫一扫，看视频

实例说明：

想要拍摄全景图时，由于拍摄条件的限制，可能要拍摄多张照片，然后通过后期进行拼接。使用"自动对齐图层"命令可以快速将多张图片组合成一张全景图。

实例效果：

实例效果如图2-191所示。

图 2-191

操作步骤：

步骤 01 执行"文件→新建"菜单命令，在弹出的"新建文档"窗口中，设置"宽度"为1500像素，"高度"为500像素，"分辨率"为72像素/英寸，"背景内容"为"透明"，然后单击"创建"按钮，如图2-192所示。

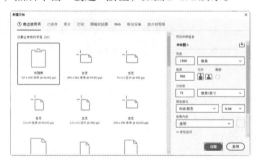

图 2-192

步骤 02 将风景素材1、2、3、4置入文档，并且保证每个图像之间有一部分是重叠的，如图2-193所示。

图 2-193

步骤 03 按住Ctrl键单击加选4个图层，然后右击执行"栅格化图层"命令，如图2-194所示。接着在加选图层的状态下执行"编辑→自动对齐图层"菜单命令，在弹出的"自动对齐图层"窗口中勾选"自动"选项，然后单击"确定"按钮，如图2-195所示。

图 2-194　　　　　　　图 2-195

步骤 04 完成自动对齐操作后在图像边缘会有空白区域，如图2-196所示。接着使用"裁剪工具"将空白区域裁剪掉，实例完成效果如图2-197所示。

图 2-196

图 2-197

实例秘诀

利用此功能制作全景图时，一定要保证所使用的多张照片拍摄角度一致，在文档中的排列顺序是正确的，且两张照片之间要有充足的重叠部分，否则可能无法拼接出正确的画面。

"自动对齐图层"功能需要针对普通图层进行操作，如果当前命令无法使用，则检查一下选中的图层是否为智能对象或背景图层。

实例：自动混合不同的画面

文件路径	第2章\自动混合不同的画面
技术掌握	自动混合图层（全景图）

扫一扫，看视频

实例说明：

　　"自动混合图层"功能可以自动识别画面内容，并根据需要对每个图层应用图层蒙版，以遮盖过度曝光、曝光不足的区域或内容差异。在本实例中使用了"自动混合图层"窗口中的"全景图"功能，将不同画面合成全景图效果，这种宽幅画面常应用于网页通栏广告、建筑围挡中。

实例效果：

　　实例效果如图2-198所示。

图 2-198

操作步骤：

步骤 01 打开素材1，单击背景图层上的 🔒，将其转换为普通图层。然后选择工具箱中的"裁剪工具"，在选项栏中取消勾选"删除裁剪的像素"选项，然后将画布横向放大，然后按Enter键确定裁剪操作，如图2-199所示。

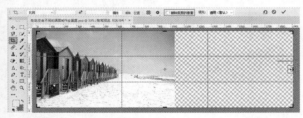

图 2-199

步骤 02 置入素材2，将其移动至画面的右侧，然后将图层栅格化，如图2-200所示。

图 2-200

步骤 03 按住Ctrl键单击加选"图层"面板中的两个图层，然后执行"编辑→自动混合图层"菜单命令，在弹出的"自动混合图层"窗口中勾选"全景图"选项，然后

单击"确定"按钮，如图2-201所示。

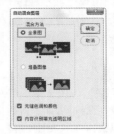

图 2-201

步骤 04 稍作等待，两张图片相接处被融合在一起，如图2-202所示。

图 2-202

 实例秘诀

　　使用"自动对齐图层"与"自动混合图层"都能够制作全景图，但是两者还是有一定区别的。使用"自动对齐图层"命令制作全景图只能对在同一场景下拍摄的照片进行，并且每张照片都需要有一部分是相同的；而使用"自动混合图层"则不同，不同场景、不同照片都可以进行混合，并且会适当地调色，让整个画面看起来更自然。

实例：自动混合多张图像制作深海星空

文件路径	第2章\自动混合多张图像制作深海星空
技术掌握	自动混合图层（堆叠图像）

扫一扫，看视频

实例说明：

　　"自动混合图层"窗口中的"堆叠图像"选项，能够筛选重叠区域中的最佳细节。例如，想将两张不同的照片合成为一张照片，那就可以使用这个功能。在本实例中是将两张图片进行自动混合，制作出鱼游在天空中的奇幻效果。

实例效果：

　　实例效果如图2-203所示。

图 2-203

操作步骤：

步骤 01 打开素材1，如图2-204所示。接着置入素材2，将素材2栅格化并且向上移动，覆盖住下方图像天空的部分，如图2-205所示。

图 2-204 　　　　图 2-205

步骤 02 单击背景图层后侧的 按钮，将背景图层转换为普通图层，如图2-206所示。按住Ctrl键单击加选这两个图层，接着执行"编辑→自动混合图层"菜单命令，在弹出的窗口中勾选"堆叠图像"选项，然后单击"确定"按钮，如图2-207所示。

图 2-206 　　　　图 2-207

步骤 03 稍等片刻完成自动混合图层的操作，可以看到两张图片颜色产生了混合，且主要的图像元素仍然被较好地保留下来了，效果如图2-208所示。

图 2-208

实例秘诀

使用"自动混合图层"功能时，对图片内容并没有太多的要求，但对颜色接近的图像进行混合时，效果会比较柔和。不同的图片混合可能会产生各种奇特的效果，可以进行多次尝试，以得到合适的效果。

2.6 常用辅助工具

Photoshop提供了多种方便、实用的辅助工具：标尺、参考线、智能参考线、网格、对齐等。使用这些工具，用户可以轻松制作出尺度精准的对象和排列整齐的版面。

实例：借助参考线规划杂志页面

文件路径	第2章\借助参考线规划杂志页面
技术掌握	标尺、参考线

扫一扫，看视频

实例说明：

标尺和参考线是版面设计中非常常用的辅助工具。例如，在制作对齐的元素时，徒手移动很难保证元素整齐排列。如果有了参考线，则可以在移动对象时自动"吸附"到参考线上，从而使版面更加整齐。除此之外，在制作一个完整的版面时，也可以先使用参考线将版面进行分割，之后再进行元素的添加。

实例效果：

实例效果如图2-209所示。

图 2-209

操作步骤：

步骤 01 执行"文件→新建"菜单命令，在弹出的"新建文档"中单击"打印"按钮，然后选择A3，设置"方向"为横向，单击"创建"按钮，如图2-210所示。

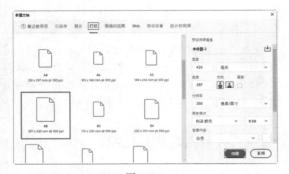

图 2-210

步骤 02 执行"视图→标尺"菜单命令（快捷键Ctrl+R），在文档窗口的顶部和左侧出现标尺，如图 2-211 所示。

图 2-211

步骤 03 执行"视图→参考线→新建参考线版面"菜单命令，在弹出的窗口中勾选"列"选项，然后设置"数字"为2，"装订线"为0像素；勾选"边距"，设置"上""右"为300像素，"左""下"为200像素，设置完成后单击"确定"按钮，如图 2-212 所示。此时参考线位置如图 2-213 所示。

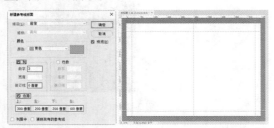

图 2-212   图 2-213

步骤 04 在左侧的标尺上按住鼠标左键向画面中间拖曳，创建出另外两条参考线，创建参考线时要参考顶部标尺的数值，如图 2-214 所示。

步骤 05 此时规划出了版心的区域，所有主要的内容都要摆放在这个区域内，如图 2-215 所示。

图 2-214   图 2-215

步骤 06 置入页眉素材1和2与页码素材3和4。将页眉与页码的内容摆放在参考线以外的位置，如图 2-216 所示。

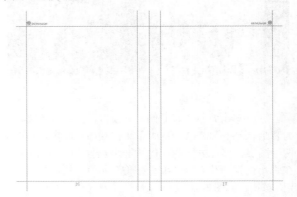

图 2-216

步骤 07 继续导入正文素材5以及图片素材6。将文章摆放在左侧页面的版心以内，右侧页面为满版图，图片摆放在整个页面即可，无须保留页边距的留白部分。到这里版面制作完成，如图 2-217 所示。

图 2-217

提示：启用"对齐"功能

在移动、变换或者创建新图形时，经常会感受到对象自动被"吸附"到另一个对象的边缘或者某些特定位置，这是因为开启了"对齐"功能。"对齐"有助于精确地放置选区，裁剪选框、切片、形状和路径等。执行"视图→对齐"菜单命令，可以切换"对齐"功能的开启与关闭。在"视图→对齐到"菜单下可以设置可对齐的对象。

实例：利用网格系统进行版面构图

文件路径	第2章\利用网格系统进行版面构图
技术掌握	网格

扫一扫，看视频

实例说明：

网格系统是利用垂直与水平的参考线将画面简化成有规律的格子，再依托这些格子作为参考以构建秩序性版面的一种设计手法。通过构建网格系统，我们可以有效地控制版面中的留白与比例关系，为元素提供对齐依据。通过网格能够精准定位图形、元素的位置，所以网格经常应用于标志设计、UI设计中。

实例效果：

实例效果如图2-218所示。

图 2-218

操作步骤：

步骤 01 打开背景素材1，接着执行"视图→显示→网格"菜单命令，显示出网格。后面的操作将以网格作为参考，摆放版面中的元素，如图2-219所示。

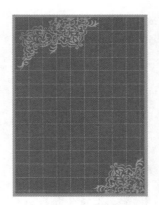

图 2-219

步骤 02 置入山水画素材2，使用"移动工具"将其向左移动，使其只显示在左侧3列网格中，如图2-220所示，效果如图2-221所示。

图 2-220

图 2-221

步骤 03 置入素材3，将其缩放到1列网格的宽度，8行网格的高度，摆放在画面中间，如图2-222所示。置入主体文字，缩放到宽高均为3个网格的大小，摆放在素材3上方的空缺处，如图2-223所示。

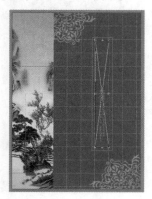

图 2-222

图 2-224

图 2-223

图 2-225

步骤 04 置入素材5，摆放在主题文字下方，间隔一个网格的位置，顶部与网格线平齐，如图2-224所示。最后执行"视图→显示→网格"菜单命令，隐藏网格，观察效果，如图2-225所示。

🦉 **实例秘诀**

默认情况下参考线为青色，智能参考线为洋红色，网格为灰色。如果正在编辑的文档与这些辅助对象的颜色非常相似，则可以更改参考线、网格的颜色。执行"编辑→首选项→参考线、网格和切片"菜单命令，在弹出的"首选项"对话框中可以选择合适的颜色，还可以选择线条类型。

Chapter
3
第 3 章

扫一扫，看视频

选区与填色

本章内容简介：

　　本章主要学习最基本也是最常见的选区绘制方法及基本操作，如移动、变换、显隐、存储等，在此基础上学习选区形态的编辑。学会了选区的使用方法后，我们可以对选区进行颜色、渐变以及图案的填充。

重点知识掌握：

- 掌握使用选框工具和套索工具创建选区的方法。
- 掌握颜色的设置以及填充方法。
- 掌握渐变的使用方法。
- 掌握选区的基本编辑操作。

通过本章的学习，我能做什么？

　　通过本章的学习，我们能够轻松地在画面中绘制一些简单的选区，如长方形选区、正方形选区、椭圆选区、正圆选区、细线选区、随意的选区以及随意并带有尖角的选区等。有了选区后就可以对选区内的部分进行单独操作，可以复制为单独的图层，也可以删除这部分内容，还可以为选区内部填充颜色等。

3.1 创建简单选区

在创建选区之前,首先我们来了解一下什么是"选区"。可以将"选区"理解为一个限定处理范围的"虚线框",当画面中包含选区时,选区边缘显示为闪烁的黑白相间的虚线框,如图3-1所示。这时,进行的操作只会对选区以内的部分起作用,如图3-2所示。

图 3-1　　　　　　　图 3-2

选区功能的使用非常普遍,无论是在照片修饰还是在平面设计制图过程中,经常遇到要对画面局部进行处理、在特定范围内填充颜色或者将部分区域删除的情况。这些操作都可以创建出选区,然后对选区进行操作。在Photoshop中包含多种选区制作工具,本节将要介绍的是一些最基本的选区绘制工具,通过这些工具可以绘制长方形选区、正方形选区、椭圆选区、正圆选区、细线选区、随意的选区及随意并带有尖角的选区等,如图3-3所示。除了这些工具,还有一些用于"抠图"的选区制作工具和技法,将在后面的章节中进行讲解。

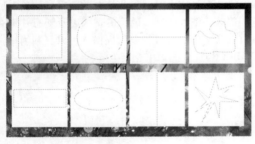

图 3-3

实例:绘制长方形选区更换屏幕画面

文件路径	第3章\绘制长方形选区更换屏幕画面
技术掌握	矩形选框工具、复制选区内图像

扫一扫,看视频 **实例说明:**

电脑壁纸、网页设计这类作品制作完成后,可以将制作好的画面摆放在电脑屏幕上,以模拟页面的展示效果。而电脑屏幕的尺寸是有限的,当作品的尺寸超过了屏幕的尺寸,这时就可以使用"矩形选框工具"沿着屏幕绘制一个矩形选区,然后将选区以外的作品内容删除,或将区域内的部分单独复制出来,这样就完成了展示效果的制作。

实例效果:

实例效果如图3-4所示。

图 3-4

操作步骤:

步骤 01 将电脑素材1打开,接着将壁纸素材2置入画面。调整大小放在背景画面电脑屏幕的上方位置,并将图层栅格化。此时可以发现壁纸素材2比屏幕大了许多,如图3-5所示。

图 3-5

步骤 02 选择素材2图层,在"图层"面板中适当地降低不透明度,如图3-6所示。当素材2图层变为半透明,就能够露出电脑屏幕来,这样就知道选区绘制的位置和大小了,如图3-7所示。

图 3-6　　　　　　　图 3-7

中文版Photoshop 2024完全案例教程(微课视频版)

步骤 03 选择工具箱中的"矩形选框工具"，在画面中按住鼠标左键拖曳绘制选区，如图3-8所示。选区绘制完成后将图层的不透明度恢复到100%状态。

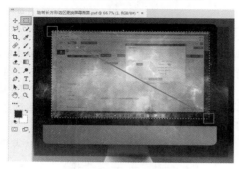

图 3-8

步骤 04 在当前选区状态下，使用快捷键Ctrl+J将其复制形成新图层，将该图层的不透明度调整为100%，并将壁纸素材2图层隐藏，如图3-9所示。此时对屏幕更换画面的操作就完成了，效果如图3-10所示。

图 3-9

图 3-10

实例：绘制正方形选区制作拍立得照片

文件路径	第3章\绘制正方形选区制作拍立得照片
技术掌握	矩形选框工具

扫一扫，看视频

实例说明：

单独展示一张照片难免单调，为了让画面效果更加丰富，通常会添加一些背景进行衬托。在本实例中就是将一张风景图片放在拍立得照片框中进行展示。通常拍立得照片画面四周有一定的留白，在本实例中就是通过选框工具保留画面的主体，去除多余的内容。

实例效果：

实例效果如图3-11所示。

图 3-11

操作步骤：

步骤 01 将背景素材1打开。接着将风景照片素材2置入画面，调整其大小并放在画面中间位置，然后将该图层进行栅格化处理，效果如图3-12所示。

图 3-12

步骤 02 选择工具箱中的"矩形选框工具"，在画面中按住Shift键的同时按住鼠标左键拖曳，绘制一个正方形的选区，如图3-13所示。

图 3-13

步骤 03 使用快捷键Ctrl+J将选区内的图形复制形成一个新图层，并将原图层隐藏，如图3-14所示。此时本实例制作完成，效果如图3-15所示。

图 3-14

图 3-15

中文版Photoshop 2024完全案例教程（微课视频版）

实例秘诀

使用"矩形选框工具"可以绘制任意大小的矩形选区，按住Shift键的同时按住鼠标左键拖曳，可以绘制正方形选区；按住快捷键Shift+Alt的同时按住鼠标左键拖曳，则可以绘制出以鼠标放置位置为中心的正方形选区。

实例：绘制一个长宽比例为1:2的矩形选区

文件路径	第3章\绘制一个长宽比例为1:2的矩形选区
技术掌握	矩形选框工具

扫一扫，看视频

实例说明：

在我们进行设计作品的制作时，有时需要固定长宽比例的选区，此时就可以在"矩形选框工具"的选项栏中设置宽度和高度的比例，设置完成后就可以绘制出该比例的矩形选区。

操作步骤：

将素材1打开，接着选择工具箱中的"矩形选框工具"，在选项栏中设置"样式"为"固定比例"，设置"宽度"为2，"高度"为1，设置完成后在画面中按住鼠标左键拖曳，绘制过程中会发现无论如何拖曳光标，矩形选区的长宽比始终保持该比例，如图3-16所示。

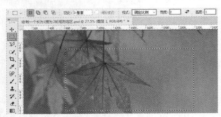

图3-16

 提示：绘制特定比例选区的注意事项

在使用"固定比例"绘制选区时，一定要注意长宽比例的设置，不要将两个比值弄反。如果设置反了，可以单击 ⇄ 按钮将比例互换。

实例：绘制一个300像素×500像素的矩形选区

文件路径	第3章\绘制一个300像素×500像素的矩形选区
技术掌握	矩形选框工具

扫一扫，看视频

实例说明：

在选项栏中设置了固定大小数值，在画面中单击即可出现该数值尺寸的矩形选区。

操作步骤：

步骤 01 将素材1打开，接着选择工具箱中的"矩形选框工具"，在选项栏的"样式"中选择"固定大小"，设置"宽度"为500像素，"高度"为300像素，设置完成后在画面中单击即可出现该大小的选区，如图3-17所示。

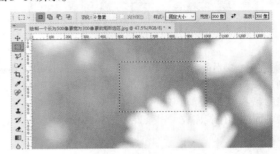

图3-17

步骤 02 在选区内按住鼠标并拖曳时，可以直接移动当前特定尺寸的选区。

 提示：为什么无法绘制随意尺寸的选区

如果在使用"矩形选框工具"绘制选区时无法绘制出想要大小的选区，需要在"样式"中将其切换为"正常"。

实例：绘制一个边缘羽化的矩形选区

文件路径	第3章\绘制一个边缘羽化的矩形选区
技术掌握	矩形选框工具、羽化、复制、粘贴

扫一扫，看视频

实例说明：

为了让图片融合到纯色的背景中，可以让图片的边缘虚化，产生柔和的过渡效果，这样融合的效果才会自然。在本实例中就是利用"羽化"选项制作出边缘虚化的选区，然后提取选区中的图像，使其自然地融合到纯色的背景中。

实例效果：

实例效果如图3-18所示。

图 3-18

操作步骤：

步骤 01 新建一个宽度为1500像素、高度为1000像素的空白文档。接着单击工具箱底部的前景色按钮，在弹出的"拾色器（前景色）"窗口中设置颜色为黄绿色，如图3-19所示。设置完成后单击"确定"按钮，然后使用前景色填充快捷键Alt+Delete进行填充，如图3-20所示。

步骤 02 将人物素材2置入画面，并将其栅格化，如图3-21所示。

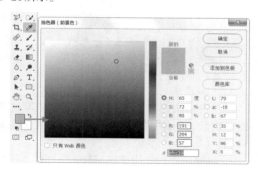

图 3-19

图 3-20

图 3-21

步骤 03 选择工具箱中的"矩形选框工具"，在选项栏中设置"羽化"为50像素，设置完成后在画面中按住鼠标左键并拖曳，绘制出矩形选区，如图3-22所示。松开鼠标后得到羽化的选区，如图3-23所示。

图 3-22

图 3-23

步骤 04 使用快捷键Ctrl+J将选区内的图形复制形成一个新图层，然后将原图层隐藏，如图3-24所示。

图 3-24

步骤 05 此时本实例制作完成，效果如图3-25所示。

图 3-25

实例秘诀

在设置"羽化"数值时，数值越大，产生的边缘虚化效果就越明显，但不是说数值越大越好，这要根据具体情况来定。如果羽化数值大于选区的尺寸，则会出现当前选区不可见的情况。

实例：绘制空心矩形选区并制作边框

文件路径	第3章\绘制空心矩形选区并制作边框
技术掌握	矩形选框工具、选区运算（从选区中减去）

扫一扫，看视频

实例说明：

在绘制选区时，该选区是一个"面"，如果想在这个选区内"开个洞"，让它出现镂空的选区效果，则需要进行选区的运算。在本实例中就是利用"从选区减去"制作图形的边框。

实例效果：

实例效果如图3-26所示。

图3-26

操作步骤：

步骤 01 将背景素材1打开。接着将素材2置入画面，调整其大小放在画面中间位置，将该图层进行栅格化处理，效果如图3-27所示。

图3-27

步骤 02 选择工具箱中的"矩形选框工具"，按住鼠标左键拖曳绘制一个矩形选区，如图3-28所示。在选项栏中单击"从选区减去"按钮，在已有选区内部按住鼠标左键绘制一个稍小的选区，如图3-29所示。释放鼠标得到了一个中空的选区。

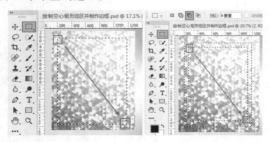

图3-28　　　　　　　图3-29

步骤 03 选区绘制完成后使用快捷键Ctrl+J将选区内的图形复制形成一个新图层，并将原始图层隐藏，效果如图3-30所示。

步骤 04 将人物素材3置入画面，调整大小并放在矩形框上方位置，将图层进行栅格化处理，效果如图3-31所示。

图3-30　　　　　　　图3-31

步骤 05 此时置入的人物素材有多余部分，需要将其删除。选择工具箱中的"矩形选框工具"，在选项栏中单击"添加到选区"按钮，设置完成后先绘制底部的矩形选区，如图3-32所示。在当前绘制状态下继续绘制左侧的选区，释放鼠标后两个选区即合并为一个选区，如图3-33所示。

图3-32　　　　　　　图3-33

步骤 06 在当前选区状态下，按Delete键即可将选区内的图形删除。使用快捷键Ctrl+D取消选区，效果如图3-34所示。

步骤 07 按住Ctrl键加选边框图层和人物图层，使用快捷键Ctrl+T调出定界框，将光标放在定界框右下角的控制点上，按住Shift键的同时按住鼠标左键逆时针旋转15°，如图3-35所示。按Enter键完成操作。

图3-34　　　　　　　图3-35

步骤 08 将文字素材4置入画面，调整大小放在画面中人物下方位置，然后将该图层进行栅格化处理。此时本实例制作完成，效果如图3-36所示。

图 3-36

实例：绘制圆形选区制作古典照片

文件路径	第3章\绘制圆形选区制作古典照片
技术掌握	椭圆选框工具

扫一扫，看视频

实例说明：

　　矩形的照片看腻了，本实例就来制作一个圆形的照片。这种圆形构图的照片给人一种古典、优雅的感觉，在一些古风的摄影作品中经常能够看到此类画面。

实例效果：

　　实例效果如图3-37所示。

图 3-37

操作步骤：

步骤 01 将照片素材1打开，然后在"图层"面板中单击"创建新图层"按钮，创建一个新的图层，如图3-38所示。

图 3-38

步骤 02 执行"编辑→填充"菜单命令或者按快捷键Shift+F5，在弹出的"填充"窗口中设置"内容"为"颜色"，在弹出的"拾色器（填充颜色）"窗口中设置颜色为淡红色，设置完成后单击"确定"按钮，如图3-39所示。接着在"填充"窗口中单击"确定"按钮，此时便在选区内填充了该颜色，如图3-40所示。

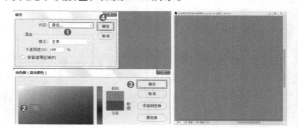

图 3-39　　　　　　图 3-40

步骤 03 单击工具箱中的"椭圆选区工具"按钮，按住Shift键的同时按住鼠标左键拖曳绘制一个正圆，如图3-41所示。

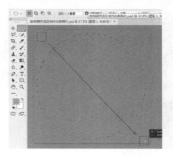

图 3-41

步骤 04 在当前选区状态下，按Delete键将选区内的图形删除，然后使用快捷键Ctrl+D取消选区。此时本实例制作完成，效果如图3-42所示。

图 3-42

实例：绘制"变异"的选区

文件路径	第3章\绘制"变异"的选区
技术掌握	矩形选框工具、椭圆选框工具、选区运算(添加到选区)、复制

扫一扫，看视频

实例说明：

　　选区既然能够"减"，当然也能够"加"。本实例使用"添加到选区"这个功能在画面中得到一个矩形选区和一个圆形选区，并通过这两个选区提取风景画中的两个区域。

实例效果：

　　实例效果如图3-43所示。

图 3-43

操作步骤：

步骤 01 将背景素材1打开。接着将风景照片素材2置

入画面，调整其大小并放在画面中间位置，将该图层进行栅格化处理，如图3-44所示。

步骤 02 在画面中绘制选区。选择素材2图层，适当降低不透明度，将背景画面显示出来。然后选择工具箱中的"椭圆选框工具"，在画面右上角按住Shift键的同时按住鼠标左键拖曳绘制一个正圆选区，如图3-45所示。

图 3-44　　　　　　　　　　图 3-45

步骤 03 在当前绘制状态下，选择工具箱中的"矩形选框工具"，在选项栏中单击"添加到选区"按钮，设置完成后在画面左边绘制矩形选区，得到了圆形和矩形共存的选区，如图3-46所示。此时需注意选区绘制完成后要将素材2的图层不透明度恢复到100%的状态。

图 3-46

步骤 04 使用快捷键Ctrl+J将选区内的图形复制形成一个新图层，并将原始图层隐藏。此时本实例制作完成，效果如图3-47所示。

图 3-47

实例：使用套索绘制选区制作甜美文字

文件路径	第3章\使用套索绘制选区制作甜美文字
技术掌握	套索工具、选择反向选区

实例说明：

选区不止有圆形和矩形，还可以有不规则的形状，要想绘制不规则的选区，首选的工具就是"套索工具"。使用"套索工具"，可以手动绘制任意形状的选区。在本实例中，就是使用"套索工具"沿着文字边缘绘制选区，制作文字底色，从而打造丰满的文字效果。

实例效果：

实例效果如图3-48所示。

图3-48

操作步骤：

步骤 01 将背景素材1打开。然后置入文字素材2，调整大小并放在画面中间位置，将该图层进行栅格化处理，如图3-49所示。

图3-49

步骤 02 选择工具箱中的"套索工具"，在画面中按住鼠标左键沿着文字边缘拖曳，进行选区的绘制，如图3-50所示。当绘制至起点位置后松开鼠标，完成选区的绘制，如图3-51所示。

图3-50

图3-51

步骤 03 由于我们保留的是选区内的部分，所以需要将选区以外的部分删除。执行"选择→反选"菜单命令（快捷键Ctrl+Shift+I）将选区反选，如图3-52所示。

步骤 04 按Delete键将选区内的部分删除，然后使用快捷键Ctrl+D取消选区。此时本实例制作完成，效果如图3-53所示。

图3-52　　　　　图3-53

实例秘诀

在绘制选区时，如果选区内的部分是要删除的，直接按Delete键删除即可；如果选区内的部分是要保留的，就需要先将选区反选，然后再删除。

实例：使用多边形套索工具绘制包装盒选区

文件路径	第3章\使用多边形套索工具绘制包装盒选区
技术掌握	多边形套索工具

实例说明：

当我们逛商场、淘宝时会发现有些商品广告的背景图特别漂亮，不禁会产生疑惑：这些都是拍摄出来的吗？其实有些是拍摄出来的，但绝大多数都是在Photoshop中使用适当的抠图工具将商品从背景中"抠"出来的，再将其放置在新的背景中。只要找到了合适的背景图，我们也可以使用这种方法制作出漂亮、上档次的产品展示广告。

实例效果：

实例效果如图3-54所示。

图3-54

操作步骤：

步骤 01 首先将素材1打开，接着选择工具箱中的"多边形套索工具"，将光标移动至包装盒的边缘单击，然后将光标移动至包装盒转折点的位置单击，如图3-55所示。

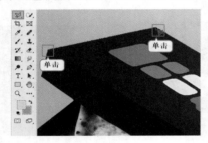

图3-55

步骤 02 继续沿着包装盒边缘以单击的方式进行绘制，当绘制到起始位置时，光标变为 状后单击，如图3-56所示。

图3-56

提示：删除错误的路径

在选区的绘制过程中，如果要删除错误的路径，按Delete键即可删除，删除后可以重新以单击的形式进行绘制。

步骤 03 这时就会得到选区，效果如图3-57所示。

图3-57

步骤 04 在当前选区状态下，使用快捷键Ctrl+J将选区内的部分复制形成一个新图层。将原图层隐藏，如图3-58所示。

步骤 05 将素材2置入画面，调整大小使其充满整个画面并将该图层进行栅格化处理，如图3-59所示。

图3-58   图3-59

步骤 06 由于置入的素材将包装盒遮挡住，所以需要调整图层顺序，将包装盒显示出来。选择素材2图层，按住鼠标左键不放，向复制得到的包装盒图层下方拖曳，如图3-60所示。释放鼠标即可完成图层顺序的调整，此时本实例制作完成，效果如图3-61所示。

图3-60   图3-61

实例秘诀

使用"多边形套索工具"绘制选区的类型比较局限，只能绘制边缘为直线以及尖角转角的选区。如果需要得到的选区边缘带有曲线或弧度转角时，使用该工具绘制选区会让对象的边缘细节丢失或是不准确。

3.2 选区的基本操作

对创建完成的"选区"可以进行一些操作，如移动、全选、反选、取消选择、重新选择、存储与载入等。

实例：移动已有选区制作杂志排版

文件路径	第3章\移动已有选区制作杂志排版
技术掌握	矩形选框工具、移动选区

扫一扫，看视频

实例说明：

在我们进行设计时，有时会需要将一张图片的局部进行细节展示，并且细节图的大小还要相同。在没有学习这节知识之前，我们可能会使用"矩形选框工具"一个一个地绘制选区，这种方法虽然也能完成，但是既浪费时间又不能保证细节图的大小完全一致。而在绘制了第一个选区后，移动选区到合适的位置并复制，这样会让操作既便捷又准确。

实例效果：

实例效果如图3-62所示。

图3-62

操作步骤：

步骤 01 首先将背景素材1打开，接着选择工具箱中的"矩形选框工具"，按住鼠标左键拖曳，在画面中绘制选区，如图3-63所示。

图3-63

步骤 02 在当前选区状态下，使用快捷键Ctrl+J将选区内的部分复制形成一个新图层。选择复制得到的图层，按住Ctrl键的同时单击该图层缩览图载入选区，如图3-64所示。

图3-64

步骤 03 在选区载入的状态下，选择工具箱中的"矩形选框工具"，然后单击选项栏中的"新选区"按钮，接着将光标放在选区内部，按住鼠标左键向右拖曳，如图3-65所示。接着选择背景图层，按快捷键Ctrl+J将其复制形成新图层。然后使用同样的方法继续载入选区复制出第3块图像，如图3-66所示。

图3-65　　　　　　　图3-66

> **实例秘诀**
>
> 在对选区进行移动时，需要保证当前的工具为选区工具，才能够对选区进行移动。如果当前使用的是"移动工具"，那么移动的将是选区中的内容，而非选区。

步骤 04 选择复制得到的图层，使用工具箱中的"移动工具"将图形向下移动至画面下方的空白位置。此时本实例制作完成，效果如图3-67所示。

图3-67

选项解读：选区操作速查

取消选区：执行"选择→取消选择"命令或按快捷键Ctrl+D，可以取消选区状态。

重新选择：要恢复被取消的选区，可以执行"选择→重新选择"命令。

移动选区位置：选择一个选框工具，设置选区运算模式为"新选区"，接着将光标移动至选区内，光标变为 状后，按住鼠标左键拖曳，拖曳到相应位置后松开鼠标，完成移动操作。

全选：执行"选择→全部"命令或按快捷键Ctrl+A即可进行全选。

反向选择：执行"选择→反向选择"命令（快捷键Shift+Ctrl+I），即可选择反向的选区。

切换选区的显示与隐藏：执行"视图→显示→选区边缘"菜单命令（快捷键Ctrl+H）可以切换选区的显示与隐藏状态。

载入当前图层的选区：在"图层"面板中按住Ctrl键的同时单击该图层缩览图，即可载入该图层选区。

3.3 颜色设置

当我们想要画一幅画时，首先想到的是纸、笔、颜料。在Photoshop中，"文档"就相当于纸，"画笔工具"是笔，"颜料"则需要通过颜色的设置得到。需要注意的是，设置好的颜色不是仅用于"画笔工具"，在"渐变工具""填充命令""颜色替换画笔"甚至是滤镜中都可能涉及颜色的设置。

实例：设置合适的前景色/背景色进行填充

文件路径	第3章\设置合适的前景色/背景色进行填充
技术掌握	矩形选框工具、前景色/背景色填充

扫一扫，看视频

实例说明：

本实例的背景中包含一个菱形图形，其制作方法很简单，首先绘制一个方形选区，接着通过"变换选区"命令对选区进行旋转，然后填充合适的颜色即可。

实例效果：

实例效果如图3-68所示。

图 3-68

操作步骤：

步骤 01 执行"文件→新建"菜单命令，新建一个大小合适的空白文档。接着单击工具箱底部的"前景色"按钮，在弹出的"拾色器（前景色）"窗口中先在颜色带中拖曳滑块选择一种色相，然后在窗口左侧的色域中单击选择颜色。在选择颜色的过程中可以在窗口中间位置查看所选颜色，如图3-69所示。如果觉得颜色满意了，可以单击"确定"按钮，完成颜色的设置。

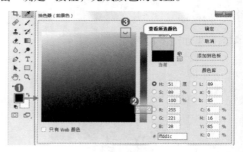

图 3-69

步骤 02 前景色设置完成后使用快捷键Alt+Delete进行前景色填充，效果如图3-70所示。

图 3-70

步骤 03 选择工具箱中的"矩形选框工具"，按住Shift键的同时按住鼠标左键拖曳绘制一个正方形选区，如图3-71所示。

图 3-71

步骤 04 执行"选择→变换选区"菜单命令，此时在选区四周会出现定界框。接着将光标放在定界框右上角的控制点上，将选区进行等比例放大，如图 3-72 所示。

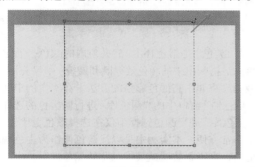

图 3-72

 **提示：变换选区**

在选区内单击鼠标右键执行"变换选区"命令也可以调出定界框进行选区的变换。

步骤 05 在当前定界框存在的状态下，将光标放在控制点的外侧，按住Shift键的同时拖曳，将选区旋转45°，如图 3-73 所示。然后按Enter键完成操作，效果如图 3-74 所示。

图 3-73   图 3-74

步骤 06 设置背景色为白色，设置完成后使用快捷键Ctrl+Delete进行背景色填充，如图 3-75 所示。填充完成后使用快捷键Ctrl+D取消选区。

图 3-75

步骤 07 将素材2置入画面，调整其大小并放在画面中间位置，将该图层进行栅格化处理，此时本实例制作完成，效果如图 3-76 所示。

图 3-76

实例秘诀

想要快速将前景色设置为白色，可以单击"默认前景色和背景色"按钮，这样前景色和背景色就恢复成默认状态，然后单击"切换前景色和背景色"按钮，这样前景色就设置成了白色。

实例：使用吸管工具选择合适的颜色

文件路径	第3章\使用吸管工具选择合适的颜色
技术掌握	吸管、填充前景色

扫一扫，看视频

实例说明：

配色是衡量平面设计作品是否优秀的要素之一。对于一些新手来说，如何为画面选择到合适的色彩是非常令人头疼的事情。在本实例中使用"吸管工具"在商品上拾取颜色，然后进行填充作为背景，这种选择颜色的方法非常实用，通过这种方法选择的颜色能够与产品相互呼应，形成统一、协调的视觉感受。

实例效果：

实例效果如图 3-77 所示。

图 3-77

操作步骤：

步骤 01 打开素材1，如图3-78所示。接着按住Ctrl键单击"图层"面板底部的"创建新图层"按钮，即可在选中的图层下方新建一个图层，如图3-79所示。

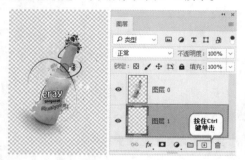

图 3-78　　　　　图 3-79

步骤 02 选择颜色。选择素材图层，单击工具箱中的"吸管工具"按钮，在瓶身橙色的部分单击，吸取该颜色作为前景色，如图3-80所示。

步骤 03 此时前景色变为刚才用吸管吸取的颜色，然后选择底部图层，使用快捷键Alt+Delete进行前景色填充，如图3-81所示。此时本实例制作完成。

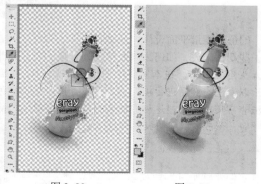

图 3-80　　　　　图 3-81

提示："吸管工具"的使用技巧

如果在使用绘画工具时需要暂时使用"吸管工具"拾取前景色，可以按住Alt键将当前工具切换到"吸管工具"，松开Alt键后即可恢复到之前使用的工具。

在使用"吸管工具"采集颜色时，按住鼠标左键并将光标拖曳到画布之外，可以采集Photoshop的界面和界面以外的颜色信息。

实例：使用颜色库轻松实现同类色搭配

文件路径	第3章\使用颜色库轻松实现同类色搭配
技术掌握	拾色器、颜色库

扫一扫，看视频

实例说明：

"同类色"是指色环上15°夹角内的颜色，通过这种配色方法搭配出来的颜色效果既和谐统一，又充满变化，是使用频率非常高的色彩搭配方法。在本实例中就是通过"拾色器"窗口中的"颜色库"进行同类色的选择。使用"颜色库"进行颜色选择不仅在选择颜色上比较直观，而且非常方便。本实例中是以浅蓝色调作为主色调进行搭配的，大家不妨试试其他色调的配色方案，也许会有意外收获。

实例效果：

实例最终效果如图3-82所示。

图 3-82

操作步骤：

步骤 01 新建一个800像素×800像素、分辨率为72像素/英寸的空白文档。接着新建图层，选择工具箱中的"矩形选框工具"，在画面左侧绘制选区，如图3-83所示。然后单击工具箱底部的"前景色"按钮，在弹出的"拾色器（前景色）"窗口中单击"颜色库"按钮，如图3-84所示。

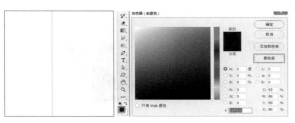

图 3-83	图 3-84

步骤 02 在"颜色库"窗口的"色库"下拉列表中选择"ANPA颜色"。接着在右侧的颜色栏中单击吸取最上方的蓝色，在"颜色库"窗口左侧显示着多种颜色，单击选择合适的颜色。颜色设置完成后单击"确定"按钮，如图 3-85 所示。然后使用快捷键Alt+Delete进行前景色填充，如图 3-86 所示。颜色填充完成后使用快捷键Ctrl+D取消选区。

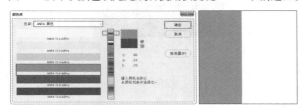

图 3-85	图 3-86

步骤 03 使用同样的方法在画面右侧绘制选区，新建图层，在"颜色库"中设置比左侧稍浅一些的淡蓝色，如图 3-87 所示。设置完成后对选区进行颜色填充，如图 3-88 所示。

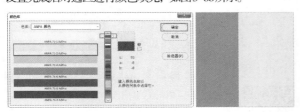

图 3-87	图 3-88

步骤 04 继续使用"矩形选框工具"，在画面中间位置按住Shift键的同时按住鼠标左键拖曳，绘制一个正方形选区。新建图层，然后在"颜色库"中设置颜色稍深一些的蓝色，如图 3-89 所示。设置完成后进行颜色填充，如图 3-90 所示。

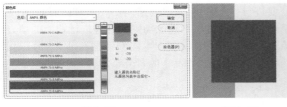

图 3-89	图 3-90

步骤 05 将文字素材 2 置入画面，调整其大小并放在画面中间蓝色正方形上方位置，然后将该图层进行栅格化处理，此时本实例制作完成，效果如图 3-91 所示。

图 3-91

> **实例秘诀**
>
> 本实例制作的是一款淘宝主图，通常情况这种1:1的主图尺寸为800像素×800像素或以上，详情页会自动提供放大镜功能。

3.4 填充与描边

有了选区后，不仅可以删除画面中选区内的部分，还可以对选区内部进行填充，在Photoshop中有多种填充方式，可以填充不同的内容。需要注意的是，没有选区也是可以进行填充的。除了填充，在包含选区的情况下还可以用来为选区边缘进行描边。

实例：使用填充命令制作文字底色

文件路径	第3章\使用填充命令制作文字底色
技术掌握	"填充"命令

扫一扫，看视频

实例说明：

在版式设计中，大面积的色块会起到影响版式布局的作用。在本实例中就是利用绿色背景进行版面区域的划分，并且通过大面积的留白突出画面重心。在本实例中通过"填充"窗口进行颜色的设置，还可以设置图层的混合模式。

实例效果：

实例效果如图 3-92 所示。

图 3-92

操作步骤：

步骤 01 打开包含多层的素材1，如图3-93所示。此时我们可以看到文字内容颜色与背景过于接近，不利于辨别。所以需要给文字添加一个底色，让文字更清楚地显示出来，如图3-94所示。（文字及图形部分位于"内容"图层组，背景图层只包含页面。）

图 3-93　　　　图 3-94

步骤 02 选择背景图层，接着选择工具箱中的"矩形选框工具"，在画面左侧绘制选区，如图3-95所示。

图 3-95

步骤 03 执行"编辑→填充"菜单命令，在弹出的"填充"窗口中设置"内容"为"颜色"，接着在弹出的"拾色器（填充颜色）"窗口中设置"颜色"为绿色，颜色设置完成后单击"确定"按钮；然后设置"模式"为"正片叠底"，如图3-96所示。

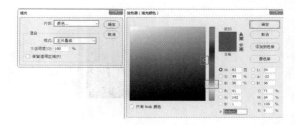

图 3-96

步骤 04 设置完成后单击"确定"按钮，即在选区内填充了绿色。然后使用快捷键Ctrl+D取消选区，此时本实例制作完成，效果如图3-97所示。

图 3-97

 实例秘诀

　　在背景色与文字颜色的选择上，要选择有对比的颜色，如白底用黑字，这样才能方便阅读。文字与背景色的搭配最好不要选用对比色或互补色，强烈的对比会让人感觉到刺目，容易产生阅读疲劳感。

实例：使用内容识别与填充命令去除画面多余内容

文件路径	第3章\使用内容识别与填充命令去除画面多余内容
技术掌握	"填充"命令、内容识别

扫一扫，看视频

实例说明：

　　一张外景照片可能会有很多人或物被拍摄到画面中，为了让画面看上去更干净、内容更突出，这些内容需要进行"去除"。在"填充"窗口中，"内容识别"这个功能能够通过感知选区周围的内容进行智能的填充，填充的效果自然、真实。本实例就是通过"内容识别"功能去除户外摄影作品中的多余部分。

实例效果：

　　实例效果如图3-98所示。

中文版Photoshop 2024完全案例教程（微课视频版）

图 3-98

操作步骤：

步骤 01 将素材1打开，此时可以看到画面底部有几只帆船和在海边游玩的游客，这些内容在画面中影响美观，需要将其去除，如图3-99所示。选择背景图层，使用快捷键Ctrl+J将背景图层复制一份。

图 3-99

步骤 02 选择复制得到的图层，单击工具箱中的"矩形选框工具"，在画面最左边的帆船位置绘制选区，如图3-100所示。

图 3-100

步骤 03 在当前选区状态下，执行"编辑→填充"菜单命令，在弹出的"填充"窗口中设置"内容"为"内容识别"，"模式"为"正常"，设置完成后单击"确定"按钮，如图3-101所示。此时便将帆船从画面中去除，如图3-102所示。操作完成后使用快捷键Ctrl+D取消选区。

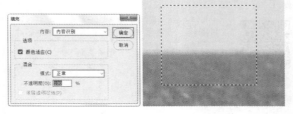

图 3-101　　　　　　　　图 3-102

步骤 04 使用同样的方法将画面中的其他帆船去除，如图3-103所示。

图 3-103

步骤 05 使用"套索工具"绘制底部多余游客部分的选区，如图3-104所示。同样执行"编辑→填充"菜单命令，在弹出的"填充"窗口中设置"内容"为"内容识别"，此时游客被去除，如图3-105所示。使用快捷键Ctrl+D取消选区。

图 3-104

图 3-105

提示：更快捷地去除瑕疵的方法
　　如果是背景中有需要去除的部分，可以按Delete键，此时则直接弹出"填充"窗口，直接进行后续操作即可。

实例：填充图案制作圆点图案名片

扫一扫，看视频

文件路径	第3章\填充图案制作圆点图案名片
技术掌握	定义图案、"填充"命令

实例说明：

　　底纹、暗纹是设计作品中常见的元素，为画面中纯色的部分添加底纹既能衬托主体，又能丰富画面内容。在本实例中是将圆形定义成可以用来填充的图案，然后使用"填充"窗口进行填充。还可以尝试着将其他图形定义为图案进行填充，如三角形、倾斜的线段等，不同的图形所表现的视觉效果是不同的。

实例效果：

　　实例效果如图3-106所示。

图 3-106

操作步骤：

步骤 01 将背景素材打开，如图3-107所示。新建图层，接着选择工具箱中的"矩形选框工具"，在画面中绘制选区，然后设置前景色为灰色，设置完成后使用快捷键Alt+Delete进行前景色填充，如图3-108所示。

图 3-107　　　　　　　　图 3-108

步骤 02 在当前选区状态下使用"矩形选框工具"，将光标放在选区内，按住鼠标左键将选区向左上角拖曳，如图3-109所示。然后新建图层，将其填充为白色，操作完成后使用快捷键Ctrl+D取消选区。此时下方的灰色矩形显示出来，呈现出立体感，如图3-110所示。

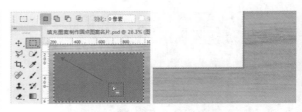

图 3-109　　　　　　　　图 3-110

步骤 03 使用同样的方法在白色矩形左边绘制选区并填充为绿色，如图3-111所示。

图 3-111

步骤 04 将素材2打开，如图3-112所示。接着执行"编辑→定义图案"菜单命令，在弹出的"图案名称"窗口中设置合适的名称，设置完成后单击"确定"按钮完成操作，如图3-113所示。

图 3-112　　　　　　　　图 3-113

步骤 05 回到当前文档中，在绿色矩形选区状态下，执行"编辑→填充"菜单命令，在打开的窗口中设置"内容"为"图案"，"自定图案"为刚才定义的绿色正圆，"模式"为"正片叠底"，"不透明度"为20%，设置完成后单击"确定"按钮，如图3-114所示。完成后效果如图3-115所示。操作完成后使用快捷键Ctrl+D取消选区。

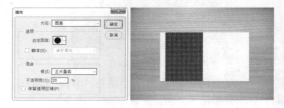

图 3-114　　　　　　　　图 3-115

步骤 06 将素材3置入画面，调整大小并放在绿色矩形上方位置，同时将该图层进行栅格化处理。此时本实例制作完成，效果如图3-116所示。

图 3-116

实例：使用油漆桶工具更改界面颜色

文件路径	第3章\使用油漆桶工具更改界面颜色
技术掌握	油漆桶工具

扫一扫，看视频

实例说明：

当我们看到"油漆桶工具"这个图标的时候能够很自然地与填充颜色联想到一起。没错，"油漆桶工具"是一款填色工具，这款工具可以快速对选区、画布、色块等填充颜色或图案。在本实例中就是使用"油漆桶工具"在没有选区的状态下为界面更改颜色。

实例效果：

实例效果如图3-117所示。

图 3-117

操作步骤：

步骤 01 将素材1打开，接着选择工具箱中的"油漆桶工具"，设置前景色为黄色，在选项栏中单击选择"前景"，设置"模式"为"正片叠底"，"容差"为110，取消选择"连续的"，设置完成后在画面中的蓝色区域单击，如图3-118所示。

图 3-118

选项解读：油漆桶工具

模式：用来设置填充内容的混合模式。

不透明度：用来设置填充内容的不透明度。

容差：指的是在填充颜色时的填充范围。例如，调到32，会以单击处的颜色为基准，把范围上下浮动32以内的颜色都填充。设置较低的"容差"值会填充颜色范围内与单击处的像素非常相似的像素；设置较高的"容差"值会填充更大范围的像素。

消除锯齿：平滑填充选区的边缘。

连续的：勾选该选项后，只填充图像中处于连续范围内的区域；关闭该选项后，可以填充图像中的所有相似像素。

所有图层：勾选该选项后，可以对所有可见图层中的合并颜色数据填充像素；关闭该选项后，仅填充当前选择的图层。

步骤 02 在这里这样设置是为了让更改的界面颜色效果更加真实，同时还能够体现出渐变的过渡效果。此时本实例制作完成，效果如图3-119所示。

图 3-119

实例秘诀

实例中将前景色设置为黄色，在选项栏中又将"模式"设置为"正片叠底"，这样的设置会使黄色与被填充区域的蓝色渐变相混合，所以填充得到的颜色为绿色。

那么将前景色直接设置为绿色，"模式"设置为"正常"，然后进行填充，是不是也可以呢？答案是可以的，但使用"正常"模式进行填充无法保留之前的渐变过渡效果，且填充出的内容为单一的颜色。

实例：使用渐变工具制作下载按钮

文件路径	第3章\使用渐变工具制作下载按钮
技术掌握	渐变工具

扫一扫，看视频　**实例说明：**

渐变色是指颜色从明到暗，或由深转浅，或是从一个色彩缓慢过渡到另一个色彩，渐变色的视觉效果变换丰富，充满浪漫气息。在本实例中主要讲解如何编辑渐变颜色和如何填充渐变颜色。

实例效果：

实例效果如图3-120所示。

图 3-120

操作步骤：

步骤 01 执行"文件→新建"菜单命令，新建一个大小合适的空白文档。接着设置前景色为紫色，设置完成后使用快捷键Alt+Delete进行前景色填充，如图3-121所示。

步骤 02 新建图层，选择工具箱中的"矩形选框工具"，在画面中间位置绘制选区，并将其填充为白色，如图3-122所示。

图 3-121　　　　　　　图 3-122

步骤 03 制作白色矩形底部的阴影。再次选择工具箱中的"矩形选框"工具，然后绘制一个比白色矩形高一些的矩形选区，如图3-123所示。将白色矩形图层隐藏，然后在白色矩形下一层新建一个图层，如图3-124所示。隐藏白色矩形图层是为了更好地查看填充效果。

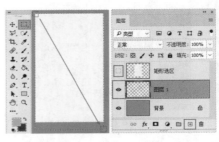

图 3-123　　　　　　　图 3-124

步骤 04 选择工具箱中的"渐变工具"，在选项栏中设置"渐变模式"为"经典渐变"，接着单击选项栏中的渐变色条，弹出"渐变编辑器"窗口。接着双击左侧下方色标，在弹出的"拾色器（色标颜色）"窗口中设置颜色为紫色，然后单击"确定"按钮，这样一个色标的颜色就设置完成了，如图3-125所示。接着将右侧的色标也设置为紫色，然后单击选择右侧上方的色标，设置"不透明度"为100%，这样一个由不透明到透明的渐变就设置完成了，如图3-126所示。

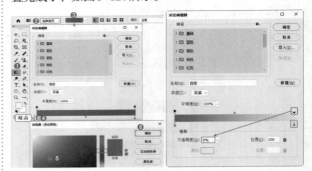

图 3-125　　　　　　　图 3-126

步骤 05 选择左侧上方的色标，按住鼠标左键将其向右拖曳，如图3-127所示。这样可以调整颜色从透明到不透明的过渡效果。单击"确定"按钮完成颜色的设置。

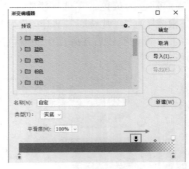

图 3-127

步骤 06 填充渐变颜色，在填充之前需要单击选项栏中的"线性渐变填充"按钮，然后在选区内按住鼠标左键拖曳进行填充，为了保证填充出来的渐变效果是垂直的，可以按住Shift键进行填充，如图3-128所示。释放鼠标，即可看到渐变颜色，如图3-129所示。

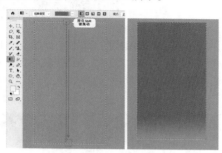

图 3-128   图 3-129

步骤 07 使用快捷键Ctrl+D取消选区，然后将白色矩形图层显示出来。此时效果如图3-130所示。

步骤 08 新建图层。选择工具箱中的"多边形套索工具"，在画面中绘制出一个箭头选区，如图3-131所示。

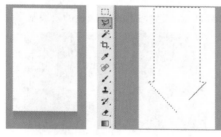

图 3-130   图 3-131

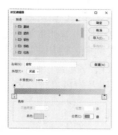

提示：如何绘制出漂亮的箭头选区

在绘制箭头选区时，可以先创建参考线或者调出网格，然后进行绘制。

步骤 09 编辑一个由淡紫色到粉色的渐变颜色，如图3-132所示。

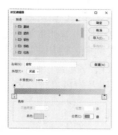

图 3-132

步骤 10 设置完成后在箭头选区内按住鼠标左键自下往上拖曳填充渐变，如图3-133所示。

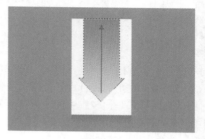

图 3-133

步骤 11 将素材2置入画面，调整其大小后放在渐变箭头上方位置，同时将该图层进行栅格化处理。此时本实例制作完成，效果如图3-134所示。

图 3-134

实例秘诀

在设置由一种颜色到透明渐变时，如紫色到透明，可以先将前景色设置为紫色，然后打开"渐变编辑器"窗口，展开"基础"渐变组，单击"前景色到透明渐变"，如图3-135所示。

如果要编辑两种颜色的渐变色，如紫色到粉色，那么可以将前景色设置为紫色，背景色设置为粉色，然后打开"渐变编辑器"窗口，展开"基础"渐变组，单击"前景色到背景色渐变"，如图3-136所示。

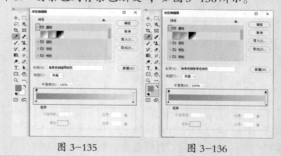

图 3-135   图 3-136

实例：创建可以随时编辑颜色的背景

文件路径	第3章\创建可以随时编辑颜色的背景
技术掌握	新建填充图层

扫一扫，看视频

实例说明：

不同的颜色所表现的情感是不同的，如红色是热情的、黄色是温暖的。在平面设计中，经常需要制作系列海报，它们的表现形式是比较统一的，但是会发生色彩变化。本实例就是通过使用"新建填充图层"下的"纯色"命令制作一个海报的多种配色效果。

实例效果：

实例效果如图3-137所示。

图3-137

操作步骤：

步骤 01 执行"文件→新建"菜单命令，新建一个大小合适的空白文档。接着将素材1置入画面，调整大小并放在画面中间位置，同时将其进行栅格化处理，如图3-138所示。

图3-138

步骤 02 选择背景图层，执行"图层→新建填充图层→纯色"菜单命令，在弹出的"新建图层"窗口中单击"确定"按钮，此时创建的颜色填充图层直接在素材1图层下方，不用调整图层顺序。然后在弹出的"拾色器(前景色)"窗口中设置颜色为绿色，设置完成后单击"确定"按钮(图3-139)即可为背景填充绿色，如图3-140所示。执行"文件→存储为"菜单命令，将该文档存储在合适的位置。

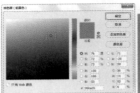

图3-139

图3-140

步骤 03 双击颜色填充图层的缩览图，如图3-141所示。调出"拾色器"窗口，在该窗口中设置颜色为黄色。此时画面效果如图3-142所示。这时将文件另存为一个新的文件。

图3-141

图3-142

步骤 04 使用同样的方式将背景颜色更改为蓝色，效果如图3-143所示。此时3种背景颜色的效果制作完成。

图3-143

实例：使用渐变工具与描边命令制作图形海报

文件路径	第3章\使用渐变工具与描边命令制作图形海报
技术掌握	渐变工具、"描边"命令

扫一扫，看视频

实例说明：

描边可以是为图形边缘加上边框，也可以是独立存在的边框。在本实例中，使用"描边"命令为选区进行描边，得到不同效果的边框。在"描边"窗口中可以对描边的宽度、位置以及颜色进行设置。

实例效果：

实例效果如图3-144所示。

图 3-144

操作步骤：

步骤 01 执行"文件→新建"菜单命令，新建一个大小合适的空白文档。接着选择工具箱中的"渐变工具"，在选项栏中设置"渐变模式"为"经典渐变"，接着设置蓝色系渐变，如图 3-145 所示。设置完成后在背景中按住鼠标左键自右上角向左下角拖曳，填充的渐变效果如图 3-146 所示。

图 3-145　　　　　　　　图 3-146

步骤 02 新建一个图层，接着选择工具箱中的"矩形选框工具"，在画面中按住Shift键的同时拖曳鼠标绘制一个正方形选区，如图 3-147 所示。

步骤 03 执行"选择→变换选区"菜单命令调出定界框，将光标放在定界框任意一角的控制点外侧，按住Shift键的同时按住鼠标左键拖曳进行45°旋转，如图 3-148 所示。操作完成后按Enter键即可。

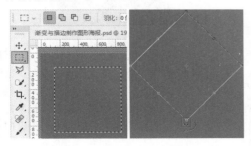

图 3-147　　　　　　　　图 3-148

步骤 04 执行"编辑→描边"菜单命令，在弹出的"描边"窗口中设置"宽度"为120像素，"颜色"为黄绿色，"位置"为"内部"，设置完成后单击"确定"按钮，如图 3-149 所示。效果如图 3-150 所示。操作完成后使用快捷键Ctrl+D取消选区。

图 3-149　　　　　　　　图 3-150

步骤 05 使用工具箱中的"移动工具"，将其移动至画面右上角的位置，如图 3-151 所示。然后使用同样的方法绘制其他不同数值的描边矩形，并放置在画面的合适位置，同时注意调整图层顺序。效果如图 3-152 所示。

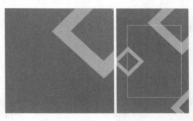

图 3-151　　　　　　图 3-152

步骤 06 将素材1置入画面，调整大小并将其进行栅格化处理。此时本实例制作完成，效果如图 3-153 所示。

图 3-153

> **实例秘诀**
>
> 因为本实例中的描边矩形和素材中花朵的位置摆放是相对的，所以，在操作时可以先将素材置入画面中，然后根据花朵的位置来绘制矩形。

3.5 焦点区域

"焦点区域"命令能够快速得到画面中主体内容的选区。

实例：获取主体物选区并进行处理

文件路径	第3章\获取主体物选区并进行处理
技术掌握	焦点区域

扫一扫，看视频

实例说明：

想要使画面主体更加突出，可以通过单独对主体进行锐化的方式实现。而要对画面中某一部分进行调整，需要先得到它的选区，这样调整的效果就能够只针对选中的内容。在本实例中用到了"焦点区域"命令，可以快速得到画面中主体内容的选区。这个功能虽然比较智能，但是它只比较适用于画面内容简单、主体内容突出的图像。

实例效果：

实例效果如图3-154所示。

图 3-154

操作步骤：

步骤 01 将素材1打开，接着选择背景图层，执行"选择→焦点区域"菜单命令，在弹出的"焦点区域"窗口中设置"视图"为"白底"，这样便于观察，设置"焦点对准范围"为3.50，"输出到"为"选区"，设置完成后单击"确定"按钮，如图3-155所示。效果如图3-156所示。

图 3-155　　　　　　　　　　图 3-156

> **选项解读：焦点区域**
>
> **视图：** 用来显示被选择的区域，默认的视图方式为"闪烁虚线"，即选区。单击"视图"右侧的倒三角按钮可以选择"闪烁虚线""叠加""黑底""白底""黑白""图层"和"显示图层"视图模式。
>
> **焦点对准范围：** 用来调整所选范围。数值越大，选择范围越大。
>
> **图像杂色级别：** 在包含杂色的图像中选定过多背景时增加图像杂色级别。
>
> **输出到：** 用来设置选区的范围的保存方式。包括"选区""新建图层""新建带有图层蒙版的图层""新建文档"和"新建带有图层蒙版的文档"选项。
>
> **选择并遮住：** 单击"选择并遮住"按钮即可打开"选择并遮住"窗口。
>
> **添加选区工具：** 按住鼠标左键拖曳可以扩大选区。
>
> **减去选区工具：** 按住鼠标左键拖曳可以缩小选区。

步骤 02 执行"滤镜→锐化→锐化"菜单命令，让选区的边缘效果更加清晰。该步骤操作的效果不是太明显，可以适当放大进行观察，如图3-157所示。

图 3-157

步骤 03 将主体物适当提亮，使其更加突出。在当前选区状态下，执行"图层→新建调整图层→曲线"菜单命令，在弹出的"新建图层"窗口中单击"确定"按钮。在"属性"面板中将光标放在曲线中段，按住鼠标左键向左上角拖曳，然后使用同样的方法将曲线下端顶点向右下角拖曳，增强明暗的对比度，如图3-158所示。此时本实例制作完成，效果如图3-159所示。

图 3-158　　　　　　　图 3-159

实例：使用焦点区域命令快速抠图

文件路径	第3章\使用焦点区域命令快速抠图
技术掌握	焦点区域

扫一扫，看视频

实例说明：

使用"焦点区域"命令能够快速、精准地得到画面中处于焦点范围内的清晰的主体物选区。既然能够得到选区，那么我们就可以用这个功能进行抠图。在本实例中就是利用"焦点区域"命令得到花朵的选区并进行抠图，然后更改其背景制作一个简单的合成作品。

实例效果：

实例效果如图 3-160 所示。

图 3-160

操作步骤：

步骤 01 将背景素材 1 打开，接着将素材 2 置入画面并将该图层进行栅格化处理。可以看到当前的花朵比较清晰，而背景则非常模糊，如图 3-161 所示。

步骤 02 选择素材 2 图层，执行"选择→焦点区域"菜单命令，在弹出的"焦点区域"窗口中设置"视图"为"白底"，"焦点对准范围"为 3.50，"输出到"为"图层蒙版"，设置完成后单击"确定"按钮，如图 3-162 所示。

图 3-161　　　　　　　图 3-162

步骤 03 此时该图层被添加了图层蒙版，如图 3-163 所示。背景被隐藏，本实例制作完成，效果如图 3-164 所示。

图 3-163　　　　　　　图 3-164

3.6　选区的编辑

"选区"创建完成后依然可以对已有的选区进行编辑操作，如缩放选区、旋转选区、调整选区边缘、创建边界选区、平滑选区、扩展与收缩选区、羽化选区、扩大选取、选取相似等，熟练掌握这些操作对于快速选择需要的部分非常重要。

实例：变换选区制作长阴影

文件路径	第3章\变换选区制作长阴影
技术掌握	变换选区

扫一扫，看视频

实例说明：

在平面设计中添加阴影能够增加画面的空间感和真实感，使画面效果更加丰满，代入感更强。在本实例中，就是为文字添加阴影，在二维空间打造立体空间感。本实例制作阴影的方法非常实用，是平面设计必学的操作之一，操作方法归纳如下：载入物体选区→变换选区→填充颜色。

实例效果：

实例效果如图 3-165 所示。

图 3-165

操作步骤：

步骤 01 执行"文件→新建"菜单命令，新建一个大小合适的空白文档。接着选择工具箱中的"渐变工具"，在选项栏中设置"渐变模式"为"经典渐变"，接着设置"渐变"为从紫色到透明渐变，单击"线性渐变"按钮，如图 3-166 所示。设置完成后在背景中按住鼠标左键拖曳填充渐变，如图 3-167 所示。

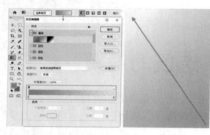

图 3-166   图 3-167

步骤 02 将素材 2 置入画面，调整大小并放在画面中间位置，将该图层进行栅格化处理，如图 3-168 所示。接着按住 Ctrl 键的同时单击该图层的缩览图，载入选区，如图 3-169 所示。

图 3-168   图 3-169

步骤 03 保持当前选区状态，在背景图层的上方新建图层。选择工具箱中的任意一个选框工具，如矩形选框工具，将光标放在画面中右击执行"变换选区"命令，调出定界框，如图 3-170 所示。效果如图 3-171 所示。

图 3-170   图 3-171

步骤 04 在当前变换选区状态下，右击执行"扭曲"命令，如图 3-172 所示。将光标放在定界框顶部中间的控制点上，按住鼠标左键向右下角拖曳，如图 3-173 所示。变形完成后按 Enter 键确定变换操作。

图 3-172   图 3-173

步骤 05 设置前景色为淡紫色，设置完成后使用快捷键 Alt+Delete 进行前景色填充。然后使用快捷键 Ctrl+D 取消选区。此时本实例制作完成，效果如图 3-174 所示。

图 3-174

实例秘诀

制作此类阴影，需要将选区填充为与背景色相接近且明度较暗的纯色，同时还可以降低图层的不透明度，或者设置混合模式让阴影看起来更加自然。

中文版 Photoshop 2024完全案例教程（微课视频版）

实例：制作细密的头发选区

文件路径	第3章\制作细密的头发选区
技术掌握	选择并遮住

扫一扫，看视频

实例说明：

　　"抠头发"是所有新手都要面对的一道难题，头发边缘复杂、非常细碎并且呈半透明。使用"选择并遮住"功能可以轻松解决这个难题。"调整边缘画笔工具"是整个"选择并遮住"功能的灵魂，这个工具能够准确且快速地识别出选区的边缘，就连细微的毛发也不在话下。学会了"选择并遮住"这个功能，就再也不怕"抠头发"了。

实例效果：

　　实例效果如图3-175所示。

图 3-175

操作步骤：

步骤 01 将素材1打开，接着将人物素材置入画面，调整大小并放在画面左边位置，将该图层进行栅格化处理，如图3-176所示。

图 3-176

步骤 02 选择素材2图层，执行"选择→选择并遮住"菜单命令，进入"选择并遮住"视图模式。接下来绘制人物的选区。单击工具箱中的"快速选择工具"，设置合适的笔尖大小，然后在人物上方按住鼠标左键拖曳得到人物的选区，如图3-177所示。在得到选区的过程中

若有多选、误选的区域，可以单击选项栏中的 ⊖ 按钮，在多选的区域按住鼠标左键拖曳进行选区的减选，如图3-178所示。

图 3-177　　　　　　图 3-178

步骤 03 得到人物选区以后，接着选择一种合适的视图模式方便查看效果，在这里选择了"叠加"，此时可以看到头发空隙的位置仍然有背景的像素残留，如图3-179所示。

图 3-179

步骤 04 单击选择工具箱中的"调整边缘画笔工具"，设置合适的笔尖大小，然后在灰色的背景上按住鼠标左键拖曳，随即可以看到灰色的像素消失了，如图3-180所示。使用同样的方法去除头发绘制的灰色像素，效果如图3-181所示。

图 3-180　　　　　　图 3-181

步骤 05 调整完成后通过"输出到"选项来选择一个想

要得到的结果。单击"输出到"右侧的倒三角按钮,在下拉菜单中有6个选项,根据字面意思就能够理解其含义。在本实例中,我们需要将人物抠出来,也就是"去背景",所以在这里选择了"图层蒙版",这样得到的结果就是以调整完的选区创建图层蒙版,如图3-182所示。接着单击"确定"按钮,此时画面效果如图3-183所示。

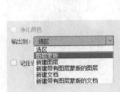

图 3-182　　　　　　　图 3-183

步骤06 将素材3置入画面,然后将该图层进行栅格化处理,此时本实例制作完成,效果如图3-184所示。

图 3-184

实例:制作毛茸茸的小动物选区

文件路径	第3章\制作毛茸茸的小动物选区
技术掌握	选择并遮住

扫一扫,看视频　**实例说明:**

毛茸茸的小动物选区的制作和细密的人物头发选区一样,使用"选择并遮住"功能能够尽可能多地保留茸毛选区,让细节效果更加丰富。

实例效果:

实例效果如图3-185所示。

图 3-185

操作步骤:

步骤01 将背景素材1打开,接着将小狗素材2置入画面,并将其进行栅格化处理。接着选择工具箱中的"快速选择工具",设置合适的笔尖大小,在小狗的上方按住鼠标左键拖曳,得到小狗的选区,如图3-186所示。

图 3-186

步骤02 执行"选择→选择并遮住"菜单命令或者单击选项栏中的"调整边缘"按钮。进入"选择并遮住"视图模式,在窗口右侧将"视图"设置为"叠加",为了让视图效果更加明显,将"不透明度"设置为100%,这样半透明的红色变成了正红色,此时可以清楚地看到小狗边缘有一部分毛发没有选中,有一部分则仍然有残留的背景像素,如图3-187所示。

图 3-187

步骤03 选择工具箱中的"调整边缘画笔工具",设置合适的笔尖大小,然后在毛发边缘的位置按住鼠标左键拖曳涂抹,处理未选中的毛发,效果如图3-188所示。

图 3-188

中文版Photoshop 2024完全案例教程(微课视频版)

步骤 04 设置"输出到"为"图层蒙版",然后单击"确定"按钮,此时小狗原来的背景被图层蒙版隐藏了,显示了素材1。画面效果如图3-189所示。

图 3-189

实例:制作标题文字的外轮廓

文件路径	第3章\制作标题文字的外轮廓
技术掌握	扩展选区、平滑选区

扫一扫,看视频

实例说明:

"扩展选区"是在原有的选区上再扩大,扩大的距离是相等的,这个功能常用来制作描边、底色。以本实例来说,单独的文字效果不免单调,添加一个粗一些的底色作为描边能够让文字效果更加饱满。如果采用得到文字选区然后放大的方法进行制作,制作出来的效果会存在无法居中对齐的情况。使用"扩展选区"则不同,该功能能够等距放大选区,轻松制作出描边效果。

实例效果:

实例效果如图3-190所示。

图 3-190

操作步骤:

步骤 01 将素材1打开,接着将素材2置入画面,调整大小放在画面中间位置,将该图层进行栅格化处理,如图3-191所示。

步骤 02 按住Ctrl键的同时单击素材2图层的缩览图,载入选区,如图3-192所示。

图 3-191　　　　图 3-192

步骤 03 在当前选区状态下,执行"选择→修改→扩展"菜单命令,在弹出的"扩展选区"窗口中设置"扩展量"为30像素,设置完成后单击"确定"按钮,如图3-193所示。得到比原始文字稍大一些的选区,效果如图3-194所示。

图 3-193　　　　图 3-194

步骤 04 如果在扩展后直接填充颜色,扩展的边缘会存在棱角,显得比较生硬。所以执行"选择→修改→平滑"菜单命令,在弹出的"平滑选区"窗口中设置"取样半径"为30像素,设置完成后单击"确定"按钮,如图3-195所示。完成效果如图3-196所示。

图 3-195　　　　图 3-196

步骤 05 设置前景色为棕色,在素材2图形下方新建一个图层,使用快捷键Alt+Delete进行前景色填充。填充完成后使用快捷键Ctrl+D取消选区,此时本实例制作完成,效果如图3-197所示。

图 3-197

实例秘诀

　　文字描边效果在平面设计中非常常见，通常情况下还不止一层描边，很多时候都是多层描边。这种多重描边效果给人一种厚重、饱满、立体感强的感觉。例如，图3-198中的文字标志就有多层描边。

图 3-198

实例：收缩植物选区

扫一扫，看视频

文件路径	第3章\收缩植物选区
技术掌握	收缩选区

实例说明：

　　"收缩选区"是在原有选区的基础上将选区缩小，这个功能经常用来去除抠像后边缘残余的像素。例如，使用"选择并遮住"命令获取对象选区之后，对象的边缘一般都会有一些背景残留，使用"收缩选区"命令将选区收缩，然后将选区反选后删除选区中的像素，这样抠像所残余的像素就被删除了。

实例效果：

　　实例效果如图3-199所示。

图 3-199

操作步骤：

步骤 01 将素材1打开，接着选择工具箱中的"快速选择工具"设置合适的笔尖大小，在花朵上方按住鼠标左键拖曳得到花朵的选区，如图3-200所示。

图 3-200

步骤 02 得到花朵选区后执行"选择→选择并遮住"菜单命令，然后在"选择并遮住"中使用"调整边缘画笔工具"对细节位置进行调整，然后设置"输出到"为"选区"，如图3-201所示。单击"确定"按钮完成操作，得到选区，效果如图3-202所示。

图 3-201　　　　　　图 3-202

步骤 03 在当前选区的状态下使用快捷键Ctrl+J将选区中的像素复制到新的花朵图层，然后将素材2置入文档，放在花朵图层的下方。此时画面效果如图3-203所示。

图 3-203

步骤 04 当我们将画面细节放大，此时还能够看到花朵边缘有残留的像素，虽然不明显但是仍然影响美观，如图3-204所示。接着按住Ctrl键单击花朵图层的缩览图得到花朵的选区，如图3-205所示。

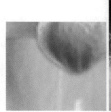 

图 3-204　　　　　　　　图 3-205

步骤 05 执行"选择→修改→收缩"菜单命令，在弹出的"收缩选区"窗口中设置"收缩量"为1像素，设置完成后单击"确定"按钮，如图3-206所示。效果如图3-207所示。

图 3-206　　　　　　　　图 3-207

步骤 06 选区收缩完成后使用快捷键Ctrl+Shift+I将选区反选，然后按Delete键删除选区中的像素。接着使用快捷键Ctrl+D取消选区的选择。此时花朵的边缘会变得干净，实例完成效果如图3-208所示。

图 3-208

实例：制作朦胧的光晕效果

文件路径	第3章\制作朦胧的光晕效果
技术掌握	边界选区、羽化选区

扫一扫，看视频

实例说明：

　　"光晕"是一种半透明、边缘虚化的效果。在本实例中是通过"羽化"命令来制作光晕的选区，并通过填充颜色制作出光晕效果。"羽化"的原理是令选区内外衔接部分虚化。羽化值越大，虚化范围越宽，也就是说颜色递变越柔和；羽化值越小，虚化范围越窄。

实例效果：

　　实例效果如图3-209所示。

图 3-209

操作步骤：

步骤 01 执行"文件→新建"菜单命令，新建一个大小合适的空白文档。然后设置前景色为蓝色，设置完成后使用快捷键Alt+Delete进行前景色填充，如图3-210所示。

图 3-210

步骤 02 将素材2置入画面，调整大小后放在画面中间位置并将该图层进行栅格化处理，如图3-211所示。

图 3-211

步骤 03 在素材2图层上方新建图层，接着按住Ctrl键的同时单击素材2的图层缩览图载入选区。然后执行"选择→修改→边界"菜单命令，在弹出的"边界选区"窗口中设置"宽度"为50像素，设置完成后单击"确定"按钮，如图3-212所示。效果如图3-213所示。

图 3-212　　　　　图 3-213

步骤 04 此时得到的边界选区边缘是很生硬的，需要进行羽化操作。执行"选择→修改→羽化"菜单命令，在弹出的"羽化选区"窗口中设置"羽化半径"为20像素，如图3-214所示。此时选区效果如图3-215所示。

图 3-214　　　　　图 3-215

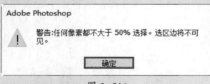

提示：羽化值不要太大

当选区羽化数值过大时，会弹出警告窗口，如图3-216所示。这是因为羽化数值过大，选区已隐藏，但是选区的羽化效果仍然存在，填充颜色即可看到效果。

Adobe Photoshop

⚠ 警告:任何像素都不大于 50% 选择。选区边将不可见。

确定

图 3-216

步骤 05 设置前景色为白色，设置完成后使用快捷键Alt+Delete进行前景色填充。然后使用快捷键Ctrl+D取消选区。柔和的光晕效果出现了，如图3-217所示。

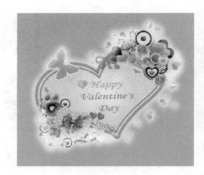

图 3-217

实例秘诀

在对选区进行"羽化"时，如果使用选框工具，可以先在选项栏中设置"羽化"数值，绘制的选区就带有羽化效果；也可以先绘制选区，然后执行"选择→修改→羽化"命令，在"羽化"窗口中进行羽化数值的设置。

中文版Photoshop 2024完全案例教程（微课视频版）

扫一扫，看视频

Chapter 4
第4章

数字绘画与图像修饰

本章内容简介:

本章内容主要分为两大部分:数字绘画与图像修饰。数字绘画部分主要用到"画笔工具""橡皮擦工具"以及"画笔设置"面板。而图像修饰部分涉及的工具较多,可以分为两大类,"仿制图章工具""修补工具""污点修复画笔工具""修复画笔工具""移除工具"等工具主要用于去除画面中的瑕疵;而"模糊工具""锐化工具""涂抹工具""加深工具""减淡工具""海绵工具"则用于图像局部的模糊、锐化、加深、减淡等美化操作。

重点知识掌握:

- 熟练掌握"画笔工具"和"橡皮擦工具"的使用方法。
- 掌握"画笔设置"面板的使用方法。
- 熟练掌握"仿制图章工具""修补工具""污点修复画笔工具""修复画笔工具"的使用方法。
- 熟练掌握对画面局部进行模糊、锐化、加深、减淡的方法。

通过本章的学习,我能做什么?

通过本章的学习,我们能够掌握使用Photoshop进行数字绘画的方法。但是会使用画笔工具并不代表就能够画出精美绝伦的"鼠绘"作品,想要画好画,最重要的不是工具,而是绘画功底。没有绘画基础的我们也可以尝试使用Photoshop绘制一些简单有趣的画作,说不定会突然发掘出自己的绘画天分。我们还要学会"去除"照片中地面上的杂物或者不应入镜的人物,能够去除人物面部的斑点、痘印、皱纹、眼袋、杂乱发丝以及服装上多余的褶皱等;还可以对照片局部的明暗以及虚实程度进行调整,以实现强化主体物弱化环境背景的目的。

数字绘画是Photoshop的重要功能之一，在数字绘画的世界中无须使用不同的画布和颜料就可以绘制出油画、水彩画、铅笔画、钢笔画等各种绘画作品。只要你有强大的绘画功底，这些统统可以在Photoshop中模拟出来。在Photoshop中提供了非常强大的绘制工具以及方便的擦除工具，这些工具除了在数字绘画中能够用到，在修图或者平面设计、服装设计等方面也经常使用。

单击工具箱中的"画笔工具"，在选项栏中可以看到很多选项设置，单击截图中的 按钮可以打开"画笔预设选取器"，在"画笔预设选取器"中可以看到多个不同类型的画笔笔尖，如图4-1所示。单击图标即可选中笔尖，接着可以在画面中尝试绘制，观察效果。

图 4-1

实例：使用画笔工具为画面增添朦胧感

扫一扫，看视频

文件路径	第4章\使用画笔工具为画面增添朦胧感
技术掌握	画笔工具

实例说明：

画笔工具作为一种使用频率非常高的工具，它的应用范围也非常广泛。画笔工具最基本的使用方法就是通过鼠标涂抹进行绘制。在本实例中使用叫作"柔边圆"的画笔进行暗角的绘制，这种柔边圆画笔边缘是虚化的，能够呈现出柔和的过渡效果。

实例效果：

实例效果如图4-2所示。

图 4-2

操作步骤：

步骤 01 打开一张素材图片。在设置暗角的颜色时可以选择工具箱中的"吸管工具"，在画面中4个角的位置单击拾取一个稍深一些的颜色，如图4-3所示。

图 4-3

> 💡 **提示**：设置画笔"不透明度"的快捷键
>
> 在使用"画笔工具"绘画时，可以按数字键0~9来快速调整画笔的"不透明度"，数字1代表10%的不透明度，数值9则代表90%的"不透明度"，0代表100%的不透明度。

步骤 02 选择工具箱中的"画笔工具"，接着在选项栏中设置较大的画笔，"大小"为400像素，接着设置"硬度"为0%，或者直接在下列列表中选择"柔边圆"画笔。为了让绘制出的效果更加朦胧，可以适当降低"不透明度"的数值，设置数值为80%，如图4-4所示。

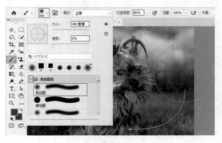

图 4-4

角度/圆度：画笔的角度是指画笔在长轴水平方向旋转的角度；圆度是指画笔在Z轴（垂直于画面，向屏幕内外延伸的轴向）上的旋转效果。

大小：通过设置数值或者移动滑块可以调整画笔笔尖的大小。在英文输入法状态下，可以按"["键和"]"键来减小或增大画笔笔尖的大小。

硬度：当使用圆形的画笔时硬度数值可以调整。数值越大画笔边缘越清晰，数值越小画笔边缘越模糊。

模式：设置绘画颜色与下面现有像素的混合方法。使用该功能需要选择一个非空白图层进行绘制才能看到混合效果。

"画笔设置"面板：单击该按钮即可打开"画笔设置"面板。

不透明度：设置画笔绘制出来颜色的不透明度。数值越大，笔迹的不透明度越高；数值越小，笔迹的不透明度越低。

：在使用带有压感的手绘板时，启用该项则可以对"不透明度"使用"压力"调节。在关闭时，"画笔预设"控制压力。

流量：设置当将光标移到某个区域上方时应用颜色的速率。在某个区域上方进行绘画时，如果一直按住鼠标左键，颜色量将根据流动速率增大，直至达到"不透明度"设置。

平滑：用于设置所绘制线条的流畅程度，数值越高线条越平滑。

角度⊿ 0°：用来设置画笔笔尖的旋转角度。

：激活该按钮以后，可以启用喷枪功能，Photoshop会根据鼠标左键的单击程度来确定画笔笔迹的填充数量。例如，关闭喷枪功能时，每单击一次会绘制一个笔迹；而启用喷枪功能以后，按住鼠标左键不放，即可持续绘制笔迹。

：在使用带有压感的手绘板时，启用该项则可以对"大小"使用"压力"调节。在关闭时，"画笔预设"控制压力。

：设置绘画的对称选项。

步骤 03 在画面中按住鼠标左键拖曳进行绘制，先绘制画面中的4个角点，然后利用柔边圆画笔的虚边一点一点地向内绘制。因为设置了不透明度的关系，四角位置需要反复涂抹，效果如图4-5所示。最后可以为画面添加一些艺术字元素作为装饰，完成效果如图4-6所示。

图4-5　　　　　　　　　图4-6

照片四角变暗称之为"暗角"，压暗画面四个角的亮度，能够使画面中心区域的内容更加突出。

实例：使用画笔工具绘制阴影增强真实感

文件路径	第4章\使用画笔工具绘制阴影增强真实感
技术掌握	画笔工具

扫一扫，看视频

实例说明：

本实例将学习一个新的制作阴影的方法，这种方法是使用画笔工具进行绘制，操作的方法也非常简单。在需要添加阴影的对象下方进行绘制，利用柔边圆画笔的虚边制作阴影边缘颜色递减的效果即可。通常这种阴影应用在对象底部。

实例效果：

实例效果如图4-7所示。

图4-7

操作步骤：

步骤 01 执行"文件→打开"菜单命令，将素材1打开，如图4-8所示。接着将香水素材2置入画面，调整大小并放在画面中间位置后将该图层栅格化，如图4-9所示。

图 4-8　　　　　　　　图 4-9

步骤 02 作为合成作品，光影关系影响着整个画面效果，此时商品下面没有阴影，所以显得有些不够真实。接下来为商品添加阴影，让画面效果真实、自然。在"图层"面板中选择背景图层，然后单击"新建图层"按钮，在背景图层上方新建一个图层，如图 4-10 所示。接着选择工具箱中的"画笔工具"，打开选项栏中的"画笔预设选取器"，在"常规画笔组"中选择"柔边圆"画笔，然后设置"大小"为 80 像素，阴影通常是半透明的，所以设置"不透明度"为 80%，接着设置合适的前景色，因为木板的颜色为黄色调，所以阴影应该具有相同的色彩倾向，所以设置前景色为深褐色，如图 4-11 所示。

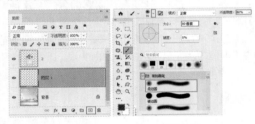

图 4-10　　　　　　　　图 4-11

> 💡 **提示：设置画笔属性的快捷方法**
>
> 选择"画笔工具"以后，在画布中单击鼠标右键，也可以打开"画笔预设选取器"。

步骤 03 设置完成后将光标移动到商品的下方，按住鼠标左键拖曳涂抹进行绘制，利用柔边圆画笔的边缘绘制出阴影的效果，如图 4-12 所示。为了让阴影更加具有层次感，再次新建图层，然后将笔尖调小一些，在更靠近商品的位置涂抹，如图 4-13 所示。

图 4-12　　　　　　　　图 4-13

步骤 04 此时阴影效果比较深，效果较为生硬。那么可以按住 Ctrl 键单击加选两个阴影图层，然后统一降低这两个图层的不透明度，如图 4-14 所示。此时本实例制作完成，效果如图 4-15 所示。

图 4-14　　　　　　　　图 4-15

> 🐛 **实例秘诀**
>
> 在制作阴影时，为了体现阴影模糊、虚化、半透明这种特点，有时也会使用"滤镜→模糊→高斯模糊"滤镜，对阴影进行高斯模糊处理，使阴影边缘更加柔和。

实例：使用画笔工具绘制手绘风格优惠券

文件路径	第 4 章\使用画笔工具绘制手绘风格优惠券
技术掌握	画笔工具

扫一扫，看视频

实例说明：

在 Photoshop 中，画笔工具不仅能够使用圆形的画笔进行绘制，还可以选择其他形状的笔尖绘制不同的笔触效果。在本实例中，就是使用画笔工具绘制毛刷笔触，制作手绘效果的设计作品。

实例效果：

实例效果如图 4-16 所示。

图 4-16

操作步骤：

步骤 01 新建一个空白文档。接着为背景填充颜色。单击工具箱底部的"前景色"按钮，在弹出的"拾色器（前

中文版 Photoshop 2024 完全案例教程（微课视频版）

景色)"窗口中设置颜色为红褐色,设置完成后单击"确定"按钮,如图4-17所示。在"图层"面板中选择背景图层,使用前景色填充快捷键Alt+Delete进行填充,效果如图4-18所示。

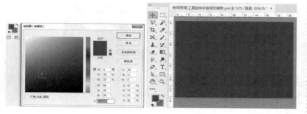

图4-17　　　　　　图4-18

步骤 02 选择工具箱中的"画笔工具",在选项栏中单击 按钮,在弹出的"画笔设置"面板中选择"雨滴散布"画笔,设置"大小"为124像素,"间距"为1%,设置参数如图4-19所示。

步骤 03 在工具箱底部设置前景色为黄色。创建一个新图层,然后选择刚创建的空白图层,在画面中按住鼠标左键拖曳进行绘制,如图4-20所示。

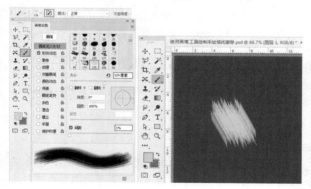

图4-19　　　　　　图4-20

步骤 04 继续使用同样的方法在画面中合适的位置绘制,效果如图4-21所示。

图4-21

步骤 05 将素材1置入画面,调整大小并放在画面中的

合适位置。此时本实例制作完成,效果如图4-22所示。

图4-22

实例:使用画笔工具制作卖场广告

文件路径	第4章\使用画笔工具制作卖场广告
技术掌握	画笔工具

扫一扫,看视频

实例说明:

　　在本实例中,使用画笔工具在画面中大面积地进行绘制,达到更改画面背景颜色的效果。在绘制的过程中,利用柔边圆画笔的虚边制作出颜色过渡的渐变效果。

实例效果:

　　实例效果如图4-23所示。

图4-23

操作步骤:

步骤 01 将素材1打开,如图4-24所示。接着选择背景图层,在背景图层上方新建一个图层。

图4-24

步骤 02 将前景色设置为浅红色,选择工具箱中的"画笔工具",然后选择一个柔边圆画笔,设置画笔大

小为600像素，"不透明度"为60%，设置完成后在画面左侧、人物头顶的位置按住鼠标左键拖曳涂抹，如图4-25所示。

图4-25

步骤 03 因为我们设置的笔尖比较大，在绘制人物头顶位置时难免会绘制到头发上，这时可以选择工具箱中的"橡皮擦工具"，然后选择一个柔边圆画笔，在头发的位置按住鼠标左键拖曳进行擦除，如图4-26所示。

图4-26

步骤 04 再次选择画笔工具，然后设置"不透明度"为20%，在人物左侧位置按住鼠标左键拖曳涂抹，效果如图4-27所示。

图4-27

步骤 05 将前景色设置为淡粉色，在选项栏中设置"不透明度"为45%，然后在人物左侧位置按住鼠标左键拖曳进行绘制，如图4-28所示。

图4-28

步骤 06 将素材2置入画面，调整大小放在画面左边位置并将图层栅格化。此时本实例制作完成，效果如图4-29所示。

图4-29

 提示：如何绘制得更自然

在使用"画笔工具"进行涂抹时，可以配合"不透明度"，以此来调整涂抹效果中颜色的深浅和明暗程度。

实例：使用颜色替换工具更改饮料颜色

文件路径	第4章\使用颜色替换工具更改饮料颜色
技术掌握	颜色替换工具

扫一扫，看视频

实例说明：

在我们浏览电商网页时，经常能看到同一产品不同颜色的展示效果，由于拍摄条件所限可能需要更改产品的颜色以达到展示效果，这就是我们经常说的"调色"。在本实例中，使用"颜色替换工具"进行颜色的更改，该工具适用于画面局部颜色的更改，不适用于对画面整体进行调色。

实例效果：

实例效果如图4-30所示。

图4-30

操作步骤:

步骤 01 将素材1打开,选择背景图层并使用快捷键Ctrl+J将其复制一份。接着使用"吸管工具"在画面中拾取粉色。然后单击选择工具箱中的"颜色替换工具",在选项栏中设置大小合适的画笔,设置"模式"为"颜色",单击"取样:连续"按钮,设置"限制"为"连续","容差"为50%。接下来将光标移动到下方的蓝色饮料处,如图4-31所示。

图 4-31

步骤 02 设置完成后在画面中按住鼠标左键涂抹,更改饮料的颜色。此时本实例制作完成,效果如图4-32所示。

图 4-32

实例秘诀

在使用颜色替换工具进行颜色更改时,所得到的颜色效果与当前的前景色相关,同时也与当前所选的模式相关。同一种颜色,不同的模式也会得到不同的效果。

实例:使用混合器画笔工具制作凸起感文字

文件路径	第4章\使用混合器画笔制作凸起感文字
技术掌握	混合器画笔工具、渐变工具

扫一扫,看视频

实例说明:

混合器画笔工具能够在模拟绘制水彩或油画时,随意地调节颜料颜色、浓度、颜色混合等效果。在本实例中,先使用混合器画笔工具进行取样,然后通过拖曳的方式制作出凸起感文字效果。

实例效果:

实例效果如图4-33所示。

图 4-33

操作步骤:

步骤 01 新建一个空白文档,然后选择工具箱中的"渐变工具",在选项栏中设置"渐变模式"为"经典渐变",接着单击选项栏中的渐变色条,然后在渐变编辑器中编辑一个紫色系的渐变颜色,如图4-34所示。新建图层,使用"椭圆选框工具"绘制一个正圆选区,然后使用渐变工具,设置渐变类型为径向,在选区内按住鼠标左键拖曳进行填充,如图4-35所示。填充完成后按快捷键Ctrl+D取消选区的选择。

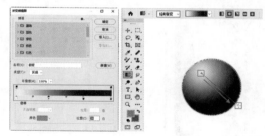

图 4-34　　　　　　　　图 4-35

步骤 02 选择工具箱中的"混合器画笔工具",调整画笔的大小,将笔尖大小调整得比正圆小一些,单击"当前画笔载入"的缩览图,确保"只载入纯色"选项被取消。然后按Alt键并单击该图形,这时完成了画笔的采样工作,如图4-36所示。接着将正圆图层隐藏,新建一个图层,如图4-37所示。

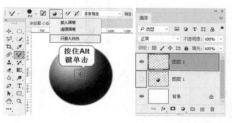

图 4-36　　　　　　　　图 4-37

自动载入 ✎：启用"自动载入"选项能够以前景色进行混合。

清理 ✕：启用"清理"选项可以清理油彩。

潮湿：控制画笔从画布拾取的油彩量。较高的设置会产生较长的绘画条痕。

载入：指定储槽中载入的油彩量。载入速率较低时，绘画描边干燥的速度会更快。

混合：控制画布油彩量与储槽油彩量的比例。当混合比例为100%时，所有油彩将从画布中拾取；当混合比例为0%时，所有油彩都来自储槽。

流量：控制混合画笔的流量大小。

对所有图层取样：拾取所有可见图层中的画布颜色。

步骤 03 在选项栏中选择一个硬边缘画笔，设置笔尖大小为150像素，设置类型为"湿润"，在"画笔设置"面板中设置"间距"为1%，接着在画面中按住鼠标左键拖曳进行绘制，如图4-38所示。

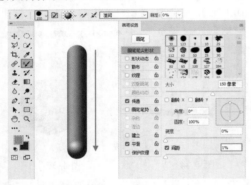

图4-38

步骤 04 继续使用同样的方法进行绘制，文字效果如图4-39所示。

图4-39

在使用混合器画笔工具进行绘制时，会出现没有颜色的情况，这时就需要重新进行取样，然后进行绘制，如图4-40所示。

图4-40

步骤 05 选择背景图层，然后将背景素材1.jpg置入文档，按Enter键确定置入操作。实例完成的效果如图4-41所示。

图4-41

打开一张图片，然后选择混合器画笔工具，在选项栏中设置合适的参数，然后在画面中按住鼠标左键拖曳涂抹，能够制作出类似于油画的效果，如图4-42所示。

图4-42

实例：使用橡皮擦工具为风景照合成天空

文件路径	第4章\使用橡皮擦工具为风景照合成天空
技术掌握	橡皮擦工具

扫一扫，看视频

实例说明：

使用橡皮擦工具能够擦除画面中的像素，橡皮擦工具的使用方法非常简单，只要选择相应的图层按住鼠标左键拖曳即可擦除涂抹区域的像素。在本实例中，使用橡皮擦工具擦除多余像素，达到合成的目的。

实例效果：

实例效果如图4-43所示。

图4-43

操作步骤：

步骤 01 将素材1打开，如图4-44所示。

步骤 02 置入天空素材2，调整到合适大小，摆放在画面上半部分天空的位置，如图4-45所示。接着按Enter键确定变换操作，然后将图层栅格化。

图4-44　　　　　　　图4-45

步骤 03 为了确定擦除的位置，可以将天空素材图层的不透明度降低，此时我们需要擦除天空素材图层中山丘位置的像素，如图4-46所示。

图4-46

步骤 04 选择工具箱中的橡皮擦工具，为了让擦除效果呈现出柔和的过渡效果，所以选择一个柔边圆画笔，接着设置笔尖大小为800像素，设置完成后在山丘位置按住鼠标左键拖曳进行涂抹，如图4-47所示。

图4-47

步骤 05 将天空素材图层的不透明度设置为100%，实例完成效果如图4-48所示。

图4-48

4.2 "画笔设置"面板：笔尖形状设置

执行"窗口→画笔设置"菜单命令（快捷键F5）可以打开"画笔设置"面板，在这里可以看到非常多的参数设置，底部显示着当前笔尖形状的预览效果。

实例：使用画笔工具制作光斑

文件路径	第4章\使用画笔工具制作光斑
技术掌握	画笔工具、"画笔设置"面板

扫一扫，看视频

实例说明：

"光斑"就是大小不一、颜色各异的小亮点，光斑应用在设计作品中能够营造浪漫、绚丽的气氛。网络上有各式各样的光斑素材，我们可以直接使用。也可以根据自己的需要制作光斑效果，制作光斑效果并不复杂，使用画笔工具，在"画笔设置"面板中设置形状动态、散布、颜色动态即可制作分散、大小不一、颜色不一的圆点，从而模拟出光斑的效果。

实例效果：

实例效果如图4-49所示。

图 4-49

操作步骤：

步骤 01 新建一个1000像素×1000像素的空白文档。接着设置前景色为深蓝色，设置完成后使用快捷键Alt+Delete进行前景色填充，如图4-50所示。

步骤 02 在背景图层上方新建图层，选择工具箱中的"矩形选框工具"，在画面上绘制选区并将其填充为比背景颜色稍浅一些的蓝色。操作完成后使用快捷键Ctrl+D取消选区。效果如图4-51所示。

图 4-50　　　　　　　　图 4-51

步骤 03 选择工具箱中的"画笔工具"，使用快捷键F5调出"画笔设置"面板。在"画笔笔尖形状"中选择一个圆形画笔，设置"大小"为260像素，"硬度"为100%，"间距"为170%，如图4-52所示。

步骤 04 在"画笔工具"面板左侧列表还可以启用画笔的各种属性，如形状动态、散布、纹理、双重画笔、颜色动态、传递、画笔笔势等。想要启用某种属性，需要在这些选项名称前单击，使之呈现出启用状态 ☑。接着单击选项的名称，即可进入该选项设置页面。单击"形状动态"按钮，设置"大小抖动"为72%，如图4-53所示。

图 4-52　　　　　　　　图 4-53

> **提示：为什么"画笔设置"面板不可用**
>
> 有的时候打开了"画笔设置"面板，却发现面板上的参数都是"灰色的"，无法进行调整。这可能是因为当前所使用的工具无法通过"画笔设置"面板进行参数设置。而"画笔设置"面板又无法单独对画面进行操作，它必须通过使用"画笔工具"等绘制工具才能够实施操作。所以想要使用"画笔设置"面板，首先需要单击"画笔工具"或者其他绘制工具。

步骤 05 在"画笔设置"面板左侧列表中单击"散布"按钮，设置"散布"为310%，如图4-54所示。

步骤 06 继续单击"颜色动态"按钮，勾选"应用每笔尖"选项，接着设置"色相抖动"为100%，"亮度抖动"为40%，"纯度"为+100%，如图4-55所示。此时完成了对硬边圆画笔的设置完成。

图 4-54　　　　　　图 4-55

步骤 07 将前景色设置为任意非黑白灰的颜色即可。新建图层，在选项栏中设置画笔"不透明度"为80%，然后在画面中按住鼠标左键绘制彩色斑点，如图4-56所示。接着可以将笔尖大小数值降低，然后设置"硬度"为50%，继续在画面的下方进行绘制，如图4-57所示。

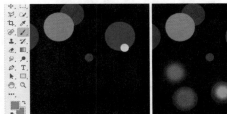

图 4-56　　　　　　图 4-57

实例秘诀

由于已经将"色相抖动"设置为100%，所以绘制得到的笔触有可能是任意色相的，所以也就无须拘泥于前景色的色相。只需保证前景色不是无彩色即可。

步骤 08 此时绘制的彩色斑点有超出蓝色矩形边缘的部分，需要将其隐藏。选择斑点图层，右击执行"创建剪贴蒙版"命令创建剪贴蒙版，将不需要的部分隐藏，如图4-58所示。效果如图4-59所示。

图 4-58　　　　　　图 4-59

步骤 09 选择工具箱中的"横排文字工具"，在选项栏中设置合适的字体、字号和颜色，设置完成后在画面中单击输入文字，文字输入完成后按快捷键Ctrl+Enter完成操作。此时本实例制作完成，效果如图4-60所示。（也可直接置入素材1.png。）

图 4-60

实例：使用颜色动态绘制多彩枫叶

文件路径	第4章\使用颜色动态绘制多彩枫叶
技术掌握	画笔工具、"画笔设置"面板

扫一扫，看视频

实例说明：

为了满足设计需要，Photoshop还能从外部载入外挂画笔，画笔的外部文件格式为".abr"，这个文件可以在不同的计算机中使用。学会了载入外挂画笔，就再也不会出现在自己计算机中使用这个画笔，在别的计算机中没有这个画笔的事情了。

实例效果：

实例对比效果如图4-61所示。

图 4-61

操作步骤：

步骤 01 打开素材1。执行"窗口→画笔"命令打开"画笔"面板，单击"面板菜单"按钮执行"导入画笔"命令，在弹出的"载入"窗口中单击选择素材2，接着单击"载入"按钮，如图4-62所示。

步骤 02 在"画笔"面板底部可以看到刚刚载入的画笔，如图4-63所示。

图 4-62

图 4-63

步骤 03 新建图层。选择画笔工具，按快捷键F5调出"画笔设置"面板，先在"画笔笔尖形状"选项卡中选择刚刚载入的枫叶画笔，然后设置"大小"为130像素，设置"间距"为165%，如图4-64所示。

步骤 04 单击"形状动态"，设置"大小抖动"为100%，"角度"为100%，参数设置如图4-65所示。

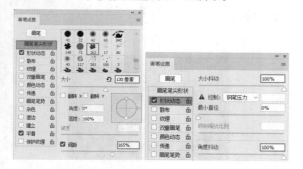

图 4-64　　　　　图 4-65

步骤 05 单击"散布"，在散布选项卡中勾选"两轴"，设置数值为350%，"数量"为2，参数设置如图4-66所示。

步骤 06 单击"颜色动态"，勾选"应用每笔尖"，设置"前景/背景抖动"为80%，"饱和度抖动"为5%，"纯度"为+70%，如图4-67所示。

图 4-66　　　　　　　图 4-67

步骤 07 将前景色设置为柠檬黄色，将背景色设置为橘色。接下来将光标移到画面下部，按住鼠标拖曳，绘制出漫天散布的枫叶。此时本实例制作完成，效果如图4-68所示。

图 4-68

4.3 使用不同的画笔

　　在"画笔预设选取器"中可以看到有多种可供选择的画笔笔尖类型，我们可以使用的只有这些吗？并不是，Photoshop还内置了多种类的画笔可供我们挑选，默认状态为隐藏，需要通过载入才能使用。除了内置的画笔，还可以在网络上搜索下载有趣的"画笔库"，并通过"预设管理器"载入到Photoshop中进行使用。除此之外，还可以将图像"定义"为画笔，帮助我们绘制出奇妙的效果。

实例：使用硬毛刷画笔制作唯美风景照

文件路径	第4章\使用硬毛刷画笔制作唯美风景照
技术掌握	载入旧版画笔、画笔工具

扫一扫，看视频

实例说明：

　　在Photoshop中，有些画笔是"隐藏"起来的，如果想使用这些画笔就需要将其进行"载入"。在本实例中就来学习如何载入预设的画笔。

实例效果：

实例效果如图4-69所示。

图4-69

操作步骤：

步骤 01 新建一个1950像素×1300像素的空白文档。然后将风景素材1.jpg置入文档并将其栅格化，如图4-70所示。

图4-70

步骤 02 选择风景图层，单击"图层"面板底部的"添加图层蒙版"按钮，为图层添加图层蒙版，如图4-71所示。

图4-71

步骤 03 选择工具箱中的画笔工具，打开"画笔预设选取器"下拉面板，然后单击右上角的"面板菜单"按钮，执行"旧版画笔"命令，如图4-72所示。在弹出的窗口中单击"确定"按钮，如图4-73所示。

步骤 04 打开"旧版画笔"组中的"默认画笔"，然后选择一个合适的笔尖，如图4-74所示。接着按快捷键F5调出"画笔设置"面板，在该面板中设置"形状"为"圆钝形"，"硬毛刷"为16%，"长度"为137%，"粗细"为1%，"硬度"为56%，参数设置如图4-75所示。

图4-72 　　　　　　　　　图4-73

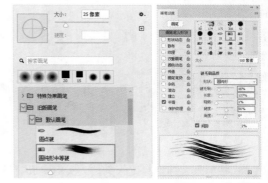

图4-74 　　　　　　　图4-75

步骤 05 笔尖设置完成后，单击一下图层蒙版缩览图进行选择，这时将前景色设置为黑色，在选项栏中设置"不透明度"为50%，"流量"为35%，设置完成后在画面左上角位置按住鼠标左键拖曳涂抹，随着涂抹可以看到画面左上角位置的像素被隐藏了，并且留下毛刷笔触，如图4-76所示。

图4-76

步骤 06 使用同样的方法在画面的另外3个角的位置按住鼠标左键拖曳涂抹，效果如图4-77所示。

图 4-77

步骤 07 将光效素材2置入文档并将图层栅格化。然后设置该图层的"混合模式"为"滤色"，如图4-78所示。画面效果如图4-79所示。

图 4-78　　　　　　　　图 4-79

步骤 08 将前景装饰素材置入文档，实例完成效果如图4-80所示。

图 4-80

实例：快速绘制大量心形图案

文件路径	第4章快速绘制大量心形图案
技术掌握	画笔工具、定义画笔预设

扫一扫，看视频 **实例说明：**

　　除了载入外挂画笔，还可以自定义画笔笔尖。在本实例中，就将心形定义成画笔，然后通过"画笔设置"面板调整参数，制作漂亮的心形背景。

实例效果：

　　实例效果如图4-81所示。

图 4-81

操作步骤：

步骤 01 由于本实例需要绘制出大量的心形图案，所以可以先创建一个新的画笔。打开素材1，需要将当前图形定义为画笔，以便于后面进行绘图使用，如图4-82所示。接着执行"编辑→定义画笔预设"菜单命令，在弹出的"画笔名称"窗口中设置合适的名称，设置完成后单击"确定"按钮，如图4-83所示。

图 4-82　　　　　　　图 4-83

步骤 02 将素材2文件打开，在该文档中，前景文字图层处于隐藏状态，如图4-84所示。

图 4-84

步骤 03 在素材2的背景图层上方新建图层。接着选择工具箱中的"画笔工具"，使用快捷键F5调出"画笔设置"面板。在该面板中单击"画笔笔尖形状"按钮，选择心形图案，设置大小合适的笔尖，"间距"为200%，如图4-85所示。

步骤 04 单击"形状动态"按钮，设置"大小抖动"为100%，如图4-86所示。

中文版Photoshop 2024完全案例教程（微课视频版）

图 4-85 图 4-86

步骤 05 在"画笔设置"面板中继续单击"散布"按钮，设置"散布"为1000%，如图4-87所示。

步骤 06 单击"颜色动态"按钮，设置"前景/背景抖动"为100%，如图4-88所示。

图 4-87 图 4-88

步骤 07 设置前景色为洋红色，背景色为白色，设置完成后在画面中按住鼠标左键拖曳绘制心形图案，如图4-89所示。

图 4-89

步骤 08 将隐藏的前景文字图层显示出来。此时本实例制作完成，效果如图4-90所示。

图 4-90

4.4 瑕疵修复

"修图"一直是Photoshop最为人所熟知的强项之一。通过其强大的功能，Photoshop可以轻松去除人物面部的斑斑点点、环境中的杂乱物体，甚至想要"偷天换日"也不在话下。更重要的是这些工具的使用方法非常简单。只需我们熟练掌握，并且多加练习就可以实现这些神奇的效果了，如图4-91和图4-92所示。下面我们就来学习一下这些功能吧！

图 4-91 图 4-92

实例：使用仿制图章工具去除杂物

文件路径	第4章\使用仿制图章工具去除杂物
技术掌握	仿制图章工具

扫一扫，看视频

实例说明：

仿制图章工具能够将取样点处的图像复制到目标位置，覆盖住瑕疵的区域，达到修复的目的。使用该工具一定要记住要在合适的位置按住Alt键单击进行取样。本实例就是通过仿制图章工具来修复画面瑕疵的。

实例效果：

实例对比效果如图4-93和图4-94所示。

图 4-93 图 4-94

操作步骤：

步骤 01 将素材1打开。接着使用快捷键Ctrl+J将背景图层复制一份。然后选择复制的图层，选择工具箱中的"仿制图章工具"。为了让修复效果更自然，在这里选择使用一个柔边圆画笔。因为画面中绿植比较大，所以将笔尖设置得稍微大一点，设置大小为120像素，设置完成后在小动物右侧的绿植上方按住Alt键单击进行取样，如图4-95所示。接着在画面瑕疵位置按住鼠标左键拖曳涂抹，效果如图4-96所示。

图4-95　　　　　　　图4-96

步骤 02　使用同样的方法继续取样将杂物去除。此时已将杂物基本去除干净，但遮挡部位与画面背景植物生长的脉络衔接部位有明显的痕迹，让整体效果失真，所以需要进一步处理细节，如图4-97所示。

步骤 03　继续使用"仿制图章工具"在遮挡的部位取样，弱化衔接部位的痕迹，让背景植物线条流畅，增强画面的真实感。此时本实例制作完成，效果如图4-98所示。

图4-97　　　　　　　图4-98

实例秘诀

在涂抹过程中要一笔一笔地涂抹，不要按住鼠标左键拖曳反复涂抹。这样可以避免在效果不满意需要撤销时，一次撤销全部操作。同时，反复涂抹也会让效果不自然，存在太多相似区域。在取样去除杂物时，还需尽可能地按照纹理进行，这样才能自然、真实。

实例：去除复杂水印

文件路径	第4章\去除复杂水印
技术掌握	复制、自由变换、橡皮擦工具

扫一扫，看视频　**实例说明：**

去水印也是设计师经常面对的工作，如果水印所处的位置环境比较复杂，那么就需要多花些时间和心思。在本实例中就是去除比较复杂的水印效果，这种方法是通过将正常区域的像素进行复制，然后调整大小和位置覆盖住有水印的区域。

实例效果：

实例对比效果如图4-99和图4-100所示。

图4-99　　　　　　　图4-100

操作步骤：

步骤 01　将素材1打开。从画面中可以看出水印在水果和背景之上，如图4-101所示。所以在去除时需要分为两个部分。背景部分的水印比较容易去除，因为背景的颜色比较简单。而橙子表面的水印如果使用仿制图章、修补等工具进行修复，可能会出现修复出的像素与原始像素细节角度不相符的情况。而橙子表面又有很多相似的区域，所以可以考虑复制正常的橙子瓣，并进行一定的变形合成。选择工具箱中的"矩形选框工具"，在橙子瓣的位置按住鼠标左键拖曳绘制矩形选区。

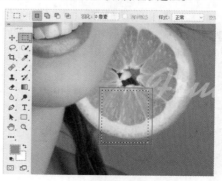

图4-101

中文版Photoshop 2024完全案例教程（微课视频版）

步骤 02 使用快捷键Ctrl+J将选区中的像素复制到独立图层。再使用快捷键Ctrl+T调出定界框，先调整位置然后适当地进行旋转，如图4-102所示。

图 4-102

步骤 03 调整完成后按Enter键确定变换，然后选择工具箱中的"橡皮擦工具"，选择一个柔边圆画笔，设置合适的笔尖大小，然后在生硬的边缘按住鼠标左键拖曳涂抹进行擦除，如图4-103所示。

图 4-103

步骤 04 去除背景上的水印。选择工具箱中的"仿制图章工具"，在没有水印的地方取样将水印去除。此时本实例制作完成，效果如图4-104所示。

图 4-104

实例：使用图案图章工具制作印象派油画效果

文件路径	第4章\使用图案图章工具制作印象派油画效果
技术掌握	图案图章工具、定义图案

扫一扫，看视频

实例说明：

本实例需要将一张照片转换为油画效果。主要是将原始照片定义为图案，然后使用"图案图章工具"进行绘制，在绘制前需要勾选"对齐"选项，绘制出来的效果才是完整没有重叠的；还需要勾选"印象派效果"，这样绘制出来的效果才能有油画绘画效果。

实例效果：

实例对比效果如图4-105和图4-106所示。

图 4-105　　　　　　　图 4-106

操作步骤：

步骤 01 首先将素材1打开。接着将这个素材定义成图案，执行"编辑→定义图案"菜单命令，在弹出的窗口中设置合适的名称，然后单击"确定"按钮，如图4-107所示。

图 4-107

步骤 02 选择工具箱中的"图案图章工具"，然后按F5键调出"画笔设置"面板，选择一个"圆扇形"的毛刷画笔，然后设置"大小"为125像素，如图4-108所示。新建图层，在选项栏中选择合适的图案，勾选"对齐"和"印象派效果"，接着在画面中按住鼠标左键拖曳进行涂抹，随着涂抹可以看到画面中产生了绘画的笔触，如图4-109所示。

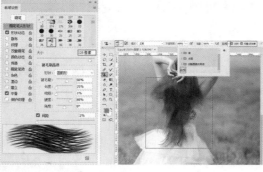

图 4-108　　　　　　图 4-109

选项解读：图案图章工具

对齐：勾选该选项以后，可以保持图案与原始起点的连续性，即使多次单击也不例外；当关闭选择时，每次单击都重新应用图案。

印象派效果：勾选该项以后，可以模拟出印象派绘画效果的图案。

步骤 03 继续进行涂抹，在涂抹的过程中要根据涂抹的位置调整笔尖的大小，并且根据走向进行涂抹。涂抹完成效果如图 4-110 所示。

图 4-110

实例秘诀

在进行绘制的过程中可以多新建几个图层，将不同的部分绘制在不同的图层上，以便于后期的修改操作。例如，远景为一层，近处草地为一层，人物部分为一层。

实例：使用污点修复画笔工具去除面部斑点

文件路径	第4章\使用污点修复画笔工具去除面部斑点
技术掌握	污点修复画笔工具

扫一扫，看视频

实例说明：

污点修复画笔工具是Photoshop中常用的去除瑕疵的工具，使用该工具能够快速去除画面中的小污点、小瑕疵。该工具的使用方法非常简单，只需调整好画笔大小，在污点位置单击或拖曳就会自动匹配进行修复。本实例就是使用污点修复画笔工具去除人像面部的斑点。

实例效果：

实例对比效果如图 4-111 和图 4-112 所示。

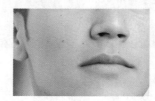

图 4-111

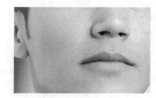

图 4-112

操作步骤：

步骤 01 将素材1打开，如图 4-113 所示。接着使用快捷键Ctrl+J将背景图层复制一份。我们可以看到画面中的人物面部有一些斑点，但这些斑点较小且不多，所以我们尝试使用"污点修复画笔工具"进行"祛斑"。

步骤 02 选择工具箱中的"污点修复画笔工具"，在选项栏中单击打开"画笔预设选取器"，在"画笔预设选取器"中设置大小合适的笔尖，"硬度"为100%，间距为25%，"模式"为"正常"，"类型"为"内容识别"，如图 4-114 所示。

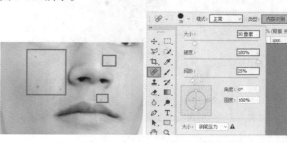

图 4-113　　　　　　图 4-114

步骤 03 设置完成后在有斑点的部位单击即可去除，如图4-115所示。

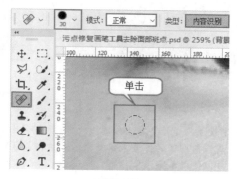

图 4-115

选项解读：污点修复画笔工具

模式：用来设置修复图像时使用的混合模式。除"正常""正片叠底"等常用模式以外，还有一个"替换"模式，这个模式可以保留画笔描边边缘处的杂色、胶片颗粒和纹理。

类型：用来设置修复的方法。选择"近似匹配"选项时，可以用笔触周围的像素来修补笔触位置的像素；选择"创建纹理"选项时，可以使用选区中的所有像素创建一个用于修复该区域的纹理；选择"内容识别"选项时，可以使用选区周围的像素进行修复。

步骤 04 使用同样的方法将人物面部的其他斑点去除。此时本实例制作完成，效果如图4-116所示。

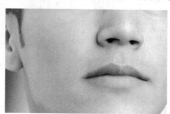

图 4-116

实例：使用污点修复画笔工具去除海面游船

文件路径	第4章\使用污点修复画笔工具去除海面游船
技术掌握	污点修复画笔工具

扫一扫，看视频

实例说明：

当需要去除一些小且集中的杂物时，使用"污点修

复画笔工具"在杂物上拖曳鼠标涂抹，释放鼠标后涂抹位置将自动识别为与周围环境相同的部分。

实例效果：

实例对比效果如图4-117和图4-118所示。

图 4-117　　　　　　图 4-118

操作步骤：

步骤 01 将素材1打开，如图4-119所示。接着按快捷键Ctrl+J复制背景图层。在画面中我们可以看到水面上有一些游船，由于游船占画面比例较小，所以可以尝试使用"污点修复画笔工具"去除。

步骤 02 单击工具箱中的"污点修复画笔工具"按钮，在选项栏中单击打开"画笔预设选取器"，在"画笔预设选取器"中设置"大小"为35像素（大小与要去除对象的像素大小相近即可），"硬度"为100%，间距为25%；在选项栏中设置"模式"为"正常"，"类型"为"内容识别"，如图4-120所示。

图 4-119　　　　　　图 4-120

步骤 03 设置完成后将光标移动到海岸中游船及浪花处，按住鼠标左键沿浪花走向拖曳进行涂抹，如图4-121所示。松开鼠标后涂抹位置将自动识别为海面，如图4-122所示。

图 4-121　　　　　　图 4-122

步骤 04 按照上述方法并适当调整画笔大小，继续在海面中游船处涂抹。此时本实例制作完成，画面最终效果如图4-123所示。

图 4-123

实例：使用修复画笔工具去除墙面绘画

文件路径	第4章\使用修复画笔工具去除墙面绘画
技术掌握	修复画笔工具

扫一扫，看视频

实例说明：

修复画笔工具与污点修复画笔工具名字看着非常相似，但是实质上还是有很大区别的。使用"修复画笔工具"进行修复时需要进行取样，这一点和仿制图章工具相似，都是需要按住Alt键单击进行取样的。在本实例中就是使用修复画笔工具去除画面背景中的图案，还原一个干净的背景。

实例效果：

实例对比效果如图4-124和图4-125所示。

图 4-124   图 4-125

操作步骤：

步骤 01 将素材打开，然后选择背景图层，使用快捷键Ctrl+J将其复制一份，如图4-126所示。在画面中背景有几个绘画部分需要将其去除。

步骤 02 选择复制得到的背景图层，单击工具箱中的"修复画笔工具"按钮，在选项栏中设置大小合适的笔尖，"硬度"为100%，"模式"为"正常"，"源"为"取样"，如图4-127所示。

图 4-126   图 4-127

选项解读：修复画笔工具

源：设置用于修复像素的源。选择"取样"选项时，可以使用当前图像的像素来修复图像；选择"图案"选项时，可以使用某个图案作为取样点。

对齐：勾选该选项以后，可以连续对像素进行取样，即使释放鼠标也不会丢失当前的取样点；关闭"对齐"选项以后，则会在每次停止并重新开始绘制时使用初始取样点中的样本像素。

样本：用来设置在指定的图层中进行数据取样。选择"当前和下方图层"，可从当前图层以及下方的可见图层中取样；选择"当前图层"仅从当前图层中进行取样；选择"所有图层"可以从可见图层中取样。

步骤 03 设置完成后按住Alt键的同时按住鼠标左键在画面中取样，如图4-128所示。然后在绘画位置单击或按住鼠标左键拖曳即可将其去除，如图4-129所示。

图 4-128   图 4-129

步骤 04 使用同样的方法将其他的绘画去除，此时本实例制作完成，效果如图4-130所示。

图 4-130

中文版Photoshop 2024完全案例教程（微课视频版）

实例秘诀

修复画笔工具和仿制图章工具的使用方法非常相似，但是修复的效果却不同，仿制图章工具只是将拾取的像素覆盖住涂抹的位置，而修复画笔工具则将拾取到的像素融合到涂抹的位置。图4-131所示为使用两种工具涂抹相同位置的对比效果。

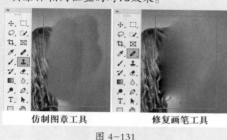

仿制图章工具　　　　**修复画笔工具**

图 4-131

实例：使用修复画笔工具为画面增添元素

文件路径	第4章\使用修复画笔工具为画面增添元素
技术掌握	修复画笔工具

扫一扫，看视频

实例说明：

使用"修复画笔工具"不仅可以去除画面中的杂物，而且可以在画面中添加图案。

实例效果：

实例对比效果如图4-132和图4-133所示。

图 4-132　　　　　　图 4-133

操作步骤：

步骤 01 将素材1打开，然后选择背景图层，使用快捷键Ctrl+J将其复制一份，如图4-134所示。本实例中人手两侧画面效果单一，需要放置一些物体让效果更加丰富。

步骤 02 选择复制得到的背景图层，单击工具箱中的"修复画笔工具"按钮，在选项栏中设置合适的笔尖大小，设置完成后在画面中按住Alt键的同时单击在画面中取样，如图4-135所示。

图 4-134　　　　　　图 4-135

步骤 03 取样完成后在画面左侧位置单击添加图案，如图4-136所示。（如果画笔尺寸较大，那么可以通过单击得到整个元素；如果画笔尺寸较小，则需要通过多次涂抹才能够得到完整的元素。）

步骤 04 使用同样的方法在画面左侧取样，在右下角单击添加图案。此时本实例制作完成，效果如图4-137所示。

图 4-136　　　　　　图 4-137

实例：使用修补工具去除石块

文件路径	第4章\使用修补工具去除石块
技术掌握	修补工具

扫一扫，看视频

实例说明：

在Photoshop中提供了多种用来修补瑕疵的工具，使用"修补工具"能够绘制不规则的选区，然后进行修补，这一点是仿制图章工具和修复画笔工具做不到的。在本实例中就是通过"修补工具"去除海面的礁石，让画面看起来更加整洁。

实例效果：

实例对比效果如图4-138和图4-139所示。

图 4-138　　　　　　图 4-139

操作步骤：

步骤 01 将素材1打开，然后选择背景图层，使用快捷键Ctrl+J将其复制一份，如图4-140所示。从画面中可以看出该风景图片中左侧上方石块杂乱，影响整体画面感。单击工具箱中的"缩放工具"按钮 🔍，将光标移动到画面中并单击画面，放大图片显示比例，此时内容显示更加清晰，便于我们接下来的操作，如图4-141所示。

图 4-140　　　　　图 4-141

步骤 02 选择复制的背景图层，单击工具箱中的"修补工具"按钮 🔲，在选项栏中单击"新选区"按钮，设置"修补"为"正常"，单击"源"按钮使其处于开启状态，如图4-142所示。

图 4-142

结构：用来控制修补区域的严谨程度，数值越高，边缘效果越精准。

颜色：用来调整可修改源色彩的程度。

将"修补"设置为"正常"时，可以选择图案进行修补。设置"修补"为"正常"，单击图案后面的倒三角按钮，在下拉面板中选择一个图案，单击"使用图案"按钮，随即将以图案在选区中进行修补。

源：选择"源"选项时，将选区拖曳到要修补的区域以后，松开鼠标左键就会用当前选区中的图像修补原来选中的内容。

目标：选择"目标"选项时，则会将选中的图像复制到目标区域。

透明：勾选该选项以后，可以使修补的图像与原始

图像产生透明的叠加效果，该选项适用于修补具有清晰分明的纯色背景或渐变背景。

步骤 03 将光标移动到画面中，按住鼠标左键围绕石头绘制选区，如图4-143所示。

图 4-143

步骤 04 绘制完成后，选区如图4-144所示。将光标移动到选区中，如图4-145所示。

图 4-144　　　　　图 4-145

步骤 05 按住鼠标左键将选区向右侧海面处拖曳，如图4-146所示。松开鼠标完成修补，如图4-147所示。使用快捷键Ctrl+D取消选区。

图 4-146　　　　　图 4-147

步骤 06 此时不难看出海面中出现相同画面，如图4-148所示。继续使用修补工具，对其中一处浪花绘制选区并进行修补，修补完成后海面更加自然，此时效果如图4-149所示。

图 4-148　　　　　图 4-149

步骤 07 按照上述方法继续去除左侧石块，此时本实例制作完成，画面最终效果如图4-150所示。

图 4-150

实例：去除皱纹

文件路径	第4章\去除皱纹
技术掌握	修补工具、仿制图章工具

扫一扫，看视频

实例说明：

本实例使用"修补工具"先去除较为明显的皱纹，然后使用"仿制图章工具"进行细节的修补。这样处理后的效果会更加自然和真实。

实例效果：

实例对比效果如图4-151和图4-152所示。

图 4-151   图 4-152

操作步骤：

步骤 01 将素材1打开，然后选择背景图层，使用快捷键Ctrl+J将其复制一份，如图4-153所示。图片中人物额头有较多皱纹，本实例通过操作将人物额头的皱纹去除。

图 4-153

步骤 02 将人物额头较大的皱纹去掉。选择复制得到的

背景图层，单击工具箱中的"修补工具"按钮，按住鼠标左键在皱纹处绘制选区，如图4-154所示。

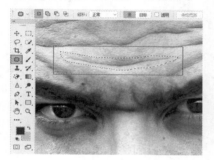

图 4-154

步骤 03 将光标放在框选的皱纹上按住鼠标左键向下拖曳，拖曳到没有皱纹的位置松开鼠标进行修补，如图4-155所示。操作完成后使用快捷键Ctrl+D取消选区。使用同样的方法将额头部位的其他皱纹去除。效果如图4-156所示。

图 4-155   图 4-156

步骤 04 通过前面的操作，较大的皱纹已经去除，接下来需要对一些细小的皱纹与斑点进一步处理。选择复制得到的图层，单击工具箱中的"仿制图章工具"按钮，在选项栏中设置大小合适的柔边圆画笔，设置完成后，将光标放在额头没有斑点瑕疵的位置，按住Alt键的同时按住鼠标左键单击取样，如图4-157所示。然后将光标放在左边眉毛上方位置的斑点处单击即可将斑点去除，如图4-158所示。

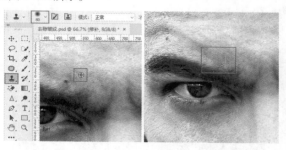

图 4-157   图 4-158

步骤 05 使用同样的方法将其他部位的斑点和细小的皱纹去除，效果如图4-159所示。

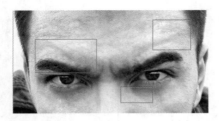

图 4-159

步骤 06 此时人物额头部位还是有较多细小的皱纹。所以继续使用"仿制图章工具"，在面部平滑的部位取样将皱纹去除，如图 4-160 所示。此时去除皱纹的操作完成。

图 4-160

实例：移动画面元素的位置

扫一扫，看视频

文件路径	第 4 章\移动画面元素的位置
技术掌握	内容感知移动工具

实例说明：

　　要移动画面中某个区域中的内容，传统的思维方式是将对象从画面中抠出来，然后移动对象位置，最后再把抠图后的空缺补上，这样的过程非常麻烦，但是在早期版本中也确实是这样做的。自从有了"内容感知移动工具"，这个操作就变得非常轻松。使用该工具能够将图片中的对象移动位置，同时还会根据图形周围的环境、光源自动修补移除的部分，实现更加完美的合成效果。在本实例中就是通过"内容感知移动工具"移动画面中房子的位置。

实例效果：

　　实例对比效果如图 4-161 和图 4-162 所示。

图 4-161

图 4-162

操作步骤：

步骤 01 将素材 1 打开，然后选择背景图层，使用快捷键 Ctrl+J 将其复制一份，如图 4-163 所示。本实例主要将画面的房子向左移动。

步骤 02 选择复制得到的背景图层，单击工具箱中的"内容感知移动工具"按钮，在画面中房子位置按住鼠标左键拖曳绘制选区，如图 4-164 所示。

图 4-163

图 4-164

步骤 03 在当前选区状态下，将光标放在选区内，按住鼠标左键不放向左拖曳，释放鼠标会在四周出现定界框，如图 4-165 所示。

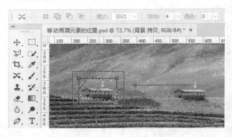

图 4-165

步骤 04 此时按 Enter 键即可完成房子的移动。操作完成后使用快捷键 Ctrl+D 取消选区，此时本实例制作完成，效果如图 4-166 所示。

图 4-166

实例秘诀

　　在完成对象移动出现定界框时，如果需要对移动的对象进行旋转、缩放等操作，可以直接进行；如果不需要，则按 Enter 键完成操作即可。

中文版 Photoshop 2024 完全案例教程（微课视频版）

实例：去除暗环境人物的红眼问题

文件路径	第4章\去除暗环境人物的红眼问题
技术掌握	红眼工具

扫一扫，看视频

实例说明：

当人处在暗处时瞳孔会自动放大，以看清景物。用闪光灯拍照时，面对瞬间的强光，瞳孔来不及收缩，光线透过瞳孔投射到视网膜上，视网膜上的血管很丰富，拍出的照片眼珠是红的，就是人们常说的"红眼"。在Photoshop中可以使用"红眼工具"以单击的方式快速地去除红眼，操作非常简单。

实例效果：

实例对比效果如图4-167和图4-168所示。

图 4-167　　　　图 4-168

操作步骤：

步骤 01 将素材1打开，然后选择背景图层，使用快捷键Ctrl+J将其复制一份，如图4-169所示。画面中人物的瞳孔在暗环境中变为红色，本实例主要就是将其转换为正常的颜色。

图 4-169

步骤 02 选择复制得到的背景图层，单击工具箱中的"红眼工具"按钮，然后在选项栏中设置"瞳孔大小"为50%，"变暗量"为50%，设置完成后在人物瞳孔位置单击，如图4-170所示。

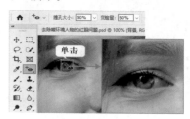

图 4-170

步骤 03 此时本实例制作完成，效果如图4-171所示。

图 4-171

4.5 "历史记录画笔"工具组

"历史记录画笔"工具组中有两个工具："历史记录画笔"和"历史记录艺术画笔"。这两个工具是以"历史记录"面板中"标记"的步骤作为"源"，然后再在画面中绘制。绘制出的部分会呈现出历史记录中标记的状态。"历史记录画笔"会完全真实地呈现历史效果，而"历史记录艺术画笔"则会将历史效果进行一定的"艺术化"，从而呈现出一种非常有趣的艺术绘画效果。

实例：使用历史记录画笔进行磨皮

文件路径	第4章\使用历史记录画笔进行磨皮
技术掌握	"历史记录"面板、历史记录画笔工具

扫一扫，看视频

实例说明：

历史记录画笔是Photoshop中图像编辑恢复工具，使用历史记录画笔可以将图像编辑中的某个状态还原出来。使用历史记录画笔可以将画面的局部还原到"历史记录"面板中标记的步骤。本实例就是通过将画面整体进行高斯模糊操作，然后还原到上一个步骤。通过标记模糊步骤，并使用历史记录画笔单独对皮肤部分还原这种模糊操作，从而起到磨皮的作用。

实例效果：

实例效果如图4-172所示。

图 4-172

操作步骤：

步骤 01 将人物素材1打开，可以看到皮肤质感不够细腻，如图4-173所示。然后使用快捷键Ctrl+J对背景图层进行复制。选择复制的背景图层，执行"滤镜→模糊→高斯模糊"菜单命令，在弹出的"高斯模糊"窗口中设置"半径"为6像素，设置完成后单击"确定"按钮，如图4-174所示。此时人物整体模糊了很多，但是在皮肤光滑的同时，画面其他部分的细节也损失过多。

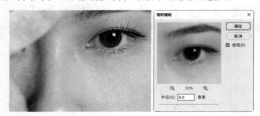

图 4-173　　　　图 4-174

步骤 02 执行"窗口→历史记录"菜单命令，在弹出的"历史记录"面板中单击"高斯模糊"前方的按钮，如图4-175所示。将此设置为源，接着单击"高斯模糊"上方的记录，还原到上一个步骤的操作状态。此时图像还原到清晰的状态，如图4-176所示。

图 4-175　　　　图 4-176

步骤 03 下面需要单独对肌肤部分应用刚刚标记高斯模糊的历史记录。选择工具箱中的"历史记录画笔工具"，在选项栏中选择一个柔边圆画笔，设置合适的笔尖大小，"不透明度"设置为50%，然后在皮肤比较粗糙的位置按住鼠标左键拖曳涂抹，随着涂抹可以看到涂抹的位置显示刚刚高斯模糊的效果，如图4-177所示。

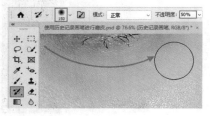

图 4-177

步骤 04 继续进行涂抹显示高斯模糊效果，对于皮肤比较光滑的区域，可以在选项栏中降低"不透明度"，然后进行涂抹，这样模糊的强度就会降低。效果如图4-178所示。

步骤 05 继续进行涂抹，实例完成效果如图4-179所示。

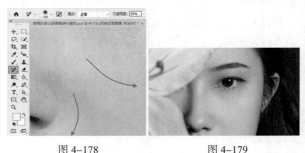

图 4-178　　　　图 4-179

实例：制作朦胧感画面

文件路径	第4章\制作朦胧感画面
技术掌握	历史记录艺术画笔工具

实例说明：

历史记录艺术画笔工具可以将标记的历史记录状态或快照作为源数据，然后以一定的"艺术效果"对图像进行修改。在本实例中先使用"历史记录艺术画笔工具"使图像产生特殊的笔触感，然后通过设置图层的混合模式来制作出朦胧感，最后适当提高画面亮度。

实例效果：

实例效果如图4-180所示。

图 4-180

操作步骤：

步骤 01 将素材1打开，然后选择背景图层，使用快捷键Ctrl+J将其复制一份，如图4-181所示。

中文版Photoshop 2024完全案例教程（微课视频版）

图 4-181

步骤 02 选择工具箱中的"历史艺术画笔工具",选择一个柔边圆画笔,设置"大小"为100像素,设置"样式"为"绷紧短","区域"为40像素。然后在画面中按住鼠标左键拖曳涂抹,在光标经过的位置,像素会发生不规则的变化,如图4-182所示。继续在画面中进行涂抹,此时画面效果如图4-183所示。

图 4-182

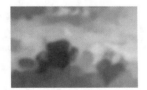

图 4-183

步骤 03 在"图层"面板中将图层混合模式设置为"叠加",如图4-184所示。此时画面效果如图4-185所示。

图 4-184

图 4-185

步骤 04 执行"图层→新建调整图层→曲线"菜单命令,然后在曲线上添加两个控制点并向上拖曳,曲线形状如图4-186所示。实例完成效果如图4-187所示。

图 4-186

图 4-187

4.6 图像的简单修饰

在Photoshop中可用于图像局部润饰的工具有"模糊工具""锐化工具"和"涂抹工具",这些工具从名称上就能看出来对应的功能,可以对图像进行模糊、锐化和涂抹处理;"减淡工具""加深工具"和"海绵工具"可以对图像局部的明暗、饱和度等进行处理。这些工具位于工具箱的两个工具组中,如图4-188所示。这些工具的使用方法非常简单,都是在画面中按住鼠标左键并拖曳(就像使用"画笔工具"一样)即可。想要对工具的强度等参数进行设置,需要在选项栏中调整。这些工具能制作出的效果如图4-189所示。

图 4-188

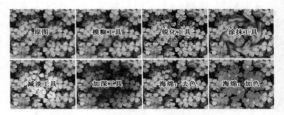

图 4-189

实例:模糊环境突出主体物

文件路径	第4章\模糊环境突出主体物
技术掌握	模糊工具

扫一扫,看视频

实例说明:

　　一张优秀的摄影作品,要有明确的主次关系,如果要突出某个主体，可以将画面其他内容进行模糊。在本实例中，会使用"模糊工具"对画面进行模糊，以达到突出主体的作用。

实例效果：

实例对比效果如图4-190和图4-191所示。

图4-190　　　　　　　图4-191

操作步骤：

步骤 01　将素材1打开，然后选择背景图层，使用快捷键Ctrl+J将其复制一份，如图4-192所示。本实例主要是将背景模糊来突出前方的主体物。

图4-192

步骤 02　选择复制得到的背景图层，单击工具箱中的"模糊工具"，选择一个柔边圆画笔，设置笔尖大小为300像素，设置"模式"为"正常"，"强度"为100%，然后在画面中最远的背景上按住鼠标左键拖曳涂抹，将其模糊，如图4-193所示。

图4-193

步骤 03　使用同样的方法对主体物附近的对象进行模糊，对近处的对象进行处理时，可以将画笔设置得稍小一些并进行涂抹，此时本实例制作完成，效果如图4-194所示。

图4-194

实例：锐化增强头发细节

文件路径	第4章\锐化增强头发细节
技术掌握	锐化工具

扫一扫，看视频

实例说明：

锐化能够增加图像边缘细节的对比度，使画面整体更加清晰。使用锐化工具能够通过涂抹的方式进行锐化，在本实例中就是对凌乱头发进行锐化，丰富头发的细节，让其看起来更有层次感。

实例效果：

实例对比效果如图4-195所示。

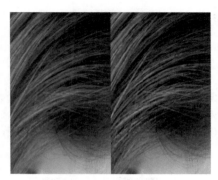

图 4-195

操作步骤：

步骤 01 打开素材 1.jpg，人物的头发比较凌乱，缺乏层次对比。选择工具箱中的"锐化工具"，为了让锐化效果自然，可以选择一个柔边圆画笔，设置画笔大小为150像素，将"强度"设置为80%，勾选"保护细节"选项。设置完成后在头发的位置按住鼠标左键自上而下沿着头发的走向涂抹，如图 4-196 所示。

图 4-196

提示：怎样能让锐化效果更自然

在对头发进行锐化时，锐化工具参数设置很重要，涂抹的手法也很重要。在涂抹锐化时，沿着头发的走向自上而下涂抹，释放鼠标左键后观察锐化效果，如果锐化强度不够，未达到效果，可以再次重复上一次操作。切勿反复在一个位置按住鼠标左键涂抹，一方面这样涂抹的效果很难控制，另一方面若效果不满意需要撤销则会全部撤销。

步骤 02 继续在头发的位置涂抹进行锐化，为了让锐化效果自然且有层次，只需要在头发高光位置涂抹锐化即可。实例完成效果如图 4-197 所示。

图 4-197

实例：锐化眉眼增强面部立体感

文件路径	第4章\锐化眉眼增强面部立体感
技术掌握	锐化工具

扫一扫，看视频

实例说明：

锐化工具用于增加图像边缘的对比度，以达到增强视觉上的清晰度，锐化程度并不是越大越好，而是追求自然。在本实例中利用锐化工具对人物眼睛进行锐化，来增强面部的立体感。

实例效果：

实例对比效果如图 4-198 所示。

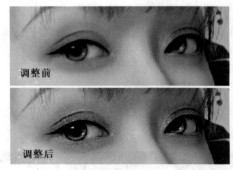

图 4-198

操作步骤：

步骤 01 打开素材1，然后使用快捷键Ctrl+J将背景图层复制一份，如图 4-199 所示。

步骤 02 选择工具箱中的"锐化工具"，设置笔尖大小为150像素，"强度"为80%，勾选"保护细节"，然后在眼球的位置按住鼠标左键拖曳涂抹进行锐化，如

图 4-200 所示。

图 4-199　　　　　　　图 4-200

步骤 03 继续在上眼皮和下眼睑的位置涂抹进行锐化，如图 4-201 所示。继续在另外一个眼睛上方拖曳涂抹进锐化，锐化完成后的实例效果如图 4-202 所示。

图 4-201　　　　　　　图 4-202

实例：锐化产品主图增强产品质感

文件路径	第 4 章\锐化产品主图增强产品质感
技术掌握	锐化工具

扫一扫，看视频　**实例说明：**

在商品摄影中，不仅需要展示商品的外观，还需要展示商品的质感。在本实例中，就是通过锐化工具对玻璃材质的商品进行锐化，增加其清晰度，强化商品的质感，使其更具吸引力。

实例效果：

实例对比效果如图 4-203 所示。

图 4-203

操作步骤：

步骤 01 打开素材 1，可以观察到整个图像是不够清晰的状态，接着使用锐化工具对商品进行锐化，强化其在画面中的存在感。选择工具箱中的锐化工具，选择一个柔边圆画笔，设置画笔大小为 300 像素，接着设置"强度"为 60%，勾选"保护细节"，设置完成后先在钻石位置处按住鼠标左键拖曳进行涂抹，如图 4-204 所示。

图 4-204

步骤 02 继续在另一个戒指钻石上方拖曳进行锐化。在锐化过程中，如果觉得锐化程度不够，就再去涂抹一次，这样锐化的效果比较容易把控，如图 4-205 所示。

步骤 03 继续涂抹其他部分，锐化完成后的实例效果如图 4-206 所示。

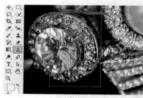

图 4-205　　　　　　　图 4-206

实例：使用涂抹工具制作毛茸茸卡通角色

文件路径	第 4 章\使用涂抹工具制作毛茸茸卡通角色
技术掌握	涂抹工具

扫一扫，看视频

实例说明：

使用涂抹工具进行涂抹，能够沿着拖曳的方向展开像素，模拟出类似手指划过油漆的效果。在本实例中，就是使用涂抹工具进行涂抹，为卡通形象添加毛发，制作出毛茸茸的效果。

中文版Photoshop 2024完全案例教程（微课视频版）

实例效果：

实例效果如图4-207所示。

图 4-207

操作步骤：

步骤 01 打开素材1，然后选择图层1，如图4-208所示。

图 4-208

步骤 02 选择工具箱中的"涂抹工具"，因为毛发比较细，所以笔尖应该比较小，在这里将笔尖大小设置为5像素；因为毛发底部粗，顶部细，在这里将"强度"参数设置得稍微大一些，将其设置80%，设置完成后在图形边缘按住鼠标左键拖曳涂抹，如图4-209所示。

步骤 03 继续在图形边缘按住鼠标左键拖曳进行涂抹变形，在拖曳鼠标左键时可以交叉进行涂抹，这样毛发才会比较自然，效果如图4-210所示。

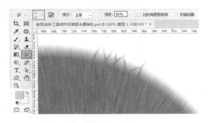

图 4-209

步骤 04 制作毛球上的亮部。新建图层，将前景色设置为白色，选择工具箱中的"画笔工具"，选择一个柔边圆画笔，大小设置为600像素，然后将"不透明度"设置为75%，设置

完成后在毛球中心位置单击，效果如图4-211所示。

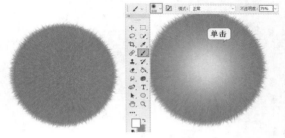

图 4-210　　　　　　图 4-211

步骤 05 置入眼睛素材2，调整大小后按Enter键确定置入操作。将其移动到毛球的上方，效果如图4-212所示。

图 4-212

步骤 06 使用同样的方法可以制作另外颜色的毛球，并添加素材3作为眼睛，效果如图4-213所示。最后置入背景素材4，放在背景图层的上一层，实例完成效果如图4-214所示。

图 4-213　　　　　　图 4-214

提示：毛球主体图形的制作

　　打开素材带有毛绒质感，这个质感可以在Photoshop中制作。首先绘制一个彩色的正圆，如图4-215所示。接着执行"滤镜→杂色→添加杂色"菜单命令添加一些杂色，如图4-216所示。再执行"滤镜→模糊→径向模糊"菜单命令，设置"模糊方法"为"缩放"，如图4-217所示。这样一个带有质感的毛球就制作完成了。

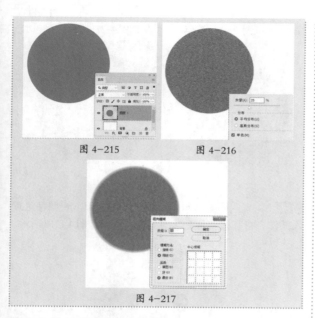

图 4-215　　　　图 4-216

图 4-217

图 4-220

实例：制作干净的背景

扫一扫，看视频

文件路径	第 4 章\制作干净的背景
技术掌握	减淡工具

实例说明：

　　使用工具箱中的"减淡工具"，在选项栏中设置合适的数值，确定要减淡的部位是阴影、高光还是中间调，数值设置完成后，在需要减淡的部位按住鼠标左键拖曳涂抹，就可以快速制作出干净的背景画面。

实例效果：

　　实例对比效果如图 4-218 和图 4-219 所示。

图 4-218　　　　　　图 4-219

操作步骤：

步骤 01 将素材 1 打开，然后选择背景图层，使用快捷键 Ctrl+J 将其复制一份，如图 4-220 所示。本实例中画面背景比较脏乱，需要将其效果减淡，即让暗的部位变亮一些，制作出干净的背景。

步骤 02 选择复制得到的背景图层，单击工具箱中的"减淡工具"按钮，在选项栏中设置大小合适的笔尖，"范围"选择"阴影"，"曝光度"为 100%，勾选"保护色调"，设置完成后在背景中脏乱的部位按住鼠标左键拖曳进行涂抹，将背景净化，如图 4-221 所示。

图 4-221

步骤 03 此时本实例制作完成，效果如图 4-222 所示。

图 4-222

实例秘诀

　　当前背景中比较脏乱主要是因为原本应为浅色的单色背景中包含一些偏暗的部分，而如果将这些偏暗的部分提亮，使之与周围其他比较干净的背景明度接近时，即可使整个画面看起来更加干净。需要将偏暗的部分提亮，就需要将"减淡工具"的处理范围设置为"阴影"，使之对画面偏暗的部分进行操作。

中文版 Photoshop 2024完全案例教程（微课视频版）

实例：使用减淡工具简单提亮肤色

文件路径	第4章\使用减淡工具简单提亮肤
技术掌握	减淡工具

扫一扫，看视频

实例说明：

    减淡工具作为一款提亮工具，可以使颜色减淡增加图像的亮度，在本实例中使用到了减淡工具提高人物皮肤的亮度，使皮肤变得白皙、明亮。

实例效果：

    实例对比效果如图4-223和图4-224所示。

图 4-223　　　　图 4-224

操作步骤：

步骤 01　将素材1打开，然后选择背景图层，使用快捷键Ctrl+J将其复制一份，如图4-225所示。从画面中我们可以看到素材中人物的肤色不够白皙，本实例主要使用减淡工具将人物肤色提亮。

图 4-225

步骤 02　提亮人物肤色。单击工具箱中的"减淡工具"按钮 ，在选项栏中单击打开"画笔预设选取器"，在"画笔预设选取器"中单击选择一个"柔边圆"画笔，设置画笔大小为200像素，"硬度"为0%。在选项栏中设置"范围"为"中间调"，"曝光度"为30%，勾选"保护色调"，将光标移动到人物脸部进行涂抹，可以看到人

物肤色明显改善了，如图4-226所示。

图 4-226

步骤 03　继续使用同样的方法在人物皮肤的其他位置进行涂抹，最终效果如图4-227所示。

图 4-227

> **实例秘诀**
>
>   在对人物进行处理时，尤其是面部处理，要尤为细致，避免因强度类参数设置过大而导致处理过度，通常我们会将参数设置得小一些，采用少量多次的方式进行处理。

实例：使用减淡、加深工具使主体物更突出

文件路径	第4章\使用减淡、加深工具使主体物更突出
技术掌握	减淡工具、加深工具

扫一扫，看视频

实例说明：

    若想增加画面的视觉冲击力，简单有效的方法就是让背景和主体物的明暗程度拉开差距。在本实例中使用加深工具对画面四角位置进行加深，制作出暗角效果。使用减淡工具提亮主体物的亮度，使其从画面中更加突出，不仅如此，这样一明一暗的反差还能让画面形成强烈的视觉冲击力。

实例效果：

实例对比效果如图4-228和图4-229所示。

图 4-228　　　　　　图 4-229

操作步骤：

步骤 01 将素材1打开，然后选择背景图层，使用快捷键Ctrl+J将其复制一份，如图4-230所示。从画面中可以看出画面整体颜色偏暗，房子作为主体物不够亮，周围的环境作为陪衬又不够暗。所以本实例将使用减淡和加深两个工具来让主体物更加突出。

图 4-230

步骤 02 将房子的明度提高，使其在画面中突出。选择复制得到的背景图层，单击工具箱中的"减淡工具"按钮，在选项栏中设置大小合适的笔尖，设置"范围"为"中间调"，"曝光度"为25%，勾选"保护色调"，设置完成后按住鼠标左键在房子周围涂抹提高亮度，如图4-231所示。

图 4-231

步骤 03 加深周围环境的颜色，让其变得更暗。选择工具箱中的"加深工具"，在选项栏中设置大小合适的笔尖，设置"范围"为"中间调"，"曝光度"为30%，勾选"保护色调"，设置完成后按住鼠标左键在画面周围涂抹

加深颜色，如图4-232所示。

图 4-232

步骤 04 此时本实例制作完成，效果如图4-233所示。

图 4-233

实例秘诀

在针对本实例的主体物和背景部分进行局部加深和减淡的操作时，画笔的大小可以适当大一些，通过简单的几次涂抹，快速而均匀地完成局部的提亮或压暗即可。如果画笔尺寸较小，那么就需要多次涂抹，而多次涂抹时，非常容易造成笔触交界的局部区域过暗或过亮的问题发生。

实例：使用加深、减淡工具增强眼睛神采

文件路径	第4章\使用加深、减淡工具增强眼睛神采
技术掌握	加深工具、减淡工具

扫一扫，看视频

实例说明：

人物眼睛有眼白和黑眼球，一黑一白明暗反差较大。所以在对人物眼睛进行调整时，使用"加深工具"和"减淡工具"可以较为方便地调整明暗程度，提亮人物眼睛神采。

实例效果：

实例对比效果如图4-234和图4-235所示。

图 4-234

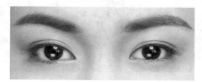

图 4-235

操作步骤：

步骤 01 将素材1打开，然后选择背景图层，使用快捷键Ctrl+J将其复制一份，如图4-236所示。图中人物眼白有些偏暗，而黑眼球部分的细节较少，缺少明暗对比，所以眼睛显得黯淡无神。本实例可以通过提亮眼白，压暗黑眼球的暗部，并适当强化黑眼球上的高光，以此来提升人物的神采。

图 4-236

步骤 02 加深眼睛眼球暗部的颜色。单击工具箱中的"加深工具"按钮，在选项栏中设置大小合适的柔边圆画笔，"范围"选择"阴影"（因为眼球暗部相对于眼球反光部分是更暗的"阴影"），设置"曝光度"为20%，设置完成后在眼球位置多次单击将眼球的颜色加深，在加深颜色的过程中要避开眼球上的反光，如图4-237所示。

步骤 03 加深后的效果如图4-238所示。

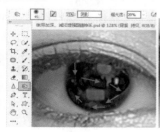

图 4-237

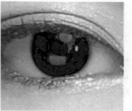

图 4-238

步骤 04 单击工具箱中的"减淡工具"按钮，在选项栏中设置大小合适的柔边圆画笔，"范围"选择"高光"，设置"曝光度"为30%，设置完成后在瞳孔上的高光位置涂抹以提高此处的亮度，此时黑眼球上明暗反差增大，如图4-239所示。

步骤 05 提高眼睛眼白的亮度，单击工具箱中的"减淡工具"，在选项栏中设置大小合适的柔边圆画笔，"范围"选择"中间调"，设置"曝光度"为30%，设置完成后在眼白位置涂抹，适当提高眼白的亮度，如图4-240所示。

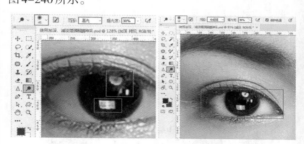

图 4-239   图 4-240

实例秘诀

注意眼球为球体，在提亮时切不可均匀涂抹，要按照球体的形态对中间部分提亮多一些，四周少一些，如图4-241所示。

图 4-241

步骤 06 使用同样的方法对另外一只眼睛进行操作，此时对眼睛的操作完成效果如图4-242所示。

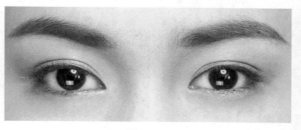

图 4-242

实例：使用海绵工具加强局部饱和度

文件路径	第4章\使用海绵工具加强局部饱和度
技术掌握	海绵工具

实例说明：

饱和度是指色彩的纯度，纯度越高，表现越鲜明；纯度较低，表现则较暗淡。在本实例中，画面整体的饱和度比较低，对于食物主题的摄影作品，食物颜色饱和度应该高一些，这样才能表现出可口、诱人的感觉。

实例效果：

实例对比效果如图4-243和图4-244所示。

图 4-243　　　　图 4-244

操作步骤：

步骤 01 打开素材1，可以看到整个画面的色彩比较暗淡，为了让汉堡看起来更加美味，并且从画面中凸显出来，需要提高汉堡的颜色饱和度。首先使用快捷键Ctrl+J将背景图层复制一份，如图4-245所示。

步骤 02 选择工具箱中的"海绵工具"，在选项栏中选择一个柔边圆画笔，设置大小为160像素，因为是要提高颜色饱和度，所以设置"模式"为"加色"，"流量"为80%，勾选"自然饱和度"选项，然后在画面中面包的位置按住鼠标左键拖曳进行涂抹，可以看到面包的颜色饱和度增加了，效果如图4-246所示。

图 4-245　　　　　　图 4-246

步骤 03 在选项栏中将"流量"设置为60%，然后在食物的上方继续拖曳进行涂抹，提高其颜色的饱和度，如图4-247所示。涂抹完成后，实例完成效果如图4-248所示。

图 4-247　　　　　　图 4-248

实例：使用海绵工具减弱局部饱和度

文件路径	第4章\使用海绵工具减弱局部饱和度
技术掌握	海绵工具

实例说明：

"海绵工具"是Photoshop中增加或减少颜色鲜艳程度的工具，它与减淡工具有所差别，它能在不改变原有形态的同时增强或降低原有饱和度，并且只吸除黑白以外的色彩。在去色过程中，去色深浅也可自由掌握，操作较灵活。

实例效果：

实例对比效果如图4-249和图4-250所示。

图 4-249　　　　　　图 4-250

操作步骤：

步骤 01 将素材1打开，然后选择背景图层，使用快捷键Ctrl+J将其复制一份。接下来制作黑白背景效果。单击工具箱中的"海绵工具"按钮，在选项栏中单击打开"画笔预设选取器"，在"画笔预设选取器"中单击选择一个"柔边圆"画笔，设置大小合适的柔边圆画笔，在选项栏中设置"模式"为"去色"，"流量"为100%，取消勾选"自然饱和度"。设置完毕后将光标移动到画面中，对画面背景部分按住鼠标左键拖曳进行涂抹，可以看到涂抹部分已经出现黑白效果，如图4-251所示。

图 4-251

步骤 02 继续使用海绵工具在背景其他位置进行涂抹，可以看到黑白背景逐渐清晰。此时本实例制作完成，最终效果如图 4-252 所示。

图 4-252

实例：简单美化人物照片

文件路径	第4章\简单美化人物照片
技术掌握	修补工具、海绵工具、减淡工具、加深工具

扫一扫，看视频

实例说明：

　　本实例是一个综合性实例，需要处理的问题比较多。但不管问题再多，它都是由一些小的问题组成的，比如本实例中存在背景中有杂乱的文字、地面比较脏、宝宝头饰存在不美观的元素、宝宝双眼大小不一致等问题。将大的问题划分为一个一个的小问题，然后再去解决就容易多了。

实例效果：

　　实例对比效果如图 4-253 和图 4-254 所示。

图 4-253　　　　图 4-254

操作步骤：

步骤 01 将素材1打开，然后选择背景图层，使用快捷键Ctrl+J将其复制一份，如图 4-255 所示。

图 4-255

步骤 02 将图片上方的红色文字和红色图案去掉。选择复制得到的背景图层，单击工具箱中的"修补工具"按钮，按住鼠标左键在画面的左上角位置将红色图案圈起来，显示出框选的选区，如图 4-256 所示。

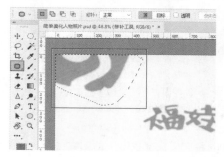

图 4-256

步骤 03 将光标放在框选的选区内，按住鼠标左键向下拖曳，如图 4-257 所示。

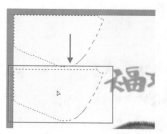

图 4-257

步骤 04 松开鼠标即将红色图案去除，操作完成后使用快捷键Ctrl+D取消选区。效果如图 4-258 所示。接着使用同样的方法将红色文字去除，效果如图4-259所示。

图 4-258　　　　　　图 4-259

步骤 **05** 画面中宝宝下方的背景颜色较脏，需要将其处理掉。选择复制得到的背景图层，单击工具箱中的"减淡工具"按钮，在选项栏中设置大小合适的柔边圆画笔，设置"范围"为"中间调"，"曝光度"为40%，设置完成后在画面中背景部分进行涂抹，将背景颜色减淡，如图4-260所示。

图 4-260

步骤 **06** 将宝宝头部发带上的图案去掉，这部分可以使用复制相似内容的方法进行覆盖。单击工具箱中的"套索工具"按钮，在发带图案右边位置绘制选区，如图4-261所示。然后使用快捷键Ctrl+J将选区内的图形复制到单独的图层，如图4-262所示。

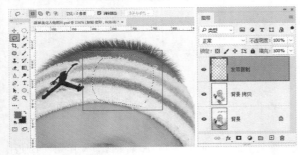

图 4-261　　　　　　图 4-262

步骤 **07** 选择复制的发带图案图层，将其向左移动到发带图案上方位置，如图4-263所示。使用快捷键Ctrl+T调出定界框，将光标放在定界框外按住鼠标左键旋转到合适的位置，如图4-264所示。操作完成后按Enter键完成操作。

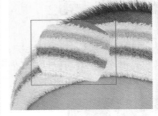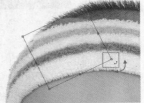

图 4-263　　　　　　图 4-264

步骤 **08** 通过操作，复制的发带图案上方有多余出来的部分，需要将其去除。选择复制得到的发带图层，单击工具箱中的"橡皮擦工具"按钮，在选项栏中设置大小合适的笔尖，硬度为0，设置完成后将多余出来的部分擦除，如图4-265所示。

图 4-265

步骤 **09** 按住Ctrl键依次加选复制得到的背景图层和发带复制图层，如图4-266所示。使用快捷键Ctrl+E将其合并为一个图层并命名为"合并"，如图4-267所示。

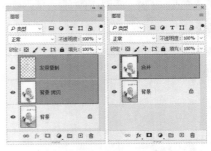

图 4-266　　　　　　图 4-267

步骤 **10** 此时画面中发带的颜色较深，需要将颜色减淡。选择"合并"图层，单击工具箱中的"减淡工具"按钮，在选项栏中设置大小合适的柔边圆画笔，设置"范围"为"中间调"，"曝光度"为20%，设置完成后在发带位置按住鼠标左键进行涂抹，如图4-268所示。

图 4-268

步骤 11 发带中绿色和黄色的颜色饱和度较低，需要提高颜色的饱和度。选择"合并"图层，单击工具箱中的"海绵工具"按钮，在选项栏中设置大小合适的柔边圆画笔，"模式"选择"加色"，"流量"设置为50%，设置完成后在发带的绿色和黄色位置进行涂抹，提高颜色的饱和度，如图4-269所示。

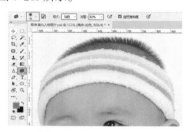

图 4-269

步骤 12 此时画面中宝宝的皮肤颜色较暗，需要提高亮度。选择"合并"图层，单击工具箱中的"减淡工具"按钮，在选项栏中设置大小合适的柔边圆画笔，"范围"选择"高光"，"曝光度"设置为6%，过高的曝光度会让皮肤失真，勾选"保护色调"，让皮肤的颜色在操作中不改变，设置完成后在宝宝露出的皮肤位置涂抹，将宝宝的皮肤颜色提亮，如图4-270所示。

图 4-270

步骤 13 画面中宝宝的两个眼睛大小不一致，需要将左边眼睛变大。选择"合并"图层，执行"滤镜→液化"菜单命令，在弹出的"液化"窗口中单击"膨胀工具"按钮，在右边的"属性"面板中设置大小合适的画笔，设置完成后在宝宝左眼位置单击将眼睛变大，操作完成后单击"确定"按钮完成操作，如图4-271所示。

图 4-271

步骤 14 将宝宝的眼睛提亮，让眼睛更加有神。首先需要提亮眼白部分，选择"合并"图层，单击工具箱中的"减淡工具"按钮，在选项栏中设置较小笔尖的柔边圆画笔，"范围"选择"中间调"，"曝光度"设置为20%，设置完成后在眼睛眼白位置涂抹，提高眼白的亮度，如图4-272所示。

步骤 15 加深黑眼球的颜色。选择"合并"图层，单击工具箱中的"加深工具"按钮，在选项栏中设置大小合适的柔边圆画笔，"范围"选择"阴影"，"曝光度"设置为10%，设置完成后在眼睛的黑眼球位置稍作涂抹，加深黑眼球的颜色，如图4-273所示。

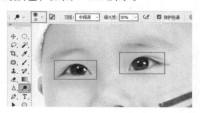

图 4-272

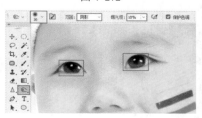

图 4-273

步骤 16 画面中宝宝裤子的颜色太深，需要更换一种艳丽一些的颜色。选择"合并"图层，设置前景色为蓝色，然后单击工具箱中的"颜色替换工具"按钮，在选项栏中设置大小合适的笔尖，"模式"选择"颜色"，"限制"选择"不连续"，"容差"设置为60%，设置完成后在宝宝裤子部位涂抹，将裤子的颜色更改为蓝色，如图4-274所示。

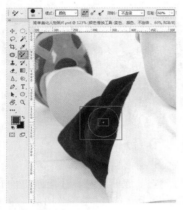

图 4-274

步骤 17 此时需要注意，在涂抹时应保持画笔中间的"+"始终在宝宝裤子内，不然会将颜色涂抹到裤子外。此时本实例制作完成，效果如图4-275所示。

图 4-275

Chapter 5

第5章

调色

本章内容简介：

调色是数码照片编辑修改中非常重要的功能，图像的色彩在很大程度上能够决定图像的"好坏"，与图像主题相匹配的色彩才能够准确传达图像的内涵。对于设计作品也是一样，贴切地使用色彩对设计作品而言也是非常重要的。不同的颜色往往带有不同的情感倾向，对于消费者心理产生的影响也不相同。在Photoshop中我们不仅要学习如何使画面的色彩"正确"，还可以通过调色技术的使用，制作各种各样风格化的色彩。

重点知识掌握：

- 熟练掌握"调色"命令与调整图层的方法。
- 能够准确分析图像色彩方面存在的问题并进行校正。
- 熟练调整图像明暗、对比度问题。
- 熟练掌握图像色彩倾向的调整。
- 综合运用多种调色命令进行风格化色彩的制作。

通过本章的学习，我能做什么？

通过本章的学习，我们将学会十几种调色命令的使用方法。通过这些调色命令的使用，可以校正图像的曝光问题以及偏色问题。例如，图像偏暗、偏亮、对比度过低/过高、暗部过暗导致细节缺失，画面颜色暗淡、天不蓝、草不绿、人物皮肤偏黄偏黑、图像整体偏蓝、偏绿、偏红等。还可以综合运用多种调色命令以及混合模式等功能制作出一些风格化的色彩。例如，小清新色调、复古色调、高彩色调、电影色、胶片色、反转片色、LOMO色等。调色命令的数量虽然有限，但是通过这些命令能够制作出的效果却是无限的。还等什么？一起来试一下吧！

5.1 调色前的准备工作

对于摄影爱好者来说，调色是数码照片后期处理的"重头戏"。一张照片的颜色能够在很大程度上影响观者的心理感受。比如同样一张食物的照片（图5-1），哪张看起来更美味一些？实际上美食照片通常饱和度高一些看起来会美味。"色彩"能够美化照片，同时色彩也具有强大的"欺骗性"。同样一张"行囊"的照片（图5-2），以不同的颜色进行展示，迎接它的将是轻松愉快的郊游，还是充满悬疑与未知的探险？

图 5-1

图 5-2

调色技术不仅在摄影后期中占有重要地位，在平面设计中也是不可忽视的一个重要组成部分。平面设计作品中经常用到各种各样的图片元素，而图片元素的色调与画面是否匹配也会影响到设计作品的成败。调色不仅要使元素变"漂亮"，更重要的是通过色彩的调整使元素"融合"到画面中。通过图5-3和图5-4可以看到部分元素与画面整体"格格不入"，而经过了颜色的调整，则会使元素不再显得突兀，画面整体气氛更统一。

图 5-3

图 5-4

色彩的力量无比强大，想要"掌控"这个神奇的力量，Photoshop这一工具必不可少。Photoshop的调色功能非常强大，不仅可以对错误的颜色（即色彩方面不正确的问题，如曝光过度、亮度不足、画面偏灰、色调偏色等）进行校正，如图5-5所示；而且能够通过调色功能的使用增强画面视觉效果，丰富画面情感，打造出风格化的色彩，如图5-6所示。

图 5-5

图 5-6

在Photoshop的"图像"菜单中包含多种可以用于调色的命令，其中大部分位于"图像→调整"子菜单中，还有3个自动调色命令位于"图像"菜单下，这些命令可以直接作用于所选图层，如图5-7所示。执行"图层→新建调整图层"菜单命令，如图5-8所示。在子菜单中可以看到与"图像→调整"子菜单中相同的命令，这些命令起到的调色效果是相同的，但是其使用方式略有不同。

图 5-7   图 5-8

从上面这些调色命令的名称上来看，大致能猜到这些命令的作用。所谓的"调色"是通过调整图像的明暗（亮度）、对比度、曝光度、饱和度、色相、色调等几大方面来实现图像整体颜色的改变。但如此多的调色命令，在真正调色时要从何处入手呢？很简单，只要把握住以下几点即可。

1.校正画面整体的颜色错误

在处理一张照片时，通过对图像整体的观察，最先考虑到的就是图像整体的颜色有没有"错误"。比如偏色（画面过于偏向暖色调/冷色调，偏紫色、偏绿色等）、画面太亮（曝光过度）、太暗（曝光不足）、偏灰（对比度低，整体看起来灰蒙蒙的）、明暗反差过大等。在进行调色操作时，首先要对以上问题进行处理，使图像变为一张曝光正确、色彩正常的图像，如图 5-9 和图 5-10 所示。

图 5-9

图 5-10

在对新闻图片进行处理时，可能无须对画面进行美化，需要最大限度地保留画面真实度，那么图像的调色可能就到这里结束了。如果想要进一步美化图像，接下来再进行其他处理。

2.细节美化

通过第一步整体的处理，我们已经得到了一张"正常"的图像。虽然这些图像是基本"正确"的，但是仍然可能存在一些不尽如人意的细节。比如想要重点突出的部分比较暗，如图 5-11 所示；照片背景颜色不美观，如图 5-12 所示。

图 5-11

图 5-12

我们常想要制作同款产品不同颜色的效果图，如图 5-13 所示；或者改变头发、嘴唇、瞳孔的颜色，如图 5-14 所示。对这些"细节"进行处理也是非常必要的。因为画面的重点常常就集中在一个很小的部分上。使用"调整图层"非常适合处理画面的细节。

图 5-13

图 5-14

3. 帮助元素融入画面

在制作一些平面设计作品或者创意合成作品时，经常需要在原有的画面中添加一些其他元素，例如在版面中添加主体人像；为人物添加装饰物；在海报中的产品周围添加一些陪衬元素；为整个画面更换一个新背景等。当后添加的元素出现在画面中时，可能会感觉合成得很"假"，或颜色看起来很奇怪。除去元素内容、虚实程度、大小比例、透视角度等问题，最大的可能性就是新元素与原始图像的"颜色"不统一。例如环境中的元素均为偏冷的色调，而人物则偏暖，如图5-15所示。这时就需要对色调倾向不同的部分进行调色操作。

图 5-15

4. 强化气氛，辅助主题表现

通过前面几个步骤，画面整体、细节以及新增元素的颜色都被处理"正确"了。但是单纯"正确"的颜色是不够的，很多时候我们想要使自己的作品脱颖而出，需要的是超越其他作品的"视觉感受"。所以，我们需要对图像的颜色进行进一步的调整，而这里的调整考虑的是与图像主题相契合，图5-16和图5-17所示为表现不同主题的不同色调作品。

图 5-16　　　　　　　图 5-17

> **提示：颜色模式**
>
> "颜色模式"是指千千万万的颜色表现为数字形式的模型。简单来说，可以将图像的"颜色模式"理解为记录颜色的方式。在Photoshop中有多种"颜色模式"。
>
> 执行"图像→模式"菜单命令，我们可以将当前的图像更改为其他颜色模式，如RGB、CMYK、HSB、Lab、位图、灰度、索引颜色、双色调和多通道等，如图5-18所示。

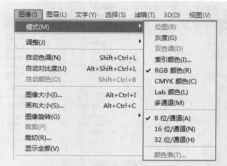

图 5-18

虽然图像可以有多种颜色模式，但并不是所有的颜色模式都经常使用。通常情况下，制作用于显示在电子设备上的图像文档时使用RGB颜色模式；涉及需要印刷的产品时需要使用CMYK颜色模式；而Lab颜色模式是色域最宽的颜色模式，也是最接近真实世界颜色的一种颜色模式，通常在将RGB转换为CMYK的过程中使用，可以先将RGB图像转换为Lab模式，然后再转换为CMYK颜色模式。

实例：使用调色命令调色

文件路径	第5章使用调色命令调色
技术掌握	使用调色命令

扫一扫，看视频

实例说明：

调色命令的种类虽然很多，但是其使用方法都比较相似。本实例主要讲解如何使用调色命令，以及如何调节参数。

操作步骤：

步骤 01 利用调色命令进行调色，首先选中需要操作的图层，如图5-19所示。单击"图像"菜单按钮，将光标移动到"调整"命令上，在子菜单中可以看到很多调色命令，如"色相/饱和度"，如图5-20所示。

图 5-19

图 5-20

步骤 02 大部分调色命令都会弹出参数设置窗口，在此窗口中可以进行参数选项的设置（反向、去色和色调均化命令没有参数调整窗口）。图 5-21 所示为"色相/饱和度"窗口，在此窗口中可以看到很多滑块，尝试拖曳滑块的位置，画面颜色产生了变化，如图 5-22 所示。

图 5-21　　　　　　　图 5-22

提示：预览调色效果

在进行调色时，默认情况下会勾选"预览"选项，拖曳滑块进行参数的设置，这样就可以一边调整参数一边查看效果。

步骤 03 很多调整命令中都有"预设"，所谓的"预设"就是软件内置的一些设置好的参数效果。我们可以通过在"预设"列表中选择某一种预设，快速为图像施加效果。例如，在"色相/饱和度"窗口中单击"预设"，在"预设"列表中单击某一项即可观察到效果，如图 5-23 和图 5-24 所示。

图 5-23　　　　　　　图 5-24

步骤 04 很多调色命令都有"通道"列表或"颜色"列表可供选择，如默认情况下显示的是 RGB，此时调整的是整个画面的效果。如果单击列表会看到红、绿、蓝选项，选择某一项即可针对这种颜色进行调整，如图 5-25 和图 5-26 所示。

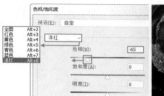

图 5-25　　　　　　　图 5-26

提示：快速还原默认参数

使用图像调整命令时，如果在修改参数之后，还想将参数还原成默认数值，可以按住 Alt 键，这时对话框中的"取消"按钮会变为"复位"按钮，单击"复位"按钮即可还原默认参数，如图 5-27 所示。

图 5-27

实例：使用调整图层调色

文件路径	第 5 章\使用调整图层调色
技术掌握	使用调整图层

扫一扫，看视频

实例说明：

前面提到了"调整命令"与"调整图层"能够起到的调色效果是相同的，但是"调整命令"是直接作用于原图层，而"调整图层"则是将调色操作以"图层"的形式存在于"图层"面板中。相对来说，使用调整图层进行调色可以操作的余地更大一些。

操作步骤：

步骤 01 选中一个需要调整的图层。接着执行"图层→新建调整图层"菜单命令，在子菜单中可以看到很多命令，因为我们想要更改人物衣服的颜色，所以这里执行"色相/饱和度"命令，如图 5-28 所示。

图 5-28

图 5-32 所示。

图 5-31　　　　　图 5-32

提示：使用"调整"面板

执行"窗口→调整"菜单命令，打开"调整"面板。"调整"面板中包含"调整预设"组和"单一调整"组。"调整预设"组中包含大量设置好的调色效果，单击进行预设即可使图像产生相应的调色效果，如图 5-29 所示。

图 5-29

"单一调整"组中均为单独的调色命令。其中排列的图标与"图层→新建调整图层"菜单中的命令是相同的。在这里可以单击"调整"面板中的按钮创建相应的调整图层，以对图像进行调色，如图 5-30 所示。单击每组右侧的 ≣ 或 ▦ 可以调整列表的显示方式。

图 5-30

另外，也可以在"图层"面板底部单击"创建新的填充或调整图层"按钮 ，然后在弹出的菜单中选择相应的调整命令。

步骤 02 弹出"新建图层"窗口，在此窗口中设置调整图层的名称，然后单击"确定"按钮，如图 5-31 所示。接着在"图层"面板中可以看到新建的调整图层，如

步骤 03 与此同时，"属性"面板中会显示当前调整图层的参数设置（如果没有出现"属性"面板，可以双击该调整图层的缩览图，重新弹出"属性"面板），接着将"色相"设置为-43，如图 5-33 所示。此时画面颜色发生了变化，如图 5-34 所示。

图 5-33　　　　　图 5-34

步骤 04 在"图层"面板中能够看到每个调整图层都自动带有一个"图层蒙版"。在调整图层蒙版中可以使用黑色、白色来控制受影响的区域。白色为受影响，黑色为不受影响，灰色为受到部分影响。接下来将根据黑白关系，将无须调整的区域的效果隐藏。选择"画笔工具"，将前景色设置为黑色，设置合适的笔尖大小，然后在调整图层蒙版中的皮肤位置进行涂抹，随着涂抹可以看到人物原本的肤色逐步显示出来，也就是涂抹位置的调色效果被图层蒙版隐藏了，如图 5-35 所示。

图 5-35

步骤 05 在涂抹过程中，如果不小心涂抹到衣服上，可

以利用图层蒙版还原。在选择画笔工具的状态下，将前景色设置为白色，然后在衣服的位置涂抹，白色画笔涂抹经过的位置的调色效果逐步显示出来，如图5-36所示。

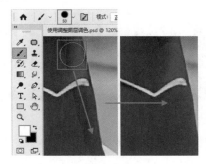

图 5-36

步骤 06 处理完后，继续使用黑色画笔在衣服以外的区域涂抹隐藏调色效果。实例完成效果如图5-37所示。

图 5-37

5.2 自动色调命令

在"图像"菜单下有3个用于自动调整图像颜色的命令："自动色调""自动对比度""自动颜色"。这3个命令无须进行参数设置，执行命令后，Photoshop会自动计算图像颜色和明暗中存在的问题并进行校正。适合于处理一些数码照片中常见的偏色或者偏灰、偏暗、偏亮等问题。

实例：使用自动色调命令校正偏色图像

文件路径	第5章\使用自动色调命令校正偏色图像
技术掌握	自动色调

扫一扫，看视频

实例说明：

"自动色调"命令常用于校正图像常见的偏色问题。在本实例中，图中的食物和饮品颜色偏亮，使用"自动色调"命令可以快速校正偏亮的颜色。

实例效果：

实例对比效果如图5-38和图5-39所示。

图 5-38　　　　　　　　图 5-39

操作步骤：

打开素材1，然后选择背景图层，使用快捷键Ctrl+J将背景图层复制一份，如图5-40所示。接着执行"图像→自动色调"菜单命令，可以看到画面色彩得到校正，调色效果如图5-41所示。

图 5-40　　　　　　　　图 5-41

实例：使用自动对比度命令强化画面色彩对比度

文件路径	第5章\使用自动对比度命令强化画面色彩对比度
技术掌握	自动对比度

扫一扫，看视频

实例说明：

"自动对比度"命令常用于校正图像对比度过低的问

题。在本实例中就是通过"自动对比度"命令将"灰蒙蒙"的照片快速强化，使画面颜色对比度更明显。

实例效果：

实例对比效果如图 5-42 和图 5-43 所示。

图 5-42　　　　　　图 5-43

操作步骤：

打开风景素材1，然后选择背景图层，使用快捷键 Ctrl+J 将背景图层复制一份，如图 5-44 所示。接着执行"图像→自动对比度"菜单命令，画面明暗反差被增大，灰蒙蒙的问题被校正了，调色效果如图 5-45 所示。

图 5-44

图 5-45

实例：使用自动颜色命令校正色差

文件路径	第5章\使用自动颜色命令校正色差
技术掌握	自动颜色

扫一扫，看视频 **实例说明：**

"自动颜色"命令通过查找当前图像中的阴影、中间调以及高光区域的颜色，并与中性灰颜色进行对比，从

而分析图像的对比度以及颜色的偏差情况，并进行校正。

实例效果：

实例对比效果如图 5-46 和图 5-47 所示。

图 5-46　　　　　　图 5-47

操作步骤：

打开素材1，可以看到整个画面色调偏红。使用快捷键 Ctrl+J 将背景图层复制一份，如图 5-48 所示。接着执行"图像→自动颜色"菜单命令，可以快速减少画面中的红色成分，效果如图 5-49 所示。

图 5-48　　　　　　图 5-49

5.3 调整图像的明暗

在"图像→调整"菜单中有很多种调色命令，其中一部分调色命令主要针对图像的明暗进行调整。提高图像的明度可以使画面变亮，降低图像的明度可以使画面变暗；增强画面亮部区域的亮度并降低画面暗部区域的亮度则可以增强画面对比度，反之则会降低画面对比度，如图 5-50 和图 5-51 所示。

图 5-50　　　　　　图 5-51

实例：校正偏暗的图像

文件路径	第5章\校正偏暗的图像
技术掌握	亮度/对比度

扫一扫，看视频

实例说明：

"亮度/对比度"命令常用于使图像变得更亮或更暗一些、校正"偏灰"（对比度过低）的图像、增强对比度使图像更"抢眼"或弱化对比度使图像柔和。本实例画面整体偏暗，可以通过"亮度/对比度"命令先提高画面的亮度，然后用增强画面对比度的方法进行校正。

实例效果：

实例对比效果如图5-52和图5-53所示。

图 5-52　　　　图 5-53

操作步骤：

步骤 01 将素材1打开，此时画面呈现出偏暗、细节不明确的问题，需要提高亮度，如图5-54所示。

图 5-54

步骤 02 执行"图层→新建调整图层→亮度/对比度"菜单命令，在弹出的窗口中单击"确定"按钮，新建一个"亮度/对比度"调整图层。然后在弹出的"属性"面板中设置"亮度"为70，提高整体画面的亮度，如图5-55所示。效果如图5-56所示。

图 5-55　　　　图 5-56

选项解读：亮度/对比度

亮度：用于设置图像的整体亮度。其数值由小到大变化，为负值时，表示降低图像的亮度；为正值时，表示提高图像的亮度。

对比度：用于设置图像亮度对比的强烈程度。其数值由小到大变化，为负值时，图像对比度减弱；为正值时，图像对比度会增强。

步骤 03 通过操作，画面整体的亮度已经提高，但山体颜色与背景颜色对比度较弱，需要提高对比度。在"亮度/对比度"的"属性"面板中设置"对比度"为40，增加画面明暗之间的对比，如图5-57所示。此时本实例制作完成，效果如图5-58所示。

图 5-57　　　　图 5-58

提示：影调

对摄影作品而言，"影调"又称为照片的基调或调子，指画面的明暗层次、虚实对比和色彩中色相明暗等之间的关系。由于影调的亮暗和反差的不同，通常以"亮暗"将图像分为"亮调""暗调"和"中间调"。也可以"反差"将图像分为"硬调""软调"和"中间调"等多种形式。图5-59所示为亮调图像，图5-60所示为暗调图像。

图 5-59　　　　　　　　　图 5-60

实例：为眼睛添神采

文件路径	第5章\为眼睛添神采
技术掌握	色阶

扫一扫，看视频

实例说明：

在拍摄面部特写时，一双明亮、清澈的眼睛不仅能引人注意，还能传递情感。本实例的眼睛部分偏暗，导致人物显得缺乏神采，这就需要后期进行调整，使黑眼球和眼白对比明显，让眼睛有一种"放光"的感觉。本实例可以使用"色阶"命令调整图层，结合调整图层的"图层蒙版"对眼睛的局部进行调整，制作出神采奕奕的眼睛。

实例效果：

实例对比效果如图5-61和图5-62所示。

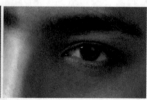

图 5-61　　　　　　　　　图 5-62

操作步骤：

步骤 01 将素材1打开，此时画面中人物眼睛暗淡，主要是眼白太灰，同时黑眼球位置的细节不明显。所以需要为眼睛整体提亮，如图5-63所示。

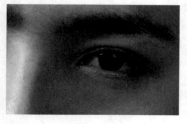

图 5-63

步骤 02 执行"图层→新建调整图层→色阶"菜单命令，在"属性"面板中拖曳下方滑块来调整画面的亮度，同时也可以直接输入数值，如图5-64所示。效果如图5-65所示。

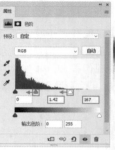
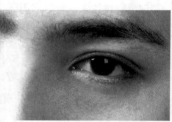

图 5-64　　　　　　　　　图 5-65

选项解读：色阶

在图像中取样以设置黑场：使用"在图像中取样以设置黑场"吸管 在图像中单击取样，可以将单击点的像素调整为黑色，同时图像中比该单击点暗的像素也会变成黑色。

在图像中取样以设置灰场：使用"在图像中取样以设置灰场"吸管 在图像中单击取样，可以根据单击点的像素亮度来调整其他中间调的平均亮度。

在图像中取样以设置白场：使用"在图像中取样以设置白场"吸管 在图像中单击取样，可以将单击点的像素调整为白色，同时图像中比该单击点亮的像素也会变成白色。

通道：如果想要使用"色阶"命令对画面颜色进行调整，则可以在"通道"列表中选择某个"通道"，然后对该通道进行明暗调整，使某个通道变亮，画面则会更倾向于该颜色。而使某个通道变暗，则会减少画面中该颜色的成分，从而使画面倾向于该通道的补色。

步骤 03 当前的调整图层只需针对眼睛部分操作，所以需要在调整图层蒙版中隐藏对眼睛以外部分的影响。单击"色阶"调整图层的图层蒙版缩览图，将前景色设置为黑色，然后使用前景色填充快捷键Alt+Delete进行填充，此时调色效果将被隐藏，如图5-66所示。然后单击工具箱中的"画笔工具"按钮，在选项栏中设置一个较小笔尖的柔边圆画笔，同时将前景色设置为白色，"不透明度"设置为60%，设置完毕后在调整图层蒙版中眼睛眼白的位置按住鼠标左键拖曳进行涂抹。此时被涂抹的区域出现了调整图层的效果，如图5-67所示。

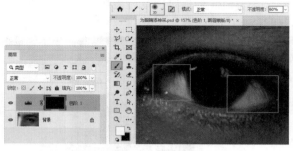

图 5-66　　　　　图 5-67

步骤 04 使用"画笔工具"，在选项栏中调整笔尖大小和"不透明度"，在黑眼球下部涂抹，使这部分区域变亮。此时本实例制作完成，效果如图5-68所示。

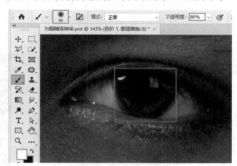

图 5-68

实例秘诀

由于人物眼睛部位有眼白和黑眼球，且各自所占的区域也比较小。所以在使用"画笔工具"进行涂抹时，要随时注意调整画笔笔尖大小，同时也可以配合使用"不透明度"，让调整效果达到最佳。

实例：打造通透的瓶子

文件路径	第5章\打造通透的瓶子
技术掌握	曲线

扫一扫，看视频

实例说明：

在调色过程中要遵循对象材质的特性进行调色，以本实例为例，玻璃瓶子中装着透明的液体，那么我们就应该将瓶子调整为半透明的、通透感强的效果。在本实例中，主要通过"曲线"命令提高瓶子和瓶身的亮度来实现这样的效果。

实例效果：

实例对比效果如图5-69和图5-70所示。

图 5-69　　　　　图 5-70

操作步骤：

步骤 01 将素材1打开。画面中瓶子里液体的颜色较深，缺少通透感，如图5-71所示。

图 5-71

步骤 02 对瓶身内部的液体进行提亮。执行"图层→新建调整图层→曲线"菜单命令，在"属性"面板中通过单击添加控制点，并向左上角拖曳来提高画面的亮度，如图5-72所示。此时虽然画面已经出现曝光过度的情况，但是由于当前调整图层只需针对瓶身内部操作，所以只需关注此部分是否合适即可。此时画面效果如图5-73所示。

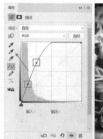

图 5-72　　　　　图 5-73

提示：认识直方图

在"色阶"命令、"曲线"命令等调色命令中，经常会看到当前图像的直方图。"直方图"是用图形来表示图像每个亮度级别的像素数量。在直方图中，横向代表亮度，左侧为暗部区域，中部为中间调区域，右侧为高光区域；纵向代表像素数量，纵向越高，表示分布在这个亮度级别的像素越多，如图5-74所示。

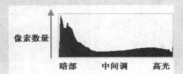

图5-74

直方图常用于观测当前画面是否存在曝光过度或曝光不足的情况。

如果大部分较高的竖线集中在直方图右侧，左侧几乎没有竖线，则表示当前图像亮部较多，暗调几乎没有。该图像可能存在曝光过度的情况，如图5-75所示。如果大部分较高的竖线集中在直方图左侧，图像有可能是曝光不足的暗调效果，如图5-76所示。

图5-75　　　　　　　图5-76

步骤 03 单击"曲线"调整图层的图层蒙版缩览图，将其填充为黑色，此时调色效果被隐藏。然后单击工具箱中的"画笔工具"按钮，在选项栏中设置大小合适的柔边圆画笔，设置前景色为白色，设置完毕后，按住鼠标左键在画面中瓶身位置拖曳进行涂抹，涂抹位置如图5-77所示。随着涂抹，瓶身部分变亮，效果如图5-78所示。

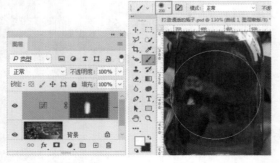

图5-77　　　　　　　图5-78

步骤 04 进一步强化瓶子的通透感，制作出透过瓶子能看到后面植物的效果。再次创建一个曲线调整图层，在

"属性"面板中将曲线向左上角拖曳提高亮度，如图5-79所示。调整的强度依然只需关注瓶身效果。此时画面效果如图5-80所示。

图5-79　　　　　　　图5-80

步骤 05 将该"曲线"调整图层的图层蒙版填充为黑色，然后使用大小合适的柔边圆画笔，在瓶身中心位置涂抹，如图5-81所示。此时瓶身液体显得更加清透，效果如图5-82所示。

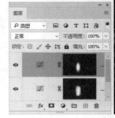

图5-81　　　　　　　图5-82

 实例秘诀

1. 提亮画面

想让画面整体变亮一些，可以选择在曲线的中间调区域按住鼠标左键，并向左上角拖曳，此时画面就会变亮。因为通常情况下，中间调区域控制的范围较大，所以想要对画面整体进行调整时，大多会选择在曲线中间段部分进行调整。

2. 压暗画面

想要使画面整体变暗一些，可以在曲线上中间调的区域按住鼠标左键并向右下角拖曳移动曲线。

3. 调整图像对比度

想要增强画面对比度，需要使画面亮部变得更亮，而暗部变得更暗。可以将曲线调整为S形，在曲线上半段添加点并向左上角移动，在曲线下半段添加点并向右下角移动。反之，想要使图像对比度降低，则需要将曲线调整为Z形。

实例：使用曲线打造暖色

文件路径	第5章\使用曲线打造暖色
技术掌握	曲线

扫一扫，看视频

实例说明：

　　"曲线"命令不仅可以对画面整体的明暗、对比程度进行调整，还可以对画面中的颜色进行调整。通过调整可以轻松打造出不同的风格，如本实例就是要使用曲线打造一个暖调的画面。

实例效果：

　　实例对比效果如图5-83和图5-84所示。

图 5-83　　　　　　　图 5-84

操作步骤：

步骤 01 将素材1打开。接着执行"图层→新建调整图层→曲线"菜单命令，接着在"属性"面板中设置颜色模式为RGB，单击添加控制点，并将其向左上角拖曳提高画面的亮度，如图5-85所示。此时画面效果如图5-86所示。

图 5-85　　　　　　　图 5-86

步骤 02 红色是暖色调的常用色，本实例需要在画面中间调以及暗部区域适当添加一些红色的成分。在面板中设置通道为"红"，通过对曲线的调整提高画面暗部和中间调区域的红色数量，亮部区域无须增加红色成分，所以将曲线上亮部的点向下移动，如图5-87所示。画面效果如图5-88所示。

图 5-87　　　　　　　图 5-88

步骤 03 在面板中设置通道为"蓝"，通过对曲线的调整，降低画面亮部区域的蓝色数量，让整体效果更偏向于暖调，如图5-89所示。此时本实例制作完成，效果如图5-90所示。

图 5-89　　　　　　　图 5-90

> **实例秘诀**
>
> 　　在曲线的"属性"面板中，有RGB颜色模式和红、绿、蓝3个通道。选择RGB颜色模式是对全图进行调整；而选择3个颜色通道中的任意一个则是对画面中的该颜色进行调整。

实例：使用曲线命令制作电影感暖色调

文件路径	第5章\使用曲线命令制作电影感暖色调
技术掌握	曲线

扫一扫，看视频

实例说明：

　　在Photoshop中，曲线被誉为"调色之王"，它是色彩控制能力非常强大、便捷、高效的调色工具。在本实例中使用"曲线"命令调整单独通道中的颜色，制作出电影感的暖色调效果。

实例效果：

　　实例对比效果如图5-91和图5-92所示。

图 5-91　　　　　图 5-92

操作步骤：

步骤 01 将素材1打开，执行"窗口→调整"菜单命令，在"调整"面板中单击创建一个"曲线"调整图层，在"属性"面板中选择RGB颜色模式，将曲线向左上角拖曳提高画面亮度，如图5-93所示。此时画面变亮一些，效果如图5-94所示。

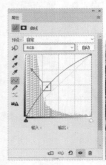

图 5-93　　　　　图 5-94

步骤 02 选择"红"通道，使用同样的方法对曲线进行调整，以增加画面中红色的数量，让画面变得暖一些，如图5-95所示。效果如图5-96所示。

图 5-95　　　　　图 5-96

步骤 03 在"属性"面板中继续选择"蓝"通道，减少画面中亮部区域的蓝色成分，并增多画面暗部的蓝色成分，如图5-97所示。此时画面整体倾向于红调的暖色，亮部倾向于暖黄色，而暗部则带有一些紫色，呈现出黄色与紫色的对比。效果如图5-98所示。

图 5-97　　　　　图 5-98

实例：调整图像曝光度

文件路径	第5章\调整图像曝光度
技术掌握	曝光度

扫一扫，看视频

实例说明：

　　如果照片的曝光度不足，会导致画面昏暗，暗部缺乏细节。在本实例中整个画面曝光度不足，使用"曝光度"命令可以轻松校正这一问题。

实例效果：

　　实例对比效果如图5-99和图5-100所示。

图 5-99　　　　　图 5-100

操作步骤：

步骤 01 将素材1打开。此时画面中存在曝光不足的问题，整体偏暗，如图5-101所示。

图 5-101

步骤 02 在"调整"面板中单击创建一个"曝光度"调

整图层，在"属性"面板中向右拖曳"曝光度"滑块，或将参数设置为+1.20，如图5-102所示。此时画面变亮，且细节更加明显了。效果如图5-103所示。

图 5-102　　　　　图 5-103

实例：使用阴影/高光还原暗部细节

文件路径	第5章\使用阴影/高光还原暗部细节
技术掌握	阴影/高光、曲线

扫一扫，看视频

实例说明：

"阴影/高光"命令可以单独对画面中的阴影区域以及高光区域的明暗进行调整。"阴影/高光"命令常用于恢复由于图像过暗造成的暗部细节缺失，以及图像过亮导致的亮部细节不明确等问题。在本实例中可以使用"阴影/高光"命令提高画面亮度并还原画面暗部细节。

实例效果：

实例对比效果如图5-104和图5-105所示。

图 5-104　　　　　图 5-105

操作步骤：

步骤 01 将素材1打开，接着选择背景图层，使用快捷键Ctrl+J将其复制一份。该画面由于过暗导致细节不明显，需要对暗部区域进行调整，如图5-106所示。

图 5-106

步骤 02 选择复制得到的背景图层，执行"图像→调整→阴影/高光"菜单命令，在弹出的"阴影/高光"窗口中设置"阴影"数量为60%，如图5-107所示。此时画面的暗部变亮，且暗部细节效果变得清晰。效果如图5-108所示。

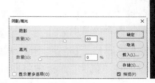 

图 5-107　　　　　图 5-108

步骤 03 "阴影/高光"可设置的参数并不只是这两个，勾选"显示更多选项"以后，可以显示"阴影/高光"的完整选项，如图5-109所示。"阴影"选项组与"高光"选项组的参数是相同的。

图 5-109

色调：用来控制色调的修改范围，值越小，修改的范围越小。

半径：用来控制每个像素周围的局部相邻像素的范围大小。相邻像素用于确定像素是在阴影还是在高光中。数值越小，范围越小。

颜色：用来控制画面颜色感的强弱，数值越小，画面饱和度越低；数值越大，画面饱和度越高。

中间调：用来调整中间调的对比度，数值越大，中间调的对比度越强。

修剪黑色：该选项可以将阴影区域变为纯黑色，数值的大小用于控制变化为黑色阴影的范围。数值越大，变为黑色的区域越大，画面整体越暗。最大数值为50%，过大的数值会使图像丧失过多细节。

修剪白色：该选项可以将高光区域变为纯白色，数值的大小用于控制变化为白色高光的范围。数值越大，变为白色的区域越大，画面整体越亮。最大数值为50%，过大的数值会使图像丧失过多细节。

存储默认值：如果要将窗口中的参数设置存储为默认值，可以单击该按钮。存储为默认值以后，再次打开"阴影/高光"窗口时，就会显示该参数。

步骤 04 对画面的整体亮度进行调整。执行"图层→新建调整图层→曲线"菜单命令，在"属性"面板中将曲线向左上角拖曳，如图5-110所示。此时画面的亮度被提高了，效果如图5-111所示。

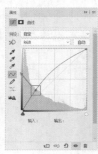 

图 5-110　　　　　　　图 5-111

5.4 调整图像的色彩

图像"调色"一方面是针对画面明暗的调整，另外一方面是针对画面"色彩"的调整。在"图像→调整"命令中有十几种可以针对图像色彩进行调整的命令。通过使用这些命令既可以校正偏色的问题，又能够为画面打造出各具特色的色彩风格。

实例：使用色相/饱和度调整画面颜色

文件路径	第5章\使用色相/饱和度调整画面颜色
技术掌握	色相/饱和度

扫一扫，看视频

实例说明：

本实例使用"色相/饱和度"命令将偏黄图片中的黄色成分去除。

实例效果：

实例对比效果如图5-112和图5-113所示。

图 5-112　　　　　　　图 5-113

操作步骤：

将素材1打开。接着执行"图层→新建调整图层→色相/饱和度"菜单命令，在弹出的"属性"面板中设置"颜色"为黄色，"色相"为0，"饱和度"为-100，"明度"为+100，如图5-114所示。将原本包含黄色成分的区域饱和度降低并且提高明度，画面效果如图5-115所示。

图 5-114　　　　　　　图 5-115

选项解读：色相/饱和度

预设：在"预设"下拉列表中提供了8种色相/饱和度预设。

全图　颜色通道下拉列表：在通道下拉列表中可以选择全图、红色、黄色、绿色、青色、蓝色和洋红通道进行调整。如果想要调整画面某一种颜色的色相、饱和度、明度，可以在"颜色通道"列表中选择某一个颜色，然后进行调整。

色相：调整滑块可以更改画面各个部分或者某种颜色的色相。

饱和度：调整饱和度数值可以增强或减弱画面整体或某种颜色的鲜艳程度。数值越大，颜色越艳丽。

明度：调整明度数值可以使画面整体或某种颜色的明亮程度增加。数值越大越接近白色，数值越小越接近黑色。

🖐 在图像上单击并拖曳可修改饱和度：使用该工具在图像上单击设置取样点。然后将光标向左拖曳可以降低图像的饱和度，向右拖曳可以增加图像的饱和度。

着色：勾选该项以后，图像会整体偏向于单一的红色调。还可以通过拖曳3个滑块来调节图像的色调。

实例：使用调色命令染发化妆

文件路径	第5章\使用调色命令染发化妆
技术掌握	色相/饱和度

扫一扫，看视频

实例说明：

本实例首先使用"色相/饱和度"命令调整画面颜色，接着通过调整图层的图层蒙版，控制调色效果的显示范围，以此实现对局部区域调色的目的。

实例效果：

实例对比效果如图5-116和图5-117所示。

图 5-116

图 5-117

操作步骤：

步骤 01 将素材1打开。接着执行"图层→新建调整图层→色相/饱和度"菜单命令，在弹出的"属性"面板中设置"颜色"为红色，"色相"为-43，"饱和度"为33，"明度"为0，如图5-118所示，此时画面整体颜色发生了改变，效果如图5-119所示。

图 5-118   图 5-119

步骤 02 将头发以外的调色效果隐藏。单击该图层的蒙版缩览图，将前景色设置为黑色，使用快捷键Alt+Delete将蒙版填充为黑色，隐藏当前调色效果。接着选择工具箱中的"画笔工具"，在选项栏中设置大小合适的硬边圆画笔，将前景色设置为白色。设置完毕后在人物头发位置按住鼠标左键拖曳进行涂抹，显示调色效果。"图层"面板效果如图5-120所示。画面效果如图5-121所示。

图 5-120   图 5-121

步骤 03 再次创建一个"色相/饱和度"调整图层，在"属性"面板中设置"颜色"为全图，"色相"为-8，"饱和度"为+28，"明度"为0，如图5-122所示。此时调整效果应用到了整个画面，效果如图5-123所示。

图 5-122   图 5-123

步骤 04 单击选择该图层的图层蒙版缩览图，将其填充为黑色隐藏调色效果。然后使用大小合适的半透明柔边圆画笔，设置前景色为白色，设置完毕后在画面中眼睛周围、脸颊位置按住鼠标左键拖曳进行涂抹。在涂抹的过程中适当调整画笔"大小"及"不透明度"，让画面效果更加自然。图层蒙版中的涂抹位置如图5-124所示。画面最终效果如图5-125所示。

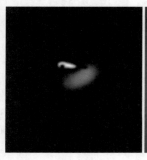 

图 5-124　　　　　　图 5-125

实例：改变裙子颜色

文件路径	第5章\改变裙子颜色
技术掌握	色相/饱和度、曲线

实例说明：

扫一扫，看视频

一款服装通常会有多个颜色，有时为了节省成本会只拍摄其中一款颜色服饰的照片，然后通过后期调色的方法制作出其他颜色的商品。在本实例中就是将一件商品制作出多种颜色展示效果。

实例效果：

实例效果如图5-126所示。

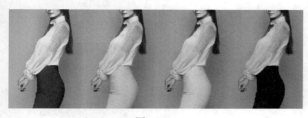

图 5-126

操作步骤：

步骤 01 将素材1打开，如图5-127所示。本实例将以该图片为原型，通过"色相/饱和度"命令进行调色，将其更改为不同颜色的裙子。

图 5-127

步骤 02 制作粉色的裙子。执行"图层→新建调整图层→色相/饱和度"菜单命令，在"属性"面板中拖曳"色相"滑块调整画面的颜色，在这里设置"色相"为-180，参数设置如图5-128所示。此时裙子变成了粉色，但画面整体都出现了颜色的改变，如图5-129所示。

图 5-128　　　　　　图 5-129

步骤 03 单击选择调整图层的图层蒙版，将其填充为黑色隐藏调色效果，如图5-130所示。然后使用大小合适的硬边圆画笔，设置前景色为白色，设置完成后在裙子的位置涂抹显示此处的调色效果。涂抹完成后粉裙子的效果就制作完成了，如图5-131所示。

图 5-130

图 5-131

步骤 04 制作白色的裙子。按住Ctrl键单击调整图层的图层蒙版，得到裙子的选区，如图 5-132 所示。

步骤 05 执行"图层→新建调整图层→色相/饱和度"菜单命令，在弹出的窗口中单击"确定"按钮，此时可以看到调整图层的图层蒙版中裙子的部分为白色，其他位置为黑色，如图 5-133 所示。

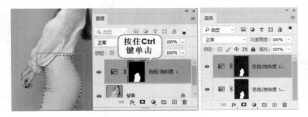

图 5-132 图 5-133

步骤 06 在"属性"面板中设置"饱和度"为-100，此时裙子变成了白色，然后设置"明度"为+10，这样裙子的白色明度被提高了。参数设置如图 5-134 所示。画面效果如图 5-135 所示。

图 5-134 图 5-135

步骤 07 制作黑色的裙子。载入裙子的选区，然后再次新建一个"色相/饱和度"调整图层，在"属性"面板中设置"饱和度"为-100，"明度"为-67，参数设置如图 5-136 所示。此时画面效果如图 5-137 所示。

图 5-136 图 5-137

步骤 08 此时裙子是灰色的，需要加深裙子的明度。载入裙子的选区，执行"图层→新建调整图层→曲线"菜单命令，在"属性"面板中曲线上方单击添加控制点调整曲线形状，如图 5-138 所示。效果如图 5-139 所示。

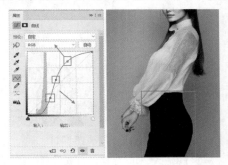

图 5-138 图 5-139

步骤 09 加选制作黑色裙子的两个调整图层，使用快捷键Ctrl+G进行编组，然后将图层组更改为"黑色"，如图 5-140 所示。接着将除背景图层以外的图层隐藏，如图 5-141 所示。

图 5-140 图 5-141

步骤 10 制作深蓝色的裙子。载入裙子的选区，新建一个"色相/饱和度"调整图层，先设置"明度"为-60，降低裙子的明度，然后设置"色相"为65，这样裙子就有了蓝色的色彩倾向。参数设置如图 5-142 所示。裙子效果如图 5-143 所示。

图 5-142　　　　　　图 5-143

步骤 11 再次得到裙子的选区，然后新建一个"曲线"调整图层，在"属性"面板中调整曲线形状，如图 5-144 所示。此时裙子效果如图 5-145 所示。到这里几种不同颜色的裙子就制作完成了。

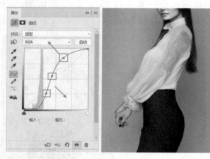

图 5-144　　　　　　图 5-145

步骤 12 进行调色效果的存储。首先在显示蓝裙子的状态下，执行"文件→存储副本"菜单命令，在弹出的"存储副本"窗口中设置"文件名"为"蓝色.jpg"，格式为 JPEG，然后单击"保存"按钮，如图 5-146 所示。继续将另外 3 种颜色的裙子保存为 JPEG 格式。

图 5-146

步骤 13 执行"文件→新建"菜单命令，创建一个大小合适的空白文档。接着将保存的图片置入文档，调整大小并将其进行栅格化处理，如图 5-147 所示。此时两个图片重叠的位置有痕迹，需要将其去除合并为一张图。

图 5-147

步骤 14 按住 Ctrl 键依次加选各个图层，使用快捷键 Ctrl+G 将其编组。然后执行"编辑→自动混合图层"菜单命令，在弹出的"自动混合图层"窗口中选择"全景图"，设置完成后单击"确定"按钮，如图 5-148 所示。此时画面中的重叠痕迹消失合并为一张图，画面效果如图 5-149 所示。

图 5-148

图 5-149

实例：插图颜色的简单调整

文件路径	第5章\插图颜色的简单调整
技术掌握	曲线、自然饱和度

扫一扫，看视频　**实例说明：**

　　本实例主要是将图片置入画面，并对其色调进行简单的调整，让整体效果看起来更加协调统一。

实例效果：

　　实例效果如图 5-150 所示。

中文版Photoshop 2024完全案例教程（微课视频版）

图 5-150

操作步骤：

步骤 01 将素材 1 打开，如图 5-151 所示。接着将素材 2 置入画面，调整大小后放在画面中右上角位置并将该图层栅格化，如图 5-152 所示。

图 5-151　　　　图 5-152

步骤 02 此时需要将置入素材的多余部分隐藏。选择工具箱中的"矩形选框工具"，在素材上方绘制选区，如图 5-153 所示。

图 5-153

步骤 03 在当前选区状态下，单击"图层"面板底部的"添加图层蒙版"按钮，为该图层添加图层蒙版，将不需要的部分隐藏。"图层"面板如图 5-154 所示。画面效果如图 5-155 所示。

图 5-154　　　　图 5-155

步骤 04 由于置入的素材存在颜色偏暗、对比度较弱的问题，需要进一步操作。执行"图层→新建调整图层→曲线"菜单命令，创建一个"曲线"调整图层。在"属性"面板中对曲线进行调整，调整完成后单击面板底部的"此调整剪切到此图层"按钮，使调整效果只针对下方图层，如图 5-156 所示。效果如图 5-157 所示。

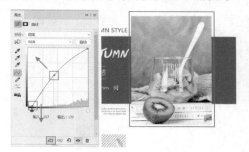

图 5-156　　　　图 5-157

步骤 05 将素材 3 置入画面，调整大小放在画面左边位置并将图层栅格化。然后用同样的方法将不需要的部分隐藏。画面效果如图 5-158 所示。

图 5-158

步骤 06 此时置入的素材饱和度较低，需要提高饱和度。执行"图层→新建调整图层→自然饱和度"菜单命令，创建一个"自然饱和度"调整图层。在"属性"面板中设置"自然饱和度"为 +100，"饱和度"为 +17，设置完成后单击面板底部的"此调整剪切到此图层"按钮，使调整效果只针对下方图层，如图 5-159 所示。效果如图 5-160 所示。

图 5-159　　　　　图 5-160

图 5-164

步骤 07 继续置入素材4，调整大小后放在素材3右下角的位置并将该图层栅格化，如图5-161所示。

图 5-161

步骤 08 调整素材的明暗度与对比度。继续创建一个"曲线"调整图层，在"属性"面板中对曲线进行调整，调整完成后单击面板底部的"此调整剪切到此图层"按钮，使调整效果只针对下方图层，如图5-162所示。效果如图5-163所示。

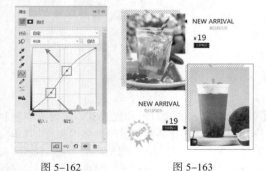

图 5-162　　　　　图 5-163

步骤 09 在画面中增加一些装饰元素。将素材5置入画面，调整大小放在画面的右边位置并将图层栅格化。实例最终效果如图5-164所示。

实例：使食物看起来更美味

扫一扫，看视频

文件路径	第5章\使食物看起来更美味
技术掌握	自然饱和度、亮度/对比度

实例说明：

本实例素材偏暗，颜色感较弱。需要使用"亮度/对比度"命令提亮画面整体明度，再使用"自然饱和度"命令增加图片的整体颜色感。

实例效果：

实例对比效果如图5-165和图5-166所示。

图 5-165　　　　　图 5-166

操作步骤：

步骤 01 执行"文件→打开"菜单命令，打开背景素材

中文版Photoshop 2024完全案例教程（微课视频版）

1，如图5-167所示。

图 5-167

步骤 02 提高亮度，使图像更鲜明。执行"图层→新建调整图层→亮度/对比度"菜单命令，创建一个"亮度/对比度"调整图层。在"属性"面板中设置"亮度"为105，"对比度"为0，如图5-168所示。此时画面效果如图5-169所示。

图 5-168　　　　　　　图 5-169

步骤 03 增加画面的色彩感。执行"图层→新建调整图层→自然饱和度"菜单命令，创建一个"自然饱和度"调整图层。在"属性"面板中设置"自然饱和度"为+100，"饱和度"为+30，如图5-170所示。此时本实例制作完成，画面效果如图5-171所示。

图 5-170　　　　　　　图 5-171

实例：使用自然饱和度还原花瓶颜色

文件路径	第5章 使用自然饱和度还原花瓶颜色
技术掌握	自然饱和度、亮度/对比度

实例说明：

扫一扫，看视频

　　白色的商品特别容易受环境色的影响，图5-172左侧的白色瓷瓶受环境色的影响，有些偏黄。本实例可以通过执行"自然饱和度"命令对瓶身部分进行饱和度的降低，使之还原回原本的白色。

实例效果：

　　实例对比效果如图5-172所示。

图 5-172

操作步骤：

步骤 01 打开素材1，执行"图层→新建调整图层→自然饱和度"菜单命令，创建一个"自然饱和度"调整图层。然后在"属性"面板中设置"自然饱和度"为-100，当瓷瓶的自然饱和度数值降为最低，它就变成了灰白色。参数设置如图5-173所示。此时画面效果如图5-174所示。

图 5-173　　　　　　　图 5-174

步骤 02 此时瓷瓶的颜色变成了白色，但是整个画面的颜色也发生了变化，所以需要利用调整图层的图层蒙版将颜色还原。选择该调整图层的图层蒙版，将其填充为黑色隐藏调整效果，如图5-175所示。

图 5-175

步骤 03 将前景色设置为白色，然后使用大小合适的硬边圆画笔，设置完成后在瓷瓶的上方按住鼠标左键拖曳涂抹，随着涂抹可以看到调色效果逐渐显示出来，如图5-176所示。

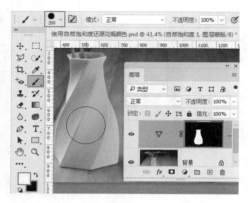

图 5-176

步骤 04 增加瓷瓶的亮度。执行"图层→新建调整图层→亮度/对比度"菜单命令，创建一个"亮度/对比度"调整图层。在"属性"面板中向右拖曳"亮度"滑块增强亮度，数值为26。参数设置如图5-177所示。此时画面效果如图5-178所示。

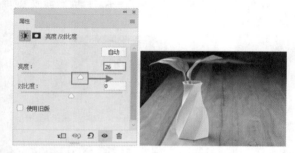

图 5-177　　　　　　　图 5-178

步骤 05 将瓷瓶以外部分的调色效果隐藏，此时可以将现有的图层蒙版进行复制。首先选中"自然饱和度"调整图层的图层蒙版，按住Alt键向上拖曳，拖曳至"亮度/对比度"调整图层蒙版上方，释放鼠标左键，如图5-179所示。在弹出的对话框中单击"是"按钮，如图5-180所示。

图 5-179　　　　　　　图 5-180

步骤 06 此时图层蒙版如图5-181所示。实例完成效果如图5-182所示。

图 5-181　　　　　　　图 5-182

实例秘诀

如果在操作的过程中有相同的图层蒙版，我们可以进行图层蒙版的复制。在"图层"面板中按住Alt键的同时选择需要复制的图层蒙版，按住鼠标左键不放将其向上或向下拖曳，释放鼠标即可完成复制。

实例：温暖的黄色调

文件路径	第5章\温暖的黄色调
技术掌握	色彩平衡

扫一扫，看视频

实例说明：

"色彩平衡"命令是根据颜色的补色原理控制图像颜色的分布。根据颜色之间的互补关系，要减少某个颜色就增加这种颜色的补色。还可以对画面的"阴影""中间调""高光"3个部分进行色彩的调整，在本实例中使用"色彩平衡"命令制作温暖的黄色调。

实例效果：

实例对比效果如图5-183和图5-184所示。

图 5-183　　　　　　　图 5-184

操作步骤：

步骤 01 将素材1打开。本实例将通过执行"色彩平衡"命令分别对画面的阴影和中间调区域的颜色倾向进行调整，打造出温暖的黄色调，如图5-185所示。

中文版Photoshop 2024完全案例教程（微课视频版）

图 5-185

步骤 02 对画面的暗部色调进行调整。执行"图层→新建调整图层→色彩平衡"菜单命令，创建一个"色彩平衡"调整图层。在"属性"面板中将"色调"选择为"阴影"，设置"青色—红色"为+50，"洋红—绿色"为+50，如图 5-186 所示。此时画面的暗部区域颜色发生变化，效果如图 5-187 所示。

图 5-186   图 5-187

选项解读：色彩平衡

色彩平衡：用于调整"青色—红色""洋红—绿色"以及"黄色—蓝色"在图像中所占的比例，可以手动输入，也可以拖曳滑块来进行调整。

色调：选择调整色彩平衡的方式，包含"阴影""中间调"和"高光"3 个选项。

保留明度：勾选"保留明度"选项，可以保持图像的色调不变，以防止亮度值随着颜色的改变而改变。

步骤 03 对整体色调进行调整。"色调"选择"中间调"，设置"青色—红色"为+40，"黄色—蓝色"为-40，如图 5-188 所示。此时画面更清晰，效果如图 5-189 所示。

图 5-188   图 5-189

步骤 04 将素材 2 置入画面，并将该图层进行栅格化处理。此时本实例制作完成，效果如图 5-190 所示。

图 5-190

实例秘诀

调色命令虽然很多，但并不是每一种都特别常用。或者说，并不是每一种都适合自己使用。其实在实际调色过程中想要实现某种颜色效果，往往是既可以使用这种命令，又可以使用那种命令。这时千万不要纠结于书中或者教程中使用的某个特定命令，而去使用这个命令。我们只需选择自己习惯使用的命令就可以。

实例：彩色头发变黑发

文件路径	第5章\彩色头发变黑发
技术掌握	黑白

扫一扫，看视频

实例说明：

"黑白"命令可以去除画面中的色彩，将图像转换为黑白效果，在转换为黑白效果后还可以对画面中每种颜色的明暗程度进行调整。在本实例中画面人物头发颜色为棕色，通过使用"黑白"命令去除头发中的色彩，将人物头发颜色更改为黑色。

实例效果：

实例对比效果如图 5-191 和图 5-192 所示。

图 5-191   图 5-192

操作步骤：

步骤 01 将素材1打开，画面中人物头发为棕色，本实例将通过执行"黑白"命令将其颜色更改为黑色，如图5-193所示。

图5-193

步骤 02 执行"图层→新建调整图层→黑白"菜单命令，在背景图层上方创建一个"黑白"调整图层。在"属性"面板中设置"红色"为15，"黄色"为52，"绿色"为28，"青色"为66，"蓝色"为24，"洋红"为48，如图5-194所示。效果如图5-195所示。此时头发的颜色变为黑色，但除了头发之外的其他部位颜色也被改变。

图5-194   图5-195

选项解读：黑白

预设：在"预设"下拉列表中提供了多种预设的黑白效果，可以直接选择相应的预设来创建黑白图像。

颜色：这6个选项用来调整图像中特定颜色的灰色调。例如，减小"青色"数值，会使包含青色的区域变深；增大"青色"数值，会使包含青色的区域变浅。

色调：想要创建单色图像，可以勾选"色调"选项。接着单击右侧色块设置颜色；或者调整"色相""饱和度"数值来设置着色后的图像颜色。

步骤 03 选择该调整图层的图层蒙版，将其填充为黑色，隐藏调色效果。然后使用大小合适的柔边圆画笔，设置前景色为白色，设置完成后在人物头发位置涂抹，将头

发的颜色更改为黑色，图层蒙版效果如图5-196所示。画面效果如图5-197所示。此时本实例制作完成。（想要获得精确的头发选区，也可以使用"快速选择工具"及"选择并遮住"功能等。）

图5-196   图5-197

实例秘诀

此处将头发调整为黑色之后，头发部分会呈现为完全不带有任何颜色倾向的黑色，而实际的照片中，即使是纯黑色的头发，拍摄出来可能也会受到环境光或环境颜色的影响，产生一定的同颜色倾向。所以，如果要制作较为真实自然的黑发效果，可以适当降低调色图层的不透明度，使头发在黑色的基础上带有一些颜色倾向。

实例：使用照片滤镜调整照片色调

文件路径	第5章\使用照片滤镜调整照片色调
技术掌握	照片滤镜

扫一扫，看视频 **实例说明：**

"照片滤镜"命令可以为图像"蒙"上某种颜色，使图像产生明显的颜色倾向。常用于制作冷调或暖调的图像。本实例就是通过"照片滤镜"命令制作复古暖色调效果。

实例效果：

实例效果如图5-198所示。

图5-198

中文版Photoshop 2024完全案例教程（微课视频版）

操作步骤：

步骤 01 将素材1打开，接着将素材2置入画面，调整大小后放在画面中间位置并对该图层进行栅格化处理，如图5-199所示。在画面中，背景颜色倾向于复古的黄色调，而置入的人物素材整体偏绿，二者整体不相协调，需要进行调色，使画面更统一。

图 5-199

步骤 02 执行"图层→新建调整图层→照片滤镜"菜单命令，在"属性"面板中设置"滤镜"为"加温滤镜（85）"，"颜色"为橘色，"浓度"为35%，设置完成后单击面板底部的"此调整剪切到此图层"按钮，使调整效果只针对下方图层，如图5-200所示。此时人物的色调与背景基本达到统一。效果如图5-201所示。

图 5-200　　　　　　图 5-201

选项解读：照片滤镜

浓度：设置"浓度"数值可以调整滤镜颜色应用到图像中的颜色百分比。数值越大，应用到图像中的颜色浓度就越高；数值越小，应用到图像中的颜色浓度就越低。

保留明度：勾选"保留明度"选项以后，可以保留图像的明度不变。

步骤 03 将素材3置入画面，调整大小后放在画面下方位置并将其进行栅格化处理。此时本实例制作完成，效果如图5-202所示。

图 5-202

实例：沧桑的低饱和效果

文件路径	第5章\沧桑的低饱和效果
技术掌握	自然饱和度、曲线

扫一扫，看视频

实例说明：

不同色调所传递的情感是不同的，低饱和度的图片给人的感觉是深沉、沧桑的。这种色调可以应用在纪实摄影或者需要重点突出画面质感的照片中。本实例通过降低画面饱和度来增强画面的沧桑感。

实例效果：

实例对比效果如图5-203和图5-204所示。

图 5-203　　　　　　图 5-204

操作步骤：

步骤 01 将素材1打开，如图5-205所示。此时画面整体色调饱和度较高，需要使用"自然饱和度"命令将饱和度降到最低，然后再通过"曲线"命令调整画面的整体明暗程度。

图 5-205

步骤 02 执行"图层→新建调整图层→自然饱和度"菜单命令，创建一个"自然饱和度"调整图层。在"属性"面板中设置"自然饱和度"为-100，如图5-206所示。

此时将画面的饱和度降到了最低，效果如图5-207所示。

图5-206

图5-207

步骤 03 由于将饱和度降到了最低，所以画面就存在整体颜色偏暗和对比度不强的问题。执行"图层→新建调整图层→曲线"菜单命令，创建一个"曲线"调整图层。在"属性"面板中对曲线进行调整，如图5-208所示。此时本实例制作完成，画面效果如图5-209所示。

图5-208

图5-209

实例：冷调杂志大片调色

扫一扫，看视频

文件路径	第5章\冷调杂志大片调色
技术掌握	色相/饱和度、曲线、色彩平衡、自然饱和度

实例说明：

本实例主要通过对人物素材色调进行调整，去除画面中集中在人物身上的黄色成分，提升画面的整体质感，制作出冷色调的杂志大片。

实例效果：

实例对比效果如图5-210和图5-211所示。

图5-210

图5-211

操作步骤：

步骤 01 将素材1打开。画面中人物存在肤色偏黄的问题，需要调整。执行"图层→新建调整图层→色相/饱和度"菜单命令，创建一个"色相/饱和度"调整图层。在"属性"面板中选择"黄色"通道，设置"饱和度"为-100，"明度"为+50，如图5-212所示。此时肤色和头发中黄色的部分被去除，效果如图5-213所示。

图5-212

图5-213

步骤 02 再次创建一个"色相/饱和度"调整图层，在"属性"面板中选择"红色"通道，设置"明度"为+55，如图5-214所示。使偏红的部分变亮一些，效果如图5-215所示。

图5-214

图5-215

步骤 03 选择该调整图层的图层蒙版，将其填充为黑色隐藏调色效果。然后选择工具箱中的"画笔工具"，在选项栏中设置大小合适的柔边圆画笔，设置前景色为黑色，设置完成后在人物眼睛和嘴唇的位置涂抹隐藏调色效果。"图层"面板如图5-216所示。画面效果如图5-217所示。

图5-216　　　　　图5-217

步骤 04 提高画面中人物的亮度和对比度。执行"图层→新建调整图层→曲线"菜单命令，创建一个"曲线"调整图层。在"属性"面板中对曲线进行调整，如图5-218所示。效果如图5-219所示。

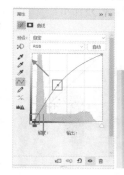

图 5-218　　　　　　　图 5-219

步骤 05 对画面的阴影与高光进行调整，让整体呈现出冷色调。执行"图层→新建调整图层→色彩平衡"菜单命令，将"属性"面板中的"色调"选择为"阴影"，设置"黄色—蓝色"为+15，如图5-220所示。接着将"色调"选择为"高光"，设置"青色—红色"为-8，如图5-221所示。画面效果如图5-222所示。

图 5-220　　　　　　　图 5-221

图 5-222

步骤 06 此时画面整体呈现出偏蓝的冷色调，但是存在饱和度不够的问题。执行"图层→新建调整图层→自然饱和度"菜单命令，设置"自然饱和度"为+100，如图5-223所示。效果如图5-224所示。

图 5-223　　　　　　　图 5-224

步骤 07 在画面中适当地添加文字，让整体效果更加丰富。将素材2置入画面，调整大小后放在画面中合适的位置，并将图形栅格化，如图5-225所示。

图 5-225

> **提示：色温（色性）**
>
> 颜色除了色相、明度、纯度这三大属性外，还具有"温度"。色彩的"温度"也被称为色温或色性，是指色彩的冷暖倾向。颜色倾向于蓝色的画面为冷色调，如图5-226所示；颜色倾向于橘色的画面为暖色调，如图5-227所示。

图 5-226　　　　　　　图 5-227

实例：使用黑白命令制作双色照片

文件路径	第5章\使用黑白命令制作双色照片
技术掌握	黑白、反相

扫一扫，看视频

实例说明：

　　本实例中制作的双色照片，首先在画面中绘制选区，通过"黑白"调整图层进行去色。由于需要的效果是选区以外的部分为黑白，所以需要对调整图层的蒙版执行"反相"操作，将图层蒙版中的黑白关系进行反相，此时黑白背景的双色照片制作完成。

实例效果：

实例效果如图 5-228 所示。

图 5-228

操作步骤：

步骤 01 将素材1打开，接着选择工具箱中的"自定形状工具"，在选项栏中设置"绘制模式"为"路径"，在"形状"列表中选择一种合适的图案，设置完成后在画面中人物位置绘制路径，如图 5-229 所示。

图 5-229

步骤 02 单击选项栏中的"选区"按钮，将路径转换为选区，如图 5-230 所示。

图 5-230

步骤 03 在当前选区状态下，执行"图层→新建调整图层→黑白"菜单命令，创建一个"黑白"调整图层。在"属性"面板的"预设"中选择"默认值"，如图 5-231 所示。效果如图 5-232 所示。

步骤 04 此时调整图层只针对选区以内的部分起作用，

而本实例需要变为黑白的区域为人物以外的部分。单击选择图层蒙版，如图 5-233 所示。

步骤 05 执行"图像→调整→反相"菜单命令，此时蒙版中的黑白关系反相了，随之调整图层的作用范围也翻转了，如图 5-234 所示。效果如图 5-235 所示。

图 5-231   图 5-232

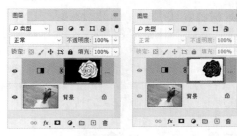

图 5-233   图 5-234

图 5-235

步骤 06 将素材2置入画面，调整大小后放在画面左边的位置，并将该图层进行栅格化处理。此时本实例制作完成，效果如图 5-236 所示。

图 5-236

实例秘诀

对图层蒙版中的黑白关系进行反相，除了执行"反相"命令之外，还有另外一种操作方法，就是在选区状态下执行"选择→反选"菜单命令(快捷键Shift+Ctrl+I)，先将选区反选，然后再执行"黑白"命令。

实例：使用去色制作服饰主图

文件路径	第5章\使用去色制作服饰主图
技术掌握	去色

扫一扫，看视频

实例说明：

本实例首先将人物素材执行"去色"命令作为背景，然后在画面左侧绘制矩形，在该矩形上方再次置入人物素材，让画面整体在黑白与彩色的碰撞中突出高级感。

实例效果：

实例效果如图5-237所示。

图 5-237

操作步骤：

步骤 01 新建一个800像素×800像素的空白文档。接着将素材1置入画面，调整大小后放在画面左边位置，并将该图层进行栅格化处理，如图5-238所示。

图 5-238

步骤 02 选中人物素材，执行"图像→调整→去色"菜单命令，将人物进行去色处理。画面效果如图5-239所示。

图 5-239

提示：有彩色与无彩色

在视觉的世界里，"色彩"被分为两类：无彩色和有彩色，如图5-240所示。无彩色为黑、白、灰，有彩色则是除黑、白、灰以外的其他颜色，如图5-241所示。每种有彩色都有三大属性：色相、明度、纯度(饱和度)，无彩色只具有明度这一个属性。

图 5-240   图 5-241

步骤 03 单击工具箱中的"矩形工具"按钮，在选项栏中设置"绘制模式"为"形状"，在画面右侧按住鼠标左键拖曳，绘制出一个矩形，绘制完成后在选项栏中设置"填充"为浅灰色，"描边"为白色，"描边粗细"为8点，如图5-242所示。

图 5-242

步骤 04 再次将人物素材置入文档，如图 5-243 所示。调整大小后放在绘制的矩形上方，并将其进行栅格化。接着执行"图层→创建剪贴蒙版"菜单命令创建剪贴蒙版，将不需要的部分隐藏，如图 5-244 所示。

步骤 07 将素材 2 置入画面，调整大小后放在画面的右上角位置并将其进行栅格化处理。此时本实例制作完成，效果如图 5-248 所示。

图 5-243　　　　　图 5-244

步骤 05 创建一个新图层，选择工具箱中的"画笔工具"，在选项栏中设置大小合适的柔边圆画笔，设置前景色为浅灰绿色，设置完成后在画面中合适的位置单击鼠标左键进行涂抹，如图 5-245 所示。

图 5-245

步骤 06 继续使用同样的方法在画面的其他位置涂抹，效果如图 5-246 所示。然后执行"图层→创建剪贴蒙版"菜单命令创建剪贴蒙版，将不需要的部分隐藏，画面效果如图 5-247 所示。

图 5-246　　　　　图 5-247

图 5-248

　实例秘诀

在平面设计中，背景通常起到衬托、装饰的作用，既要美观又不能喧宾夺主。本实例中将背景图像颜色处理成灰度效果，目的就是使其与前景中彩色的照片形成对比，从而让作品看起来更有层次感。

实例：使用色调分离模拟漫画场景

文件路径	第5章\使用色调分离模拟漫画场景
技术掌握	去色、色调分离

扫一扫，看视频　**实例说明：**

"色调分离"命令可以通过为图像设定色调数目来减少图像的色彩数量。图像中多余的颜色会映射到最接近的匹配级别。使用该命令能够制作出矢量风格的效果，在本实例中就是将图片处理成黑色色调，然后通过"色调分离"命令制作出矢量插画的效果，模拟漫画场景。

实例效果：

实例对比效果如图 5-249 和图 5-250 所示。

图 5-249　　　　　图 5-250

操作步骤：

步骤 01 将素材1打开，如图5-251所示。接着执行"图像→调整→去色"菜单命令，将背景进行去色处理，如图5-252所示。

图 5-251

图 5-252

步骤 02 执行"图层→新建调整图层→色调分离"菜单命令，创建一个"色调分离"调整图层。在"属性"面板中设置"色阶"为4，如图5-253所示。此时画面出现了漫画感的效果，如图5-254所示。

图 5-253   图 5-254

> **实例秘诀**
>
> 在设置"色调分离"的"色阶"时，数值越小，画面色彩的数量越少，漫画感也就越强。

实例：生活照变身个人标志

文件路径	第5章\生活照变身个人标志
技术掌握	阈值

扫一扫，看视频

实例说明：

使用"阈值"命令可以将图像转换为只有黑白两色的效果，所以使用该命令能够轻松将一张普通的照片制作成矢量风格，在本实例中就是采用这种方式制作个人标志。

实例效果：

实例效果如图5-255所示。

图 5-255

操作步骤：

步骤 01 新建一个空白文档，然后将人物素材1置入画面，调整大小后放在画面中间位置并将其进行栅格化处理，如图5-256所示。

步骤 02 选择人物素材图层，执行"图层→新建调整图层→阈值"菜单命令，创建一个"阈值"调整图层。在"属性"面板中设置"阈值色阶"为101，设置完成后单击面板底部的"此调整剪切到此图层"按钮，使调整效果只针对下方图层，如图5-257所示。此时人物变为黑白两色的剪影效果，如图5-258所示。

图 5-256   图 5-257   图 5-258

> **选项解读：阈值**
>
> "阈值色阶"可以指定一个色阶作为阈值，高于当前色阶的像素都将变为白色，低于当前色阶的像素都将变为黑色。

步骤 03 选择工具箱中的"多边形工具"，在选项栏中设置"绘制模式"为"形状","填充"为绿色,"描边"为无,"边数"为6,设置完成后在画面中绘制形状。将该图形图层放在人物图层的下方,如图5-259所示。

步骤 04 使用同样的方法在该多边形左下角绘制一个描边图形,效果如图5-260所示。

步骤 05 单击工具箱中的"横排文字工具"按钮,在选项栏中设置合适的字体、字号和颜色,设置完成后在人物左侧单击输入文字。文字输入完成后按快捷键Ctrl+Enter完成操作。此时本实例制作完成,效果如图5-261所示。

图 5-259

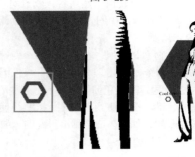

图 5-260   图 5-261

实例秘诀

当对照片使用"阈值"命令时,画面中的局部变为黑色或变为白色是由该区域的明度决定的,有时可能会出现局部区域黑白效果适合而其他区域黑白效果不适合的情况,那么就可以使用"加深工具""减淡工具"对其他区域的明暗进行单独调整,之后再使用"阈值"进行处理。

实例:神秘的暗紫色调

文件路径	第5章\神秘的暗紫色调
技术掌握	渐变映射

扫一扫,看视频

实例说明:

"渐变映射"是先将图像转换为灰度图像,然后设置一个渐变,将渐变中的颜色按照图像的灰度范围一一映射到图像中。使图像中只保留渐变中存在的颜色。在本实例中,通过"渐变映射"命令为图片添加颜色,制作出紫色调效果。

实例效果:

实例对比效果如图5-262和图5-263所示。

图 5-262   图 5-263

操作步骤:

步骤 01 将素材1打开。接着执行"图层→新建调整图层→渐变映射"菜单命令,在"属性"面板中单击渐变色条,在弹出的"渐变编辑器"窗口中设置一个紫色调的渐变颜色,设置完成后单击"确定"按钮,如图5-264所示。此时画面的颜色发生了较大的变化,之前的色彩被完全去除了,取而代之的是紫色、橙色两种颜色,效果如图5-265所示。

图 5-264

图 5-265

中文版Photoshop 2024完全案例教程(微课视频版)

步骤 02 此时画面的颜色过重，需要进行调整。选择该图层，设置"不透明度"为60%，如图5-266所示。效果如图5-267所示。

图 5-266 　　　　　　　　图 5-267

步骤 03 将素材2置入画面，调整大小后放在画面中间位置，并将其进行栅格化处理。此时本实例制作完成，效果如图5-268所示。

图 5-268

> **提示：什么是色调**
>
> "色调"也是我们经常提到的一个词语，它是指画面整体的颜色倾向，如青绿色调图像、紫色调图像等。

实例：快速变更色彩

文件路径	第5章\快速变更色彩
技术掌握	渐变映射

扫一扫，看视频

实例说明：

本实例将通过创建"渐变映射"调整图层，并将色彩强烈的调整图层的透明度降低，来更改图像色调，制作出柔和的色调。

实例效果：

实例对比效果如图5-269和图5-270所示。

图 5-269 　　　　　　　　图 5-270

操作步骤：

步骤 01 将素材1打开。接着执行"图层→新建调整图层→渐变映射"菜单命令，创建一个"渐变映射"调整图层。在"属性"面板中单击渐变条，在弹出的"渐变编辑器"窗口中编辑一个由蓝色到红色再到黄色的渐变颜色，设置完成后单击"确定"按钮，如图5-271所示。此时画面产生了非常强烈的变化，画面效果如图5-272所示。

图 5-271 　　　　　　　　图 5-272

步骤 02 此时颜色过于浓艳，需要适当地降低不透明度。选择该调整图层，在"图层"面板中设置"不透明度"为20%，如图5-273所示。最终效果如图5-274所示。

图 5-273 　　　　　　　　图 5-274

> **实例秘诀**
>
> 直接使用"渐变映射"得到的画面效果往往非常"强烈"，以至于使照片产生出一种过渡不自然的效果。所以通常可以通过降低调整图层的透明度或设置一定的混合模式，使这种强烈的效果得以削弱，以得到比较自然的颜色倾向。而且在使用"渐变映射"时，可能很难一次性得到合适的效果，所以可以首先将渐变按照预期的色相以由深到浅的明度进行设置，这样更容易得到看起来"正常"的画面效果。

实例：使用渐变映射制作对比色版面

文件路径	第5章\使用渐变映射制作对比色版面
技术掌握	渐变映射

实例说明：

扫一扫，看视频

　　在本实例中使用"渐变映射"命令为画面左边对象添加渐变映射效果，制作出温馨的暖色调。调色后图片的氛围更有感染力，并升华了整个平面设计作品。

实例效果：

　　实例效果如图5-275所示。

图 5-275

操作步骤：

步骤 01 将素材1打开，接着将素材2置入画面，调整大小后放在画面左边位置，并将其进行栅格化处理，如图5-276所示。

图 5-276

步骤 02 对素材进行调色，增强画面的对比度。执行"图层→新建调整图层→渐变映射"菜单命令，创建一个"渐变映射"调整图层。在"属性"面板中单击渐变色条，在弹出的"渐变编辑器"窗口中编辑一个由深紫色到橘黄色的渐变，渐变编辑完成后单击面板底部的"此调整剪切到此图层"按钮，使调整效果只针对下方的图层，如图5-277所示。画面效果如图5-278所示。

步骤 03 选择该调整图层，设置混合模式为"滤色"，

如图5-279所示。此时照片颜色的色调变成了暖色调。效果如图5-280所示。

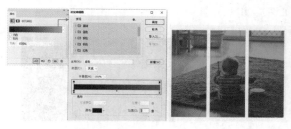

图 5-277　　　　　　　图 5-278

图 5-279　　　　　　　图 5-280

实例：使用可选颜色制作清新冷色调

扫一扫，看视频

文件路径	第5章\使用可选颜色制作清新冷色调
技术掌握	可选颜色

实例说明：

　　"可选颜色"命令可以为图像中各个颜色通道增加或减少某种印刷色的成分含量。使用"可选颜色"命令可以非常方便地对画面中某种颜色的色彩倾向进行更改。本实例就是通过该命令将黄绿色调的图像调整为清新的冷色调。

实例效果：

　　实例对比效果如图5-281和图5-282所示。

图 5-281　　　　　　　图 5-282

操作步骤：

步骤 01 将人物素材1打开。接着执行"图层→新建调整图层→可选颜色"菜单命令，创建一个"可选颜色"

调整图层。首先对整个画面的色调进行调整。"颜色"选择"中性色"(中性色影响画面的范围最大),设置"黄色"为–50%,如图5–283所示。减少画面中间色中的黄色后,画面整体的色调变成了冷色调。效果如图5–284所示。

图 5–283　　　　　　　　图 5–284

步骤 02 设置"颜色"为"黑色",然后设置"黄色"为–30%,如图5–285所示。此时画面效果如图5–286所示。

图 5–285　　　　　　　　图 5–286

步骤 03 设置颜色为"绿色",然后设置"青色"为+100%,"黄色"为–100%,如图5–287所示。此时画面效果如图5–288所示。

图 5–287　　　　　　　　图 5–288

步骤 04 此时画面仍然不够冷,那就说明依然存在黄色。此时可以将颜色设置为"黄色",然后设置"黄色"为–100%,参数设置如图5–289所示。此时画面效果如图5–290所示。

图 5–289　　　　　　　　图 5–290

步骤 05 设置颜色为"红色",设置"黄色"为+100%,如图5–291所示。调色效果如图5–292所示。

图 5–291　　　　　　　　图 5–292

步骤 06 在画面左上角添加光照效果。新建一个图层,将其填充为黑色。然后执行"滤镜→渲染→镜头光晕"菜单命令,在弹出的"镜头光晕"窗口中,将光标放在光晕上方按住鼠标左键将其拖曳到画面的左上角,设置完成后单击"确定"按钮,如图5–293所示。效果如图5–294所示。

图 5–293　　　　　　　　图 5–294

步骤 07 此时添加的光晕效果将下方的图形遮挡住,需要显示出来。选择该图层,设置"混合模式"为"滤色",将其融合到画面中,如图5–295所示。此时本实例制作完成,效果如图5–296所示。

图 5-295　　　　　　　　图 5-296

实例秘诀

在本实例中，添加镜头光晕效果的操作是一种非破坏性的操作。如果对效果不满意，可以将这个图层删除，重新添加。如果直接选择所应用的图层并添加"镜头光晕"滤镜，那么这个滤镜效果直接作用于所应用的图层。如果想调整效果，只能进行撤销操作。

实例：使用颜色查找制作风格化色调

文件路径	第5章\使用颜色查找制作风格化色调
技术掌握	颜色查找

扫一扫，看视频

实例说明：

不同的数字图像输入或输出设备都有自己特定的色彩空间，这就导致了色彩在不同的设备之间传输时可能会出现不匹配的现象。"颜色查找"命令可以使画面颜色在不同的设备之间精确传递和再现。本实例使用"颜色查找"命令快速调整画面中的整体色调，制作出复古色调。

实例效果：

实例对比效果如图5-297和图5-298所示。

图 5-297　　　　　　　　图 5-298

操作步骤：

步骤 01 将素材1打开。然后执行"图层→新建调整图层→颜色查找"菜单命令，在"属性"面板中选择"3DLUT文件"下拉列表中的LateSunset.3DL，如图5-299所示，选择完成后可以看到图像整体颜色发生了风格化

的效果，效果如图5-300所示。

图 5-299　　　　　　　　图 5-300

步骤 02 此时画面颜色过重，需要适当地降低不透明度。选择该调整图层，设置"不透明度"为70%，如图5-301所示。此时本实例制作完成，效果如图5-302所示。

图 5-301　　　　　　　　图 5-302

实例秘诀

我们可以把"颜色查找"当作一些早已设置好的调色预设，只需通过选择即可快速为画面更改颜色。

"颜色查找"列表中还包含很多种效果可以进行尝试使用，而且还可以尝试叠加使用多种不同的"颜色查找"效果的方式来制作出特殊的色调。

除此之外，还可以尝试载入其他外部的".CUBE"".3DL"等格式的颜色查找预设文件，以实现快速调色，这些预设文件可以通过网络搜索下载得到。

实例：使用HDR色调制作繁华都市

文件路径	第5章\使用HDR色调制作繁华都市
技术掌握	HDR色调

扫一扫，看视频 **实例说明：**

"HDR色调"命令常用于处理风景照片，可以使画面增强亮部与暗部的细节和颜色感，使图像更具有视觉冲击力。本实例中图片存在颜色较暗且细节不突出等问题，执行"HDR色调"命令对图像进行调整，得到细节丰富、色彩艳丽、反差较大的画面效果。

实例效果：

实例对比效果如图5-303和图5-304所示。

图 5-303

图 5-304

操作步骤：

步骤 01 将素材1打开。执行"图像→调整→HDR色调"菜单命令，在弹出的"HDR色调"窗口中设置"半径"为20像素，"强度"为4，如图5-305所示。此时建筑物的明暗反差被增强，颜色差异较大的边缘出现了边缘光，如图5-306所示。

图 5-305

图 5-306

步骤 02 设置"细节"为50%，如图5-307所示。此时画面细节的锐度有所增强，如图5-308所示。

图 5-307

图 5-308

步骤 03 设置"阴影"为100%，"自然饱和度"为100%，如图5-309所示。此时画面的暗部变亮了一些，且画面整体颜色更加鲜艳，如图5-310所示。

图 5-309

图 5-310

步骤 04 在"色调曲线和直方图"中对曲线进行调整，设置完成后单击"确定"按钮，如图5-311所示。画面亮部变暗，暗部变亮，效果如图5-312所示。

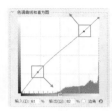
图 5-311

图 5-312

选项解读：HDR色调

半径：边缘光是指图像中颜色交界处产生的发光效果。半径数值用于控制发光区域的宽度。

强度：用于控制发光区域的明亮程度。

灰度系数：用于控制图像的明暗对比。向左移动滑块，数值变大，对比度增强；向右移动滑块，数值变小，对比度减弱。

曝光度：用于控制图像明暗。数值越小，画面越暗；数值越大，画面越亮。

细节：用于增强或减弱像素对比度以实现柔化图像或锐化图像。数值越小，画面越柔和；数值越大，画面越锐利。

阴影：设置阴影区域的明暗。数值越小，阴影区域越暗；数值越大，阴影区域越亮。

高光：设置高光区域的明暗。数值越小，高光区域越暗；数值越大，高光区域越亮。

自然饱和度：控制图像中色彩的饱和程度，增大数值可使画面颜色感增强，但不会产生灰度图像和溢色。

饱和度：用于增强或减弱图像颜色的饱和程度，数值越大颜色纯度越高，数值为-100%时为灰度图像。

色调曲线和直方图：展开该选项组，可以进行"色调曲线"形态的调整，此选项与"曲线"命令的使用方法基本相同。

实例：使用匹配颜色制作奇妙的色彩

文件路径	第5章\使用匹配颜色制作奇妙的色彩
技术掌握	匹配颜色

扫一扫，看视频

实例说明：

"匹配颜色"命令可以将图像1中的色彩关系映射到图像2中，使图像2产生与之相同的色彩。使用"匹配颜色"命令可以便捷地更改图像颜色，可以在不同的图像文件中进行"匹配"，也可以匹配同一个文档中不同图层之间的颜色。这是一种通过"借鉴"其他图片色彩的调色方式。在本实例中将尝试将一张图片调整为两种色调。

实例效果：

原图以及两种不同的调色效果如图5-313～图5-315所示。

图5-313 　　　　图5-314 　　　　图5-315

操作步骤：

步骤 01 本实例需要用图像1分别匹配图像2、图像3，以得到不同的画面效果，如图5-316所示。将这3张图像分别在Photoshop中打开。

1.jpg 　　　　2.jpg 　　　　3.jpg

图5-316

步骤 02 使用一张棕色调的图像进行匹配。选择图像1所在文档，使用快捷键Ctrl+J将背景图层复制一份。然后选择复制得到的背景图层，执行"图像→调整→匹配颜色"菜单命令，在弹出的"匹配颜色"窗口中先将"源"选择为图像2，然后勾选"预览"，如图5-317所示。此时可以看到画面的色彩发生了改变，如图5-318所示。

图5-317 　　　　图5-318

步骤 03 此时图片的颜色过于浓，接着设置"明亮度"为200，"颜色强度"为160，"渐隐"为50，设置完成后单击"确定"按钮，如图5-319所示。效果如图5-320所示。

图5-319 　　　　图5-320

步骤 04 尝试使用另外一张主体为土黄色与青蓝色的图像进行匹配。再次复制背景图层，执行"图像→调整→匹配颜色"菜单命令，在弹出的"匹配颜色"窗口中设置"明亮度"为200，"颜色强度"为90，"渐隐"为60，"源"选择图像3，设置完成后单击"确定"按钮，如图5-321所示。得到了一种亮部偏黄，暗部带有青色感的画面，效果如图5-322所示。

图5-321 　　　　图5-322

实例：更改人物背景颜色

文件路径	第5章\更改人物背景颜色
技术掌握	替换颜色

扫一扫，看视频

实例说明：

"替换颜色"命令可以修改图像中选定颜色的色相、饱和度与明度，从而将选定的颜色替换为其他颜色。使用该命令可以通过在画面中单击拾取的方式，直接对图像中的指定颜色进行更改。本实例就是通过"替换颜色"命令更改图片背景的颜色。

实例效果：

实例对比效果如图5-323和图5-324所示。

图 5-323　　　　图 5-324

操作步骤：

步骤 01 将素材1打开。接着选择背景图层，使用快捷键Ctrl+J将其复制一份，如图5-325所示。

图 5-325

步骤 02 选择复制得到的图层，执行"图像→调整→替换颜色"菜单命令，在弹出的"替换颜色"窗口中先设置"颜色容差"为25，接着将光标移动到背景的位置单击。单击完成后，观察缩览图可以发现有一部分变成了白色。此时白色部分就是被选中的部分，如图5-326所示。

图 5-326

> 💡 **提示：取样的技巧**
>
> 在进行取样时，也可以在缩览图上单击进行取样，如图5-327所示。
>
>
>
> 图 5-327

步骤 03 在缩览图中可以看到还有部分背景仍然未被选中。接着继续进行背景的选择，单击窗口左上角的"添加到取样"按钮，继续在背景上单击进行加选，如图5-328所示。

图 5-328

步骤 04 继续在背景上单击直至在缩览图中整个背景变为白色，如图5-329所示。

图 5-329

步骤 05 进行颜色的更改，将"色相"设置为80，如图 5-330 所示。此时人物背景的颜色就被更换为紫色，设置完成后单击"确定"按钮，如图 5-331 所示。

图 5-330　　　　图 5-331

实例秘诀

在"替换颜色"窗口中，有一个黑白图像。要被替换的颜色为白色，而不需要替换的颜色则为黑色。所以，在操作时要替换哪一部分的颜色，只需将缩览图中的这些部分全部变为白色即可保证范围正确。

实例：均化画面整体色调

文件路径	第5章\均化画面整体色调
技术掌握	色调均化

扫一扫，看视频

实例说明：

"色调均化"命令是使各个阶调范围的像素分布尽可能均匀，以达到色彩均化的目的。执行该命令后图像会自动重新分布图像中像素的亮度值，以便它们更均匀地呈现所有范围的亮度级。本实例主要使用"色调均化"命令提高画面色调及明度。

实例效果：

实例对比效果如图 5-332 所示。

图 5-332

操作步骤：

步骤 01 打开素材1。首先查看图像颜色分布，执行"窗口→直方图"菜单命令，在弹出的直方图中可以看到整个图像的色彩分布，如图 5-333 所示。从直方图中可以看出该图像颜色分布不均，导致图像发灰，缺少暗部。

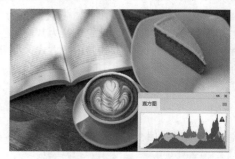

图 5-333

步骤 02 更改图像色调提亮照片。执行"图像→调整→色调均化"菜单命令，更改色调后的直方图可以看出图像的颜色分布均匀，图像发生明显变化，如图 5-334 所示。此时本实例制作完成，画面效果如图 5-335 所示。

图 5-334　　　　　　图 5-335

实例：制作不同颜色的珍珠戒指

文件路径	第5章\制作不同颜色的珍珠戒指
技术掌握	椭圆选框工具、曲线、混合模式、色相/饱和度、可选颜色

扫一扫，看视频

实例说明：

本实例分为两个部分，第一部分是改变产品的颜色，第二部分是进行排版。产品摄影中，经常需要后期进行调色来得到系列产品的多种颜色。在本实例中，将产品调整出3种颜色的效果。产品颜色调整完成后，就可以进行排版了，这个版式较为简约，这样的版式常应用于画册、电商详情页等场景。

实例效果：

实例效果如图 5-336 所示。

图 5-336

操作步骤：

步骤 01 制作金色的珍珠。将素材1打开，如图5-337所示。此时可以看到原图珍珠是白色的，本实例将通过操作制作出金色、粉色和黑色3种不同颜色的珍珠戒指。

图 5-337

步骤 02 选择工具箱中的"椭圆选框工具"，按住Shift键的同时按住鼠标左键在画面中框选珍珠，如图5-338所示。由于框选的范围与珍珠的边缘不太吻合，所以，右击执行"变换选区"命令，对选区进行再次调整，使其与珍珠的边缘相吻合，如图5-339所示。调整完成后按Enter键完成操作。

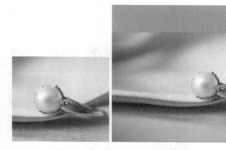

图 5-338   图 5-339

步骤 03 经过操作，珍珠选区边缘还存在一些细节需要处理，继续选择该图层，使用"缩放工具"将画面放

大一些，接着选择工具箱中的"快速选择工具"，在选项栏中单击"从选区减去"按钮，设置较小的画笔，如图5-340所示。按住鼠标左键拖曳，仔细地将珍珠右边的金属部分减去，效果如图5-341所示。

图 5-340   图 5-341

步骤 04 新建一个图层并命名为"金珠"。在当前选区的基础上，设置前景色为黄褐色，使用快捷键Alt+Delete填充前景色，接着设置该图层的"混合模式"为"叠加"，如图5-342所示。此时珍珠变为金色，效果如图5-343所示。

图 5-342   图 5-343

提示：其他可以用于调色的功能

在Photoshop中进行调色时，不仅可以使用调色命令或者调整图层，还有很多可以辅助调色的功能，例如通过对纯色图层设置图层"混合模式"或"不透明度"改变画面颜色；或者使用画笔工具、颜色替换画笔、加深工具、减淡工具、海绵工具等对画面局部颜色进行更改。

步骤 05 此时珍珠呈现出的颜色较亮，所以在刚刚创建的珍珠选区的基础上执行"图层→新建调整图层→曲线"菜单命令，创建一个"曲线"调整图层。在弹出的窗口中将光标放在曲线左下角位置，按住鼠标左键往右下角拖曳，接着调整中间的控制点，往左上角拖曳，如图5-344所示。此时，珍珠的颜色变暗，效果如图5-345所示。

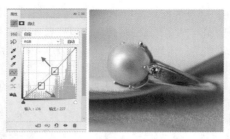

图 5-344　　　　　图 5-345

步骤 06 将金色珍珠的图层放置在一个图层组中，并隐藏。接着制作粉色的珍珠。按住Ctrl键单击"金珠"图层缩览图，载入珍珠部分的选区，执行"图层→新建调整图层→色相/饱和度"菜单命令，创建一个"色相/饱和度"调整图层。在"属性"面板中设置"色相"为–15，"饱和度"为–25，"明度"为+15，如图5-346所示。粉色珍珠效果如图5-347所示。

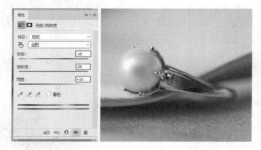

图 5-346　　　　　图 5-347

步骤 07 将粉色珍珠的图层放置在一个图层组中，并隐藏。接着制作黑色的珍珠。再次按住Ctrl键单击"金珠"图层缩览图，载入珍珠部分的选区，执行"图层→新建调整图层→曲线"菜单命令，创建一个"曲线"调整图层。在"属性"面板中将光标放在曲线左下角的位置，按住鼠标左键往下方拖曳，接着调整中间的控制点，如图5-348所示。此时，珍珠的颜色变暗，效果如图5-349所示。

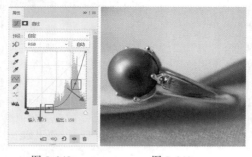

图 5-348　　　　　图 5-349

步骤 08 经过调整，珍珠虽然变成了深色，但是颜色倾向于红色，本实例需要制作出的是倾向于青色的黑珠。接着载入珍珠部分的选区，执行"图层→新建调整图层→可选颜色"菜单命令，创建一个"可选颜色"调整图层。设置"颜色"为中性色，调整"青色"为+30%，"洋红"为+10%，"黄色"为–15%，"黑色"为0%，如图5-350所示。黑色珍珠效果如图5-351所示。

图 5-350　　　　　图 5-351

步骤 09 制作3种不同颜色珍珠的展示效果。首先需要将3种效果分别存储为JPG格式，以备之后调用。接着将素材3的源文件打开，这个素材为分层素材，如图5-352和图5-353所示。

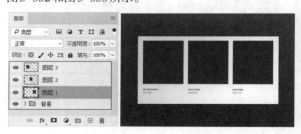

图 5-352　　　　　图 5-353

步骤 10 向当前文件中置入之前存储为JPG格式的任意一张珍珠照片，并将该图层放置在图层3的上方，如图5-354所示。将其摆放在左侧的黑框处，缩放到合适大小，如图5-355所示。

图 5-354　　　　　图 5-355

步骤 11 选择这个珍珠图层，执行"图层→创建剪贴蒙版"菜单命令创建剪贴蒙版，将不需要的部分隐藏。效果如图5-356所示。接着使用同样的方法处理其他的照片，最终效果如图5-357所示。

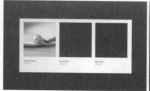 

图 5-356　　　　　　　图 5-357

实例：美化灰蒙蒙的商品照片

文件路径	第5章\美化灰蒙蒙的商品照片
技术掌握	曲线、可选颜色、曝光度、自然饱和度

扫一扫，看视频

实例说明：

通过调色能够让图像更具韵味、感染力，在本实例中需要将盘子的色彩强化，将背景调整为蓝色，两种颜色形成鲜明的对比，使画面更具视觉冲击力。

实例效果：

实例对比效果如图5-358和图5-359所示。

图 5-358　　　　　　　图 5-359

操作步骤：

步骤 01 将素材1打开。接着单击工具箱中的"椭圆选框工具"，在圆盘上绘制一个圆形选区，如图5-360所示。

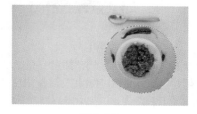

图 5-360

步骤 02 在保留当前选区的状态下，执行"图层→新建调整图层→曲线"菜单命令，创建一个"曲线"调整图层。将鼠标放在曲线中段，按住鼠标左键往左上角拖曳，然后再调整顶部的控制点，如图5-361所示。此时圆盘部分变亮，如图5-362所示。

图 5-361　　　　　　　图 5-362

步骤 03 经过调整，白色盘子的上半部分出现曝光过度的问题。接下来单击"曲线"调整图层的图层蒙版，选择工具箱中的"画笔工具"，在选项栏中设置大小合适的半透明柔边圆画笔，设置前景色为黑色，设置完成后对蒙版中曝光过度的盘子部分进行涂抹，此时蒙版效果如图5-363所示。画面效果如图5-364所示。

图 5-363　　　　　　　图 5-364

步骤 04 提亮辣椒部分。执行"图层→新建调整图层→曲线"菜单命令，创建一个"曲线"调整图层。将鼠标指针放在曲线中段，按住鼠标左键往左上角拖曳，如图5-365所示。

图 5-365

步骤 05 单击该调整图层的蒙版，将其填充为黑色隐藏调整效果。接着设置前景色为白色，使用合适大小的柔边圆画笔涂抹蒙版中辣椒的部分，使该调整图层只对辣椒部分起作用，蒙版效果如图5-366所示。画面效果如图5-367所示。

图 5-366　　　　　　　图 5-367

步骤 06 为了提高圆盘中间菜的亮度，接下来执行"图层→新建调整图层→曲线"命令，创建一个"曲线"调整图层。将鼠标指针放在曲线中段，按住鼠标左键往左上角拖曳，如图5-368所示。

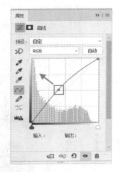

图 5-368

步骤 07 单击该调整图层的蒙版，将其填充为黑色隐藏调整效果。然后设置前景色为白色，使用合适大小的柔边圆画笔涂抹蒙版中圆盘中间菜的部分，使该调整图层只对中间菜的部分起作用，蒙版效果如图5-369所示。将圆盘中间菜的部分提亮。画面效果如图5-370所示。

图 5-369　　　　　　　图 5-370

步骤 08 通过操作，黄绿色圆盘边缘存在曝光过度的问题。执行"图层→新建调整图层→曲线"菜单命令，创建一个"曲线"调整图层。将鼠标指针放在曲线下方，

按住鼠标左键往右下角拖曳，然后再调整中间的控制点，如图5-371所示。

图 5-371

步骤 09 单击该调整图层的蒙版，将其填充为黑色。接着设置前景色为白色，使用合适大小的柔边圆画笔涂抹蒙版中黄绿色圆盘的边缘部分，使该调整图层只对边缘部分起作用，蒙版效果如图5-372所示。通过操作降低了圆盘边缘的亮度，画面效果如图5-373所示。

图 5-372　　　　　　　图 5-373

步骤 10 选择工具箱中的"钢笔工具"，在选项栏中设置"绘制模式"为"路径"，设置完成后将画面中勺子的轮廓绘制出来，按快捷键Ctrl+Enter将路径转化为选区，如图5-374所示。

图 5-374

步骤 11 执行"图层→新建调整图层→亮度/对比度"菜单命令，创建一个"亮度/对比度"调整图层。设置"亮度"为20，"对比度"为60，如图5-375所示。提高了勺子的亮度，效果如图5-376所示。

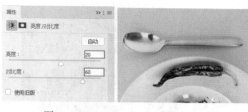

图 5-375　　　　　　图 5-376

步骤 12 通过操作，画面中的勺子存在颜色偏黄、没有金属质感等问题。接着按住Ctrl键单击"亮度/对比度"调整图层蒙版，载入勺子选区。执行"图层→新建调整图层→自然饱和度"菜单命令，创建一个"自然饱和度"调整图层。设置"自然饱和度"为-100，如图5-377所示。通过设置降低了勺子的自然饱和度，让勺子更具金属质感，效果如图5-378所示。

图 5-377　　　　　　图 5-378

步骤 13 使用"快速选择工具"得到背景的选区，如图5-379所示。

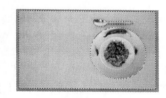

图 5-379

步骤 14 在当前选区反选状态下，执行"图层→新建调整图层→可选颜色"菜单命令，创建一个"可选颜色"调整图层。设置"颜色"为中性色，调整"青色"为+60%，"黄色"为-100%，"黑色"为+100%，如图5-380所示。效果如图5-381所示。

图 5-380　　　　　　图 5-381

步骤 15 为了使画面主体更加突出，需要为画面添加暗角效果，执行"图层→新建调整图层→曝光度"菜单命令，创建一个"曝光度"调整图层。设置"预设"为"自定"，"曝光度"为-3.89，如图5-382所示。效果如图5-383所示。

图 5-382　　　　　　图 5-383

步骤 16 选择该调整图层的图层蒙版，然后使用较大笔尖的半透明柔边圆画笔，设置前景色为黑色，在蒙版中间多次单击，使该调整图层只对画面四角起作用，效果如图5-384所示。

图 5-384

步骤 17 此时画面整体偏暗并且存在颜色饱和度不够的问题。执行"图层→新建调整图层→自然饱和度"菜单命令，创建一个"自然饱和度"调整图层。设置"自然饱和度"为+100，如图5-385所示。此时提高了整个画面的饱和度，效果如图5-386所示。

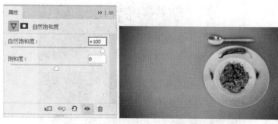

图 5-385　　　　　　图 5-386

步骤 18 选择工具箱中的"横排文字工具"，设置合适的字体、字号和颜色，设置完成后在画面的左边单击并添加文字，让整个画面更加饱满。此时本实例制作完成，效果如图5-387所示。

图 5-387

实例秘诀

在本实例的操作过程中多次使用"画笔工具"进行涂抹来为画面调整效果。其实"画笔工具"是一个很好用的工具，在使用该工具进行涂抹时，不可能一次涂抹就达到效果，需要反复地多次涂抹。所以为了让调整的效果更加自然，画面真实感更强，我们可以配合使用"不透明度"。

实例：HDR感暖调复古色

文件路径	第5章\HDR感暖调复古色
技术掌握	亮度/对比度、阴影/高光、可选颜色、曲线

扫一扫，看视频

实例说明：

HDR色调的图片的特点是高光区域和暗部区域可以显示细节，整个画面层次丰富，细节细腻。在Photoshop中不仅可以使用自带的HDR命令进行操作，更多时候还需要配合其他多个命令的使用来制作出更具视觉冲击力的HDR效果。

实例效果：

实例效果如图5-388所示。

图 5-388

操作步骤：

步骤 01 将素材1打开，如图5-389所示。

图 5-389

步骤 02 校正画面整体颜色偏暗且对比度较弱的情况。选择素材图层执行"图层→新建调整图层→亮度/对比度"菜单命令，创建一个"亮度/对比度"调整图层。在"属性"面板中设置"亮度"为25，"对比度"为35，如图5-390所示。效果如图5-391所示。然后使用快捷键Ctrl+Shift+Alt+E将操作完成的图层盖印。

图 5-390　　　　　　　图 5-391

步骤 03 图片中存在暗部和亮部细节缺失的情况，需要进一步调整。选择盖印图层，执行"图像→调整→阴影/高光"菜单命令，在弹出的"阴影/高光"窗口中设置"阴影"的"数量"为30%，"高光"的"数量"为13%，设置完成后单击"确定"按钮完成操作，如图5-392所示。画面效果如图5-393所示。

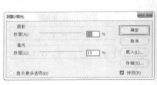 

图 5-392　　　　　　　图 5-393

步骤 04 此时画面中的细节较模糊，不够突出，需要对其进行适当的锐化来增加清晰度。选择该图层，执行"滤镜→锐化→智能锐化"菜单命令，在弹出的"智能锐化"窗口中设置"数量"为100%，"半径"为3.0像素，"减少杂色"为10%，"移去"为"高斯模糊"，设置完成后单击"确定"按钮完成操作，如图5-394所示。效果如图5-395所示。

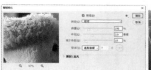

图 5-394　　　　　　　　　图 5-395

步骤 05 对图片进行色调的整体调整。执行"图层→新建调整图层→可选颜色"菜单命令,创建一个"可选颜色"调整图层。在"属性"面板中将"颜色"选择为"黄色",设置"青色"为-1%,"洋红"为+40%,"黄色"为-43%,如图5-396所示。接着将"颜色"选择为"白色",设置"青色"为-86%,"洋红"为-16%,"黄色"为+100%,"黑色"为+2%,如图5-397所示。

图 5-396　　　　　　　　　图 5-397

步骤 06 继续将"颜色"选择为"中性色",设置"洋红"为+14%,"黄色"为+10%,"黑色"为-2%,如图5-398所示。然后将"颜色"选择为"黑色",设置"青色"为+7%,"洋红"为+34%,"黄色"为-17%,"黑色"为+36%,如图5-399所示。效果如图5-400所示。

图 5-398　　　　　　　　　图 5-399

图 5-400

步骤 07 执行"图层→新建调整图层→曲线"菜单命令,在"属性"面板中首先对RGB通道的曲线进行调整,适当地提高画面的亮度与对比度。曲线形状如图5-401所示。接着对"蓝"通道的曲线进行调整,降低画面中的蓝色调,如图5-402所示。画面效果如图5-403所示。

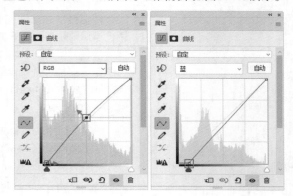

图 5-401　　　　　　　　　图 5-402

图 5-403

Chapter **6**

第6章

扫一扫，看视频

使用Camera Raw处理照片

本章内容简介：

在掌握了Photoshop的调色功能之后，学习Camera Raw会容易很多，因为很多调色操作都是相通的。本章主要讲解使用Camera Raw处理数码照片的方法，如对图像的颜色、明暗、对比度、曝光度等参数进行调整，通过多种方式锐化图像，以及为图像添加镜头特效以增强其视觉冲击力等。对于细节处的调整，则主要是去除瑕疵和针对画面局部进行颜色调整。

重点知识掌握：

- 熟练使用Camera Raw进行色彩校正。
- 掌握使用Camera Raw进行风格化调色的方法。
- 熟练掌握使用Camera Raw处理图像细节瑕疵的方法。

通过本章的学习，我能做什么？

通过本章的学习，我们将掌握另外一种图像调整的方式，从"修瑕"到"校正偏色"到"风格化调色"到"锐化"再到"特效"都可以在一个窗口中进行，非常方便。有了Camera Raw，我们可以完成摄影后期处理的大部分操作，例如去除画面中的小瑕疵，对图像存在的偏色、曝光、对比度等问题进行校正，以及调整出独具特色的风格化颜色等。

6.1 认识Camera Raw

作为一款功能强大的RAW图像编辑工具软件，Adobe Camera Raw不仅可以处理RAW文件，而且能够对JPG文件进行处理。Camera Raw可以解析相机原始数据文件，并使用有关相机的信息以及图像元数据来构建和处理彩色图像。在近几个版本的Photoshop中，Camera Raw不再以单独插件的形式存在，而是与Photoshop紧密结合在一起，通过"滤镜"菜单即可将其打开（该滤镜可以应用于普通图层以及数码照片文件）。

提到RAW，爱好摄影的朋友可能不会感到陌生，在数码单反相机的照片存储设置中可以选择JPG或者RAW。但是即使拍照时选择了RAW，内存卡中的照片后缀名也并不是".raw"。其实".raw"并不是一种图像格式的后缀名。RAW译为"原材料"或"未经处理的东西"，可以把它理解为照片在转换为图像之前的一系列数据信息。因此，准确地说RAW不是图像文件，而是一个数据包。这也是用普通的看图软件无法预览RAW文件的原因。

实例：打开Camera Raw

文件路径	第6章\打开Camera Raw
技术掌握	打开Camera Raw

扫一扫，看视频

实例说明：

Camera Raw功能强大，甚至可以作为一款独立使用的软件，该功能位于Photoshop的滤镜菜单中，可以通过菜单命令进行打开。

操作步骤：

步骤 01 默认情况下，如果在Photoshop中打开一张RAW文件的照片，如图6-1所示。软件会自动启动Camera Raw，并将照片在其中打开。完成参数调整后单击"打开"按钮，即可在Photoshop中打开文件。如果无须在Photoshop中打开，那么在编辑完成后单击"完成"按钮即可，如图6-2所示。

图 6-1

图 6-2

> **提示：RAW文件的格式**
>
> 不同品牌的相机拍摄出来的RAW文件格式也不尽相同，甚至同一品牌不同型号的相机拍摄的RAW文件也会有些许差别。例如，佳能为*.crw、*.cr2；尼康为*.nef；奥林巴斯为*.orf；宾得为*.ptx、*.pef；索尼为*.arw。早期用户想要处理RAW格式图片的时候，必须使用厂家提供的专门软件，而现在有了Adobe Camera Raw，一切就变得简单多了。

步骤 02 对于其他格式的图像，可以先在Photoshop中打开图像，然后执行"滤镜→Camera Raw"菜单命令，也可以打开Camera Raw。Camera Raw的工作界面非常简单，主要分为工具箱、图像显示区、直方图、图像调整选项卡和参数设置区几个部分，如图6-3所示。图像调整完成后，在右下角单击"确定"按钮完成操作，即可返回Photoshop。

图像调整选项 直方图

工具箱

图 6-3

选项解读：Camera Raw工具箱

在工作界面顶部的工具箱中提供了多种工具，用来对画面局部进行处理。下面就来简单了解一下。

编辑 ⚞：单击该按钮，可以看到基本、曲线、细节、混色器等多组图像调整选项，展开各组又可以看到多种图像调整功能。

修复工具 ✐：去除画面中的污点、杂物和其他干扰元素。在需要移除的位置上进行涂抹或单击即可进行修复，包括"内容识别移除""修复""仿制"3种模式。

蒙版工具 ❁：对画面主体、天空、背景或人物创建蒙版，然后有针对性地进行调整。

红眼去除 ◉：其功能与Photoshop中的"红眼工具"相同，可以去除红眼。单击该按钮，在右侧的参数设置区可以进行相应的设置。拖动"瞳孔大小"滑块可以增加或减少校正区域的大小，向右拖动"变暗"滑块可以使选区中的瞳孔区域和选区外的光圈区域变暗。

预设 ◔：可以选择的预设的调色效果。

缩放工具 🔍：使用该工具在图像中单击，即可放大图像；按住Alt键单击，则可以缩小图像；双击该工具按钮，可以使图像恢复到100%。

抓手工具 ✋：当图像放大超出窗口显示时，选择该工具，在画面中按住鼠标左键拖曳，可以调整预览窗口中的图像显示区域。

切换取样器叠加 ✐：可以检测指定颜色点的颜色信息。选择该工具后，在图像中单击，即可显示出该点的颜色信息。

切换网格覆盖图 ⊞：单击该按钮可以显示网格，再次单击即可隐藏网格。

6.2 设置图像基本属性

打开一张图片，执行"滤镜→Camera Raw"菜单命令，打开Camera Raw 15.5.1窗口，如图6-4所示。展开"基本"选项组，可以看到多个选项，这些参数比较简单，也非常常用。即使没有讲解各项功能的使用方法，通过观察也能大致看懂使用方法，移动滑块就能在画面中看到变化。而且这些命令与前面章节学到的调色命令非常相似。按住Alt键，"取消"按钮会变为"复位"复位，单击该按钮即可使图像还原最初效果。

图 6-4

选项解读：Camera Raw图像基本属性

白平衡列表：默认情况下显示的"原照设置"为相机拍摄此照片时所使用的原始白平衡设置；还可以选择使用相机的白平衡设置，或基于图像数据来计算白平衡的"自动"选项。

色温：色温是人眼对发光体或白色反光体的感觉。在实际拍摄照片时，如果光线色温较低或偏高，则可通过调整"色温"来校正照片。提高"色温"，图像颜色会变得更暖(黄)；降低"色温"，图像颜色会变得更冷(蓝)。

色调：可通过设置白平衡来补偿绿色或洋红色色调。减少"色调"可在图像中添加绿色，增加"色调"则在图像中添加洋红色。

曝光：调整整体图像的亮度，对高光部分的影响较大。减少"曝光"会使图像变暗，增加则使图像变亮。该值的每个增量等同于光圈大小。

对比度：可以增加或减少图像对比度，主要影响中间色调。增加对比度时，中到暗图像区域会变得更暗，中到亮图像区域会变得更亮。

　　高光：用于控制画面中高光区域的明暗。减小高光数值，高光区域变暗；增大高光数值，高光区域变亮。

　　阴影：用于控制画面中阴影区域的明暗。减小阴影数值，阴影区域变暗；增大阴影数值，阴影区域变亮。

　　白色：指定哪些输入色阶将在最终图像中映射为白色。增加"白色"可以扩展映射为白色的区域，使图像的对比度看起来更高。它主要影响高光区域，对中间调和阴影影响较小。

　　黑色：指定哪些输入色阶将在最终图像中映射为黑色。增加"黑色"可以扩展映射为黑色的区域，使图像的对比度看起来更高。它主要影响阴影区域，对中间调和高光影响较小。

　　纹理：平滑画面中等大小的细节，使其变得柔和，就像增加柔焦滤镜一样。

　　清晰度：通过增强或减弱像素差异控制画面的清晰程度。数值越小图像越模糊，数值越大图像越清晰。

　　去除薄雾：可用于增强或减弱画面反差，常用于去除画面"灰蒙蒙"的问题，使画面更具视觉冲击力。向右拖动增大画面反差；向左拖动降低画面反差。

　　自然饱和度：与"饱和度"数值相似，但是自然饱和度在增强或降低画面颜色的鲜艳程度时，不会产生过于饱和或者完全灰度的图像。

　　饱和度：控制画面颜色的鲜艳程度，数值越大，画面色感越强烈。

实例：调整画面暗部

文件路径	第6章\调整画面暗部
技术掌握	Camera Raw基本选项设置

扫一扫，看视频

实例说明：

　　在Camera Raw中，"阴影"选项主要用于控制画面中阴影区域的明暗。本实例就是通过增大阴影区域的数值来调整暗部，增加画面细节。

实例效果：

　　实例对比效果如图6-5和图6-6所示。

图6-5　　　　　　　　　图6-6

操作步骤：

步骤 01 将素材打开，接着使用快捷键Ctrl+J将背景图层复制一份。选择复制得到的图层，执行"滤镜→Camera Raw"菜单命令，打开Camera Raw窗口，单击窗口底部的■按钮，在弹出的菜单中执行"原图/效果图左/右"命令，如图6-7所示。

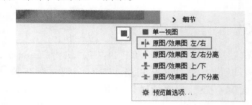

图6-7

步骤 02 在"原图/效果图 左/右"视图下可直观地查看原图与调整效果的对比，如图6-8所示。

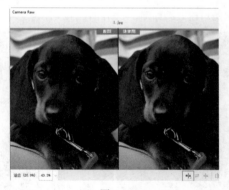

图6-8

步骤 03 从图中可以看出画面中黑色的小狗属于暗部，因其明度过低，导致细节缺失，所以需要对其明暗程度进行调整。单击右侧的"编辑"按钮≋，单击"基本"选项前的 > 按钮，展开"基本"选项，设置"阴影"为+90。此时可以看到暗部的亮度提高，使小狗的面部细节显示出来。设置完成后单击"确定"按钮，如图6-9所示。实例完成效果如图6-10所示。

图 6-9

图 6-10

实例：美化灰蒙蒙的照片

扫一扫，看视频

文件路径	第6章\美化灰蒙蒙的照片
技术掌握	Camera Raw基本选项设置

实例说明：

在处理整体颜色较灰的图片时，执行Camera Raw命令可以很方便地进行调整。本实例画面存在整体效果对比度不强、画面清晰度较低、整体颜色饱和度不够等问题，因此需要调整出色彩鲜明、对比强烈的效果。

实例效果：

实例对比效果如图6-11和图6-12所示。

图 6-11

图 6-12

操作步骤：

步骤 01 将素材打开，接着使用快捷键Ctrl+J将背景图层复制一份。首先增加画面的对比度。选择复制得到的图层，执行"滤镜→Camera Raw"菜单命令，在弹出的Camera Raw窗口中单击右侧的"编辑"按钮，展开"基本"选项组，设置"对比度"为+100，如图6-13所示。

图 6-13

步骤 02 画面阴影部位偏暗，需要提高亮度。在"基本"选项组中设置"阴影"为+40，效果如图6-14所示。

图 6-14

步骤 03 在"基本"选项组中设置"白色"为+50，位于亮部区域范围内的元素变亮一些，如图6-15所示。

图 6-15

步骤 04 适当地提高清晰度，丰富画面细节。在"基本"选项组中设置"清晰度"为+40，如图6-16所示。

图 6-16

步骤 05 在提高清晰度的同时，画面的明暗反差增强得过多，需要适当缓和，设置"去除薄雾"为35，如图6-17所示。

图 6-17

步骤 06 提高画面的颜色饱和度，让整体效果颜色更加鲜明。所以在"基本"选项组中设置"自然饱和度"为+25。设置完成后单击"确定"按钮，如图6-18所示。此时对画面的调整制作完成，效果如图6-19所示。

图 6-18　　　　　图 6-19

6.3 处理图像局部

在对图像整体进行了颜色调整后，可以对其局部细节进行修饰。在Camera Raw的工具箱中提供了一些用于对图像细节进行修饰的工具。例如，"明亮度目标调整工具""修复工具""蒙版工具"可以对画面局部进行调色，而"污点去除工具"可以去除画面细节处的瑕疵，

如图6-20和图6-21所示。

图 6-20　　　　　图 6-21

实例：使用目标调整工具调整画面明暗

文件路径	第6章\使用目标调整工具调整画面明暗
技术掌握	Canmera RAW"混色器"选项组中的"目标调整工具"

扫一扫，看视频

实例说明：

"混色器"选项组中的"目标调整工具"是一个很实用的工具，可以对画面中选择的颜色进行色相、饱和度、明亮度的调整。本实例利用该功能对画面进行明暗的调整。

实例效果：

实例对比效果如图6-22和图6-23所示。

图 6-22　　　　　图 6-23

操作步骤：

步骤 01 将素材打开，接着使用快捷键Ctrl+J将背景图层复制一份。选择复制得到的图层，执行"滤镜→Camera Raw"菜单命令，打开Camera Raw窗口。单击右侧的"编辑"按钮，展开"基本"选项组，展开"混色器"选项组，单击"目标调整工具"按钮，接着单击"明亮度"按钮，然后将光标定位到中间的鞋子上，按住鼠标左键并向右拖曳，随着中间鞋子的变亮，画面

中包含红色的区域都变亮了一些，如图6-24所示。

图 6-24

步骤 02 使用同样的方法将光标定位到最右侧的鞋子上，按住鼠标左键向右拖曳，此时画面中包含黄色、橙色的区域都变亮了，黄色鞋子的明亮程度也调整到了合适的程度，设置完成后单击"确定"按钮提交操作即可，如图6-25所示。

图 6-25

实例：去除画面局部元素

文件路径	第6章\去除画面局部元素
技术掌握	Canmera RAW中的"修复工具"

实例说明：

使用Camera RAW中的"修复工具"可以很方便地使用另一区域中的样本来修复图像中选中的区域。在使用该工具时，首先将需要修复的区域全部选中，释放鼠标时系统会自动修复。本实例主要使用"修复工具"将画面中的人物去除，制作干净的背景。

实例效果：

实例对比效果如图6-26和图6-27所示。

图 6-26　　　　　　　　　图 6-27

操作步骤：

步骤 01 将素材打开，接着使用快捷键Ctrl+J将背景图层复制一份。选择复制得到的图层，执行"滤镜→Camera Raw"菜单命令，在弹出的Camera Raw窗口中单击右侧工具箱中的"修复工具"按钮。继续单击选项组中的按钮，设置"大小"为28，"羽化"为0，"不透明度"为100。设置完成后将光标放在人物上方，按住鼠标左键拖曳，将其全部选中，如图6-28所示。

图 6-28

步骤 02 将人物全部选中后释放鼠标，系统会自动选择相似的像素进行填充。单击"确定"按钮提交操作即可，如图6-29所示。

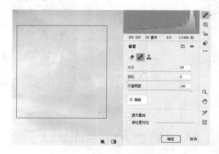

图 6-29

提示：选择用来修复的取样区域

勾选"显示叠加"选项，能够看到修复的取样区域，将光标移动到区域内，按住鼠标左键拖曳进行移动即可选择取样区域，如图6-30所示。

中文版Photoshop 2024完全案例教程（微课视频版）

图 6-30

实例：更改局部色彩与明暗

文件路径	第6章\更改局部色彩与明暗
技术掌握	Canmera RAW中的"蒙版工具"

扫一扫，看视频

实例说明：

　　Canmera RAW中的"蒙版工具"可以对图像的局部进行调整，使用该工具可以在画面中限定出一个受调整命令影响的范围。本实例中的河流区域存在偏暗、细节效果不明显等问题，需要对该区域进行单独调整。

实例效果：

　　实例对比效果如图6-31和图6-32所示。

图 6-31　　　　　图 6-32

操作步骤：

步骤 01 将素材打开，接着使用快捷键Ctrl+J将背景图层复制一份。选择复制得到的图层，执行"滤镜→Camera Raw"菜单命令，在弹出的Camera Raw窗口中单击工具箱中的"蒙版工具"按钮，接着单击"画笔"按钮，如图6-33所示。

图 6-33

步骤 02 设置"大小"为5，"羽化"为40，"流动"为100，"浓度"为100，设置完成后在画面中按住鼠标左键在河流区域涂抹，涂抹的区域被半透明的红色所覆盖的就是蒙版区域，也就是进行调色的区域，如图6-34所示。

图 6-34

步骤 03 在当前选项卡中，展开"亮"选项组，设置"曝光"为+1.00，"阴影"为+100，提高河流的亮度；展开"颜色"选项组，设置"色调"为-50，调整河流整体的颜色；展开"效果"选项组，设置"清晰度"为+100，"去除薄雾"为+50，以此来增加画面的细节感，如图6-35所示。设置完成后单击"确定"按钮。此时本实例制作完成，效果如图6-36所示。

图 6-35　　　　图 6-36

实例：柔和过渡的调色

文件路径	第6章\柔和过渡的调色
技术掌握	Canmera RAW中的"蒙版工具"

扫一扫，看视频

实例说明：

使用"蒙版工具"下的"线性渐变"功能创建蒙版，可以对画面的一侧进行调整，而另一侧则不会受到调整效果的影响，从而使两部分之间柔和过渡。本实例中天空的颜色发灰且曝光过度，需要对其进行调整，使其呈现出从深到浅的自然过渡。

实例效果：

实例对比效果如图6-37和图6-38所示。

图 6-37　　　　图 6-38

操作步骤：

步骤 01 将素材打开，接着使用快捷键Ctrl+J将背景图层复制一份。选择复制得到的图层，执行"滤

镜→Camera Raw"菜单命令，在弹出的Camera Raw窗口中单击工具箱中的"蒙版工具"按钮，接着单击"线性渐变"，如图6-39所示。

图 6-39

步骤 02 在画面中按住鼠标左键自上而下拖曳，如图6-40所示。将光标定位在控制线上方后按住鼠标左键拖曳可以调整蒙版的范围，如图6-41所示。

图 6-40　　　　图 6-41

步骤 03 展开"亮"选项组，设置"曝光"为-1.75，降低天空的亮度；接着展开"颜色"选项组，设置"饱和度"为+70，使天空部分呈现出蓝色的倾向，如图6-42所示。最后单击"确定"按钮提交操作完成实例操作。

图 6-42

中文版Photoshop 2024完全案例教程（微课视频版）

实例：制作梦幻背景

文件路径	第6章\制作梦幻背景
技术掌握	Camera RAW中的"蒙版工具"

扫一扫，看视频

实例说明：

在使用"蒙版工具"中的"径向渐变"方式时，能够以圆形径向渐变的方式进行调整效果的过渡，还可以通过"反向"功能将蒙版进行反向。本实例是通过径向渐变的方式制作暗角效果的，以增强画面梦幻感氛围。

实例效果：

实例对比效果如图6-43和图6-44所示。

图6-43　　　　　　　图6-44

操作步骤：

步骤01 将素材打开，接着使用快捷键Ctrl+J将背景图层复制一份。选择复制得到的图层，执行"滤镜→Camera Raw"菜单命令，在弹出的Camera Raw窗口中单击工具箱中的"蒙版工具"按钮，接着单击"径向渐变"按钮，如图6-45所示。

图6-45

步骤02 在左侧画面中按住鼠标左键，由画面中心向外拖曳创建径向蒙版，如图6-46所示。

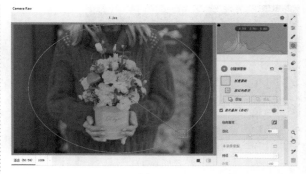

图6-46

步骤03 单击"蒙版1"右侧的 ••• 按钮，执行"反相蒙版"命令，即可将蒙版反向选择，如图6-47所示。

图6-47

步骤04 拖动径向渐变控制框中央位置的控制点 ◉ 可以移动蒙版的位置；拖动控制框上的控制点 ○ 可以调整蒙版的范围，如图6-48所示。

图6-48

步骤05 展开"亮"选项组，设置"曝光"为-2.00，设置"对比度"为+55，这样可以压暗画面边缘的亮度；展开"颜色"选项组，设置"色温"为-100，如图6-49所示。最后单击"确定"按钮提交操作完成实例操作。

图 6-49

6.4 图像调整

单击Camera Raw界面右侧的"编辑"按钮 ，此处集中了大量的可用于图像调整的功能，这些功能被分在多个选项组中，如图6-50所示。单击选项组名称左侧的 > 按钮可以展开选项组，看到更多选项。

图 6-50

- 基本：在该选项组下可以通过设置相关选项调整图像的基本色调与颜色品质。
- 曲线：在该选项组下可以对图像的亮度、阴影等进行调节。
- 细节：用来锐化图像与减少杂色。
- 混色器：类似于"色相/饱和度"命令，可以对各个颜色进行色相、饱和度、明度的设置。

- 颜色分级：可以分别对高光区域和阴影区域进行色相、饱和度的调整。
- 光学：用来消除由于镜头原因造成的图像缺陷，如扭曲、晕影、紫边、绿边。
- 几何：主要用于消除由于镜头原因造成的图像缺陷，如晕影、桶形扭曲、枕形扭曲等问题。
- 效果：可以为图像添加或去除杂色，还可以用来制作暗角、暗影。
- 校准：不同相机都有自己的颜色与色调调整设置，拍摄出的照片颜色也会有些许偏差。"校准"功能则可以用于校正这些相机普遍性的色偏问题。

实例：调整明暗及颜色

文件路径	第6章\调整明暗及颜色
技术掌握	Camera Raw基本选项设置、Camera Raw色调曲线

扫一扫，看视频

实例说明：

使用"色调曲线"可以很方便地调整图像整体的明暗程度，同时还可以通过对"通道"的设置来单独调整图像的色调。本实例主要通过"色调曲线"调整画面的明暗与色温。

实例效果：

实例对比效果如图6-51和图6-52所示。

图 6-51   图 6-52

操作步骤：

步骤 01 将素材打开，接着使用快捷键Ctrl+J将背景图层复制一份。选择复制得到的图层，执行"滤镜→Camera Raw"命令，首先将画面的清晰度降低，使之产生柔和的感觉。单击右侧的"编辑"按钮 ，展开"基本"选项组，设置"清晰度"为-20。参数设置如图6-53所示。画面效果如图6-54所示。

中文版Photoshop 2024完全案例教程（微课视频版）

图 6-53　　　　　　　　图 6-54

实例：提升画面清晰度

文件路径	第6章\提升画面清晰度
技术掌握	Camera Raw细节选项设置

扫一扫，看视频

实例说明：

　　单击"细节"按钮展开"细节"选项组，该选项组主要针对图像的细节清晰程度进行调整。本实例存在的主要问题就是画面清晰度较低，细节不够突出、不明显，需要通过"细节"选项组中的选项进行校正。

实例效果：

　　实例对比效果如图6-57和图6-58所示。

图 6-57　　　　　　　　图 6-58

步骤 02 调整画面的明暗程度。展开"曲线"选项组，接着单击 ⊙ 按钮设置"通道"为RGB，接着将光标放在曲线中间位置单击添加控制点，按住鼠标左键向左上角拖曳，提高画面的整体亮度；然后使用同样的方法将光标放在曲线的下端将其向右下角拖曳来调整画面的暗部效果，如图6-55所示。

图 6-55

步骤 03 单击 ⊙ 按钮将"通道"设置为"蓝色"，然后在曲线的下端单击添加控制点并将曲线向上拖曳来增加画面暗部的蓝色，同时稍微降低画面亮部的蓝色。调整完成后单击"确定"按钮，如图6-56所示。

图 6-56

操作步骤：

　　将素材打开，接着使用快捷键Ctrl+J将背景图层复制一份。选择复制得到的图层，执行"滤镜→Camera Raw"菜单命令，单击右侧的"编辑"按钮 ≥，展开"细节"选项组，设置"锐化"为80，接着单击"锐化"选项右侧的 ◀ 按钮展开该选项，设置"半径"为3.0，"细节"为50。通过观察原图与效果图的对比可以看到画面中小狗的面部细节更加突出了，如图6-59所示。最后单击"确定"按钮提交操作即可。

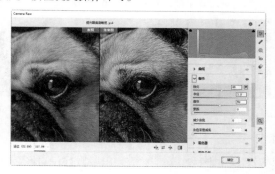

图 6-59

选项解读：Camera Raw细节选项设置

锐化：锐化的数值越大，锐化程度越强，该值为0时关闭锐化。

半径：用来设置强调的边缘处的像素点的宽度。如果半径值为1，则从亮到暗的整个宽度是2个像素；如果半径值为2，则边沿两边各有2个像素点，那么从亮到暗的整个宽度是4个像素。半径越大，细节的反差越强烈，但锐化的半径值过大会导致图像内容不自然。

细节：调整锐化影响的边缘区域的范围，它决定了图像细节的显示程度。较低的值将主要锐化边缘，以便消除模糊；较高的则可以使图像中的纹理更清楚。

蒙版：Camera Raw是通过强调图像边缘的细节来实现锐化效果的。将"蒙版"设置为0时，图像中的所有部分均接收等量的锐化；设置为100时，可将锐化限制在饱和度最高的边缘附近，避免非边缘区域锐化。

实例：皮肤的磨皮与锐化

文件路径	第6章\皮肤的磨皮与锐化
技术掌握	Camera Raw细节选项设置、图层蒙版、画笔工具

扫一扫，看视频

实例说明：

在对人物皮肤进行磨皮与锐化处理时，使用"细节"选项组可以很方便地进行调整。但在调整的过程中容易出现除了人物皮肤之外的其他部位模糊过度的问题，如果出现这种问题，就可以为图层添加图层蒙版隐藏多余部分。本实例主要使用"细节"选项组对人物皮肤进行锐化与降噪，使皮肤看起来更加光滑、细嫩。

实例效果：

实例对比效果如图6-60和图6-61所示。

图6-60   图6-61

操作步骤：

步骤 01 将素材打开，接着使用快捷键Ctrl+J将背景图层复制一份。首先对人物进行皮肤柔化的操作。选择复

制得到的图层，执行"滤镜→Camera Raw"菜单命令，在弹出的Camera Raw窗口中单击右侧的"编辑"按钮 ，展开"细节"选项组，设置"减少杂色"为70，单击"减少杂色"右侧的 ◀ 按钮，设置"细节"为1。此时，处于画面亮部区域中的皮肤细节明显减少，皮肤看起来非常光滑，如图6-62所示。

图6-62

步骤 02 但是当前画面的锐度降低过多，所以展开"细节"选项组，设置"锐化"为150，单击"锐化"右侧的 ◀ 按钮，设置"半径"为3.0，"细节"为30，设置完成后单击"确定"按钮，如图6-63所示。

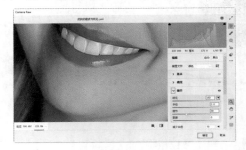

图6-63

步骤 03 通过操作，人物的面部问题得到了改善，但除了面部之外的其他部位却出现过度模糊的问题。选择该图层，单击"图层"面板底部的"添加图层蒙版"按钮，为该图层添加图层蒙版，并将其填充为黑色，如图6-64所示。此时将调整的效果隐藏。

图6-64

步骤 04 选择图层蒙版，使用大小合适的柔边圆画笔，设置前景色为白色，设置完成后在皮肤处涂抹，将皮肤柔化的效果显示出来，如图6-65所示。效果如图6-66所示。

图 6-65　　　　　　　图 6-66

步骤 05 此时对人物的面部调整基本完成，但仍然存在画面偏暗、清晰度不足等问题，需要进一步调整。使用快捷键Ctrl+Shift+Alt+E将当前效果盖印形成一个新图层。接着选择新图层，执行"滤镜→Camera Raw"菜单命令，在弹出的Camera Raw窗口中展开"基本"选项组，设置"曝光"为+0.65，"清晰度"为-20，如图6-67所示。

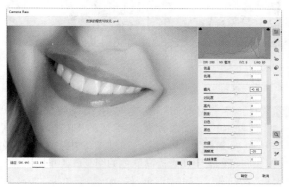

图 6-67

步骤 06 对画面的整体细节进一步调整。展开"细节"选项组，设置"数量"为15，"半径"为3.0，"细节"为50，设置完成后单击"确定"按钮提交操作即可，如图6-68所示。

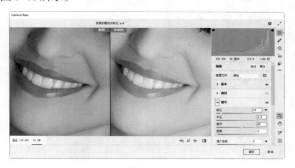

图 6-68

实例：单独调整每种颜色

文件路径	第6章\单独调整每种颜色
技术掌握	Camera Raw 中的"混色器"功能

实例说明：

　　"HSL 调整"选项可以对各种颜色的色相、饱和度、明亮度等进行单独设置，还可以用来制作灰度图像。本实例首先在"混色器"选项组中将蓝色背景更改为紫色，接着再对画面中黄色部分存在的明亮度和饱和度不足等问题进行调整。

实例效果：

　　实例对比效果如图6-69和图6-70所示。

图 6-69　　　　　　　图 6-70

操作步骤：

步骤 01 将素材打开，接着使用快捷键Ctrl+J将背景图层复制一份。选择复制得到的图层，执行"滤镜→Camera Raw"菜单命令，在弹出的Camera Raw窗口中单击右侧的"编辑"按钮 ，展开"混色器"选项组，接着单击"色相"按钮，设置"蓝色"为+100，此时背景由蓝色变为紫色，如图6-71所示。

图 6-71

步骤 02 提高画面中黄色的亮度。在"混色器"选项组单击"明亮度"按钮，设置"黄色"为50，如图6-72所示。

图6-72

步骤 03 通过操作，黄色的明亮度被提高，但颜色的饱和度不够，需要进一步调整。继续在"混色器"选项组中单击"饱和度"按钮，设置"黄色"为+80。设置完成后单击"确定"按钮，如图6-73所示。此时本实例制作完成。

图6-73

V 实例秘诀

在"混色器"选项组中包含多种可供选择的颜色，但是在对数码照片进行调色时，即使想要对看起来是单色的对象进行调色，可能也需要对多个色相进行调整。因为大部分照片中的内容都不是完全单一的某一种色相，更多的是2～3种邻近色。例如，绿色的草地通常由绿色、黄色控制，皮肤可能包括红色、橙色、黄色，蓝天则可能受蓝色、浅绿色影响。所以在实际调色过程中要多注意邻近色的调整。

实例：快速调整肤色

文件路径	第6章\快速调整肤色
技术掌握	Camera Raw 中的"混色器"功能

扫一扫，看视频

实例说明：

本实例中的人物存在肤色偏黄、较暗等问题，通过"HSL调整"选项组中的选项能够改善这些问题。

在使用"混色器"选项组对人物肤色进行调整时，通过"色相"可以改变人物肤色的倾向，"明亮度"可以提高或降低肤色的亮度，操作起来非常方便。

实例效果：

实例对比效果如图6-74和图6-75所示。

图6-74　　　　　　　图6-75

操作步骤：

步骤 01 将素材打开，接着使用快捷键Ctrl+J将背景图层复制一份。选择复制得到的图层，执行"滤镜→Camera Raw"菜单命令，通过提高画面中人物肤色中橙色和黄色的明度来提高肤色的明亮度。单击右侧的"编辑"按钮，展开"混色器"选项组，单击"明亮度"按钮，设置"橙色"为+80，"黄色"为+90。此时效果如图6-76所示。

图6-76

步骤 02 单击"饱和度"按钮，设置"橙色"为-20，"黄色"为-20。该操作起到一个对皮肤"去黄"的作用，使

中文版Photoshop 2024完全案例教程（微课视频版）

皮肤看起来更白皙，如图6-77所示。本实例制作完成。

图6-77

实例：单独调整高光/阴影

文件路径	第6章\单独调整高光/阴影
技术掌握	Camera Raw中的"颜色分级"功能

扫一扫，看视频

实例说明：

在"颜色分级"选项组中可以分别对高光区域、中间调区域和阴影区域进行色相、饱和度与明亮度进行调整。"高光""中间调"和"阴影"选项组中都包含"色相""饱和度"和"明亮度"3个参数，其设置方法相同。如果想要更改阴影部分的颜色倾向，可以适当增大"饱和度"的数值，然后拖曳"色相"滑块。本实例主要通过调整亮度和阴影部分的色相，从而更改画面整体的色调。

实例效果：

实例效果如图6-78和图6-79所示。

图6-78　　　　　　　图6-79

操作步骤：

步骤 01 将素材打开，接着使用快捷键Ctrl+J将背景图层复制一份。首先提高画面的亮度。选择复制得到的图层，执行"滤镜→Camera Raw"菜单命令，在弹出的Camera Raw窗口中单击右侧的"编辑"按钮，展开"基本"选项组，设置"黑色"为+100，此时可以看到画面中阴影部位的明度被提高了，如图6-80所示。

图6-80

步骤 02 对整体的高光与阴影效果进行调整。展开"颜色分级"选项组，单击"阴影"按钮，设置"色相"为170；单击"色相"右侧的◀按钮，设置"饱和度"为10，如图6-81所示。接着单击"高光"按钮，设置"色相"为55，单击"色相"右侧的◀按钮，设置"饱和度"为100，设置"混合"为100，"平衡"为-100，如图6-82所示。设置完成后单击"确定"按钮提交操作。

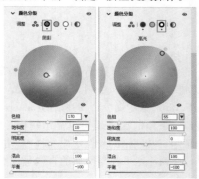

图6-81　　　　　　图6-82

步骤 03 案例完成效果如图6-83所示。

图6-83

提示：平衡选项

"平衡"主要控制画面中高光和暗部区域的大小，增大"平衡"数值，可以增大画面中高光数值的控制范围；反之，则会增大暗部的范围。

实例：校正带有弧度的地平线

文件路径	第6章\校正带有弧度的地平线
技术掌握	Camera Raw中的"光学"功能

扫一扫，看视频

实例说明：

"光学"选项组主要用于消除由于镜头原因造成的图像缺陷，如晕影、桶形扭曲、枕形扭曲等问题。本实例中存在的主要问题就是地平线带有弧度，并不是一条直线。所以需要通过"光学"选项组进行矫正，让地平线呈现出直线的效果。

实例效果：

实例对比效果如图6-84和图6-85所示。

图 6-84   图 6-85

操作步骤：

步骤 01 将素材打开，接着使用快捷键Ctrl+J将背景图层复制一份。选择复制得到的图层，执行"滤镜→Camera Raw"菜单命令，在弹出的Camera Raw窗口中单击窗口右下角的囲按钮可以显示网格。接着展开"光学"选项组，在网格的参照下向右拖曳"扭曲度"的调整滑块，直到让地平线与网格的直线呈现平行状态，参数在36左右。

设置完成后单击"确定"按钮，效果如图6-86所示。

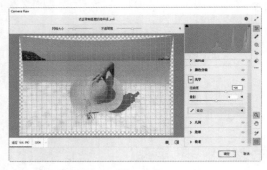

图 6-86

步骤 02 在"图层"面板中将背景图层隐藏，画面效果如图6-87所示。

步骤 03 通过操作，地平线已经调整成一条直线，但画面边缘不整齐，可以将不需要的部分裁剪掉。选择该图层，单击工具箱中的"裁剪工具"按钮，在画面中调整裁剪的边缘，如图6-88所示。

图 6-87   图 6-88

步骤 04 调整完成后按Enter键完成裁剪，此时本实例制作完成。效果如图6-89所示。

图 6-89

 选项解读：Camera Raw光学

扭曲度：主要用于设置画面扭曲的畸变度。数量为正值时向内凹陷，数量为负值时向外膨胀。

去边：主要用于修复紫边、绿边问题。

实例：为画面添加颗粒感与晕影

文件路径	第6章\为画面添加颗粒感与晕影
技术掌握	Camera Raw中的"效果"功能

扫一扫，看视频

实例说明：

在"效果"选项组中可以为画面添加颗粒，让其呈现出类似胶片相机拍摄模糊做旧的颗粒效果。同时还可以在画面四角添加暗角让其变暗，也可以将"数量"数值增大制作出四角的白色晕影效果。本实例首先在"效果"选项组中为画面添加颗粒，让画面呈现出一定的质感；接着在"裁剪后晕影"选项组中对参数进行设置，使画面的四角变暗产生暗角效果。

中文版Photoshop 2024完全案例教程（微课视频版）

实例效果：

实例对比效果如图6-90和图6-91所示。

图 6-90　　　　　　图 6-91

操作步骤：

步骤 01 将素材打开，接着使用快捷键Ctrl+J将背景图层复制一份。首先在画面中添加颗粒，让画面呈现出一种类似胶片相机拍摄出的颗粒效果。选择复制得到的图层，执行"滤镜→Camera Raw"菜单命令，在弹出的Camera Raw窗口中单击右侧的"编辑"按钮，展开"效果"选项组，设置"颗粒"为50，接着单击"颗粒"选项右侧的◀按钮，设置"大小"为45，"粗糙度"为60。通过缩览图可以看到画面中添加了一层细小的颗粒，如图6-92所示。

图 6-92

 选项解读：Camera Raw效果

数量：用于控制颗粒数量的多少。

大小：用于控制颗粒的尺寸。

粗糙度：可以让画面呈现出模糊做旧的效果。

步骤 02 在画面的四角添加暗角，制作出晕影的效果。在"效果"选项组中设置"晕影"为-70，"样式"为"高光优先"，"中点"为35，"圆度"为-20，"羽化"为60。通过缩览图可以看到画面的4个角添加了晕影效果。设置完成后单击"确定"按钮提交操作，如图6-93所示。

图 6-93

实例：校正相机偏色问题

文件路径	第6章\校正相机偏色问题
技术掌握	Camera Raw中的"校准"功能

扫一扫，看视频

实例说明：

不同相机都有自己的颜色与色调调整设置，拍摄出的照片其颜色也会有些许偏差。"校准"功能则可以用于校正这些相机普遍性的色偏问题。本实例中的图片存在高光区域（表盘）颜色偏绿、阴影颜色偏红等问题，需要进行校正处理，让其呈现出贴近真实的色彩。

实例效果：

实例对比效果如图6-94和图6-95所示。

图 6-94　　　　　　图 6-95

操作步骤：

步骤 01 将素材打开，接着使用快捷键Ctrl+J将背景图层复制一份。选择复制得到的图层，执行"滤镜→Camera Raw"菜单命令，在弹出的Camera Raw窗口中单击右侧的"编辑"按钮，展开"校准"选项组。首先需要将表盘中含有的绿色调降到最低，让其尽可能地呈现出金属自然反光的颜色。设置"绿原色"的"饱和度"为-100，原图与效果图的对比中可以看到表盘中的绿色有所减少，如图6-96所示。

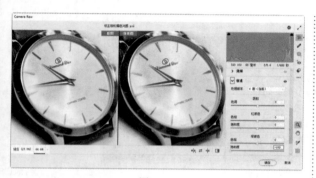

图 6-96

步骤 02 调整阴影的偏色问题。设置"蓝原色"的"饱和度"为-45。此时通过对比图可以看出阴影的颜色偏灰，设置完成后单击"确定"按钮提交操作，如图6-97所示。

图 6-97

实例：多张图像同时处理

文件路径	第6章\多张图像同时处理
技术掌握	Camera Raw多张图像同时处理

扫一扫，看视频

实例说明：

在对多张存在同样问题的图片进行批处理时，既可以节省时间，提高工作效率；同时还能够保证每一张图片处理后的效果完全相同。本实例中的4张图片都存在画面整体偏暗、细节效果不强且颜色饱和度较低等问题，单独处理太过于费时，所以进行批处理可以很方便地同时调整每一张图片的效果。

实例效果：

实例效果如图6-98所示。

图 6-98

操作步骤：

步骤 01 执行"编辑→首选项→Camera Raw"菜单命令，在弹出的窗口中单击"文件处理"按钮，在打开的选项卡中设置JPEG为"自动打开所有受支持的JPEG"选项，设置完成后单击"确定"按钮，如图6-99所示。

图 6-99

步骤 02 将4张素材图片同时拖曳到Photoshop软件界面中。随即会弹出Camera Raw窗口，接着可以按住Ctrl键依次单击缩览图，将4张素材图片加选，如图6-100所示。

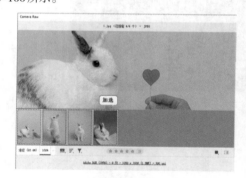

图 6-100

> **提示：一定要全部选中**
> 只有将需要处理的图片全部选中，调整效果才会同时应用到每一张图片。

步骤 03 提高画面的亮度。展开"基本"选项组，设置"曝光"为1。从原图与效果图的对比中可以看到画面亮度被明显提高，如图6-101所示。

图 6-101

步骤 04 适当提高画面的清晰度。在"基本"选项组中设置"清晰度"为+10，如图 6-102 所示。由于调整的幅度较小，所以效果不是很明显，在操作时可以将画面进行放大来观察。

图 6-102

步骤 05 设置"去除薄雾"为40。适当调整画面的亮度，让整体效果更加自然，如图 6-103 所示。

图 6-103

步骤 06 设置"自然饱和度"为+80，如图 6-104 所示。

图 6-104

步骤 07 单击窗口右侧工具箱中的 ··· 按钮，执行"存储图像→存储图像"命令，如图 6-105 所示。

图 6-105

步骤 08 在弹出的"存储选项"窗口中设置"目标"为"在新位置存储"，接着单击"选择文件夹"按钮，在弹出的窗口中选择相应的存储位置和文件夹，设置"格式"为JPEG，"品质"为8，设置完成后单击"存储"按钮，如图 6-106 所示，将调整完成的图片进行存储。此时本实例制作完成，效果如图 6-107 所示。

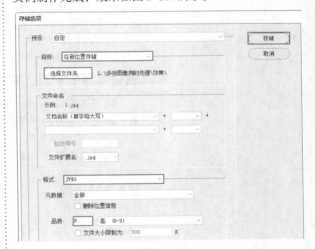

图 6-106

图 6-107

Chapter

7

第7章

实用抠图技法

本章内容简介:

抠图是设计作品制作中的常用操作。本章主要学习几种比较常见的抠图技法,包括基于颜色差异进行抠图、使用钢笔工具进行精确抠图、使用通道抠出特殊对象等。不同的抠图技法适用于不同的图像,所以在进行实际抠图操作前,首先要判断使用哪种方式更适合。

重点知识掌握:

- 掌握"快速选择工具""魔棒工具""磁性套索工具""魔术橡皮擦工具"的使用方法。
- 熟练使用"钢笔工具"绘制路径并抠图。
- 熟练掌握通道抠图。

通过本章的学习,我能做什么?

通过本章的学习,我们可以掌握多种抠图方式。通过这些抠图方式,我们能够实现绝大部分的图像抠图操作。使用"快速选择工具""魔棒工具""磁性套索工具""魔术橡皮擦工具""背景橡皮擦工具"以及"色彩范围"命令能够抠出具有明显颜色差异的图像;主体物与背景颜色差异不明显的图像可以使用"钢笔工具"抠出;除此之外,类似长发、长毛动物、透明物体、云雾、玻璃等特殊图像,可以通过"通道抠图"抠出。

7.1 基于颜色差异抠图

大部分的"合成"作品以及平面设计作品都需要很多元素，这些元素有些可以利用Photoshop提供的相应功能创建出来，而有的元素则需要从其他图像中"提取"，这个提取的过程就需要用到"抠图"。"抠图"是数码图像处理中的常用术语，是指将图像中主体物以外的部分去除，或者从图像中分离出部分元素。图7-1所示为抠图合成的过程。

图 7-1

在Photoshop中抠图的方式有多种，如基于颜色的差异获得图像的选区、使用钢笔工具进行精确抠图、通过通道抠图等。本节主要讲解基于颜色的差异进行抠图的工具，Photoshop提供了多种通过识别颜色的差异创建选区的工具，如"对象选择工具""快速选择工具""魔棒工具""背景橡皮擦工具""魔术橡皮擦工具""磁性套索工具"以及"色彩范围"命令等。这些工具分别位于工具箱的不同工具组中以及"选择"菜单中，如图7-2和图7-3所示。

图 7-2   图 7-3

"对象选择工具""快速选择工具""魔棒工具""磁性套索工具"以及"色彩范围"命令主要用于创建主体物或背景部分的选区，抠出具有明显颜色差异的图像。例如，获取了主体物的选区（图7-4），就可以将选区中的内容复制为独立图层，如图7-5所示；或者将选区反向选择，得到主体物以外的选区，删除背景，如图7-6所示。这两种方式都可以实现抠图操作。而"背景橡皮擦工具"和"魔术橡皮擦工具"则用于擦除背景部分。

图 7-4   图 7-5   图 7-6

实例：使用快速选择工具制作App展示效果

文件路径	第7章\使用快速选择工具制作App展示效果
技术掌握	快速选择工具、自由变换、高斯模糊

扫一扫，看视频

实例说明：

我们在抠图时，如果主体物与背景的颜色差别较大，此时就可以借助工具箱中的"快速选择工具"来完成。因为该工具主要就是用于创建主体物或背景部分的选区，抠出具有明显颜色差异的图像。而且该工具能够自动查找颜色接近的区域，并创建出这部分的选区，操作起来非常方便。

实例效果：

实例效果如图7-7所示。

图 7-7

操作步骤：

步骤 01 执行"文件→新建"菜单命令，新建一个大小合适的空白文档。接着设置前景色为蓝色，然后使用快捷键Alt+Delete进行前景色填充。将背景图层填充为蓝色，如图7-8所示。

图 7-8

步骤 02 将素材置入画面。执行"文件→置入嵌入对象"菜单命令，将素材1.jpg置入画面。然后选择该图层并右击执行"栅格化图层"命令，将图层进行栅格化处理，如图7-9所示。

步骤 03 此时置入的素材带有红色的背景，需要将手机从背景中抠出。由于手机的颜色与背景色区别较大，所以使用基于颜色差别的抠图工具如"快速选择工具"即可完成操作。将素材图层选中，接着单击工具箱中的"快速选择工具"，在选项栏中单击"添加到选区"按钮，同时设置大小合适的笔尖。设置完成后将光标放在手机上方按住鼠标左键拖曳，即可自动创建与手机轮廓相吻合的选区，如图7-10所示。

图 7-9　　　　　图 7-10

是只针对当前图层。如果只想针对当前图层创建选区，需要取消选中该复选框。

自动增强：降低选取范围边界的粗糙度与区块感。

步骤 04 在当前选区状态下，单击"图层"面板底部的"添加图层蒙版"按钮，为该图层添加图层蒙版，将红色背景隐藏，如图7-11所示。效果如图7-12所示。

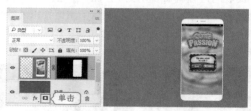

图 7-11　　　　　图 7-12

步骤 05 继续选择手机素材图层，使用工具箱中的"快速选择工具"，在主体文字上绘制得到其选区，如图7-13所示。

图 7-13

步骤 06 在当前选区状态下，使用快捷键Ctrl+J将选区内的图形复制出来并形成一个新图层，如图7-14所示。然后选择复制得到的图层，使用移动工具将其移动至画面左侧，如图7-15所示。

图 7-14　　　　　图 7-15

步骤 07 继续选择新图层，使用快捷键Ctrl+J将其复制一份，如图7-16所示。然后选择复制得到的图层，按住鼠标左键向下拖曳，将其放置在背景图层上方，如图7-17所示。

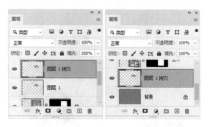

图 7-16   图 7-17

步骤 08 选择复制得到的图层，将其放在画面中间位置。接着使用快捷键Ctrl+T调出定界框，将光标放在定界框一角，将图层进行等比例中心放大，如图7-18所示。操作完成后按Enter键完成图像的放大。

图 7-18

步骤 09 此时放大的图形在画面中过于突出，需要将其进行适当的模糊。将该图层选中，执行"滤镜→模糊→高斯模糊"菜单命令，在弹出的"高斯模糊"窗口中设置"半径"为20.0像素，设置完成后单击"确定"按钮，如图7-19所示。此时本实例制作完成，效果如图7-20所示。

图 7-19   图 7-20

实例秘诀

　　在本实例中将背景中的文字元素进行高斯模糊，是为了增加其与前景内容的差别，形成空间感。空间感对于平面作品非常重要，在现实生活中的物品都是有宽度、高度、深度的，这就是我们常说的三维空间，而平面设计是在二维空间进行制作，那么空间感就是指一种深度的感觉。这种视觉上的空间感可以展现真实的视觉效果。

实例：使用魔棒工具为单色背景照片抠图

文件路径	第7章\使用魔棒工具为单色背景照片抠图
技术掌握	魔棒工具

扫一扫，看视频

实例说明：

　　"魔棒工具"用于获取与取样点颜色相似部分的选区。使用该工具在画面中单击，光标所处的位置就是"取样点"，而颜色是否"相似"则是由"容差"控制的，容差数值越大，可被选择的范围就越大。容差决定所选像素之间的相似性或差异性，其取值范围为 0 ~ 255。数值越低，对像素相似程度的要求就越高，所选的颜色范围就越小；反之则越大。本实例主要使用"魔棒工具"将人物从白色背景中抠出，将背景中被遮挡的部分图像显示出来。

实例效果：

　　实例效果如图7-21所示。

图 7-21

操作步骤：

步骤 01 将背景素材1打开。接着将人物素材2置入画面。然后选择该图层，右击执行"栅格化图层"命令，将图层进行栅格化处理，如图7-22所示。

图 7-22

步骤 02 此时可以看到，置入的素材带有黄色的背景，需要将人物从中抠出。将该素材图层选中，接着选择工具箱中的"魔棒工具"，在选项栏中设置"容差"为60，取消勾选"连续"。设置完成后在素材黄色位置单击创建选区，如图7-23所示。

图 7-23

图 7-25　　　　　图 7-26

步骤 04 在选区反选状态下，为该图层添加图层蒙版，将背景隐藏，如图 7-25 所示。此时本实例制作完成，效果如图 7-26 所示。

选项解读：魔棒工具

取样大小：用来设置魔棒工具的取样范围。选择"取样点"可以只对光标所在位置的像素进行取样；选择"3×3平均"可以对光标所在位置3个像素区域内的平均颜色进行取样；其他的以此类推。

容差：决定所选像素之间的相似性或差异性，其取值范围为0~255。数值越低，对像素的相似程度的要求越高，所选的颜色范围就越小；数值越高，对像素的相似程度的要求越低，所选的颜色范围就越广，选区也就越大。

消除锯齿：默认情况下，"消除锯齿"选项始终处于被勾选的状态，勾选此选项可以消除选区边缘的锯齿现象。

连续：当勾选该选项时，只选择颜色连接的区域；当关闭该选项时，可以选择与所选像素颜色接近的所有区域，当然也包含没有连接的区域。

对所有图层取样：如果文档中包含多个图层，当勾选该选项时，可以选择所有可见图层上颜色相近的区域；当关闭该选项时，仅选择当前图层上颜色相近的区域。

步骤 03 此时呈现的选区是选择的背景部分，而我们需要的是将人物从背景中抠出保留人物。所以在当前选区状态下，执行"选择→反选"菜单命令(快捷键Shift+Ctrl+I)，将选区反选，如图 7-24 所示。

图 7-24

实例秘诀

使用"魔棒工具"或是其他基于颜色差异的工具进行抠图时，首先需要判断获取主体物的选区比较容易还是获取背景部分的选区比较容易。如果主体物的颜色组成比较单一，也可以使用魔棒工具快速得到主体物部分的选区，再通过复制粘贴的方式得到单独主体物的图层。

实例：使用磁性套索工具抠出杯子

文件路径	第7章\使用磁性套索工具抠出杯子
技术掌握	磁性套索工具、套索工具

扫一扫，看视频　**实例说明：**

"磁性套索工具"能够自动识别颜色差异，并自动沿着有颜色差异的边界添加锚点，以得到某个对象的选区。因此，"磁性套索工具"常用于快速选择与背景颜色对比强烈且边缘复杂的对象。本实例主要使用"磁性套索工具"将杯子从背景中抠出，然后为其更换一个新的背景。

实例效果：

实例效果如图 7-27 所示。

图 7-27

中文版Photoshop 2024完全案例教程（微课视频版）

200

操作步骤：

步骤 01 将素材1打开。接着选择背景图层，使用快捷键Ctrl+J将其复制一份，以备后面操作使用，如图7-28所示。

图7-28

步骤 02 将杯子从背景中抠出。选择工具箱中的"磁性套索工具"，在杯子合适的位置单击作为起点，接着沿杯子边缘移动光标，此时在杯子边缘会自动创建锚点和路径，如图7-29所示。

步骤 03 继续移动光标至起点位置，单击得到闭合的选区，如图7-30所示。

图7-29   图7-30

提示：如何去除绘制错误的点

在拖曳光标的过程中，要缓慢一些，不要急于求成。如果出现错误的锚点，可以按Delete键删除锚点，然后重新进行操作。

步骤 04 通过操作得到了杯子的大部分选区。但在盘子的右侧位置，由于杯子颜色与背景颜色接近，所以没有被选中，需要单独进行操作，如图7-31所示。

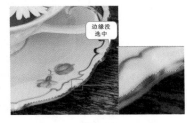

图7-31

步骤 05 将该部分区域进行放大。接着继续使用"磁性套索工具"，在没有建立选区的位置单击确定起点，然后拖曳光标进行框选，如图7-32所示。当回到起点位置时单击建立选区，将该部分的选区选中，如图7-33所示。

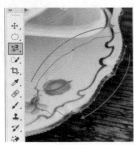 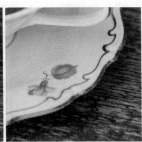

图7-32   图7-33

步骤 06 由于盘子右侧位置与背景颜色过于接近，无法使用"磁性套索工具"创建选区，所以需要选择工具箱中的"套索工具"，在选项栏中单击"添加到选区"按钮，在该位置按住鼠标左键沿盘子的边缘框选，如图7-34所示。然后回到起点位置释放鼠标即得到选区，如图7-35所示。

图7-34   图7-35

步骤 07 在使用"套索工具"建立选区时，有多选择的部分，如图7-36所示。需要通过操作将其从选区中减去。

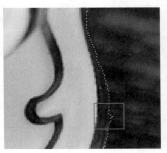

图7-36

步骤 08 在使用套索工具的状态下，在选项栏中单击"从选区减去"按钮，接着在多出的部位按住鼠标左键绘制选区，如图 7-37 所示。然后释放鼠标即可将多出的部位从选区中减去，如图 7-38 所示。

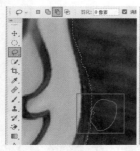 

图 7-37　　　　　　　图 7-38

步骤 09 此时得到了杯子的完整选区，如图 7-39 所示。

图 7-39

步骤 10 在当前选区状态下单击"图层"面板底部的"添加图层蒙版"按钮，为该图层添加图层蒙版将背景隐藏，同时将背景图层隐藏。画面效果如图 7-40 所示。

图 7-40

步骤 11 将新的背景素材 2 置入画面，接着选择该图层，右击执行"栅格化图层"命令，将图层进行栅格化处理。然后调整图层顺序将其放置在抠出的杯子图层下方，如图 7-41 所示。此时本实例制作完成，效果如图 7-42 所示。

图 7-41　　　　　　　图 7-42

实例：使用魔术橡皮擦工具去除色差大的背景

文件路径	第 7 章\使用魔术橡皮擦工具去除色差大的背景
技术掌握	魔术橡皮擦工具

扫一扫，看视频

实例说明：

"魔术橡皮擦工具"位于橡皮擦工具组中，可以快速擦除画面中相同的颜色，其使用方法与"魔棒工具"非常相似。使用该工具时需要在选项栏中设置合适的容差数值以及确定是否勾选"连续"复选框，设置完成后在画面中单击即可擦除与单击点颜色相似的区域。本实例主要使用"魔术橡皮擦工具"将人物素材中的背景擦除，将抠出的人物合成在新背景中以制作人物海报。

实例效果：

实例效果如图 7-43 所示。

图 7-43

操作步骤：

步骤 01 将背景素材打开，接着将人物素材 2 置入画面。然后选择该图层并右击执行"栅格化图层"命令，将图层进行栅格化处理，如图 7-44 所示。

步骤 02 将人物从背景中抠出。将人物素材背景图层选中，接着选择工具箱中的"魔术橡皮擦工具"，在选项栏

中文版 Photoshop 2024 完全案例教程（微课视频版）

中设置"容差"为25，取消"连续"。设置完成后在背景位置单击，如图7-45所示。

图7-44　　　　　　　图7-45

步骤 03 这时与单击位置颜色相似的区域被擦除，此时大部分像素会被擦除，在边缘位置会有剩余的像素，将光标移动到未擦除的像素上方继续单击，如图7-46所示。

步骤 04 使用同样的方法继续单击，将背景的其他部位也擦除，效果如图7-47所示。

图7-46　　　　　　　图7-47

选项解读：魔术橡皮擦工具

容差：此处的"容差"与"魔棒工具"选项栏中的"容差"功能相同，都是用来限制所选像素之间的相似性或差异性。在此主要用来设置擦除的颜色范围。"容差"值越小，擦除的范围相对越小；"容差"值越大，擦除的范围相对越大。

消除锯齿：可以使擦除区域的边缘变得平滑。

连续：选中该复选框时，只擦除与单击点像素相连接的区域；取消选中该复选框时，可以擦除图像中所有与单击点像素相近似的像素区域。

对所有图层取样：设置从所有可见图层中对图像进行取样。如果取消勾选该选项，则从所选图层中进行取样。

不透明度：用来设置擦除的强度。数值越大，擦除的像素越多；数值越小，擦除的像素越少，被擦除的部分变为半透明。数值为100%时，将完全擦除像素。

步骤 05 将前景素材3置入画面，为画面增加细节，丰富画面的整体效果。此时本实例制作完成，效果如图7-48所示。

图7-48

实例秘诀

在使用"魔术橡皮擦工具"擦除像素时，像素是被一块块地擦除的，那么难免会有残留的像素，如图7-49所示。如果有残留的像素，在已经得到主体物的前提下，可以使用"套索工具"绘制选区，然后按Delete键删除选区中的像素，如图7-50所示；或者可以使用"橡皮擦工具"直接擦除。

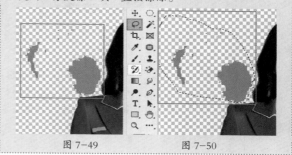

图7-49　　　　　　　图7-50

实例：使用背景橡皮擦工具制作食品广告

文件路径	第7章\使用背景橡皮擦工具制作食品广告
技术掌握	背景橡皮擦工具

扫一扫，看视频

实例说明：

"背景橡皮擦工具"是一种基于色彩差异的智能化擦

除工具，它可以自动采集画笔中心的色样，同时删除在画笔内出现的这种颜色，使擦除区域成为透明区域。在使用该工具时，将光标移动至画面中，此时光标呈现出中心带有"+"的圆形效果。其中圆形表示当前工具的作用范围，而圆形中心的"+"则表示在擦除过程中自动采集颜色的位置。本实例主要通过使用"背景橡皮擦工具"将素材2的浅色背景去除，然后将其合成在新的背景中来制作食品广告。

实例效果：

实例效果如图7-51所示。

图 7-51

操作步骤：

步骤 01 将背景素材1打开，如图7-52所示。

图 7-52

步骤 02 将素材2置入画面。然后选择该图层右击执行"栅格化图层"命令，将图层进行栅格化处理。由于素材2的背景颜色与素材1颜色过于接近，所以先将背景图层隐藏，如图7-53所示。

图 7-53

步骤 03 使用"背景橡皮擦工具"将素材2中的浅色背景擦除。将素材2图层选中，接着选择工具箱中的"背景橡皮擦工具"，在选项栏中设置大小合适的硬边圆笔尖，单击"取样：连续"按钮，设置"限制"为"连续"，"容差"为20%。设置完成后将光标放在浅色背景部位单击，如图7-54所示。

图 7-54

> **选项解读：背景橡皮擦工具**
>
> 取样：用来设置取样的方式，不同的取样方式会直接影响画面的擦除效果。激活"取样：连续"按钮，在拖曳鼠标时可以连续对颜色进行取样，凡是出现在光标中心十字线以内的图像都将被擦除；激活"取样：一次"按钮，只擦除包含第1次单击处颜色的图像；激活"取样：背景色板"按钮，只擦除包含背景色的图像。
>
> 限制：设置擦除图像时的限制模式。选择"不连续"选项时，可以擦除出现在光标下任何位置的样本颜色；选择"连续"选项时，只擦除包含样本颜色并且相互连接的区域；选择"查找边缘"选项时，可以擦除包含样本颜色的连接区域，同时更好地保留形状边缘的锐化程度。
>
> 容差：用来设置颜色的容差范围。低容差仅限于擦除与样本颜色非常相似的区域，高容差可擦除范围更广的颜色。
>
> 保护前景色：选中该复选框后，可以防止擦除与前景色匹配的区域。

步骤 04 继续使用该工具，在背景与主体物交接位置单击，将主体物边缘的浅色背景擦除，如图7-55所示。对于剩下的背景，可以使用"橡皮擦工具"，在选项栏中设置合适的笔尖大小，然后按住鼠标左键拖曳将其擦除，如图7-56所示。

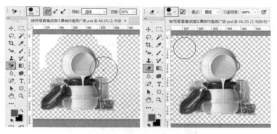

图7-55　　　　　　图7-56

步骤 05 此时将素材2从背景中抠出，接着将背景图层显示出来。此时本实例制作完成，效果如图7-57所示。

图7-57

🐛 **实例秘诀**

在使用该工具对背景进行擦除时需注意，一定要将光标中间位置的"+"放在要保留的对象之外，不然会将主体物擦除，如图7-58所示。

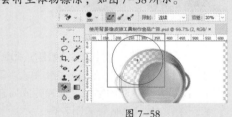

图7-58

实例：使用"色彩范围"命令抠取化妆品

文件路径	第7章\使用"色彩范围"命令抠取化妆品
技术掌握	色彩范围、图层蒙版

扫一扫，看视频

实例说明：

　　"色彩范围"命令可以根据图像中某一种或多种颜色的范围创建选区。执行"选择→色彩范围"菜单命令，在弹出的窗口中可以进行颜色的选择、颜色容差的设置，还可以使用"添加到取样"吸管和"从选区中减去"吸管

对选中的区域进行调整。本实例主要通过执行"选择→色彩范围"菜单命令将素材2的背景去除，将抠出的口红放置在一个新的背景中。

实例效果：

　　实例效果如图7-59所示。

图7-59

操作步骤：

步骤 01 将背景素材1打开，接着将口红素材2置入画面，调整大小后放在画面左侧位置。然后选择该图层，右击执行"栅格化图层"命令，将图层进行栅格化处理，如图7-60所示。

图7-60

步骤 02 将口红从背景中抠出。将素材2图层选中，执行"选择→色彩范围"菜单命令，在弹出的"色彩范围"窗口中设置"选择"为"取样颜色"，"颜色容差"为40，设置完成后使用"吸管工具"在素材2的背景位置单击，此时在缩览图中可以看到背景部分变成了灰白色，这就代表背景没有被完全选中，如图7-61所示。

图7-61

步骤 03 在该窗口打开的状态下单击右侧的"添加到取样"按钮，在素材2背景的左下角位置单击。或者直接在缩览图中背景的位置单击添加到取样，直至背景变为

白色，如图7-62所示。然后单击"确定"按钮，即可得到选区，如图7-63所示。

图 7-62　　　　　　图 7-63

步骤 04 通过操作得到了背景部分的选区，而我们需要的是口红的选区，所以需要将选区反选。在当前选区状态下，执行"选择→反选"菜单命令（快捷键Ctrl+Shift+I）将选区反选，如图7-64所示。

图 7-64

步骤 05 选择素材2图层，单击"图层"面板底部的"添加图层蒙版"按钮，为该图层添加图层蒙版将素材背景隐藏，如图7-65所示。此时本实例制作完成，效果如图7-66所示。

图 7-65　　　　　　图 7-66

实例：使用选择并遮住提取毛发

文件路径	第7章\使用选择并遮住提取毛发
技术掌握	快速选择工具、选择并遮住

扫一扫，看视频 **实例说明：**

使用魔棒工具、快速工具这类工具是很难完美地抠取头发、毛发这类边缘复杂且透明的对象，但是我们可以先得到抠取对象的大概选区，然后通过"选择并遮住"功能对选区边缘进行调整，从而抠取对象。

本实例首先使用"快速选择工具"选取人物的大致

选区，然后在"选择并遮住"窗口中使用"调整边缘画笔工具"将杂乱细小的头发选区涂抹出来，将人物完整地从背景中抠出。最后再将抠出的人物放置在新的背景中制作人物海报。

实例效果：

实例效果如图7-67所示。

图 7-67

操作步骤：

步骤 01 打开背景素材1，然后置入人像素材2并将人像图层栅格化，如图7-68所示。

图 7-68

步骤 02 将人物从背景中抠出。将人物素材图层选中，选中工具箱中的"快速选择工具"，在选项栏中单击"添加到选区"按钮，设置大小合适的笔尖，设置完成后在人物处按住鼠标左键拖曳建立选区，如图7-69所示。

图 7-69

步骤 03 由于人物头发比较凌乱，而此时得到的选区是不完整的，所以单击选项栏中的"选择并遮住"按钮。在该窗口右侧设置"视图"为黑白，接着在左侧的工具箱中选择"调整边缘画笔工具"，设置大小合适的笔尖，设置完成后在头发边缘位置涂抹，将细小的毛发显示出来，如图7-70所示。

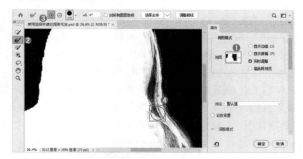

图 7-70

步骤 04 继续涂抹其他头发的区域，设置"输出到"为"图层蒙版"，接着单击"确定"按钮提交操作，如图7-71所示。

图 7-71

选项解读：选择并遮住

视图：在"视图"下拉列表中可以选择不同的显示效果。

显示边缘：显示以半径定义的调整区域。

显示原稿：可以查看原始选区。

实时调整：勾选该选项，可以及时查看调整结果。

高品质预览：勾选该选项，能够以更好的效果预览选区。

快速选择工具：通过按住鼠标左键拖曳涂抹，软件会自动查找和跟随图像颜色的边缘创建选区。

调整半径工具：精确调整发生边缘调整的边界区域。制作头发或毛皮选区时可以使用"调整半径工具"柔化区域以增加选区内的细节。

画笔工具：通过涂抹的方式添加或减去选区。

单击"画笔工具"，在选项栏中单击"添加到选区"按钮，单击按钮，在下拉面板中设置笔尖的"大小""硬度"和"距离"选项，在画面中按住鼠标左键拖曳进行涂抹，涂抹的位置就会显示出像素，也就是在原来选区的基础上添加了选区。若单击"从选区减去"按钮，在画面中涂抹，即可对选区进行减去。

对象选择工具：使用该工具在画面中按住鼠标左键拖动绘制选区，接着会在定义区域内查找并自动选择一个对象。

套索工具组：在该工具组中有"套索工具"和"多边形套索工具"两种工具。使用该工具可以在选项栏中设置选区运算的方式。

平滑：减少选区边界中的不规则区域，以创建较平滑的轮廓。

羽化：模糊选区与周围像素之间的过渡效果。

对比度：锐化选区边缘并消除模糊的不协调感。在通常情况下，配合"智能半径"选项调整出来的选区效果会更好。

移动边缘：当设置为负值时，可以向内收缩选区边界；当设置为正值时，可以向外扩展选区边界。

清除选区：单击该按钮可以取消当前选区。

反相：单击该按钮，即可得到反向的选区。

输出到："输出"是指我们需要得到一个什么样的效果，单击窗口右下方的"输出到"按钮，在下拉菜单中能够看到多种输出方式。

净化颜色：将彩色杂边替换为附近完全选中的像素颜色。颜色替换的强度与选区边缘的羽化程度是成正比的。

记住设置：选中该选项，在下次使用该命令的时候会默认显示上次使用的参数。

复位工作区：单击该按钮可以使当前参数恢复默认效果。

步骤 05 此时人像素材图层会自动创建图层蒙版，背景部分被隐藏，如图7-72所示。

图 7-72

步骤 06 此时画面效果如图7-73所示。

图 7-73

步骤 07 将前景素材3置入画面，丰富画面的细节效果。此时本实例制作完成，效果如图7-74所示。

图 7-74

实例：生活照变证件照

文件路径	第7章\生活照变证件照
技术掌握	快速选择工具、自由变换、曲线、渐变工具

扫一扫，看视频

实例说明：

在日常生活中，我们经常要使用证件照。现在手机非常普及，而且像素也较高，我们可以自己拍摄照片，并通过更改背景颜色的方式制作出标准的证件照。本实例就是将生活照处理为证件照。

实例效果：

实例对比效果如图7-75和图7-76所示。

图 7-75　　　　图 7-76

操作步骤：

步骤 01 执行"文件→新建"菜单命令，在弹出的"新建"窗口中设置"宽度"为3.5厘米，"高度"为4.9厘米，"方向"选择竖版，"分辨率"为300像素，"颜色模式"为"RGB颜色"，设置完成后单击"创建"按钮，创建一个指定参数的空白文档，如图7-77所示。

步骤 02 执行"文件→置入嵌入对象"菜单命令，在弹出的"置入嵌入的对象"窗口中选择人物素材1.jpg，然后单击"置入"按钮。选择置入的素材图层，将素材等比例放大，如图7-78所示，使其充满整个画面。操作完成后按Enter键完成操作。选择人物素材图层，右击执行"栅格化图层"命令，将图层栅格化。

图 7-77　　　　　　　图 7-78

步骤 03 将人物从背景中抠出来。选择人物素材图层，单击工具箱中的"快速选择工具"，在选项栏中单击"添加到选区"按钮，设置大小合适的笔尖，然后在人物上方按住鼠标左键拖曳得到人物的选区，如图7-79所示。

图 7-79

步骤 04 此时人物头发位置的选区不够精确，需要进一步处理，所以单击"选择并遮住"按钮。接着进入"选择并遮住"窗口，设置"视图"为黑白，展开"边缘检测"选项，设置"半径"为15像素，接着在左侧工具箱中选择"调整边缘画笔工具"，单击选项栏中的"扩展检测区域"按钮◎，设置笔尖为50像素，在头发位置按住鼠标左键拖曳，调整选区的范围，最后设置"输出到"为"选

中文版Photoshop 2024完全案例教程（微课视频版）

区"，操作完成后单击"确定"按钮，如图7-80所示。

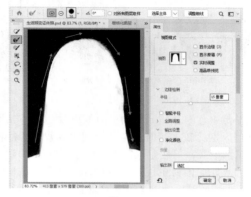

图7-80

步骤 05 这时会得到人物头发经过处理后的选区，如图7-81所示。然后使用快捷键Ctrl+J将人物单独复制到新图层，隐藏原始人像图层，这时人物已从背景中抠出，如图7-82所示。

图7-81　　　　　图7-82

步骤 06 矫正领口。选择复制得到的图层，执行"滤镜→液化"命令，打开"液化"窗口。选择工具箱中的"向前变形工具"，设置合适的笔尖大小，然后在纽扣的位置按住鼠标左键拖曳进行变形，变形完成后单击"确定"按钮提交操作，如图7-83所示。

图7-83

步骤 07 提高人物的亮度。执行"图层→新建调整图层→曲线"菜单命令，在人像图层上一层新建一个曲线调整图层。在弹出的"属性"面板中将光标放在曲线中段的控制点上，按住鼠标左键向左上角拖曳，然后单击面板底部的"此调整剪切到此图层"按钮，使调整效果只针对下方图层组，提高人物整体的亮度，如图7-84所示。效果如图7-85所示。

图7-84　　　　　图7-85

步骤 08 这时以白色为背景的人物证件照制作完成。执行"文件→存储副本"菜单命令，将效果存储为JPG格式文件。

步骤 09 将人物背景颜色更换为蓝色。在背景图层上方新建图层，然后选择该图层，单击工具箱底部的"前景色"按钮，在弹出的"拾色器（前景色）"窗口中设置R为0，G为191，B为243，设置完成后单击"确定"按钮，如图7-86所示。然后使用快捷键Alt+Delete进行前景色填充，将背景颜色更改为蓝色，效果如图7-87所示。执行"文件→存储副本"菜单命令，将效果存储为JPG格式文件。

图7-86　　　　　图7-87

步骤 10 通过操作完成蓝色背景的制作，接着制作红色背景。在蓝色背景图层上方新建图层，然后用同样的方法在"拾色器"中设置R为255，G为0，B为0，设置完成后单击"确定"按钮，如图7-88所示。效果如图7-89所示。执行"文件→存储副本"菜单命令，将效果存储为JPG格式文件。

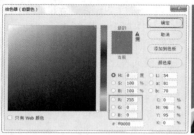

图 7-88　　　　　图 7-89

原图　　　绘制路径　　转换选区　　提取对象　　　合成

图 7-92

步骤 11 制作一个渐变的背景。在红色背景图层上方新建图层，然后选择该图层，设置前景色为蓝色，背景色为浅蓝色，单击工具箱中的"渐变工具"按钮，在选项栏中设置"渐变模式"为"经典渐变"，接着单击选项栏中的渐变色条，在弹出的"渐变编辑器"窗口中展开"基础"渐变组，单击选择"前景色到背景色渐变"，如图 7-90 所示。单击"线性渐变"按钮，设置完成后在画面中按住 Shift 键的同时按住鼠标左键绘制一条垂直直线，填充蓝色系渐变，效果如图 7-91 所示。执行"文件→存储副本"菜单命令，将效果存储为 JPG 格式文件。此时本实例制作完成。

需要注意的是，虽然很多时候图片中主体物与背景颜色区别比较大，但是为了得到边缘较为干净的主体物抠图效果，仍然建议使用"钢笔抠图"的方法，如图 7-93 所示。因为在利用"快速选择工具""魔棒工具"等进行抠图的时候，通常边缘不会很平滑，而且很容易残留背景像素，如图 7-94 所示。而利用"钢笔工具"进行抠图得到的边缘通常是非常清晰而锐利的，对于主体物的展示是非常重要的，如图 7-95 所示。

图 7-93　　　　　图 7-94　　　　　图 7-95

图 7-90　　　　　图 7-91

但在抠图的时候也需要考虑到时间成本，基于颜色进行抠图的方法通常比钢笔抠图要快一些。如果要抠图的对象是商品，需要尽可能精美，那么则要考虑使用钢笔工具进行精细抠图。而如果需要抠图的对象为画面辅助对象，不作为主要展示内容，则可以使用其他工具快速抠取。如果在基于颜色抠图时遇到局部边缘不清的情况，可以单独对局部进行钢笔抠图的操作。另外，在钢笔抠图时，路径的位置可以适当偏向于对象边缘的内侧，这样会避免抠图后遗留背景像素，如图 7-96 所示。

7.2 钢笔精确抠图

虽然前面讲到的几种基于颜色差异的抠图工具可以进行非常便捷的抠图操作，但还是有一些情况无法处理。例如，主体物与背景非常相似的图像、对象边缘模糊不清的图像、基于颜色抠图后对象边缘参差不齐的情况等，这些都无法利用前面学到的工具很好地完成抠图操作。这时就需要使用"钢笔工具"进行精确的路径绘制，然后将路径转换为选区，删除背景或者单独把主体物复制出来，这样就完成抠图了，如图 7-92 所示。

图 7-96

实例：使用钢笔工具更换屏幕内容

文件路径	第 7 章\使用钢笔工具更换屏幕内容
技术掌握	钢笔工具、直接选择工具

实例说明：

"钢笔工具"是一种矢量工具，主要用于矢量绘图。使用钢笔工具绘制的路径可控性极强，而且可以在绘制完毕后进行重复修改，所以非常适合绘制精细而复杂的路径。同时绘制的路径可以转换为选区，有了选区就可以轻松进行抠图或者将选区内的图形删除。本实例主要使用"钢笔工具"将背景素材中计算机屏幕的轮廓绘制出来，然后将绘制的路径转换为选区并将选区删除，最后为其添加一个新的屏幕显示图像。

实例效果：

实例效果如图7-97所示。

图7-97

操作步骤：

步骤 01 将背景素材1打开，接着使用快捷键Ctrl+J将背景图层复制一份，以备后面操作使用，如图7-98所示。

图7-98

步骤 02 使用"钢笔工具"将背景素材中的计算机屏幕轮廓绘制出来。选择工具箱中的"钢笔工具"，在选项栏中设置"绘制模式"为"路径"，设置完成后沿着屏幕边缘单击添加锚点绘制路径，如图7-99所示。

图7-99

提示：终止路径的绘制

如果要终止路径的绘制，可以在使用"钢笔工具"的状态下按Esc键；单击工具箱中的其他任意一个工具，也可以终止路径的绘制。

步骤 03 如果要对路径进行调整，可以使用"直接选择工具"。例如，将图像的查看比例放大，可以看到在屏幕转角位置绘制的路径与屏幕边缘不吻合，需要进行调整。在当前绘制路径状态下，选择工具箱中的"直接选择工具"，单击选择该锚点，然后按住鼠标左键不放向左下角拖曳，如图7-100所示。调整到合适的位置释放鼠标即可，效果如图7-101所示。

图7-100　　　　图7-101

步骤 04 在当前路径状态下，右击执行"建立选区"命令，如图7-102所示。接着在弹出的"建立选区"窗口中设置"羽化半径"为0像素，设置完成后单击"确定"按钮，如图7-103所示。

图7-102　　　　图7-103

步骤 05 此时即将路径转换为选区，效果如图7-104所示。在当前选区状态下，按Delete键将选区内的图像删除，接着使用快捷键Ctrl+D取消选区。然后将背景图层隐藏，此时画面效果如图7-105所示。

图7-104　　　　图7-105

扫一扫，看视频

步骤 06 添加新的屏幕图像。将素材2置入，调整大小后放在计算机屏幕上方位置并进行栅格化处理。然后调整图层顺序将其放置在背景图层上方，此时新的屏幕显示效果制作完成，效果如图7-106所示。

图 7-106

实例秘诀

"锚点"可以决定路径的走向以及弧度。"锚点"有两种：尖角锚点和平滑锚点。图7-107所示的平滑锚点上会显示一条或两条"方向线"（有时也被称为"控制棒"或"控制柄"），"方向线"两端为"方向点"，"方向线"和"方向点"的位置共同决定了这个锚点的弧度，如图7-108和图7-109所示。

图 7-107　　　图 7-108　　　图 7-109

实例：使用钢笔工具精确抠图

文件路径	第7章\使用钢笔工具精确抠图
技术掌握	钢笔工具、直接选择工具、转换点工具

实例说明：

在使用"钢笔工具"对饮料瓶进行抠图时，首先使用该工具将主体物的大致轮廓绘制出来；接着使用"直接选择工具"来调整锚点的位置，使绘制的路径与主体物边缘相吻合；然后使用"转换点工具"将尖角锚点转换为平滑锚点，同时拖曳方向线来调整路径的弧度。

实例效果：

实例效果如图7-110所示。

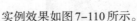

扫一扫，看视频

图 7-110

操作步骤：

步骤 01 将背景素材1打开，接着将素材2置入画面。然后将素材2图层进行栅格化处理，如图7-111所示。

步骤 02 使用"钢笔工具"将饮料瓶的大致轮廓绘制出来。选择工具箱中的"钢笔工具"，在选项栏中设置"绘制模式"为"路径"，设置完成后在画面中绘制路径，如图7-112所示。

图 7-111　　　　　图 7-112

步骤 03 此时接着调整锚点的位置。选择工具箱中的"直接选择工具"，在锚点上按住鼠标左键拖曳，将锚点拖曳至瓶子的边缘，如图7-113所示。接着继续对其他的锚点进行调整，如图7-114所示。

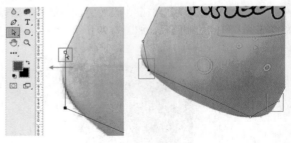

图 7-113　　　　　图 7-114

步骤 04 继续调整锚点的位置。如果遇到锚点数量不够的情况，可以使用"钢笔工具"将光标放在路径上方，如图7-115所示。单击即可添加锚点，效果如图7-116所示。

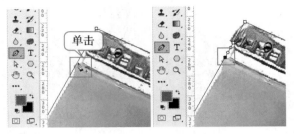

图 7-115   图 7-116

步骤 05 如果在调整的过程中锚点过于密集，如图7-117所示。可以在使用"钢笔工具"的状态下将光标放在要删除的锚点上方，单击即可将其删除，如图7-118所示。

图 7-117   图 7-118

步骤 06 调整了锚点的位置，虽然将锚点的位置贴合到了瓶子边缘，但是本应带有弧度的线条却呈现出尖角效果，所以通过操作需要将尖角锚点转换为平滑锚点。选择工具箱中的"转换点工具"，在尖角的位置按住鼠标左键拖曳使之产生弧度，如图7-119所示。接着在方向线上按住鼠标左键拖曳，即可调整方向线的角度，使之与瓶子底部轮廓相吻合，如图7-120所示。

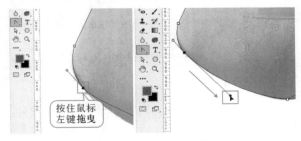

图 7-119   图 7-120

步骤 07 使用同样的方法继续调整其他的锚点，此时路径效果如图7-121所示。然后使用快捷键Ctrl+Enter建立选区，如图7-122所示。

图 7-121   图 7-122

步骤 08 因为本实例是要将背景删除，所以需要将当前建立的选区反选，使背景处于选中的状态。执行"选择→反选"菜单命令（快捷键Ctrl+Shift+I）将选区反选，如图7-123所示。然后按Delete键将背景删除，操作完成后使用快捷键Ctrl+D取消选区。此时本实例制作完成，效果如图7-124所示。

图 7-123   图 7-124

> **实例秘诀**
>
> 在使用"钢笔工具"进行路径绘制时，经常需要使用"直接选择工具"对锚点进行选择移动等操作，通过工具箱切换比较麻烦，而在使用钢笔工具的状态下，按住Ctrl键可以快速切换为"直接选择工具"。

实例：使用自由钢笔工具制作大致轮廓并抠图

文件路径	第7章\使用自由钢笔工具制作大致轮廓并抠图
技术掌握	自由钢笔工具、转换点工具

扫一扫，看视频

实例说明：

"自由钢笔工具"也是一种绘制路径的工具，但并不适合绘制精确的路径。在使用"自由钢笔工具"的状态下，在画面中按住鼠标左键随意拖曳，光标经过的区域即可形成路径。本实例主要使用"自由钢笔工具"绘制主体物的基本路径，然后在路径转换为选区时设置合适的"羽化半径"数值，得到边缘柔和的选区，以实现柔和的抠图合成操作。

实例效果：

实例效果如图7-125所示。

图7-125

操作步骤：

步骤 01 将背景素材1打开，接着将素材2置入画面，并将其进行栅格化处理，如图7-126所示。

图7-126

步骤 02 使用"自由钢笔工具"将素材2中主体物的大致轮廓绘制出来。选择工具箱中的"自由钢笔工具"，按住鼠标左键拖曳将主体物的大致轮廓绘制出来，如图7-127所示。当回到起点位置时单击完成闭合路径的绘制，如图7-128所示。

图7-127　　　　　图7-128

步骤 03 此时绘制的路径不够平滑，需要进行调整。选择工具箱中的"转换点工具"对尖角锚点进行调整，使其变得更加平滑，效果如图7-129所示。

步骤 04 在画面中右击，执行"建立选区"命令，如图7-130所示。

图7-129　　　　　图7-130

步骤 05 在弹出的"建立选区"窗口中设置"羽化半径"为50像素，设置完成后单击"确定"按钮，如图7-131所示。效果如图7-132所示。

图7-131　　　　　图7-132

步骤 06 在当前选区状态下，选择杯子所在的图层，单击"图层"面板底部的"添加图层蒙版"按钮为该图层添加图层蒙版，将背景不需要的部分隐藏，如图7-133所示。此时本实例制作完成，效果如图7-134所示。

图7-133　　　　　图7-134

实例：使用磁性钢笔工具抠图制作食品广告

扫一扫，看视频

文件路径	第7章\使用磁性钢笔工具抠图制作食品广告
技术掌握	磁性钢笔工具、直接选择工具

实例说明：

"磁性钢笔工具"能够自动捕捉颜色具有差异的边缘以快速绘制路径。其使用方法与"磁性套索工具"非常相似，但是"磁性钢笔工具"绘制出的是路径，如果效果不满意可以继续对路径进行调整，常用于抠图操作中。需要注意的是该工具并不是一个独立的工具，需要在使用"自由钢笔工具"的状态下，在选项栏中勾选"磁性

中文版Photoshop 2024完全案例教程（微课视频版）

的"复选框，才会将其切换为"磁性钢笔工具"。

本实例将首先使用"磁性钢笔工具"进行抠图，再为主体物添加倒影的合成效果。

实例效果：

实例效果如图7-135所示。

图7-135

操作步骤：

步骤 01 将背景素材1打开，接着将素材2置入画面，并将该图层进行栅格化处理，如图7-136所示。

图7-136

步骤 02 将素材2中的主体物轮廓绘制出来。选择工具箱中的"自由钢笔工具"，在选项栏中设置"绘制模式"为"路径"，勾选"磁性的"复选框，将其转换为"磁性钢笔工具"。接着在主体物边缘位置单击确定起点，然后沿着该边缘拖曳鼠标创建路径，如图7-137所示。在回到起点位置时单击即可创建闭合路径，如图7-138所示。

图7-137　　　　　　图7-138

选项解读：磁性钢笔工具

宽度：用于设置磁性钢笔工具的检测范围。数值越高，工具检测的范围越广。

对比：用于设置工具对图像边缘的敏感度。如果图像的边缘与背景的色调比较接近，可以将数值增大。

频率：用于确定锚点的密度。该数值越高，锚点的密度越大。

步骤 03 新绘制的路径有些没有与主体物边缘相吻合，需要进一步调整。选择工具箱中的"直接选择工具"，在需要调整的锚点上单击，将方向线显示出来，如图7-139所示。接着将光标放在方向线上按住鼠标左键拖曳进行调节，使其与主体物轮廓相吻合，如图7-140所示。

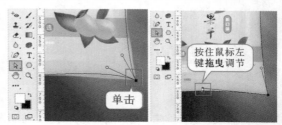

图7-139　　　　　　图7-140

步骤 04 继续使用该方法对其他的锚点进行调节，效果如图7-141所示。锚点调整完成后使用快捷键Ctrl+Enter建立选区，如图7-142所示。

图7-141　　　　　　图7-142

步骤 05 在当前选区状态下，单击"图层"面板底部的"添加图层蒙版"按钮为该图层添加图层蒙版，将背景不需要的部分隐藏，如图7-143所示。效果如图7-144所示。

图7-143　　　　　　图7-144

步骤 06 制作主体物的倒影。选择该图层，然后使用快捷键Ctrl+J将该图层复制一份。使用快捷键Ctrl+T调出定界框，右击执行"垂直翻转"命令，将图形进行垂直翻转，如图7-145所示。然后将其向下移动，使两个图形的底部重合，如图7-146所示。操作完成后按Enter键完成变换。

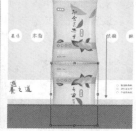

图 7-145　　　　　　图 7-146

步骤 07 将倒影底部擦除，增加效果的真实感。将制作倒影的图层选中，使用工具箱中的"橡皮擦工具"，在选项栏中设置大小合适的柔边圆画笔，设置完成后在倒影位置涂抹将不需要的部分擦除，如图7-147所示。此时本实例制作完成，效果如图7-148所示。

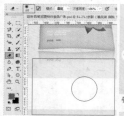

图 7-147　　　　　　图 7-148

7.3 通道抠图

　　"通道抠图"是一种比较专业的抠图技法，能够抠出其他抠图方法无法抠出的对象。对于带有毛发的小动物和人像、边缘复杂的植物、半透明的薄纱或云朵、光效等一些比较特殊的对象，我们都可以尝试使用通道抠图，如图7-149～图7-154所示。

图 7-149　　　　　　图 7-150

图 7-151　　　　　　图 7-152

图 7-153　　　　　　图 7-154

　　虽然通道抠图的功能非常强大，但并不难掌握，前提是要理解通道抠图的原理。首先，我们要明白以下几件事。

　　（1）通道与选区可以相互转化（通道中的白色为选区内部，黑色为选区外部，灰色可得到半透明的选区）。

　　（2）通道是灰度图像，排除了色彩的影响，更容易进行明暗的调整。

　　（3）不同通道黑白内容不同，抠图之前找对通道很重要。

　　（4）不可直接在原通道上进行操作，必须复制通道。直接在原通道上进行操作，会改变图像颜色。

　　总结来说，通道抠图的主体思路就是在各个通道中进行对比，找到一个主体物与环境黑白反差最大的通道，复制并进行操作；然后进一步强化通道黑白反差，得到合适的黑白通道；最后将通道转换为选区，回到原图中，完成抠图，如图7-155所示。

原图　　　复制主体物与环境反差大的通道　　　强化通道黑白反差

载入通道选区　　　回到原图层　　　抠图完成

图 7-155

实例：使用通道抠图抠出可爱的小动物

文件路径	第7章\使用通道抠图抠出可爱的小动物
技术掌握	通道抠图、图层蒙版

扫一扫，看视频

实例说明：

　　在对一些像小动物边缘有较多茸毛的主体物进行抠图时，使用"钢笔工具"可以提取主体物的主要轮廓，而边缘的茸毛则无法处理，因为茸毛边缘非常细密，所以需要借助"通道"来抠图。本实例主要使用通道抠图的方法将小狗从背景中抠出，然后将其放置在新的背景中。

实例效果：

　　实例效果如图7-156所示。

图 7-156

操作步骤：

步骤 01 将小狗素材打开，如图7-157所示。接着选择该图层，使用快捷键Ctrl+J将该图层复制一份，以备后面操作使用，同时隐藏原始图层。

图 7-157

步骤 02 由于小狗有很多细小的茸毛，使用常规的抠图工具无法将其较为完整地从背景中抠出，所以需要借助通道来进行抠图。选择复制得到的图层，执行"窗口→通道"菜单命令进入"通道"面板，在该面板中观察每个通道前景色与背景色的黑白对比效果，发现"红"通道的对比效果较为明显，如图7-158所示。

图 7-158

步骤 03 选择"红"通道，右击执行"复制通道"命令，如图7-159所示。在弹出的"复制通道"窗口中单击"确定"按钮，如图7-160所示。效果如图7-161所示。

图 7-159

图 7-160　　　　　　　　　图 7-161

步骤 04 增强画面的黑白对比度。使用快捷键Ctrl+M调出"曲线"窗口。在该窗口中单击"在图像中取样以设置黑场"按钮，然后将光标移动至画面黑色背景位置后单击，此时背景颜色变得更黑，如图7-162所示。然后单击"在图像中取样以设置白场"按钮，在小狗身上单击，此时小狗的白色增多，如图7-163所示。

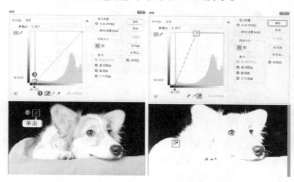

图 7-162　　　　　　　　　图 7-163

步骤 05 通过操作，黑白对比得到了加强，但局部还是有灰色的，需要身体内部的区域全部变白。选择工具箱中的"减淡工具"，在选项栏中设置大小合适的柔边圆画笔，"范围"为"高光"，"曝光度"为100%，设置完成后在画面中涂抹，如图7-164所示。

图 7-164

步骤 06 对小狗的眼睛和鼻子位置进行处理，使其全部变为白色。使用较小笔尖的柔边圆画笔，设置前景色为白色，设置完成后在小狗的眼睛和鼻子位置涂抹，使小狗全部变为白色，如图 7-165 所示。

图 7-165

步骤 07 在"红 拷贝"通道中，按住Ctrl键的同时单击通道缩览图得到选区。接着单击RGB复合通道，再回到"图层"面板中选择小狗素材图层，单击"添加图层蒙版"按钮为该图层添加图层蒙版，将选区以外的部分隐藏，如图 7-166 所示。此时画面效果如图 7-167 所示。

图 7-166　　　　　图 7-167

步骤 08 将新背景素材2置入画面，并将该图层进行栅格化处理。然后调整图层顺序，将其放置到背景图层上方，效果如图 7-168 所示。但将画面放大之后可以看到在小狗茸毛的边缘位置有之前背景色的残留像素，画面显得有点脏乱，影响整体的视觉效果。

图 7-168

步骤 09 将图层蒙版选中，使用快捷键Ctrl+M调出"曲线"窗口。在该窗口中的曲线中段位置添加控制点，然后按住鼠标左键将其向右下角拖曳，降低小狗边缘茸毛颜色的饱和度。操作完成后单击"确定"按钮，如图 7-169 所示。此时本实例制作完成，效果如图 7-170 所示。

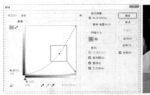 

图 7-169　　　　　图 7-170

 实例秘诀

　　图层蒙版中的黑白关系会直接影响到图层内容的显示或隐藏，蒙版中黑色为隐藏，白色为显示，而灰色部分为半透明区域，明度越低越透明。如果毛发边缘残留有背景像素，那么残留的背景像素在图层蒙版中必然是灰色的，如果将蒙版中这部分残留的灰色变为更深的灰色或者黑色，那么残留的背景像素就会减少。

实例：使用通道抠图制作云端的花朵

文件路径	第7章使用通道抠图制作云端的花朵
技术掌握	通道抠图、图层蒙版

扫一扫，看视频　**实例说明：**

　　在本实例中要将云朵从蓝色背景中抠出，在抠图的过程中，需要在"通道"面板中创建通道副本，再将天空部分变为黑色，云朵区域为白色或灰色，而且云朵边缘需要保留一定的灰色区域，这样抠出来的图才不会显得边缘生硬，同时还具有一定的透明效果。

实例效果：

　　实例效果如图 7-171 所示。

图 7-171

操作步骤：

步骤 01 将背景素材1打开，如图7-172所示。接着将云朵素材2置入画面，调整大小使其充满整个画面，并将该图层进行栅格化处理，如图7-173所示。

图7-172　　　　　　　　图7-173

步骤 02 将云朵从背景中抠出。首先将背景图层隐藏，只显示云朵所在图层。接着打开"通道"面板，观察每个通道中前景色与背景色的黑白对比效果，发现"红"通道的对比效果较为明显，如图7-174所示。因此选择该通道，将其拖曳到"新建通道"按钮上，创建出"红拷贝"通道，如图7-175所示。

图7-174　　　　　　　　图7-175

步骤 03 增强画面中的黑白对比度，以便得到选区。使用快捷键Ctrl+M调出"曲线"窗口，在该窗口中单击"在图像中取样以设置黑场"按钮，将光标移动至画面中的灰色天空位置单击，此时云朵以外的部分变成黑色，如图7-176所示。然后单击"在图像中取样以设置白场"按钮，在云朵上方单击，让云朵变得更白一些，但仍保留部分的灰色区域。调整完成后单击"确定"按钮，如图7-177所示。

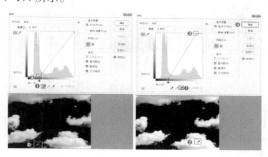

图7-176　　　　　　　　图7-177

步骤 04 载入选区。单击"通道"面板下方的"将通道作为选区载入"按钮，载入选区，如图7-178所示。然后单击RGB复合通道，显示出完整的图像效果，如图7-179所示。

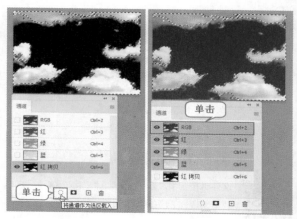

图7-178　　　　　　　　图7-179

步骤 05 回到"图层"面板，将该素材图层选中，单击"添加图层蒙版"按钮为该图层添加图层蒙版，将选区以外的部分隐藏，如图7-180所示。效果如图7-181所示。

图7-180　　　　　　　　图7-181

步骤 06 让背景图层显示出来，画面效果如图7-182所示。从画面效果中可以看到抠出的云朵整体颜色偏暗，需要提高亮度。

图7-182

步骤 07 执行"图层→新建调整图层→色相/饱和度"菜单命令，在弹出的"新建图层"窗口中单击"确定"按钮，创建一个"色相/饱和度"调整图层。接着在弹出的"属性"面板中设置"明度"为+100，设置完成后单击面板底部的"此调整剪切到此图层"按钮，使调整效果只应用于下方图层，如图7-183所示。此时本实例制作完成，效果如图7-184所示。

图 7-183　　　　　图 7-184

实例：使用通道抠图抠出薄纱

扫一扫，看视频

文件路径	第7章\使用通道抠图抠出薄纱
技术掌握	通道抠图、图层蒙版

实例说明：

本实例主要使用"通道抠图"将薄纱抠出来，放在人物上方，为整体效果增加朦胧感。需要注意的是，薄纱要保留一定的透明感。

实例效果：

实例效果如图7-185所示。

图 7-185

操作步骤：

步骤 01 将人物素材1打开，如图7-186所示。接着将素材2置入画面，并将其进行栅格化处理，如图7-187所示。

图 7-186　　　　　图 7-187

步骤 02 对置入的素材2进行抠图。选择素材2图层，打开"通道"面板，通过观察发现"红"通道的黑白对比较为强烈，如图7-188所示。所以选择该通道，并将其复制一份，如图7-189所示。

图 7-188　　　　　图 7-189

步骤 03 增强画面的黑白对比度来得到薄纱的选区。由于该素材本身背景就是白色，所以只需将薄纱部分的明度适当降低即可。使用快捷键Ctrl+M调出"曲线"窗口，在该窗口中单击"在图像中取样以设置黑场"按钮，将光标移动至画面中单击，此时可以看到画面中的薄纱部分变成了黑色。设置完成后单击"确定"按钮，如图7-190所示。由于薄纱具有半透明的效果，所以在调整通道黑白关系时，要保留适当的黑白灰三色过渡，这样抠出来的图才会呈现出半透明的效果。

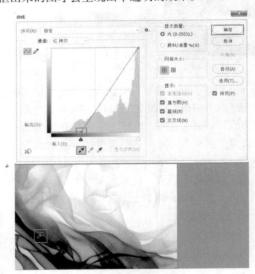

图 7-190

步骤 04 载入选区。单击"通道"面板下方的"将通道作为选区载入"按钮，载入选区，如图7-191所示。此时得到的选区是背景，而我们需要的是薄纱选区。所以使用快捷键Ctrl+Shift+I将选区反选，使薄纱处于选中的状态，如图7-192所示。

中文版Photoshop 2024完全案例教程（微课视频版）

图 7-191　　　　　　图 7-192

步骤 05 单击RGB复合通道，显示出完整的图像效果，如图 7-193所示。

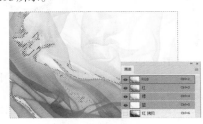

图 7-193

步骤 06 回到"图层"面板，将该素材图层选中，单击"添加图层蒙版"按钮为该图层添加图层蒙版，将选区以外的部分隐藏，如图7-194所示。效果如图 7-195所示。

图 7-194　　　　　　图 7-195

步骤 07 单击图层蒙版进行选择，然后使用"反相"快捷键Ctrl+I，将图层蒙版中的黑白颜色翻转，效果如图 7-196所示。将前景素材3置入，调整大小后放在左边位置，并将该图层进行栅格化处理。此时本实例制作完成，效果如图 7-197所示。

图 7-196　　　　　　图 7-197

实例：抠出手持球拍的人物

文件路径	第7章\抠出手持球拍的人物
技术掌握	通道抠图、钢笔抠图

扫一扫，看视频

实例说明：

在日常的抠图操作中，通常会采用钢笔抠图法和通道抠图法结合的方式进行抠图。例如，在本实例中，人像边缘比较整齐，可以使用钢笔工具进行抠图；而球拍的球网部分呈现半透明的效果，所以需要使用通道抠图法进行抠图，然后将两者合二为一形成一个完整的对象。

实例效果：

实例效果如图 7-198所示。

图 7-198

操作步骤：

步骤 01 打开背景素材，接着向画面中置入人物素材，调整其大小及位置后按Enter键完成置入并将其栅格化，如图 7-199所示。

图 7-199

步骤 02 单击工具箱中的"钢笔工具"，在选项栏中设置"绘制模式"为"路径"，在人物肩膀位置单击开始绘制路径，只需沿着人物周围绘制路径即可，如图 7-200所示。

步骤 03 路径绘制完成后按快捷键Ctrl+Enter将路径转换为选区，如图 7-201所示。

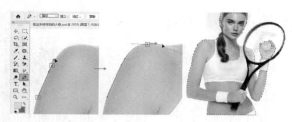

图 7-200　　　　　　图 7-201

步骤 04 在"图层"面板中单击人物素材图层，单击"图层"面板下方的"添加图层蒙版"按钮，基于选区为该图层添加图层蒙版，此时效果如图 7-202 所示。

图 7-202

步骤 05 人物左侧手臂内侧还有一部分没有抠除。继续使用"钢笔工具"绘制路径，然后将路径转换为选区，如图 7-203 所示。设置前景色为黑色，选中"图层"面板中人物素材的图层蒙版，接着使用快捷键 Alt+Delete 进行前景色填充，如图 7-204 所示。使用快捷键 Ctrl+D 取消选区。

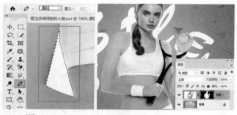

图 7-203　　　　　　图 7-204

步骤 06 在"图层"面板中单击人物素材图层，使用快捷键 Ctrl+J 复制出一个相同的图层，选中复制图层的图层蒙版，右击执行"删除图层蒙版"命令，如图 7-205 所示。

图 7-205

步骤 07 因为球拍的部分带有细密的网格，需要通过通道进行抠图。单击工具箱中的"钢笔工具"，在选项栏中设置"绘制模式"为"路径"，在球拍边缘位置单击鼠标左键开始绘制路径，如图 7-206 所示。路径绘制完成后按快捷键 Ctrl+Enter，快速将路径转换为选区，如图 7-207 所示。

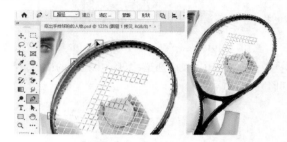

图 7-206　　　　　　图 7-207

步骤 08 在保持选区不变的状态下，接着使用快捷键 Shift+Ctrl+I 将选区反选，如图 7-208 所示。

图 7-208

步骤 09 选中复制出的人物图层，按 Delete 键将选区内的像素删除，在"图层"面板中隐藏下方原人物素材图层，此时只剩下球拍图像，如图 7-209 所示。

图 7-209

步骤 10 在"图层"面板中隐藏除球拍图层以外所有的图层。执行"窗口→通道"菜单命令，打开"通道"面板。在"通道"面板中依次单击红、绿、蓝通道查看颜色的对比，在这里"蓝"通道对比最强烈，画面效果如图7-210所示。使用鼠标左键按住"蓝"通道拖曳至面板下方 ⊞ 按钮上，松开鼠标得到"蓝 拷贝"通道，如图7-211所示。

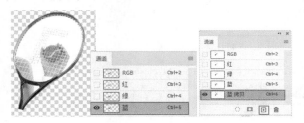

图7-210　　　　　　　图7-211

步骤 11 在"通道"面板中选中"蓝 拷贝"通道，按快捷键Ctrl+M打开"曲线"窗口，单击"在图像中取样以设置黑场"按钮，使用鼠标左键在画面中球的位置单击一下设置黑场，如图7-212所示。

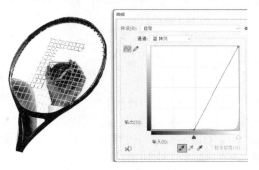

图7-212

步骤 12 继续单击"在图像中取样以设置白场"按钮，使用鼠标左键在画面中白色的位置单击一下设置白场。画面效果如图7-213所示。设置完成后单击"确定"按钮。

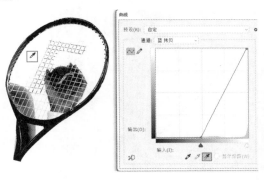

图7-213

步骤 13 使用颜色反相快捷键Ctrl+I将画面颜色进行反相，此时画面效果如图7-214所示。

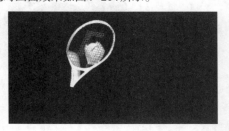

图7-214

步骤 14 在"通道"面板中按住Ctrl键的同时单击图层缩览图载入选区，如图7-215所示。

图7-215

步骤 15 保持选区不变的状态下，在"通道"面板中选中RGB图层，画面效果如图7-216所示。接着在"图层"面板中选中球拍图层，在面板的下方单击"添加图层蒙版"按钮，效果如图7-217所示。

图7-216　　　　　　　图7-217

步骤 16 在"图层"面板中将画面中其他图层显示出来，此时画面效果如图7-218所示。

图7-218

扫一扫，看视频

蒙版与合成

本章内容简介：

"蒙版"原本是摄影术语，是指用于控制照片不同区域曝光的传统暗房技术。Photoshop中蒙版的功能主要用于画面的修饰与"合成"。Photoshop中共有4种蒙版：剪贴蒙版、图层蒙版、矢量蒙版和快速蒙版。这4种蒙版的原理与操作方式各不相同，本章主要讲解其在Photoshop中的使用方法。

重点知识掌握：

- 熟练掌握图层蒙版的使用方法。
- 熟练掌握剪贴蒙版的使用方法。

通过本章的学习，我能做什么？

通过本章的学习，我们可以利用图层蒙版、剪贴蒙版等工具实现对图层部分元素的"隐藏"工作。这是一项平面设计以及创意合成中非常重要的步骤。在设计作品的制作过程中经常需要对同一图层进行多次处理，也许版面中某个元素的变动导致之前制作好的图层仍然需要调整。如果在之前的操作中直接对暂时不需要的局部图像进行了删除，一旦需要"找回"这部分内容，将是非常麻烦的。有了"蒙版"这种非破坏性的"隐藏"功能，就可以轻松实现非破坏性的编辑操作了。

8.1 什么是"蒙版"

"蒙版"这个词语对于传统摄影爱好者来说并不陌生。Photoshop中蒙版的功能主要用于画面的抠图与"合成"。什么是"合成"呢？"合成"这个词的含义是：由部分组成整体。在Photoshop的世界中，就是由原本不在一张图像上的内容，通过一系列的手段进行组合拼接，使之出现在同一画面中，呈现出一张新的图像，如图8-1所示。

图 8-1

在这些"合成"的过程中，经常需要将图片的某些部分隐藏，以显示出特定内容。直接擦掉或者删除多余的部分是一种"破坏性"的操作，被删除的像素无法复原。而借助蒙版功能则能够轻松地隐藏或恢复显示部分区域。

Photoshop中共有4种蒙版：剪贴蒙版、图层蒙版、矢量蒙版和快速蒙版。这4种蒙版的原理与操作方式各不相同，下面我们简单了解一下各种蒙版的特性。

剪贴蒙版：以下层图层的"形状"控制上层图层显示的"内容"。常用于合成中为某个图层赋予另外一个图层中的内容。

图层蒙版：通过"黑白"来控制图层内容的显示和隐藏。图层蒙版是经常使用的功能，常用于合成中图像某部分区域的隐藏。

矢量蒙版：以路径的形态控制图层内容的显示和隐藏。路径以内的部分被显示，路径以外的部分被隐藏。由于以矢量路径进行控制，所以可以实现蒙版的无损缩放。

快速蒙版：以"绘图"的方式创建各种随意的选区。与其说是蒙版的一种，不如称之为选区工具的一种。

8.2 剪贴蒙版

"剪贴蒙版"需要至少两个图层才能够使用。其原理是通过使用处于下方图层（基底图层）的形状，限制上方图层（内容图层）的显示内容。也就是说，"基底图层"的形状决定了蒙版形状，而"内容图层"则控制显示的图案。图8-2所示为一个剪贴蒙版组。

图 8-2

> **提示：剪贴蒙版的使用技巧**
>
> （1）如果想要使剪贴蒙版组上出现图层样式，那么需要为基底图层添加图层样式，否则附着于内容图层的图层样式可能无法显示。
>
> （2）当对内容图层的"不透明度"和"混合模式"进行调整时，只有基底图层的混合效果发生变化，不会影响到剪贴蒙版组中的其他图层。当对基底图层的"不透明度"和"混合模式"调整时，整个剪贴蒙版组中的所有图层都会以设置的不透明度数值以及混合模式进行混合。
>
> （3）剪贴蒙版组中的内容图层顺序可以随意调整，基底图层如果调整了位置，原本剪贴蒙版组的效果会发生错误。内容图层一旦移动到基底图层的下方，就相当于释放剪贴蒙版组。在已有剪贴蒙版组的情况下，将一个图层拖曳到基底图层上方，即可将其加入剪贴蒙版组中。

实例：使用剪贴蒙版制作拼贴海报

文件路径	第8章\使用剪贴蒙版制作拼贴海报
技术掌握	剪贴蒙版、黑白

扫一扫，看视频

实例说明：

想要创建剪贴蒙版，必须有两个或两个以上的图层，一个作为基底图层，其他的图层可作为内容图层。基底图层只能有一个，而内容图层则可以有多个。如果对基底图层的位置或大小进行调整，则会影响剪贴蒙版组的形态，而对内容图层进行增减或编辑，则只会影响显示内容。如果内容图层小于基底图层，那么露出来的部分则显示为基底图层。

实例效果：

实例效果如图8-3所示。

图8-3

操作步骤：

步骤 01 将背景素材1打开，如图8-4所示。接着将人物素材2置入，放在画面的左下角，如图8-5所示。然后右击执行"栅格化图层"命令，将图层进行栅格化处理。

图8-4　　　　　　图8-5

步骤 02 将置入的人物素材变为黑白。在该图层选中状态下，执行"图层→新建调整图层→黑白"菜单命令，在弹出的"新建图层"窗口中单击"确定"按钮，新建一个"黑白"调整图层。在"属性"面板中设置"红色"为20，"黄色"为60，"绿色"为40，"青色"为60，"蓝色"为20，设置完成后单击面板下方的"此调整剪切到此图层"按钮，如图8-6所示。使调整效果只针对下方图层，效果如图8-7所示。

图8-6　　　　　　　　图8-7

步骤 03 或者在该调整图层选中的状态下右击执行"创建剪贴蒙版"命令，创建剪贴蒙版，如图8-8所示。在操作时使用这两种方法中的任意一种均可完成操作。

图8-8

步骤 04 选择工具箱中的"钢笔工具"，在选项栏中设置"绘制模式"为"形状"，在画面中绘制图形，绘制完成后在选项栏中设置任意颜色，"描边"为无，如图8-9所示。

步骤 05 将素材3置入画面，接着将光标放在定界框一角的控制点外侧，按住鼠标左键进行旋转，如图8-10所示。按Enter键完成操作。

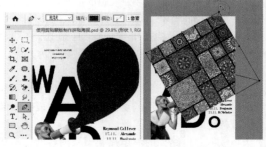

图8-9　　　　　　　　图8-10

步骤 06 将置入的素材剪切到下方绘制的图形中。将素材3图层选中，右击执行"创建剪贴蒙版"命令，创建剪贴蒙版，如图8-11所示。将素材不需要的部分隐藏，效果如图8-12所示。

图 8-11　　　　　图 8-12

提示：剪贴蒙版的特点

剪贴蒙版的基底图层不只可以为单一的图层，同时也可以是图层组。

步骤 07 选择工具箱中的"椭圆工具"，在选项栏中设置"绘制模式"为"形状"，设置完成后在画面上方位置按住Shift键的同时按住鼠标左键拖曳绘制一个正圆，绘制完成后在选项栏中设置"填充"为黑色，"描边"为无，如图8-13所示。

步骤 08 将素材3置入，并进行适当的旋转，放在黑色正圆上方。然后执行"创建剪贴蒙版"命令创建剪贴蒙版，将素材不需要的部分隐藏，效果如图8-14所示。

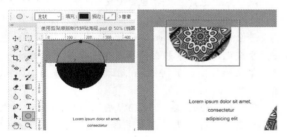

图 8-13　　　　　图 8-14

步骤 09 继续使用"椭圆工具"，在画面上方的合适位置绘制3个正圆，如图8-15所示。然后依次加选3个正圆图层，使用快捷键Ctrl+G编组。接着将素材3置入，调整大小并适当旋转，然后创建剪贴蒙版，将素材不需要的部分隐藏。此时本实例制作完成，如图8-16所示。

图 8-15　　　　　图 8-16

8.3　图层蒙版

"图层蒙版"常用于隐藏图层的局部内容，从而实现画面局部修饰或者合成作品的制作。这种隐藏而非删除的编辑方式是一种非常方便的非破坏性编辑方式。

图层蒙版是一种非破坏性的抠图方式。为某个图层添加"图层蒙版"后，可以通过在图层蒙版中绘制黑色或者白色来控制图层的显示与隐藏。在图层蒙版中显示黑色的部分，其图层中的内容会变为透明；灰色部分为半透明；白色则是完全不透明，如图8-17所示。

原图　　　　　图层蒙版　　　　　效果

图 8-17

实例：制作剪纸效果的产品图

文件路径	第8章\制作剪纸效果的产品图
技术掌握	图层蒙版、多边形套索工具

扫一扫，看视频

实例说明：

创建图层蒙版有两种方式，在没有任何选区的情况下可以创建出空的蒙版，画面中的内容不会被隐藏；而在包含选区的情况下创建图层蒙版，选区内的部分为显示状态，选区以外的部分会隐藏。本实例首先绘制需要保留部分的选区，然后为图层添加图层蒙版，隐藏多余部分。

实例效果：

实例效果如图8-18所示。

图 8-18

操作步骤：

步骤 01 将背景素材1打开，如图8-19所示。接着将素材2置入，放在画面中间位置并将其进行栅格化处理，如图8-20所示。

图8-19　　　　　图8-20

步骤02 将帽子素材的部分白色背景隐藏。选择工具箱中的"多边形套索工具"，在帽子周围绘制选区，如图8-21所示。

图8-21

步骤03 在当前选区状态下，单击"图层"面板底部的"添加图层蒙版"按钮，为该图层添加图层蒙版，将素材不需要的部分隐藏，如图8-22所示。效果如图8-23所示。

图8-22　　　　　图8-23

步骤04 为图层添加投影，增加视觉上的立体感。将该图层选中，执行"图层→图层样式→投影"菜单命令，在弹出的窗口中设置"混合模式"为"正片叠底"，"颜色"为黑色，"不透明度"为30%，"角度"为52度，"距离"为21像素，"大小"为8像素，设置完成后单击"确定"按钮，如图8-24所示。效果如图8-25所示。

图8-24　　　　　图8-25

步骤05 将前景素材3置入，调整大小放在帽子下

方，并进行栅格化处理。此时本实例制作完成，效果如图8-26所示。

图8-26

选项解读：图层蒙版的编辑操作

停用图层蒙版：在图层蒙版缩览图上右击执行"停用图层蒙版"命令，即可停用图层蒙版，使蒙版效果隐藏，原图层内容全部显示出来。

启用图层蒙版：在停用图层蒙版以后，如果要重新启用图层蒙版，可以在蒙版缩览图上右击执行"启用图层蒙版"命令。

删除图层蒙版：如果要删除图层蒙版，可以在蒙版缩览图上右击执行"删除图层蒙版"命令。

链接图层蒙版：默认情况下，图层与图层蒙版之间带有一个链接图标，此时移动/变换原图层，蒙版也会发生变化。如果不想在变换图层或蒙版时影响对方，可以单击链接图标取消链接。如果要恢复链接，可以在取消链接的地方单击。

应用图层蒙版："应用图层蒙版"可以将蒙版效果应用于原图层，并且删除图层蒙版。图像中对应蒙版中的黑色区域删除，白色区域保留下来，而灰色区域将呈半透明效果。在图层蒙版缩览图上右击执行"应用图层蒙版"命令即可。

转移图层蒙版：图层蒙版是可以在图层之间转移的。在要转移的图层蒙版缩览图上按住鼠标左键并拖曳到其他图层上，松开鼠标后即可将该图层的蒙版转移到其他图层上。

替换图层蒙版：如果将一个图层蒙版移动到另外一个带有图层蒙版的图层上，则可以替换该图层的图层蒙版。

复制图层蒙版：如果要将一个图层蒙版复制到另外一个图层上，可以按住Alt键的同时将图层蒙版拖曳到另外一个图层上。

载入蒙版的选区：蒙版可以转换为选区。按住Ctrl键的同时单击图层蒙版缩览图，蒙版中的白色部分为选区内，黑色部分为选区外，灰色部分为羽化的选区。

实例：使用图层蒙版融图制作广告

文件路径	第8章\使用图层蒙版融图制作广告
技术掌握	图层蒙版、吸管工具、文字工具

扫一扫，看视频

实例说明：

既然图层蒙版是通过黑白关系隐藏或显示像素的，那么也就可以使用黑色、白色、灰色画笔工具在蒙版中涂抹来显示与隐藏像素。在本实例中，为图层创建图层蒙版后，使用黑色的画笔在图层蒙版中涂抹，将素材图像边缘的像素隐藏，使之与背景融合在一起。

实例效果：

实例效果如图8-27所示。

图 8-27

操作步骤：

步骤 01 首先新建一个大小合适的横版文档。接着将素材1置入，放在画面左侧并将其进行栅格化处理，如图8-28所示。

图 8-28

步骤 02 本实例主要是想让置入的素材图层与背景图层融合到一起，而此时背景颜色为白色，所以需要将背景填充为与主图背景相近的颜色。选择工具箱中的"吸管工具"，在素材背景吸取颜色，然后选择背景图层，使用快捷键Alt+Delete进行前景色填充，如图8-29所示。

图 8-29

步骤 03 通过操作将背景图层填充为和素材背景相接近的颜色，但素材周围仍有部分颜色与背景图层不相融合，显得比较生硬，需要进一步操作。将素材图层选中，单击"图层"面板底部的"添加图层蒙版"按钮，为该图层添加一个空白蒙版。接着选择工具箱中的"画笔工具"，在选项栏中设置一个大小合适的柔边圆画笔，同时设置前景色为黑色，设置完成后在素材周围涂抹将不相融合的颜色区域隐藏掉，如图8-30所示。效果如图8-31所示。

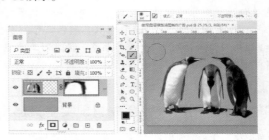

图 8-30　　　　　　　图 8-31

> **提示：图层蒙版小知识**
>
> 除了可以在图层蒙版中填充颜色、绘图以外，还可以在图层蒙版中应用各种滤镜以及部分调色命令来改变画面的明暗以及对比度。

步骤 04 在文档右侧空白位置添加文字。选择工具箱中的"横排文字工具"，在选项栏中设置合适的字体、字号和颜色，设置完成后在画面右侧单击输入文字，如图8-32所示。文字输入完成后按快捷键Ctrl+Enter完成操作。

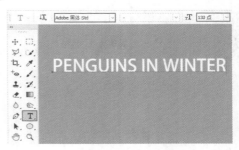

图 8-32

步骤 05 在文字工具使用状态下，将字母IN选中，将其颜色更改为橘色，如图8-33所示。然后使用同样的方法在已有文字下方单击输入其他文字，并将个别字母的颜色更改为橘色。此时本实例制作完成，效果如图8-34所示。

图 8-33　　　　　　　图 8-34

 实例秘诀

使用这种方式融合图像与背景最主要的是背景颜色要与原始图像的背景色接近，如果原始图像的背景颜色比较单一，那么可以直接吸取其颜色填充背景色。如果原始图像的背景包含多种颜色，那么则需要适当使用画笔工具在新增背景与原始图像接近的区域绘制一些与原始背景接近的色彩，以实现较好的过渡。

实例：使用图层蒙版合成超现实主义摄影

文件路径	第8章\使用图层蒙版合成超现实主义摄影
技术掌握	钢笔工具、图层蒙版、吸管工具、画笔工具

实例说明：

在操作的过程中，使用"图层蒙版"可以很方便地将图像不需要的部分隐藏，为操作带来了极大的便利。在本实例中就是利用"图层蒙版"的这种特性将素材不需要的部分隐藏，合成超现实主义的摄影作品。

实例效果：

实例效果如图 8-35 所示。

扫一扫，看视频

图 8-35

操作步骤：

步骤 01 首先新建一个高度为1500像素、宽度为100像素的文档。接着设置前景色为粉色，背景色为橘色，设

置完成后选择工具箱中的"渐变工具"，在选项栏中设置"渐变模式"为"经典渐变"，接着编辑一个从前景色到背景色的线性渐变。然后按住Shift键的同时按住鼠标左键在画面中垂直拖曳，在背景图层中填充渐变，如图 8-36 所示。

步骤 02 选择工具箱中的"矩形工具"，在选项栏中设置"绘制模式"为"形状"，在画面上方绘制矩形，然后在选项中设置"填充"为淡粉色，"描边"为无，如图 8-37 所示。

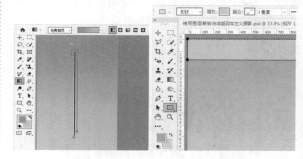

图 8-36　　　　　　　图 8-37

步骤 03 选择工具箱中的"矩形工具"，在选项栏中设置"绘制模式"为"形状"，圆角的半径为360像素，设置完成后在画面中间位置绘制图形，绘制完成后在选项栏中设置"填充"为黄色到淡蓝色的线性渐变，设置"渐变角度"为85°，"缩放"为100%。在选项栏中设置"描边"为无，如图 8-38 所示。

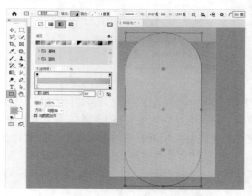

图 8-38

步骤 04 将人物素材1置入，调整大小放在画面中，并将其进行栅格化处理，如图 8-39 所示。

步骤 05 此时置入的人物素材有多余的部分，需要利用钢笔抠图方式将不需要的部分隐藏。选择工具箱中的"钢笔工具"，在选项栏中设置"绘制模式"为"路径"，

中文版Photoshop 2024完全案例教程（微课视频版）

设置"路径操作"为"合并形状"，完成后在画面中绘制头部以及身体部分的两条闭合路径，如图8-40所示。

图 8-39　　　　　图 8-40

步骤　06　在选项栏中单击"选区"按钮，或者使用快捷键Ctrl+Enter将路径转换为选区，如图8-41所示。

图 8-41

步骤　07　在当前选区状态下，单击"图层"面板底部的"添加图层蒙版"按钮，为该图层添加图层蒙版，将选区以外的部分隐藏，如图8-42所示。效果如图8-43所示。

图 8-42　　　　　图 8-43

步骤　08　将素材2置入，调整大小后放在人物素材头部位置，并将该图层进行栅格化处理，如图8-44所示。

步骤　09　在实例效果中可以看到只有在人物脸部有风景素材2，所以需要在人物脸部绘制选区。由于置入的素材2将人物素材的脸部遮挡住了，为了便于操作，我们可以适当降低素材2的不透明度，待选区绘制完成后再将其恢复到100%状态。选择工具箱中的"套索工具"，绘制风景素材需要显示区域的选区，如图8-45所示。

图 8-44　　　　　图 8-45

步骤　10　在当前选区状态下，单击"图层"面板底部的"添加图层蒙版"按钮，为该图层添加图层蒙版，将素材2不需要的部分隐藏，如图8-46所示。效果如图8-47所示。

图 8-46　　　　　图 8-47

步骤　11　按住Ctrl键单击图层蒙版缩览图，载入选区。接着基于当前选区执行"选择→修改→边界"菜单命令，设置边界选区的"宽度"为5像素，如图8-48所示。

图 8-48

步骤　12　此时得到边界选区边缘比较模糊，需要继续进行处理。执行"选择→选择并遮住"菜单命令，设置"平滑"为6，"对比度"为80%，如图8-49所示。接着单击"确定"按钮，得到选区，如图8-50所示。

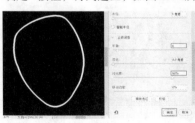

图 8-49　　　　　图 8-50

步骤　13　为选区内部绘制颜色。新建图层，使用"吸管工具"在人物皮肤部分吸取颜色，然后使用大小合适的画笔工具在选区内拖曳鼠标涂抹填充颜色，如图8-51所示。在涂抹的过程中，可以根据画面呈现的效果，吸取不同明度的肤色进行绘制。绘制完成后使用快捷键

Ctrl+D取消选区。

步骤 14 将前景素材3置入，放在画面上方丰富画面效果。此时本实例制作完成，效果如图8-52所示。

图 8-51　　　　　　　　图 8-52

实例：从电脑中走出的大象

文件路径	第8章\从电脑中走出的大象
技术掌握	钢笔工具、图层蒙版、剪贴蒙版

实例说明：

"图层蒙版"和"剪贴蒙版"虽然是两种蒙版类型，但也经常共同使用。在本实例中，同时使用了这两种蒙版进行合成操作。

实例效果：

实例效果如图8-53所示。

扫一扫，看视频

图 8-53

操作步骤：

步骤 01 将背景素材1打开，如图8-54所示。接着将素材2置入，放在背景素材中电脑屏幕的位置，同时将该图层进行栅格化处理，如图8-55所示。

图 8-54　　　　　　　　图 8-55

步骤 02 为电脑更换显示内容。首先适当降低素材2的不透明度，将下方的电脑显示出来。接着选择工具箱中的"钢笔工具"，在选项栏中设置"绘制模式"为"路径"，设置完成后沿着电脑屏幕的边缘绘制路径，如图8-56所示。

步骤 03 使用快捷键Ctrl+Enter将路径转换为选区，同时将素材2的不透明度恢复到原始状态，如图8-57所示。

图 8-56　　　　　　　　图 8-57

步骤 04 在当前选区状态下，单击素材2"图层"面板底部的"添加图层蒙版"按钮，为该图层添加图层蒙版，将素材不需要的部分隐藏，如图8-58所示。效果如图8-59所示。

图 8-58　　　　　　　　图 8-59

步骤 05 将大象素材3置入，放在背景素材中的电脑上方，同时将该图层进行栅格化处理，如图8-60所示。

图 8-60

步骤 06 由于本实例是制作从电脑中走出大象的效果，所以大象的后腿应该在电脑里面。选择工具箱中的"钢笔工具"，在选项栏中设置"绘制模式"为"路径"，设置完成后在大象后腿位置绘制路径，如图8-61所示。然后使用快捷键Ctrl+Enter将路径转换为选区，如图8-62所示。

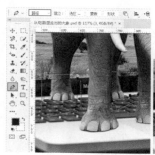

图 8-61　　　　　　　图 8-62

步骤 07 通过操作，大象后腿的选区创建完成，但我们需要的是将现在选区内的图像隐藏，所以执行"选择→反选"菜单命令(快捷键Ctrl+Shift+I)将选区反选，如图8-63所示。

图 8-63

步骤 08 在选区反选状态下，单击"图层"面板底部的"添加图层蒙版"按钮，为该图层添加图层蒙版，将选区以外的部分隐藏，如图8-64所示。效果如图8-65所示。

 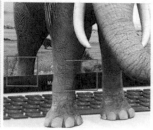

图 8-64　　　　　　　图 8-65

步骤 09 此时可以看到大象后腿的颜色过深，与背景的整体颜色倾向不太符合，需要进一步调整。首先新建一

个图层，接着使用"吸管工具"在背景中吸取颜色，然后使用大小合适的柔边圆画笔，在大象后腿位置涂抹，如图8-66所示。

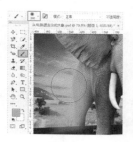

图 8-66

步骤 10 将新建图层选中，右击执行"创建剪贴蒙版"命令创建剪贴蒙版，使效果只针对下方的大象图层，如图8-67所示。效果如图8-68所示。

图 8-67　　　　　　　图 8-68

步骤 11 此时添加的颜色过重且与画面整体颜色不相协调，需要进一步调整。将该图层选中，设置"混合模式"为"强光"，"不透明度"为35%，如图8-69所示。此时本实例制作完成，效果如图8-70所示。

图 8-69　　　　　　　图 8-70

8.4 矢量蒙版

　　矢量蒙版与图层蒙版较为相似，都是依附于某一个图层/图层组，差别在于矢量蒙版是通过路径形状控制图像的显示区域。路径范围以内的区域为显示，路径范围以外的部分为隐藏。矢量蒙版可以说是一款矢量工具，可以通过钢笔或形状工具在蒙版上绘制路径

来控制图像的显示与隐藏，还可以调整形态，从而制作出精确的蒙版区域。

实例：素雅照片拼图

文件路径	第8章\素雅照片拼图
技术掌握	自由钢笔工具、矢量蒙版

实例说明：

本实例首先使用自由钢笔工具绘制路径，并用已有路径为图层创建矢量蒙版，使图像只显示局部区域。

实例效果：

实例效果如图 8-71 所示。

扫一扫，看视频

图 8-71

操作步骤：

步骤 01 首先新建一个大小合适的竖版文档。接着单击工具箱中的"渐变工具"，在选项栏中设置"渐变模式"为"经典渐变"，接着单击选项栏中的渐变色条，在弹出的"渐变编辑器"窗口中编辑一个浅绿色系的渐变。设置渐变类型为"线性渐变"，然后在画面中按住鼠标左键自左上角向右下角拖曳，释放鼠标左键完成渐变填充操作，如图 8-72 所示。

步骤 02 选择工具箱中的"矩形工具"，在选项栏中设置"绘制模式"为"形状"，"填充"为白色，"描边"为无，然后在画面中按住鼠标左键拖曳绘制一个白色的矩形，如图 8-73 所示。

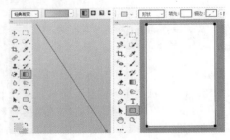

图 8-72　　　　　图 8-73

步骤 03 将素材1置入，调整大小后放在画面中，然后将光标放在定界框一角，按住鼠标左键拖曳将其进行适当的旋转，如图 8-74 所示。操作完成后按 Enter 键，同时将该图层进行栅格化处理。

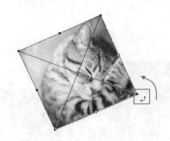

图 8-74

步骤 04 选择工具箱中的"自由钢笔工具"，在选项栏中设置"绘制模式"为"路径"，取消勾选"磁性的"复选框，设置完成后按住鼠标左键在素材上方绘制路径，如图 8-75 所示。由于使用"自由钢笔工具"绘制的路径比较随意，所以在路径绘制完成后可以使用"直接选择工具"将锚点选中，按住鼠标左键拖曳调整锚点的位置，拖曳控制柄可以对路径的弯曲程度进行调整，效果如图 8-76 所示。

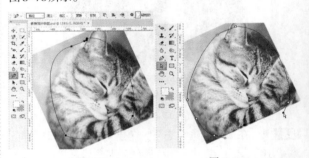

图 8-75　　　　　图 8-76

步骤 05 将路径之外的图像隐藏。按住 Ctrl 键的同时单击"图层"面板底部的"添加图层蒙版"按钮，为该图层添加矢量蒙版，如图 8-77 所示。效果如图 8-78 所示。

按住
Ctrl键
单击

图 8-77　　　　　图 8-78

中文版Photoshop 2024完全案例教程（微课视频版）

步骤 06 通过操作，为小猫素材添加了矢量蒙版。如果我们对添加之后的效果不满意，还可以利用钢笔、直接选择等工具对蒙版的形态进行调整，操作起来非常方便，调整效果如图8-79所示。

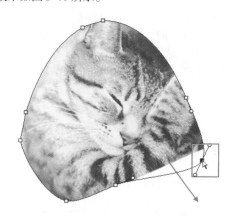

图8-79

步骤 07 将素材2和素材3置入，使用同样的方法为其添加矢量蒙版，将素材不需要的部分隐藏，如图8-80所示。效果如图8-81所示。

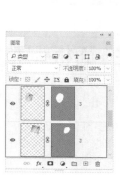

图8-80

图8-81

步骤 08 在文档中添加文字，丰富画面的细节效果。选择工具箱中的"直排文字工具"，在选项栏中设置合适的字体、字号和颜色，设置完成后在小猫素材下方位置单击输入文字，如图8-82所示。然后继续使用该工具单击输入其他文字。此时本实例制作完成，效果如图8-83所示。

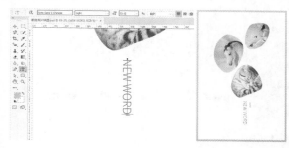

图8-82　　　　　　　图8-83

8.5 使用快速蒙版创建选区

快速蒙版与其说是一种蒙版，不如称之为一种选区工具。因为使用"快速蒙版"创建出的对象就是选区。但是"快速蒙版"创建选区的方式与其他选区工具的使用方式有所不同。进入快速蒙版状态下，可以使用画笔工具以绘制的方式绘制出选区或非选区的范围，退出快速蒙版状态后即可得到选区。

实例：使用快速蒙版制作擦除效果

文件路径	第8章\使用快速蒙版制作擦除效果
技术掌握	快速蒙版、画笔工具

实例说明：

本实例要制作的选区为边缘不规则、带有笔触感且带有半透明的选区，常规的选区工具无法制作这样的选区，而使用"快速蒙版"功能则可以轻松地制作这样的选区。

扫一扫，看视频

实例效果：

实例效果如图8-84所示。

图 8-84

操作步骤：

步骤 01 将素材1打开，如图8-85所示。接着将背景图层选中，按住Alt键的同时双击该图层，将其转换为普通图层。

图 8-85

步骤 02 使用"快速蒙版"创建选区。单击工具箱底部的 ▣ 按钮，进入快速蒙版状态。接着设置前景色为黑色，选择工具箱中的"画笔工具"，在"画笔预设选取器"中展开"干介质画笔"，选择一个不规则的笔刷。然后在选项栏中设置不透明度为50%，如图8-86所示。设置完成后在素材中小狗位置随意涂抹，如图8-87所示。

图 8-86

图 8-87

步骤 03 涂抹完成后再次单击该按钮 ▣ ，退出快速蒙版状态，此时将得到涂抹的选区。而选区部分为未被绘制的区域，如图8-88所示。

图 8-88

步骤 04 在当前选区状态下，按Delete键将选区内的图像删除，如图8-89所示。然后使用快捷键Ctrl+D取消选区。

步骤 05 将素材2置入，按住鼠标左键拖曳图层至小狗素材图层下方位置，为其添加新背景。此时本实例制作完成，效果如图8-90所示。

图 8-89

图 8-90

8.6 使用"属性"面板调整蒙版

使用"属性"面板可以对很多对象进行调整，同样对于图层蒙版和矢量蒙版也可以进行一些编辑操作。执行"窗口→属性"菜单命令打开"属性"面板。在"图层"面板中单击"图层蒙版"缩览图，此时"属性"面板中显示当前图层蒙版的相关信息，如图8-91所示。

如果在"图层"面板中单击"矢量蒙版"缩览图，那么"属性"面板中显示当前矢量蒙版的相关信息，如图8-92所示。两种蒙版的可使用功能基本相同，差别在于面板右上角的"添加矢量蒙版"按钮和"添加图层蒙版"按钮上。

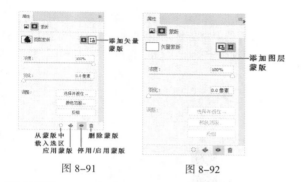

图 8-91　　　　　　　图 8-92

选项解读："属性"面板

添加图层蒙版 ◰/添加矢量蒙版 ◳：单击"添加图层蒙版"按钮 ◰，可以为当前图层添加一个图层蒙版；单击"添加矢量蒙版"按钮 ◳，可以为当前图层添加一个矢量蒙版。

浓度：该选项类似于图层的"不透明度"，用来控制蒙版的不透明度，也就是蒙版遮盖图像的强度。

羽化：用来控制蒙版边缘的柔化程度。数值越大，蒙版边缘越柔和；数值越小，蒙版边缘越生硬。

选择并遮住：单击该按钮，可以打开"选择并遮住"窗口。在该窗口中，可以修改蒙版边缘，也可以使用不同的背景来查看蒙版。该选项"矢量蒙版"不可用。

颜色范围：单击该按钮，可以打开"色彩范围"窗口。在该窗口中可以通过修改"颜色容差"来修改蒙版的边缘范围。该选项"矢量蒙版"不可用。

反相：单击该按钮，可以反转蒙版的遮盖区域，即蒙版中黑色部分会变成白色，而白色部分会变成黑色，未遮盖的图像将被调整为负片。该选项"矢量蒙版"不可用。

从蒙版中载入选区 ⬚：单击该按钮，可以从蒙版中生成选区。另外，按住Ctrl键单击蒙版的缩览图，也可以载入蒙版的选区。

应用蒙版 ⬥：单击该按钮可将蒙版应用到图像中，同时删除蒙版以及被蒙版遮盖的区域。

停用/启用蒙版 ◉：单击该按钮，可以停用或重新启用蒙版。停用蒙版后，在"属性"面板的缩览图和"图层"面板中的蒙版缩览图中都会出现一个红色的交叉×。

删除蒙版 🗑：单击该按钮，可以删除当前选择的蒙版。

实例：使用"属性"面板调整蒙版制作多彩文字

文件路径	第8章\使用"属性"面板调整蒙版制作多彩文字
技术掌握	图层蒙版、"属性"面板

实例说明：

本实例主要利用到了"属性"面板中的"反相"按钮，反转蒙版的遮盖区域，翻转图层蒙版的效果。需要注意的是，该选项"矢量蒙版"不可以使用。

实例效果：

实例效果如图8-93所示。

扫一扫，看视频

图 8-93

操作步骤：

步骤 01 首先新建一个大小合适的横版文档，接着设置前景色为深紫色，使用快捷键Alt+Delete对背景图层进行颜色的填充。然后选择工具箱中的"横排文字工具"，在选项栏中设置合适的字体、字号和颜色，设置完成后输入字母A，如图8-94所示。

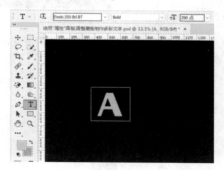

图 8-94

步骤 02 为添加的文字设置渐变色。将字母A图层选中，执行"图层→图层样式→渐变叠加"菜单命令，在弹出的窗口中编辑一个从黄色到绿色的线性渐变，设置"角度"为30度，设置完成后单击"确定"按钮，如图8-95所示。效果如图8-96所示。

图 8-95　　　　　　　图 8-96

步骤 03 接着将人物素材1置入，放在字母A上方，同时将该素材图层进行栅格化处理。然后按住Ctrl键单击字母A的图层缩览图，载入字母A选区，如图8-97所示。

图 8-97

步骤 04 在当前选区状态下，单击人物"图层"面板底部的"添加图层蒙版"按钮，为人物图层添加图层蒙版，并设置图层的"混合模式"为"正片叠底"，如图8-98所示。效果如图8-99所示。

图 8-98　　　　　　　图 8-99

步骤 05 复制人物图层，并将复制得到的图层的"混合模式"恢复为"正常"，如图8-100所示。

图 8-100

步骤 06 执行"视图→属性"菜单命令，打开"属性"面板。接着选中复制图层的图层蒙版，如图8-101所示。在"属性"面板中单击"反相"按钮，如图8-102所示。

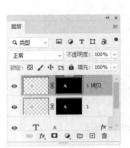

图 8-101　　　　　　　图 8-102

步骤 07 此时图层蒙版的黑白发生了反相，如图8-103所示。而人物显示的区域也发生了对调，这让画面呈现出被字母遮挡的明暗不一效果，如图8-104所示。

图 8-103　　　　　　　图 8-104

步骤 08 使用同样的方法添加文字并制作人物与文字重叠混合的效果。效果如图8-105所示。

图 8-105

中文版Photoshop 2024完全案例教程（微课视频版）

Chapter
9

第9章

图层混合与图层样式

本章内容简介：

本章主要学习图层的高级功能：图层的透明效果、混合模式与图层样式。这几项功能是设计制图中经常需要使用的功能，"不透明度"与"混合模式"的使用方法非常简单，常用在多图层混合中。而"图层样式"则可以为图层添加描边、阴影、发光、颜色、渐变、图案以及立体感的效果，其参数可控性较强，能够轻松制作出各种各样的常见效果。

重点知识掌握：

- 图层不透明度的设置。
- 图层混合模式的设置。
- 图层样式的使用方法。
- 使用多种图层样式制作特殊效果。

通过本章的学习，我能做什么？

通过本章图层透明度、混合模式的使用，我们能够轻松制作出多个图层混叠的效果，如多重曝光、融图、为图像增添光效、使苍白的天空出现蓝天白云、照片做旧、增强画面色感、增强画面冲击力等。当然，想要制作出以上效果，不仅需要设置好合适的混合模式，更需要找到合适的素材。掌握了"图层样式"，可以制作出带有各种"特征"的图层，如浮雕、描边、光泽、发光、投影等。通过多种图层样式的共同使用，可以为文字或形状图层模拟出水晶质感、金属质感、凹凸质感、钻石质感、糖果质感、塑料质感等效果。

9.1 为图层设置透明效果

透明度的设置是数字化图像处理最常用到的功能。在使用画笔绘图时可以进行画笔不透明度的设置，对图像进行颜色填充时也可以进行透明度的设置，而在图层中还可以针对每个图层进行透明度的设置。顶部图层如果产生了半透明的效果，就会显露出底部图层的内容。透明度的设置常用于使多张图像或图层产生融合的效果。

想要使图层产生透明效果，需要在"图层"面板中进行设置。由于透明效果是应用于图层本身的，所以在设置透明度之前需要在"图层"面板中选中需要设置的图层，接着可以在"图层"面板的顶部看到"不透明度"和"填充"这两个选项。默认数值为100%，表示图层完全不透明，如图9-1所示。可以在选项后方的数值框中直接输入数值来调整图层的透明效果。这两项都是用于制作图层透明效果的，数值越大图层越不透明；数值越小图层越透明，如图9-2所示。

图 9-1

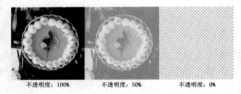

不透明度: 100%　　不透明度: 50%　　不透明度: 0%

图 9-2

实例：设置不透明度制作多层次广告

文件路径	第9章\设置不透明度制作多层次广告
技术掌握	椭圆工具、不透明度

扫一扫，看视频

实例说明：

"不透明度"在Photoshop中作为专业术语，在很多参数选项中都能看到它的身影，当需要为整个图层调整不透明度时，可以在"图层"面板中进行设置。默认数值为100%，表示图层是完全不透明的，数值越小，透明的效果越强，当数值为0时，当前图层变成了完全透明的状态。在本实例中，通过调整圆形、人物的不透明度制作出多层次的空间感效果。

实例效果：

实例效果如图9-3所示。

图 9-3

操作步骤：

步骤 01 首先新建一个大小合适的横版文档。接着设置前景色为淡蓝色，然后使用快捷键Alt+Delete进行前景色填充，效果如图9-4所示。

步骤 02 选择工具箱中的"椭圆工具"，在选项栏中设置"绘制模式"为"形状"，在画面中按住Shift键的同时按住鼠标左键拖曳绘制正圆。绘制完成后在选项栏中设置"填充"为蓝色，"描边"为无，如图9-5所示。

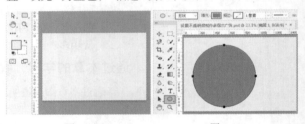

图 9-4　　　　　　　　图 9-5

步骤 03 将绘制的正圆图层选中，设置"不透明度"为60%，如图9-6所示。效果如图9-7所示。

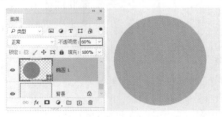

图 9-6　　　　　　　　图 9-7

步骤 04 将正圆图层复制一份，并将复制得到的图形适当地向右移动。然后设置"不透明度"为20%，如图9-8所示。效果如图9-9所示。

中文版Photoshop 2024完全案例教程（微课视频版）

图 9-8   图 9-9

步骤 05 使用同样的方法复制图层，继续向右移动，设置"不透明度"为5%，如图9-10所示。效果如图9-11所示。

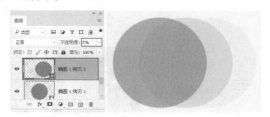

图 9-10   图 9-11

步骤 06 将人物素材置入，放在画面左侧位置。同时将该图层进行栅格化处理，如图9-12所示。然后将该图层复制一份，并将复制得到的图层放在原始人物图层下方，如图9-13所示。

图 9-12   图 9-13

步骤 07 将复制得到的人物图层选中，使用快捷键Ctrl+T调出定界框，将光标放在定界框一角的控制点上，按住鼠标左键进行等比例放大，如图9-14所示。按Enter键完成操作。然后设置该图层的"不透明度"为40%，效果如图9-15所示。

图 9-14   图 9-15

步骤 08 将不透明度为40%的人物图层复制一份，并将复制得到的图层摆放在其他人物图层的下方。然后使用同样的方法将其适当地放大，并设置"不透明度"为20%，如图9-16所示。效果如图9-17所示。此时不同透明度的人物叠加在一起，产生自然的过渡效果。

图 9-16   图 9-17

步骤 09 将文字素材2置入，放在人物右侧位置。此时本实例制作完成，效果如图9-18所示。

图 9-18

9.2 图层的混合效果

图层的"混合模式"是指当前图层中的像素与下方图像之间像素的颜色混合。图层混合模式主要用于多张图像的融合、使画面同时具有多个图像的特质、改变画面色调、制作特效等情况。

想要设置图层的混合模式，需要在"图层"面板中进行。当文档中存在两个或两个以上的图层时，单击选中图层，然后单击混合模式列表下拉按钮 ÷，在下拉列表中可以看到其中包含多种"混合模式"，共分为6个模式组，如图9-19所示。

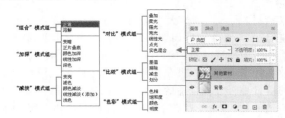

图 9-19

提示：为什么设置了混合模式却没有效果

　　如果所选图层被顶部图层完全遮挡，那么此时设置该图层混合模式是不会看到效果的，需要将顶部遮挡图层隐藏后观察效果。当然也存在另一种可能性，某些特定色彩的图像与另外一些特定色彩设置混合模式也不会产生效果。

实例：使用混合模式制作杯中落日

文件路径	第9章\使用混合模式制作杯中落日
技术掌握	图层蒙版、画笔工具、"颜色加深"混合模式

实例说明：

　　本实例中设置"颜色加深"混合模式，通过增加上下图像之间的对比度来使像素变暗，但与白色混合后不发生变化。

实例效果：

　　实例效果如图9-20所示。

扫一扫，看视频

图9-20

操作步骤：

步骤 01 将素材1打开，如图9-21所示。接着将风景素材2置入，调整大小并放在画面中，并将该图层进行栅格化处理，如图9-22所示。因为本实例是想让杯子中呈现落日的细节效果，所以需要将风景素材放在杯子上方。如果在操作过程中不确定风景素材中的落日是否放在合适的位置，可以适当降低该素材的不透明度，位置调整完成后再将透明度恢复到原始状态。

图9-21　　　　图9-22

步骤 02 设置合适的混合模式，将风景素材中的落日效果与后方的杯子融合在一起。将风景素材图层选中，设置"混合模式"为"颜色加深"，如图9-23所示。效果如图9-24所示。

图9-23　　　　图9-24

步骤 03 风景素材有多余的部分，需要将不需要的部分隐藏。在风景素材图层选中状态下，为该图层添加图层蒙版，然后使用大小合适的柔边圆画笔，同时设置前景色为黑色，设置完成后在杯子位置涂抹，将风景素材不需要的部分隐藏，如图9-25所示。效果如图9-26所示。此时本实例制作完成。

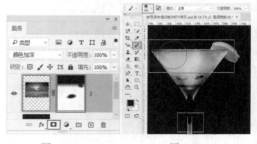

图9-25　　　　图9-26

 实例秘诀

　　不同的混合模式作用于不同的图层中往往能够产生千变万化的效果，所以对于混合模式的使用，不同的情况下并不一定要采用某种特定样式，我们可以多次尝试，有趣的效果自然就会出现。

实例：使用混合模式快速改变画面色调

文件路径	第9章\使用混合模式快速改变画面色调
技术掌握	"滤色"混合模式

扫一扫，看视频

实例说明：

"减淡"模式组包含5种混合模式：变亮、滤色、颜色减淡、线性减淡（添加）、浅色。这些模式会使图像中黑色的像素被较亮的像素替换，而任何比黑色亮的像素都可能提亮下层图像。所以"减淡"模式组中的任何模式都会使图像变亮。本实例使用"滤色"混合模式去除画面中的黑色部分，保留了亮色部分。

实例效果：

实例效果如图9-27所示。

图9-27

操作步骤：

步骤 01 首先将背景素材1打开，如图9-28所示。接着将光效素材2置入，调整大小使其充满整个画面，同时将该素材图层进行栅格化处理，如图9-29所示。

图9-28　　　　图9-29

步骤 02 此时置入的光效素材将背景素材遮挡住，需要设置相应的混合模式，将其显示出来并将二者融合在一起。将光效素材图层选中，设置"混合模式"为"滤色"，如图9-30所示。将素材中黑色的部分快速滤掉，让效果呈现出不一样的色调，效果如图9-31所示。此时本实例制作完成。

图9-30　　　　图9-31

实例秘诀

在网上下载的光效素材大多为黑色背景，这类素材可以直接设置混合模式为"滤色"或者"变亮"，以便将图像中的黑色部分快速去除，保留亮部的光效元素。

实例：使用混合模式制作粉嫩肤色

文件路径	第9章\使用混合模式制作粉嫩肤色
技术掌握	"柔光"混合模式、"正片叠底"混合模式

实例说明：

混合模式不仅用于画面合成，而且可以进行调色。本实例就是为纯色图层设置混合模式，改变画面的整体色调。

实例效果：

实例效果如图9-32所示。

扫一扫，看视频

图9-32

操作步骤：

步骤 01 首先将人物素材1打开，选择背景图层，按住Alt键的同时双击该图层，将其转换为普通图层。接着需要将人物从背景中抠出。选择工具箱中的"快速选择工具"，在选项栏中单击"添加到选区"按钮，设置大小合适的笔尖，设置完成后将光标放在人物上方，按住鼠标左键拖曳得到人物的选区，如图9-33所示。

图9-33

步骤 02 单击选项栏中的"选择并遮住"按钮，在弹出的窗口中使用"调整边缘画笔工具"涂抹头发部分，得到头发的细节，最后设置"输出到"为"选区"，如图9-34所示。接着单击"确定"按钮，得到选区，如图9-35所示。

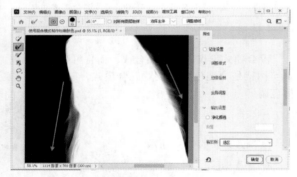

图9-34

图9-35

步骤 03 在当前选区状态下，单击"图层"面板底部的"添加图层蒙版"按钮，添加图层蒙版，将选区以外的背景部分隐藏，如图9-36所示。效果如图9-37所示。

图9-36   图9-37

步骤 04 此时可以看到画面中人物肤色存在偏黄、较暗等问题。而本实例想要制作出粉嫩的肤色，就需要在人物图层上方新建图层并填充合适的颜色，接着再设置相应的混合模式将二者融合在一起。在人物图层上方新建一个图层，设置前景色为粉紫色，设置完成后使用快捷键Alt+Delete进行前景色填充，如图9-38所示。

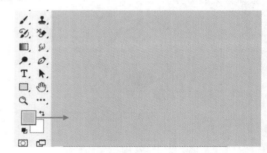

图9-38

步骤 05 在新建图层选中状态下设置"混合模式"为"柔光"，如图9-39所示。效果如图9-40所示。此时可以看到人物肤色偏向于粉色调，同时亮度也得到了提高。

图9-39   图9-40

步骤 06 将前景素材2置入，并将其进行栅格化处理。然后设置"混合模式"为"正片叠底"，将其与粉色背景融为一体，效果如图9-41所示。

步骤 07 将文字素材3置入，放在画面左侧空白区域，同时将该图层进行栅格化处理。此时本实例制作完成，效果如图9-42所示。

图 9-41　　　　　　　　图 9-42

实例：模拟旧照片效果

文件路径	第9章\模拟旧照片效果
技术掌握	快速选择工具、图层蒙版、混合模式、亮度/对比度、黑白

实例说明：

　　本实例是将一张正常的现代照片，利用混合模式将做旧的纸张融合到画面中，使其呈现出旧照片效果。在混合模式的选取上，选择"加深"模式组中的"正片叠底"。因为该模式组中的样式可以使图像变暗，而"正片叠底"样式是任何颜色与黑色混合产生黑色，任何颜色与白色混合保持不变。

实例效果：

　　实例效果如图9-43所示。

图 9-43

扫一扫，看视频

操作步骤：

步骤 01　新建一个大小合适的竖版文档。因为本实例需要将现代的一张人物照片制作成旧照片效果，所以需要使用一个明度偏低的灰色背景来奠定整体的色调倾向。设置前景色为灰色，设置完成后使用快捷键Alt+Delete进行前景色填充，如图9-44所示。

步骤 02　将人物素材1置入，放在背景上方并将其进行栅格化处理。此时可以看到，置入的人物素材带有白色背景，所以需要将人物抠出，放置在填充完成的灰色背景中。选择工具箱中的"快速选择工具"，在选项栏中单击"添加到选区"按钮，设置大小合适的笔尖，设置完成后将光标放在人物上方按住鼠标左键拖曳得到人物选区，如图9-45所示。

图 9-44　　　　　　　　图 9-45

步骤 03　配合"选择并遮住"功能，调整选区边缘的效果，如图9-46所示。效果如图9-47所示。

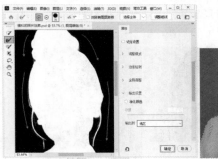

图 9-46　　　　　　　　图 9-47

步骤 04　在当前选区状态下，单击"图层"面板底部的"添加图层蒙版"按钮，为该图层添加图层蒙版，将选区以外的白色背景隐藏，如图9-48所示。效果如图9-49所示。

图 9-48 图 9-49

步骤 05 将素材2置入，并进行栅格化处理。然后设置该图层的"混合模式"为"正片叠底"，如图9-50所示。此时可以看到人物背景中增添了一些杂色，增加了旧照片的质感，效果如图9-51所示。

图 9-50 图 9-51

步骤 06 通过操作在为背景增加杂色的同时，也将人物遮挡住，需要将人物显示出来。按住Ctrl键单击人物素材图层的蒙版缩览图载入人物选区，如图9-52所示。因为是要保留背景部分，所以使用快捷键Ctrl+Shift+I将选区反选，如图9-53所示。

图 9-52 图 9-53

步骤 07 将素材2图层选中，单击"图层"面板底部的"添加图层蒙版"按钮，为该图层添加图层蒙版，将选区以外的部分隐藏，如图9-54所示。此时已将人物清晰地显示出来了，效果如图9-55所示。

图 9-54 图 9-55

步骤 08 在画面中添加裂纹效果。将素材3置入，放在人物素材上方。然后设置"混合模式"为"正片叠底"，如图9-56所示。效果如图9-57所示。

图 9-56 图 9-57

步骤 09 裂纹效果在人物面部有多余的部分，需要进行适当的隐藏。将素材3图层选中，为其添加一个图层蒙版。接着使用大小合适的柔边圆画笔，设置前景色为黑色，设置完成后在人物上方涂抹，将不需要的裂纹效果隐藏，如图9-58所示。效果如图9-59所示。

图 9-58 图 9-59

步骤 10 执行"图层→新建调整图层→亮度/对比度"菜

中文版Photoshop 2024完全案例教程（微课视频版）

单命令，在弹出的"新建图层"窗口中单击"确定"按钮，创建一个"亮度/对比度"调整图层。在"属性"面板中设置"亮度"为-4，"对比度"为-33，如图9-60所示。降低明度、对比度后，画面产生了一种偏灰、偏暗的感受，画面更加接近旧照片效果，如图9-61所示。

图 9-60　　　　　　图 9-61

步骤 11 将整体效果设置为单色效果。执行"图层→新建调整图层→黑白"菜单命令，在弹出的"新建图层"窗口中单击"确定"按钮，创建一个"黑白"调整图层。在"属性"面板中勾选"色调"，设置颜色为浅黄色。设置"红色"为40，"黄色"为60，"绿色"为40，"青色"为60，"蓝色"为20，如图9-62所示。此时本实例制作完成，效果如图9-63所示。

图 9-62　　　　　　图 9-63

实例秘诀

需要对图层设置混合模式，却不确定要使用哪一种模式时，可以在选中了某一种混合模式后，保持混合模式按钮处于"选中"状态，然后滚动鼠标中轮，即可快速查看各种混合模式的效果。这样也方便我们找到一种合适的混合模式。

实例：使用混合模式更改草地颜色

文件路径	第9章\使用混合模式更改草地颜色
技术掌握	画笔工具、"柔光"混合模式、亮度/对比度

实例说明：

正常来说，对图像整体颜色倾向的调整，我们一般创建相应的调整图层，在"属性"面板中进行数值的调整。而本实例中采用在图像上方添加颜色，并设置混合模式的方法来对图像的颜色进行更改。虽然方法不同，但要达到的效果是相同的。所以实现调色效果的操作方法是多种多样的，我们在学习与实践的过程中可以灵活运用。

扫一扫，看视频

实例效果：

实例效果如图9-64所示。

图 9-64

操作步骤：

步骤 01 将素材1打开，如图9-65所示。此时可以看到该素材画面为草木茂盛的夏季，而本实例将通过设置合适的混合模式，让其呈现出金灿灿的秋季效果。

图 9-65

步骤 02 秋季草地的颜色为金色，而此时草地的颜色为绿色。所以需要在绿色草地上方添加红色系的颜色，然后再设置合适的混合模式，将其颜色调整为金色。在背景图层上方新建图层，接着设置前景色为红色，设置完成后使用大小合适的半透明柔边圆画笔，在绿色草木位置涂抹，如图9-66所示。由于在画面中有远景与近景，所以在涂抹时要注意调整"不透明度"和"流量"数值。草地位置可以适当地多涂抹来加深效果，而画面中的远景就要少涂，尽量让整体呈现出自然的过渡效果。

图 9-66

步骤 03 将添加的颜色与图像融合在一起来更改草地的颜色。选择新建的图层，设置"混合模式"为"柔光"，如图9-67所示。效果如图9-68所示。

图 9-67　　　　　　图 9-68

步骤 04 通过操作草地的颜色变为金色，但此时呈现的效果颜色过重，需要适当降低不透明度。将该图层选中，设置"不透明度"为60%，如图9-69所示。效果如图9-70所示。

图 9-69　　　　　　图 9-70

步骤 05 提高画面的整体亮度，并增强对比度。执行"图层→新建调整图层→亮度/对比度"菜单命令，在弹出的"新建图层"窗口中单击"确定"按钮，创建一个"亮度/对比度"调整图层。在"属性"面板中设置"亮度"为28，"对比度"为46，如图9-71所示。效果如图9-72所示。

图 9-71　　　　　　图 9-72

步骤 06 操作画面上方位置过亮，需要将调整效果适当地隐藏。选择该调整图层的图层蒙版，使用大小合适的柔边圆画笔设置前景色为黑色，设置完成后在画面上方过亮的位置涂抹，将调整效果部分隐藏，如图9-73所示。此时本实例制作完成，效果如图9-74所示。

图 9-73　　　　　　图 9-74

实例：使用混合模式制作渐变发色

文件路径	第9章\使用混合模式制作渐变发色
技术掌握	渐变工具、混合模式、画笔工具

实例说明：

通过在图像上方添加颜色来更改图像局部颜色的操作，不仅可以添加单色，同时也可以添加渐变色，然后设置合适的混合模式即可将二者融合在一起。如果有多余不需要的部分，可以通过图层蒙版将其隐藏。

实例效果：

实例效果如图9-75所示。

扫一扫，看视频

图 9-75

中文版Photoshop 2024完全案例教程（微课视频版）

操作步骤：

步骤01 将人物素材1打开，如图9-76所示。图片中人物头发颜色为黑色，本实例通过操作将人物头发颜色更改为渐变的发色。

步骤02 制作彩色渐变。单击"渐变工具"，单击选项栏中的渐变色条，在"渐变编辑器"窗口中编辑一个紫、绿、橙三色渐变，单击"线性渐变"按钮。然后新建图层，按住鼠标左键自画面左下角到右上角拖曳填充，如图9-77所示。

图 9-76　　　　　图 9-77

步骤03 为了让渐变色与人物头发融为一体，需要设置"混合模式"为"柔光"，如图9-78所示。效果如图9-79所示。

图 9-78　　　　　图 9-79

步骤04 选择渐变图层，单击面板底部的"添加图层蒙版"按钮，为该图层添加图层蒙版，单击选中图层蒙版，将其填充黑色，如图9-80所示。

图 9-80

步骤05 使用大小合适的柔边圆画笔，设置前景色为白色，设置完成后在头发部位涂抹将渐变色显示出来，画面效果如图9-81所示。此时人物的渐变发色制作完成。

图 9-81

实例：使用混合模式快速添加眼妆

文件路径	第9章\使用混合模式快速添加眼妆
技术掌握	自由变换、混合模式、图层蒙版

实例说明：

　　本实例主要通过"自由变换"调整置入的眼妆素材的形状，将其放置在画面中人物眼睛的位置，并配合混合模式的使用为人物添加眼妆。

实例效果：

　　实例效果如图9-82所示。

扫一扫，看视频

图 9-82

操作步骤：

步骤01 将素材1打开，如图9-83所示。

图 9-83

步骤 02 图片中人物的眼妆效果不是太明显，本实例通过混合模式为人物快速添加另外一种眼妆。然后将素材2置入，并将其进行栅格化处理，如图9-84所示。

图9-84

步骤 03 为了便于观察到底部的眼睛形态，可以适当降低该图层的不透明度，如图9-85所示。选择置入的素材图层，将其向上移动至左眼睛位置，接着使用快捷键Ctrl+T调出定界框，右击执行"变形"命令，然后拖动控制点对素材进行调整，使其与人物眼睛的轮廓边缘相符合，如图9-86所示。操作完成后按Enter键完成操作。

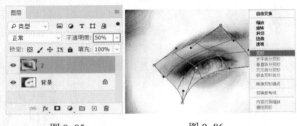

图9-85　　　　　　　　图9-86

步骤 04 选择素材图层，设置"混合模式"为"强光"，使置入的素材与人物眼睛更加融合，如图9-87所示。效果如图9-88所示。

图9-87　　　　　　　　图9-88

步骤 05 眼妆素材将人物的眼睛遮住，需要将多余的眼妆部分隐藏。选择眼妆素材所在图层，单击"图层"面板底部的"添加图层蒙版"按钮，为该图层添加图层蒙版。然后使用大小合适的柔边圆画笔，设置前景色为黑色，在眼睛位置涂抹，使人物眼睛显示出来，如图9-89所示。效果如图9-90所示。

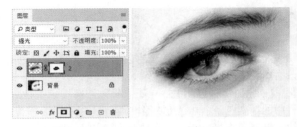

图9-89　　　　　　　　图9-90

步骤 06 选择制作完成的眼妆图层，使用快捷键Ctrl+J将其复制一份。然后选择复制得到的图层，使用快捷键Ctrl+T调出定界框，右击执行"水平翻转"命令，将图层进行水平翻转并将图形向右移动至右眼睛位置，如图9-91所示。

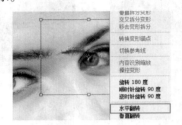

图9-91

步骤 07 在当前自由变换状态下，将光标放在定界框外按住鼠标左键进行旋转，将图形旋转到与右眼睛轮廓相吻合的位置，并适当变形，如图9-92所示。调整完成后按Enter键完成操作。

步骤 08 完成变形后，在图层蒙版中使用黑色画笔涂抹隐藏多余的部分，如图9-93所示。

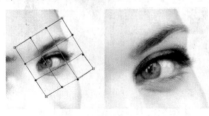

图9-92　　　　　　　　图9-93

步骤 09 实例完成后的效果如图9-94所示。

图9-94

中文版Photoshop 2024完全案例教程（微课视频版）

实例：给宝宝换衣服

文件路径	第9章\给宝宝换衣服
技术掌握	混合模式

扫一扫，看视频

实例说明：

本实例中人物的服装基本为单色，想要更改服装的颜色，可以通过调色命令或者混合模式；而如果想要使已有的服装上呈现出其他的图案，那么混合模式是最合适不过的方式了。不同的图案与不同的混合模式组合，还能产生很多意想不到的效果。

实例效果：

实例对比效果如图9-95所示。

图9-95

操作步骤：

步骤 01 将素材1打开，如图9-96所示。接着将素材2置入，并将该图层进行栅格化处理，如图9-97所示。

图9-96　　　　图9-97

步骤 02 隐藏花朵图层，将宝宝衣服的轮廓绘制出来。选择工具箱中的"钢笔工具"，在选项栏中设置"绘制模

式"为"路径"，设置完成后在画面中将宝宝衣服的轮廓绘制出来。接着单击"选区"按钮，将路径转换为选区，如图9-98所示。

图9-98

步骤 03 显示出花朵图层，并基于当前选区为花朵图层添加图层蒙版。此时将花朵素材多余的部分隐藏，如图9-99和图9-100所示。

图9-99　　　　　　　图9-100

步骤 04 现在花朵素材与宝宝衣服不能融合。选择素材图层，设置"混合模式"为"柔光"，如图9-101所示。此时宝宝服装上出现了淡淡的花朵纹样，而且颜色也发生了变化，效果如图9-102所示。

图9-101　　　　　　　图9-102

9.3 为图层添加样式

"图层样式"是一种附加在图层上的"特殊效果"，如斜面和浮雕、描边、光泽、发光、投影等。这些样式可以单独使用，也可以多种样式共同使用。图层样式在设计制图中应用非常广泛，如制作带有凸起感的艺术字、为某个图形添加描边、制作水晶质感按钮、模拟向内凹陷的效果、制作带有凹凸纹理的效果、为图层表面赋予某种图案、制作闪闪发光的效果等，如图9-103所示。

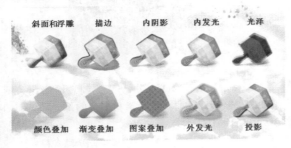

图9-103

实例：使用图层样式制作炫光文字

文件路径	第9章\使用图层样式制作炫光文字
技术掌握	"斜面和浮雕"样式、"渐变叠加"样式、"外发光"样式

实例说明：

使用"斜面和浮雕"样式可以为图层模拟从表面凸起的立体感；"渐变叠加"是以渐变颜色对图层进行覆盖，使图层产生某种渐变色的效果；"外发光"是沿图层内容的边缘向外创建发光效果。本实例综合使用了多种图层样式制作出了带有发光效果的凸起文字。

实例效果：

实例效果如图9-104所示。

扫一扫，看视频

图9-104

操作步骤：

步骤 01 将素材1打开。接着将文字素材2置入，并将该图层进行栅格化处理，如图9-105所示。

图9-105

步骤 02 为置入的文字添加图层样式。选择文字素材图层，执行"图层→图层样式→斜面和浮雕"菜单命令，在"图层样式"窗口中设置"样式"为"内斜面"，"方法"为"平滑"，"深度"为154%，"方向"为"上"，"大小"为0像素，"软化"为0像素，"角度"为135度，"高度"为30度，"高光模式"为"亮光"，"颜色"为白色，"不透明度"为100%，"阴影模式"为"正片叠底"，"颜色"为黑色，"不透明度"为92%，如图9-106所示。

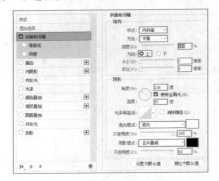

图9-106

步骤 03 由于此时勾选了"预览"选项，所以可以直观地看到此时的文字效果，如图9-107所示。

图9-107

步骤 04 在"图层样式"窗口左侧单击"渐变叠加"选项，然后设置"混合模式"为"正常"，"不透明度"为

中文版Photoshop 2024完全案例教程（微课视频版）

100%，设置"渐变"为七彩渐变，"样式"为"线性"，"角度"为90度，"缩放"为100%，如图9-108所示。此时文字效果如图9-109所示。

图 9-108

图 9-109

步骤 05 在"图层样式"窗口左侧单击"外发光"选项，然后设置"外发光"的"混合模式"为"滤色"，"不透明度"为75%，"颜色"为淡黄色，"方法"为"柔和"，"大小"为16像素，参数设置如图9-110所示。设置完成后，单击"确定"按钮，此时该图层上出现了图层样式的列表，画面效果如图9-111所示。

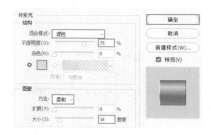

图 9-110

图 9-111

提示：隐藏图层样式

展开图层样式列表，在每个图层样式前都有一个可用于切换显示或隐藏的图标👁，单击"效果"前的该按钮可以隐藏该图层的全部样式。单击单个样式前的该图标，则可以只隐藏部分样式。

如果要隐藏整个文档中的图层的图层样式，可以执行"图层→图层样式→隐藏所有效果"菜单命令。

步骤 06 将前景素材3置入，调整大小后放在画面右边位置，同时将其进行栅格化处理。此时本实例制作完成，效果如图9-112所示。

图 9-112

实例：使用图层样式制作糖果文字

文件路径	第9章 使用图层样式制作糖果文字
技术掌握	"光泽"样式、"内阴影"样式、拷贝图层样式、粘贴图层样式

实例说明：

当我们已经制作好了一个图层的样式，而其他图层或者其他文件中的图层也需要相同的样式，我们可以使用"拷贝图层样式"功能快速赋予该图层相同的样式。本实例中的几组文字就是使用了相同的图层样式，这时就可以使用该功能进行快速的复制。

实例效果：

实例效果如图9-113所示。

图 9-113

扫一扫，看视频

操作步骤：

步骤 01 首先将背景素材打开，接着选择工具箱中的"横排文字工具"，在画面中输入标题文字，并设置每个字符为不同的颜色，如图9-114所示。

图 9-114

步骤 02 适当降低添加文字颜色的不透明度。在"图层"面板中选择文字图层，并设置该图层的"填充"为30%，此时文字效果如图9-115所示。

图 9-115

💡 **提示：为什么降低填充不透明度**

降低填充不透明度后，只有图层本身的内容会产生透明效果，而附着在图层上的样式不会产生透明感，所以也就不影响样式的展示。而如果设置了"不透明度"，那么整个图层以及图层样式都会产生透明效果。

步骤 03 为文字添加效果。选择文字图层，执行"图层→图层样式→内阴影"菜单命令，在"图层样式"窗口中设置"内阴影"的"混合模式"为"亮光"，"颜色"为黑色，"不透明度"为38%，"角度"为120度，"距离"为11像素，"阻塞"为0%，"大小"为21像素，"杂色"为2%，如图9-116所示。通过勾选"预览"选项进行查看，此时文字效果如图9-117所示。

图 9-116　　　　　　　图 9-117

步骤 04 在"图层样式"窗口中的左侧单击启用"光泽"选项，设置"光泽"的"混合模式"为"颜色加深"，"颜色"为灰色，"不透明度"为56%，"角度"为-39度，"距离"为11像素，"大小"为21像素，选择一种不规则形态的"等高线"，设置完成后，单击"确定"按钮，如图9-118所示。效果如图9-119所示。

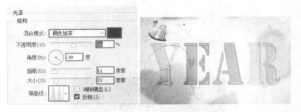

图 9-118　　　　　　　图 9-119

步骤 05 继续使用"横排文字工具"，在主体文字上方单击输入文字，并将文字设置为不同的颜色，效果如图9-120所示。

图 9-120

步骤 06 在"图层"面板中选中YEAR文字图层，右击执行"拷贝图层样式"命令，如图9-121所示。选中上方的happy new文字图层，右击执行"粘贴图层样式"命令，如图9-122所示。

图 9-121　　　　　　　图 9-122

步骤 07 此时happy new文字上出现了相同的图层样式，如图9-123所示。

中文版Photoshop 2024完全案例教程（微课视频版）

图 9-123

步骤 08 在"图层"面板中选中happy new文字图层，展开图层样式，双击下方的"内阴影"效果，如图9-124所示。在弹出的"图层样式"窗口中更改"距离"为3像素，"大小"为5像素，如图9-125所示。

图 9-124 　　　　　图 9-125

步骤 09 在"图层样式"窗口左侧单击"光泽"，更改"距离"为3像素，"大小"为5像素，如图9-126所示。效果如图9-127所示。

图 9-126

图 9-127

步骤 10 单击"确定"按钮，更改参数完成。继续使用同样的方法制作底部文字，效果如图9-128所示。

图 9-128

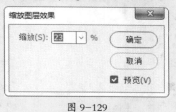

图 9-129

实例：微质感App图标

文件路径	第9章\微质感App图标
技术掌握	"投影"样式、"内发光"样式

实例说明：

在制作微质感的图标或者小物件时，可以通过使用"投影"样式使平面图形呈现出轻微的空间感。

实例效果：

实例效果如图9-130所示。

图9-130

操作步骤：

步骤01 新建一个长宽均为1000像素大小的空白文档，并将背景填充为淡蓝灰色。接着选择工具箱中的"矩形工具"，在选项栏中设置"绘制模式"为"形状"，设置圆角的半径为150像素，在画面中间位置按住Shift键的同时按住鼠标左键拖曳绘制一个正圆角矩形。绘制完成后在选项栏中设置"填充"为白色，"描边"为无，效果如图9-131所示。

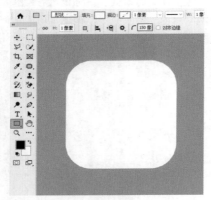

图9-131

步骤02 为绘制的图形添加投影效果。将圆角矩形图层选中，执行"图层→图层样式→投影"菜单命令，在"图层样式"窗口中设置"混合模式"为"正常"，"颜色"为黑色，"不透明度"为44%，"角度"为90°，"距离"为7像素，"大小"为29像素，参数设置如图9-132所示。设置完成后单击"确定"按钮，效果如图9-133所示。

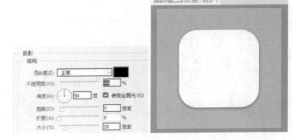

图9-132   图9-133

步骤03 继续使用"矩形工具"，在选项栏中设置"绘制模式"为"形状"，设置圆角的半径为17像素，然后在圆角矩形中间位置按住鼠标拖曳绘制一个圆角矩形。绘制完成后单击选项栏中的"填充"按钮，在下拉面板中单击"渐变"按钮，然后编辑一个从粉色到灰色的渐变颜色，设置"渐变类型"为"线性渐变"，设置"渐变角度"为90°，设置"描边"为无，效果如图9-134所示。

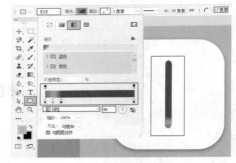

图9-134

步骤04 在"图层"面板中选中刚绘制的圆角矩形图层，执行"图层→图层样式→内发光"菜单命令，在"图层样式"窗口中设置"混合模式"为"正常"，"不透明度"为60%，"颜色"为黑色，"方法"为"柔和"，"源"为"边缘"，"大小"为9像素，设置完成后单击"确定"按钮，如图9-135所示。效果如图9-136所示。

图9-135   图9-136

步骤05 制作滑块。继续使用"矩形工具"在画面中再绘制一个圆角半径为45.5像素的圆角矩形，设置"填充"为亮灰色，如图9-137所示。

图 9-137

步骤 06 制作滑块的立体效果。在"图层"面板中选中滑块图层，执行"图层→图层样式→投影"菜单命令，设置"混合模式"为"正片叠底"，"颜色"为黑色，"不透明度"为30%，"角度"为90度，"距离"为20像素，"大小"为10像素，参数设置如图9-138所示。设置完成后单击"确定"按钮，效果如图9-139所示。

图 9-138

图 9-139

> 提示：栅格化图层样式
>
> 与栅格化文字、栅格化智能对象、栅格化矢量图层相同，"栅格化图层样式"可以将"图层样式"变为普通图层的一部分，使图层样式部分可以像普通图层中的其他部分一样进行编辑处理。在该图层上右击执行"栅格化图层样式"命令。此时该图层的图层样式就出现在图层本身的内容中了。

实例：使用图层样式制作食品标志

文件路径	第9章\使用图层样式制作食品标志
技术掌握	"投影"样式、"斜面和浮雕"样式、"渐变叠加"样式

扫一扫，看视频

实例说明：

本实例主要使用"矢量形状工具"以及"文字工具"创建出构成标志的图形，并配合多种图层样式的使用，增强标志效果。

实例效果：

实例效果如图9-140所示。

图 9-140

操作步骤：

步骤 01 新建一个宽度为1000像素、高度为500像素的横版文档。在背景图层上方新建一个图层，然后使用大小合适的柔边圆画笔，设置前景色为褐色，设置完成后在画面四周涂抹，如图9-141所示。

图 9-141

步骤 02 选择工具箱中的"椭圆工具"，在选项栏中设置"绘制模式"为"形状"，在画面中间位置绘制椭圆。绘制完成后在选项栏中设置"填充"为黑色，"描边"为无，如图9-142所示。

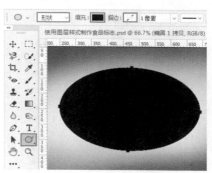

图 9-142

步骤 03 选择椭圆图层，使用快捷键Ctrl+T调出定界框，将光标放在定界框外，按住鼠标左键进行旋转，如图9-143所示。操作完成后按Enter键完成操作。

图 9-143

步骤 04 选择旋转完成的椭圆图层，使用快捷键Ctrl+J将其复制一份。然后选择复制得到的图层，在绘制状态下将"填充"更改为红色，如图9-144所示。然后将红色椭圆适当地向下移动，将下方的黑色椭圆显示出来，如图9-145所示。

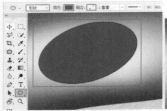

图 9-144　　　　　　　图 9-145

步骤 05 执行"窗口→形状"命令，在"形状"面板菜单中执行"旧版形状及其他"命令。选择工具箱中的"自定形状工具"，在选项栏中设置"绘制模式"为"形状"，在"形状"下拉菜单中选择"旧版形状及其他→所有旧版默认形状→动物"组中的爪印（猫）图形，设置完成后在红色椭圆上绘制形状。绘制完成后在选项栏中设置"填充"为黄色，"描边"为无，如图9-146所示。

图 9-146

步骤 06 为该黄色形状添加图层样式，增加立体感。选择该图层，执行"图层→图层样式→投影"菜单命令，在弹出的"图层样式"窗口中设置"混合模式"为"正片叠底"，"颜色"为深红色，"不透明度"为75%，"角度"为125度，"距离"为10像素，"扩展"为0%，"大小"为10像素，"杂色"为0%，如图9-147所示。效果如图9-148所示。

图 9-147　　　　　　　图 9-148

步骤 07 继续启用左侧的"斜面和浮雕"图层样式，在"结构"面板中设置"样式"为"枕状浮雕"，"方法"为"平滑"，"深度"为100%，"方向"为"上"，"大小"为5像素，"软化"为0像素；在"阴影"面板中设置"角度"为125度，"高度"为30度，"高光模式"为"滤色"，"颜色"为白色，"不透明度"为75%，"阴影模式"为"正片叠底"，"颜色"为橘色，"不透明度"为75%，设置完成后单击"确定"按钮完成操作，如图9-149所示。效果如图9-150所示。

图 9-149　　　　　　　图 9-150

步骤 08 在文档中添加文字。选择工具箱中的"横排文字工具"，在选项栏中设置合适的字体、字号和颜色，设置完成后在红色椭圆上方单击输入文字，文字输入完成后按快捷键Ctrl+Enter完成操作，如图9-151所示。

图 9-151

中文版Photoshop 2024完全案例教程（微课视频版）

步骤 09 选择该文字图层，在"字符"面板中设置"行距"为9点，"字符间距"为-40，"垂直缩放"为120%，接着单击"仿粗体"按钮将文字加粗，单击"仿斜体"按钮将文字倾斜，如图9-152所示。然后在"段落"面板中单击"右对齐文本"，设置文本的对齐方式，如图9-153所示。效果如图9-154所示。

图 9-152　　　　　　图 9-153

图 9-154

步骤 10 进一步丰富文字的效果。选择该文字图层，执行"图层→图层样式→投影"菜单命令，在弹出的"图层样式"窗口中设置"混合模式"为"正片叠底"，"颜色"为深红色，"不透明度"为75%，"角度"为125度，"距离"为10像素，"扩展"为15%，"大小"为0像素，如图9-155所示。效果如图9-156所示。

图 9-155　　　　　　图 9-156

步骤 11 继续启用左侧的"渐变叠加"图层样式，设置"混合模式"为"正常"，"不透明度"为100%，"渐变"为黄白色系渐变，"样式"为"线性"，"角度"为90度，"缩放"为100%，设置完成后单击"确定"按钮完成操作，如图9-157所示。效果如图9-158所示。此时本实例制作完成。

图 9-157　　　　　　图 9-158

9.4 "样式"面板：快速应用样式

　　图层样式是平面设计中十分常用的一项功能。很多时候在不同的设计作品中也可能会使用到相同的样式，那么我们就可以将这个样式存储到"样式"面板中，以供调用。也可以导入外部的"样式库"文件，使用已经编辑好的漂亮样式。执行"窗口→样式"菜单命令，打开"样式"面板。在"样式"面板中可以进行导入、删除、重命名等操作，如图9-159所示。

图 9-159

实例：使用"样式"面板快速制作通栏广告

文件路径	第9章\使用"样式"面板快速制作通栏广告
技术掌握	"样式"面板

实例说明：

　　在设计作品中经常会看到很多漂亮的图层样式，而这些样式其实也是可以方便调用的。例如，可以在网络上搜索"Photoshop样式库"，下载ASL格式的样式库文件并进行导入，就可以在"样式"面板中找到并使用已经设定好的样式了。

实例效果：

　　实例效果如图9-160所示。

扫一扫，看视频

图 9-160

操作步骤：

步骤 01 首先将背景素材1打开，接着需要将素材中提供的样式导入到软件中，如图9-161所示。

步骤 02 在素材文件夹中选择素材4，然后按住鼠标左键向界面位置拖动，释放鼠标后即可完成样式的导入操作，如图9-162所示。

图 9-161　　　　　　　图 9-162

步骤 03 执行"窗口→样式"命令打开"样式"面板。在"样式"面板的底部可以看到导入的样式组，单击样式组前方的三角形按钮展开组即可看到相应的样式，如图9-163所示。

步骤 04 在文档中绘制图形。选择工具箱中的"椭圆工具"，在选项栏中设置"绘制模式"为"形状"，在画面中间位置按住Shift键的同时按住鼠标左键拖曳绘制正圆。绘制完成后在选项栏中设置"填充"为灰色，"描边"为紫色，"粗细"为7点，如图9-164所示。

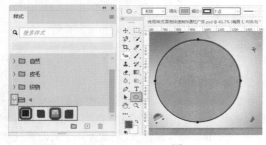

图 9-163　　　　　　　图 9-164

步骤 05 为绘制的正圆添加样式。将正圆图层选中，在"样式"面板中单击刚才导入的"样式1"，如图9-165所示。此时即为该正圆添加了该样式，效果如图9-166所示。

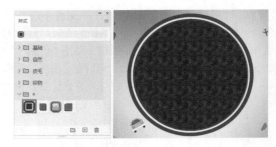

图 9-165　　　　　　　图 9-166

步骤 06 选择工具箱中的"矩形工具"，在选项栏中设置"绘制模式"为"形状"，在正圆上方位置绘制矩形。绘制完成后在选项栏中设置"填充"为蓝色系的线性渐变，设置"渐变角度"为4度，"缩放"为100%，"描边"为无，如图9-167所示。

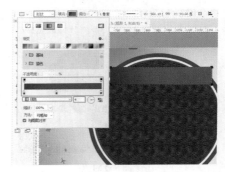

图 9-167

步骤 07 将矩形图层选中，使用快捷键Ctrl+T调出定界框，将光标放在定界框一角的控制点外侧，按住鼠标左键进行适当的旋转，如图9-168所示。旋转完成后按Enter键完成操作。

图 9-168

步骤 08 在文档中添加文字。选择工具箱中的"横排文字工具"，在选项栏中设置合适的字体、字号和颜色，设置完成后在蓝色渐变矩形上方单击输入文字，如图9-169所示。文字输入完成后按快捷键Ctrl+Enter完成操作。

图 9-169

步骤 09 将文字图层选中，使用同样的方法将文字进行适当的旋转，效果如图 9-170 所示。

步骤 10 然后在"样式"面板中选择导入的"样式2"，为文字添加样式，效果如图 9-171 所示。

图 9-170　　　　　　　　图 9-171

步骤 11 将文字素材2置入，放在正圆中间位置，同时将该图层进行栅格化处理，如图 9-172 所示。

步骤 12 然后在"样式"面板中选择导入的"样式3"，为其添加样式，如图 9-173 所示。

图 9-172　　　　　　　　图 9-173

步骤 13 在素材2文字上方添加光效。将素材3置入，放在文字上方，并将该图层进行栅格化处理，如图 9-174 所示。

图 9-174

步骤 14 设置"混合模式"为"滤色"，如图 9-175 所示。效果如图 9-176 所示。

图 9-175　　　　　　　　图 9-176

步骤 15 继续使用"横排文字工具"在文字素材2下方位置单击输入文字，如图 9-177 所示。

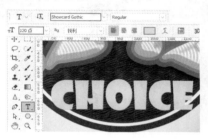

图 9-177

步骤 16 在选项栏中单击"创建文字变形"按钮，在弹出的"变形文字"窗口中的"样式"选项栏中选择"扇形"，设置"弯曲"为+27%，设置完成后单击"确定"按钮，如图 9-178 所示。效果如图 9-179 所示。

图 9-178

图 9-179

步骤 17 将变形文字图层选中，在"样式"面板中选择导入的"样式4"，为该文字添加样式，如图 9-180 所示。此时本实例制作完成，效果如图 9-181 所示。

图 9-180

图 9-181

 提示：创建新样式

对于一些比较常用的样式效果，我们可以将其存储在"样式"面板中以备调用。首先选中制作好的带有图层样式的图层，然后在"样式"面板中单击"创建新样式"按钮 ⊡，如图9-182所示。

图 9-182

Chapter 10
第10章

矢量绘图

本章内容简介：

绘图是Photoshop的一项重要功能，除了使用画笔工具进行绘图外，矢量绘图也是一种常用的方式。矢量绘图是一种风格独特的插画，画面内容通常由颜色不同的图形构成，图形边缘锐利，形态简洁明了，画面颜色鲜艳动人。在Photoshop中有两大类可以用于绘图的矢量工具：钢笔工具以及形状工具。钢笔工具用于绘制不规则的形态，而形状工具则用于绘制规则的几何图形，如椭圆形、矩形、多边形等。形状工具的使用方法非常简单，使用"钢笔工具"绘制路径并抠图的方法在前面的章节中进行过讲解，本章主要针对钢笔绘图以及形状绘图的使用方式进行讲解。

重点知识掌握：

- 掌握不同类型的绘制模式。
- 熟练掌握使用形状工具绘制图形的方法。
- 熟练掌握路径的移动、变换、对齐、分布的操作。

通过本章的学习，我能做什么？

通过本章的学习，我们能够熟练掌握形状工具与钢笔工具的使用方法。使用这些工具可以绘制出各种各样的矢量插图，如卡通形象插画、服装效果图插画、信息图等。也可以进行大幅面广告以及Logo设计。这些工具在UI设计中也是十分常用的，由于手机App经常需要在不同尺寸的平台上使用，所以使用"矢量绘图工具"进行UI设计可以更方便地放大和缩小界面元素，而且不会变得"模糊"。

10.1 什么是矢量绘图

矢量绘图是一种比较特殊的绘图模式。与使用"画笔工具"绘图不同，画笔工具绘制出的内容为"像素"，是一种典型的位图绘图方式。而使用"钢笔工具"或"形状工具"绘制出的内容为路径和填色，是一种质量不受画面尺寸影响的矢量绘图方式。Photoshop的矢量绘图工具包括钢笔工具和形状工具。钢笔工具主要用于绘制不规则的图形，而形状工具则是通过选取内置的图形样式绘制较为规则的图形。

从画面上看，矢量绘图比较明显的特点有：画面内容多以图形出现，造型随意不受限制，图形边缘清晰锐利，可供选择的色彩范围广，放大或缩小图像不会变模糊，但颜色使用相对简单。

实例：使用"钢笔工具"绘制线条路径

文件路径	第10章\使用"钢笔工具"绘制线条路径
技术掌握	钢笔工具

实例说明：

本实例使用"钢笔工具"绘制图形工具，这个图形分为两个部分，一部分由直线路径构成，一部分由曲线路径构成。在绘制主体图形时，可以先绘制大概的轮廓，然后使用"直接选择工具"进行调整。使用"钢笔工具"绘制直线比较简单，但是绘制曲线是比较难的，在绘制的过程中，可以将实例效果图片置入操作的文档，然后参照着绘画。

实例效果：

实例效果如图10-1所示。

扫一扫，看视频

图 10-1

操作步骤：

步骤 01 新建一个大小合适的横版文档，并将背景填充为黄色，如图10-2所示。

图 10-2

步骤 02 选择工具箱中的"钢笔工具"，在选项栏中设置"绘制模式"为"形状"，在画面中单击添加锚点。绘制完成后在选项栏中设置"填充"为无，"描边"为白色，"粗细"为15像素，如图10-3所示。

步骤 03 拖曳鼠标在下一个位置再次单击添加锚点。此时可以看到在两个锚点之间出现一条线段，如图10-4所示。

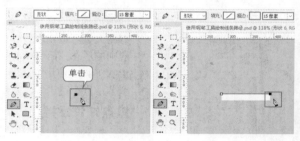

图 10-3　　　　　图 10-4

> 提示：如何绘制横平竖直的路径
>
> 在使用"钢笔工具"进行绘制时，如果按住Shift键进行绘制即可得到水平、垂直或倾斜45°的线条。

步骤 04 在钢笔工具使用状态下，在画面中继续通过单击的方式添加锚点绘制路径。在实例效果中可以看到标志图案的下半部分是一个闭合图形，所以回到起点位置，光标变为形状，如图10-5所示。

步骤 05 单击即可创建一个闭合路径，如图10-6所示。

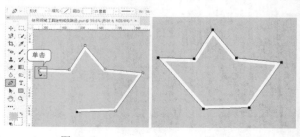

图 10-5　　　　　图 10-6

步骤 06 此时得到了一个闭合路径，但该路径不规范，与实例效果相差甚远，需要进行调整。将该图层选中，选择工具箱中的"直接选择工具"，在锚点上方单击将锚点选中，如图10-7所示。

步骤 07 按住鼠标左键向左拖曳，对锚点位置进行调整，如图10-8所示。

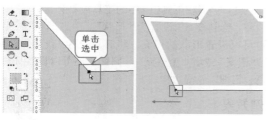

图 10-7   图 10-8

步骤 08 随着锚点的拖曳，可以对绘制图形的形态进行调整。接着使用同样的方法对其他的锚点进行调整，效果如图10-9所示。

图 10-9

步骤 09 对路径的调整完成，但此时的转角为尖角，而实例效果中为圆角。将该图层选中，在选项栏中单击"描边选项"按钮，在弹出的下拉菜单中设置"端点"和"角点"均为圆角，如图10-10所示。

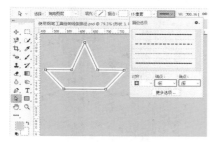

图 10-10

步骤 10 绘制标志图案的上半部分。从实例效果中可以看出上半部分是带有弧度的线段，在钢笔工具使用状态下，在画面中单击添加锚点，接着到第2个锚点的位置，按住鼠标左键后不要松开，拖曳即可得到弧线，如图10-11所示。

步骤 11 将弧线调整到合适角度，释放鼠标即呈现出绘制的弧线段，效果如图10-12所示。

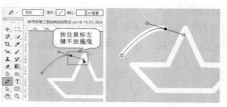

图 10-11   图 10-12

步骤 12 继续在第3个锚点的位置按住鼠标左键不放绘制弧线段，如图10-13所示。

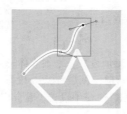

图 10-13

步骤 13 在绘制的过程中发现第2个锚点位置的路径转角在拖曳的过程中无法调整，此时可以按住Alt键，同时将光标放在第2个锚点旁边的控制手柄上，按住鼠标左键不放向左上角拖曳，如图10-14所示。释放鼠标即可完成调整，效果如图10-15所示。

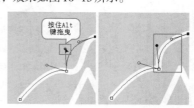

图 10-14   图 10-15

步骤 14 使用同样的方法继续绘制弧线，如图10-16所示。因为标志图案上半部分是一段开放的路径，所以在路径形态绘制完成后，可以按Esc键结束绘制。然后使用"直接选择工具"对路径的形态进行调整，效果如图10-17所示。

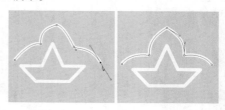

图 10-16   图 10-17

步骤 15 在标志图案下方添加文字。选择工具箱中的"横排文字工具",在选项栏中设置合适的字体、字号和颜色,设置完成后单击输入文字,如图10-18所示。文字输入完成后按快捷键Ctrl+Enter完成操作。同时按住Ctrl键依次加选标志的各个图层,使用快捷键Ctrl+G编组。

图 10-18

步骤 16 为标志添加投影,增加立体感。将编组的图层组选中,执行"图层→图层样式→投影"菜单命令,在弹出的"图层样式"窗口中设置"混合模式"为"正片叠底","颜色"为黑色,"不透明度"为20%,"角度"为133度,"距离"为8像素。设置完成后单击"确定"按钮,如图10-19所示。此时本实例制作完成,效果如图10-20所示。

图 10-19

图 10-20

实例秘诀

对于新手来说,刚开始使用"钢笔工具"绘制弧线段会比较不适应。那么在绘制弧线时,可先绘制一段直线段,如图10-21所示。绘制完成后在线段中间位置单击添加锚点,如图10-22所示。然后使用"直接选择工具"将中间的锚点选中,按住鼠标左键不放向左上角拖曳,释放鼠标即可将直线段调整为弧线段,如图10-23所示。

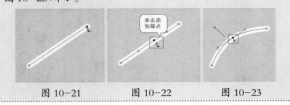

图 10-21　　　图 10-22　　　图 10-23

实例:使用"钢笔工具"绘制简单的图形

文件路径	第10章\使用"钢笔工具"绘制简单的图形
技术掌握	矩形工具、钢笔工具

实例说明:

在使用"形状工具组"中的工具或"钢笔工具"时都可以将"绘制模式"设置为"形状"。在"形状"绘制模式下可以设置形状的填充,将其填充为"纯色""渐变色""图案"或者"无填充"。同样,还可以设置描边的颜色、粗细以及描边样式。

实例效果:

实例效果如图10-24所示。

图 10-24

操作步骤:

步骤 01 新建一个大小合适的横版文档,选择工具箱中的"渐变工具",在选项栏中设置"渐变模式"为"经典渐变",在"渐变编辑器"窗口中编辑一个由橘黄色到黄色的渐变,设置完成后单击"确定"按钮,如图10-25所示。

图 10-25

步骤 02 在选项栏中设置"渐变模式"为径向,然后按住鼠标左键在画面中自右上到左下拖曳填充渐变,如图10-26所示。

图 10-26

步骤 03 选择工具箱中的"矩形工具",在控制栏中设置"绘制模式"为"形状",在画面中间位置绘制矩形。绘制完成后在选项栏中设置"填充"为灰色,"描边"为白色,"粗细"为15像素,如图 10-27 所示。

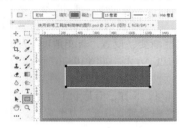

图 10-27

> **提示:取消选择矢量图层后,再进行其他图形的参数设置**
>
> 因为下一步还是使用"钢笔工具"绘制图形,如果在选择矩形图层的状态下,在选项栏中进行参数的设置,那么矩形就会发生改变。所以在绘制下一个矢量图形之前,一定不要选中任何矢量图层,然后才能在选项栏中设置参数,并进行下一步的操作。或者先绘制图形后,再去选项栏中更改填充和描边的属性。

步骤 04 在不选中任何矢量图层的情况下选择工具箱中的"钢笔工具",在选项栏中设置"绘制模式"为"形状",在矩形上方绘制形状,绘制完成后在选项栏中设置"填充"为紫色到蓝色的线性渐变,设置"渐变角度"为0度,"缩放"为100%,"描边"为无,如图 10-28 所示。

图 10-28

步骤 05 为绘制的形状添加投影,增加效果的立体感。将钢笔绘制的形状图层选中,执行"图层→图层样式→投影"菜单命令,在弹出的窗口中设置"混合模式"为"正片叠底","颜色"为黑色,"不透明度"为40%,"角度"为90度,"距离"为3像素,"大小"为5像素。设置完成后单击"确定"按钮,如图 10-29 所示。效果如图 10-30 所示。由于设置的投影数值较小,所以效果不是太明显。在操作时可以将图形适当地放大来进行观察。

图 10-29

图 10-30

步骤 06 在文档中添加文字。选择工具箱中的"横排文字工具",在选项栏中设置合适的字体、字号和颜色,设置完成后在钢笔绘制的图形上方单击添加文字,如图 10-31 所示。

图 10-31

步骤 07 此时本实例制作完成,效果如图 10-32 所示。

图 10-32

实例秘诀

在矢量制图的世界中，我们知道图形都是由路径以及颜色构成的。那么什么是路径呢？路径是由锚点以及锚点之间的连接线构成的。两个锚点构成一条路径，而3个锚点可以定义一个面。锚点的位置决定着连接线的动向。所以，可以说矢量图的创作过程就是创作路径、编辑路径的过程。

实例：清新主题海报设计

文件路径	第10章\清新主题海报设计
技术掌握	钢笔工具、横排文字工具

实例说明：

矢量绘图时经常使用"形状模式"进行绘制，因为可以方便、快捷地在选项栏中设置填充与描边的属性。本实例中就是使用"钢笔工具"，在"形状"模式下绘制出带有渐变颜色或单色的图形。

实例效果：

实例效果如图10-33所示。

扫一扫，看视频

图 10-33

操作步骤：

步骤 01 首先新建一个大小合适的竖版文档。接着为背景图层填充渐变色。选择工具箱中的"渐变工具"，在选项栏中设置"渐变模式"为"经典渐变"，在"渐变编辑器"窗口中编辑一个橘色系的线性渐变，设置完成后单击"确定"按钮。然后按住鼠标左键在画面中自上而下拖曳填充渐变色，如图10-34所示。

步骤 02 将素材1置入，调整大小后放在画面中间位置，

同时将该图层进行栅格化处理，如图10-35所示。

图 10-34　　　　　　　　图 10-35

步骤 03 在画面中绘制形状，选择工具箱中的"钢笔工具"，在选项栏中设置"绘制模式"为"形状"，在画面中绘制形状。绘制完成后在选项栏中设置"填充"为土黄色系的线性渐变，设置"渐变角度"为0度，"缩放"为100%，"描边"为无，如图10-36所示。

步骤 04 继续使用"钢笔工具"，在选项栏中设置"绘制模式"为"形状"，在已有形状下方绘制图形。绘制完成后在选项栏中设置"填充"为土黄色，"描边"为无，如图10-37所示。

图 10-36　　　　　　　　图 10-37

步骤 05 调整图层顺序，将该图层放置在绘制的第一个形状的图层下方，效果如图10-38所示。

步骤 06 使用同样的方法绘制其他形状，并注意图层顺序的调整，效果如图10-39所示。在绘制的所有形状中，填充的渐变色和单色都是相同的。

图 10-38　　　　　　　　图 10-39

提示：存储渐变颜色

打开"渐变编辑器"窗口，编辑一个渐变颜色，单击"新建"按钮即可将编辑的渐变存储在预设选项中，这样在需要时直接单击选择使用即可，如图10-40所示。

图10-40

步骤 07 在绘制的形状上方添加文字。选择工具箱中的"横排文字工具"，在选项栏中设置合适的字体、字号和颜色，设置完成后在形状上方单击输入文字，如图10-41所示。文字输入完成后按快捷键Ctrl+Enter完成操作。

图10-41

步骤 08 将文字进行适当的旋转。将文字图层选中，使用快捷键Ctrl+T调出定界框，将光标放在定界框一角的控制点外侧，按住鼠标左键拖曳，如图10-42所示。操作完成后按Enter键完成操作。

步骤 09 继续使用文字工具，在其他形状上方单击输入文字，同时对文字进行适当的旋转。使用同样的方法在画面左下角位置输入两行字号较小的文字，丰富画面的细节效果。此时本实例制作完成，效果如图10-43所示。

图10-42

图10-43

实例：使用"弯度钢笔工具"绘制矢量图形海报

文件路径	第10章\使用"弯度钢笔工具"绘制矢量图形海报
技术掌握	弯度钢笔工具

实例说明：

"弯度钢笔工具"与"钢笔工具"一样，都可以绘制任意形状的图形，但"弯度钢笔工具"在使用时更加灵活。使用该工具在画面中随意地绘制3个点，这3个点就会形成一条连接的曲线。若在任意一个锚点上方双击，即可进行圆角与尖角之间的转换（按住Alt键的同时单击锚点也可以实现相同的操作），同时在该工具使用状态下，只要将锚点选中就可以进行随意的拖曳，可以很方便地调整图形形态。

实例效果：

实例效果如图10-44所示。

扫一扫，看视频

图10-44

操作步骤：

步骤 01 首先将背景素材1打开，接着在画面中绘制图形。选择工具箱中的"弯度钢笔工具"，在选项栏中设置"绘制模式"为"形状"，"填充"为蓝色系的线性渐变，设置"渐变角度"为-14度，"缩放"为100%，"描边"为无。设置完成后在画面中单击，然后移动到下一位置，再次单击，此时两个锚点之间出现一条路径，如图10-45所示。

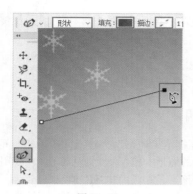

图 10-45

步骤 02 在使用该工具状态下，继续移动到下一位置单击，此时出现一段弧线，如图 10-46 所示。

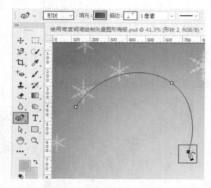

图 10-46

步骤 03 在单击时按住鼠标左键不放进行拖曳，可以调整弧形的大小和长短。调整完成后释放鼠标，效果如图 10-47 所示。

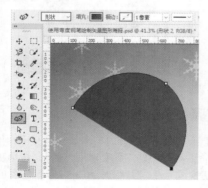

图 10-47

步骤 04 使用同样的方法继续绘制，在回到起点位置时单击，即可创建一个闭合的路径，效果如图 10-48 所示。此时可以看到在起点位置的锚点构成的角为圆角，而实

例效果中为尖角。在"弯度钢笔工具"使用状态下，按住 Alt 键的同时在该锚点位置单击，即可将圆角转换为尖角，如图 10-49 所示。

图 10-48　　　　图 10-49

步骤 05 此时绘制的形状不是很规范，需要进一步调整。在该工具使用状态下，将光标放在锚点上方按住鼠标左键拖曳即可调整，如图 10-50 所示。然后使用同样的方法对其他锚点进行调整，效果如图 10-51 所示。

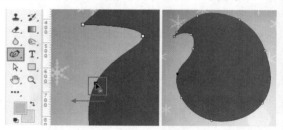

图 10-50　　　　图 10-51

步骤 06 将该形状图层复制一份。在选项栏中将复制得到的图形的颜色更改为青色，同时在"弯度钢笔工具"使用状态下，对该图形的形态进行调整，效果如图 10-52 所示。

步骤 07 将文字素材 2 置入，放在绘制形状的中间位置，同时将该图层进行栅格化处理。此时本实例制作完成，效果如图 10-53 所示。

图 10-52　　　　图 10-53

实例：使用"自由钢笔工具"制作游戏按钮

文件路径	第10章\使用"自由钢笔工具"制作游戏按钮
技术掌握	自由钢笔工具、直接选择工具、钢笔工具

实例说明：

"自由钢笔工具"也是一种绘制路径的工具，但并不适合绘制精确的路径。在使用"自由钢笔工具"状态下，在画面中按住鼠标左键随意拖曳，光标经过的区域即可形成路径。如果要对绘制路径的形态进行调整，可以借助工具箱中的"直接选择工具"。

实例效果：

实例效果如图10-54所示。

扫一扫，看视频

图 10-54

操作步骤：

步骤 01 首先新建一个大小合适的横版文档，同时将背景填充为青色。接着选择工具箱中的"自由钢笔工具"，在选项栏中设置"绘制模式"为"形状"，单击"路径选项"按钮，设置"曲线拟合"为10像素。设置完成后在画面中间位置按住鼠标左键拖曳绘制形状。绘制完成后在选项栏中设置"填充"为白色，"描边"为无，如图10-55所示。

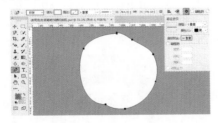

图 10-55

> **提示：曲线拟合是什么**
>
> "曲线拟合"选项用于控制绘制路径的精度。数值越大路径越精确，数值越小路径越平滑。

步骤 02 此时绘制的形状不规则，需要进行调整。将形状图层选中，选择工具箱中的"直接选择工具"，将需要调整的锚点选中，并进行调整，效果如图10-56所示。同时将该图层命名为"形状1"。

步骤 03 选择形状1图层，将其复制一份，命名为"形状2"。接着选择形状2图层，使用快捷键Ctrl+T调出定界框，进行等比例缩小，并摆放在形状的中心，如图10-57所示。操作完成后按Enter键完成操作。

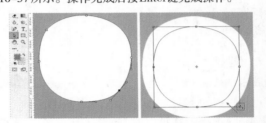

图 10-56   图 10-57

步骤 04 将形状2图层选中，在选项栏中设置"填充"为橘色，如图10-58所示。接着将形状2图层复制一份，命名为"形状3"。然后使用同样的方法将复制得到的图形适当缩小，并进行颜色的更改，效果如图10-59所示。

图 10-58   图 10-59

步骤 05 复制形状3图层，将其命名为"形状4"，并在选项栏中更改填充颜色为黄色，如图10-60所示。接着选择工具箱中的"直接选择工具"，在图形下方的锚点上单击将其选中，然后按住鼠标左键不放向上拖曳，如图10-61所示。

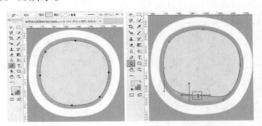

图 10-60   图 10-61

步骤 06 继续使用"直接选择工具"，对其他锚点进行调整，效果如图10-62所示。接着将形状4图层复制一份，命名为"形状5"。然后使用同样的方法将填充颜色更改为橘色，并使用"直接选择工具"对图形的形状进行调整，效果如图10-63所示。

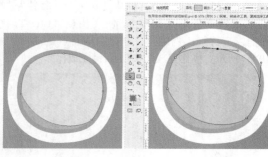

图 10-62　　　　　　图 10-63

步骤 07 选择工具箱中的"矩形工具"，在选项栏中设置绘制模式为"形状"，圆角的半径为50像素。设置完成后在绘制的形状上方绘制圆角矩形，绘制完成后在选项栏中设置"填充"为橘色，"描边"为无，如图10-64所示。

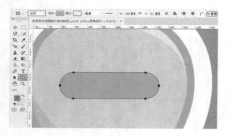

图 10-64

步骤 08 将圆角矩形图层选中，使用快捷键Ctrl+T调出定界框，将光标放在定界框任意一角控制点的外侧，按住鼠标左键进行旋转，如图10-65所示。操作完成后按Enter键完成操作。

步骤 09 将旋转完成的圆角矩形图层复制一份。然后将复制得到的图形进行旋转，效果如图10-66所示。

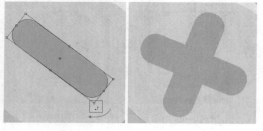

图 10-65　　　　　　图 10-66

步骤 10 继续使用"矩形工具"绘制一个黄色的圆角矩形，并将其进行适当的旋转，效果如图10-67所示。

图 10-67

步骤 11 为黄色的圆角矩形添加图层样式。将该图层选中，执行"图层→图层样式→斜面和浮雕"菜单命令，在弹出的"图层样式"窗口中设置"样式"为"内斜面"，"方法"为"平滑"，"深度"为52%，"方向"为"上"，"大小"为5像素；设置阴影的"角度"为120度，"高度"为30度，"高光模式"为"滤色"，"颜色"为白色，"不透明度"为75%，"阴影模式"为"正片叠底"，"颜色"为橘色，"不透明度"为75%。设置完成后单击"确定"按钮，如图10-68所示。效果如图10-69所示。

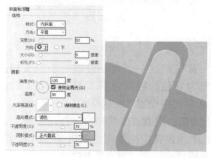

图 10-68　　　　　　图 10-69

步骤 12 将黄色圆角矩形图层复制一份，然后将复制得到的图形进行旋转。此时本实例制作完成，效果如图10-70所示。

图 10-70

实例秘诀

由于矢量工具包括几种不同的绘图模式，不同的工具在使用不同绘图模式时的用途也不相同。

抠图/绘制精确选区：钢笔工具+路径模式。绘制出精确的路径后，转换为选区可以进行抠图或者以局部选区对画面细节进行编辑，也可以对选区进行填充或描边。

需要打印的大幅面设计作品：钢笔工具+形状模式，形状工具+形状模式。由于平面设计作品经常需要进行打印或印刷，而如果需要将作品尺寸增大，以矢量对象存在的元素不会因为增大或缩小图像尺寸而影响质量，所以最好使用矢量元素进行绘图。

绘制矢量插画：钢笔工具+形状模式，形状工具+形状模式。使用形状模式进行插画绘制，既可以方便地设置颜色，又可以方便地进行重复编辑。

10.2 使用形状工具组

右击工具箱中的"形状工具组"按钮▢，在弹出的工具列表中可以看到6种形状工具，如图10-71所示。使用这些形状工具可以绘制出各种各样的常见形状，如图10-72所示。这些绘图工具虽然能够绘制出不同类型的图形，但是它们的使用方法是比较接近的。以使用"矩形工具"为例，右击工具箱中的"形状工具组"按钮，在工具列表中选择"矩形工具"。在选项栏里设置绘制模式、描边以及填充等属性，设置完成后在画面中按住鼠标左键并拖曳，可以看到出现了一个矩形。

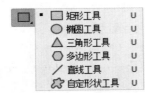

图 10-71

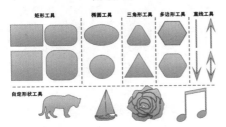

图 10-72

实例：绘制锁定按钮

文件路径	第10章\绘制锁定按钮
技术掌握	矩形工具、椭圆工具、钢笔工具

扫一扫，看视频

实例说明：

使用"矩形工具"可以绘制出标准的矩形对象和正方形对象。矩形工具在设计中的应用非常广泛，本实例就是使用该工具绘制锁定按钮。

实例效果：

实例效果如图10-73所示。

图 10-73

操作步骤：

步骤 01 首先新建一个宽度为1000像素、高度为700像素的文档。接着选择工具箱中的"矩形工具"，在选项栏中设置"绘制模式"为"形状"，在画面左侧按住Shift键的同时按住鼠标左键拖曳，绘制一个正方形。绘制完成后在选项栏中设置"填充"为橘色，"描边"为无，如图10-74所示。

步骤 02 继续使用"矩形工具"，在选项栏中设置"绘制模式"为"形状"，在正方形上方绘制描边矩形。绘制完成后在选项栏中设置"填充"为无，"描边"为橘色，"粗细"为30像素，在"描边选项"面板中设置"对齐"为"内部"，如图10-75所示。

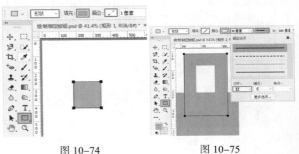

图 10-74　　　　　图 10-75

273

步骤 03 选择工具箱中的"椭圆工具"，在选项栏中设置"绘制模式"为"形状"，在正方形中间位置按住Shift键的同时按住鼠标左键拖曳，绘制一个正圆。绘制完成后在选项栏中设置"填充"为颜色深一些的橘色，"描边"为无，如图10-76所示。

步骤 04 选择工具箱中的"钢笔工具"，在选项栏中设置"绘制模式"为"形状"，在正圆下方位置绘制形状。绘制完成后在选项栏中设置"填充"为和正圆相同的深橘色，"描边"为无，如图10-77所示。

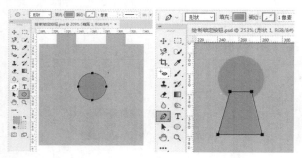

图 10-76　　　　图 10-77

步骤 05 继续使用"矩形工具"，在选项栏中设置"绘制模式"为"形状"，在画面右侧绘制矩形。绘制完成后在选项栏中设置"填充"为蓝色，"描边"为无，如图10-78所示。

图 10-78

步骤 06 在画面中添加文字。选择工具箱中的"横排文字工具"，在选项栏中设置合适的字体、字号和颜色，设置完成后在蓝色矩形上方单击添加文字，如图10-79所示。文字输入完成后按快捷键Ctrl+Enter完成操作。此时本实例制作完成，效果如图10-80所示。

图 10-79　　　　　图 10-80

实例：使用"矩形工具"制作产品展示

文件路径	第10章\使用"矩形工具"制作产品展示
技术掌握	矩形工具、直线工具

实例说明：

　　圆角矩形在设计中应用非常广泛，它不像矩形那样锐利、棱角分明，给人一种圆润、光滑的感觉，所以也就变得富有亲和力。使用"矩形工具"可以绘制出标准的圆角矩形和圆角正方形。

实例效果：

　　实例效果如图10-81所示。

扫一扫，看视频

图 10-81

操作步骤：

步骤 01 首先新建一个宽度为800像素、高度为600像素的文档，并将背景图层填充为灰色。接着选择工具箱中的"矩形工具"，在选项栏中设置"绘制模式"为"形状"，圆角的半径为20像素，设置完成后在画面中绘制图形。绘制完成后在选项栏中设置"填充"为深灰色，"描边"为无，如图10-82所示。

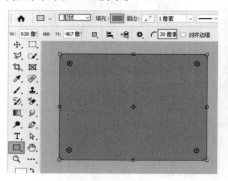

图 10-82

步骤 02 选择圆角矩形图层，将其复制一份。接着在选项栏中将其填充颜色更改为白色，然后使用"移动工具"

将复制得到的白色圆角矩形适当地向左上角移动，将下方的深灰色圆角矩形显示出来，效果如图10-83所示。

图 10-83

步骤 03 继续使用"矩形工具"，在选项栏中设置"绘制模式"为"形状"，圆角的半径为20像素，设置完成后在白色圆角矩形上方绘制图形。绘制完成后在选项栏中设置"填充"为深青色，"描边"为白色，"粗细"为1点，如图10-84所示。

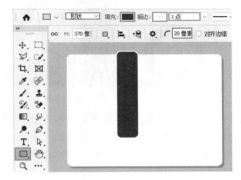

图 10-84

步骤 04 将绘制的深青色圆角矩形图层选中，使用工具箱中的"移动工具"，将光标放在图形上方，按住Alt键的同时按住鼠标左键向右拖曳，释放鼠标即完成图像的复制，如图10-85所示。然后使用同样的方法再次复制另外两个图形，效果如图10-86所示。

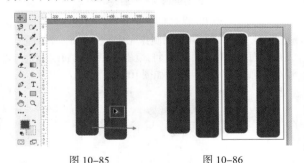

图 10-85   图 10-86

步骤 05 对复制得到的图形颜色进行更改。将其中一个圆角矩形图层选中，在选项栏中将其填充颜色更改为深

青色，如图10-87所示。然后使用同样的方法将另外两个图形的颜色也进行更改，效果如图10-88所示。

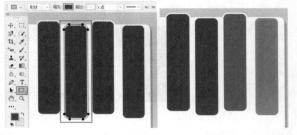

图 10-87   图 10-88

步骤 06 设置4个圆角矩形的对齐方式。按住Ctrl键依次加选4个圆角矩形图层，接着在选项栏中单击"顶对齐"和"水平分布"按钮，将4个图形进行对齐分布设置，如图10-89所示。然后在4个图层全部加选的状态下，使用快捷键Ctrl+G进行编组。

图 10-89

步骤 07 为圆角矩形图层组添加投影，增加画面的立体感。将图层组选中，执行"图层→图层样式→投影"菜单命令，在弹出的"图层样式"窗口中设置"混合模式"为"正常"，"颜色"为黑色，"不透明度"为30%，"角度"为120度，"距离"为7像素。设置完成后单击"确定"按钮，如图10-90所示。效果如图10-91所示。

图 10-90   图 10-91

步骤 08 选择工具箱中的"直线工具"，在选项栏中设置"绘制模式"为"形状"，"粗细"为0.5像素，设置完成后在画面左侧按住Shift键的同时按住鼠标左键拖曳绘制一段直线，接着在选项栏中设置"填充"为灰色，"描

边"为无,如图10-92所示。然后将该直线复制一份,放在画面右下角的位置,效果如图10-93所示。

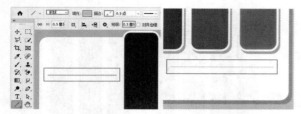

图10-92　　　　图10-93

步骤 09 将素材1置入,调整大小后放在画面的左下角位置,同时将该图层进行栅格化处理,如图10-94所示。

步骤 10 使用同样的方法将文字素材2置入,此时本实例制作完成,效果如图10-95所示。

图10-94　　　　图10-95

实例:使用"椭圆工具"制作同心圆背景

文件路径	第10章\使用"椭圆工具"制作同心圆背景
技术掌握	椭圆工具

实例说明:

使用"椭圆工具"可以绘制出椭圆形和正圆形。虽然圆形在生活中比较常见,但是不同的组合和排列方式都可能会产生截然不同的感觉。本实例主要制作同心圆背景。

实例效果:

实例效果如图10-96所示。

扫一扫,看视频

图10-96

操作步骤:

步骤 01 首先新建一个宽度为1500像素、高度为1000像素的文档,接着选择工具箱中的"椭圆工具",在选项栏中设置"绘制模式"为"形状",在画面左下角位置按住Shift键的同时按住鼠标左键拖曳绘制正圆。绘制完成后在选项栏中设置"填充"为无,"描边"为蓝色,"粗细"为120点,如图10-97所示。

步骤 02 接着选择正圆图层,将其复制一份。然后选择复制得到的图层,使用快捷键Ctrl+T调出定界框,将光标放在定界框一角的控制点上,按住鼠标左键拖曳,将图形进行等比例中心放大,如图10-98所示。操作完成后按Enter键完成操作。

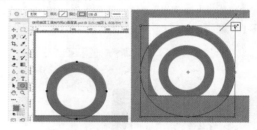

图10-97　　　　图10-98

步骤 03 继续复制图层,并在自由变换状态下将复制得到的图形进行等比例中心放大,如图10-99所示。然后使用同样的方法再次复制图形并进行放大,如图10-100所示。

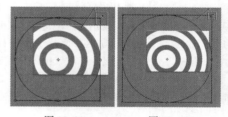

图10-99　　　　图10-100

步骤 04 此时同心圆背景制作完成。接着将素材1置入,放在画面中间位置。同时将该图层进行栅格化处理。此时本实例制作完成,效果如图10-101所示。

图10-101

中文版Photoshop 2024完全案例教程(微课视频版)

实例：使用"多边形工具"制作网店产品主图

文件路径	第10章\使用"多边形工具"制作网店产品主图
技术掌握	多边形工具、矩形工具、复制并重复上一次变换

实例说明：

使用"多边形工具"可以创建出各种边数的多边形（最少为3条）以及星形。多边形可以应用在很多方面，如标志设计、海报设计等。

实例效果：

实例效果如图10-102所示。

扫一扫，看视频

图 10-102

操作步骤：

步骤 01 首先新建一个大小合适的空白文档。接着为背景图层填充渐变色。选择工具箱中的"渐变工具"，在选项栏中设置"渐变模式"为"经典渐变"，在"渐变编辑器"窗口中编辑一个从绿色到蓝色的线性渐变，然后按住鼠标左键在画面中自上而下拖曳，为背景图层填充渐变，如图10-103所示。

步骤 02 选择工具箱中的"钢笔工具"，在选项栏中设置"绘制模式"为"形状"，在画面下方位置绘制形状。绘制完成后在选项栏中设置"填充"为蓝色，"描边"为无，如图10-104所示。

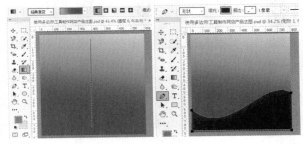

图 10-103　　　　　图 10-104

步骤 03 为绘制的形状叠加图案，丰富画面效果。将绘制的形状图层选中，执行"图层→图层样式→图案叠加"菜单命令，在弹出的"图层样式"窗口中设置"混合模式"为正常，"不透明度"为32%，在"图案"下拉列表中选择一款图案，设置"缩放"为332%，设置完成后单击"确定"按钮，如图10-105所示。效果如图10-106所示。（如果没有该图案，也可以使用其他图案。）

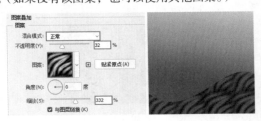

图 10-105　　　　　图 10-106

步骤 04 继续选择该形状图层，右击执行"转换为智能对象"命令，将该图层转换为智能对象，以备后面操作使用，如图10-107所示。

图 10-107

步骤 05 将转换为智能对象的图层选中，执行"滤镜→滤镜库"菜单命令，在弹出的窗口中单击"艺术效果"组中的"调色刀"按钮，设置"描边大小"为25，"描边细节"为3。设置完成后单击"确定"按钮，如图10-108所示。

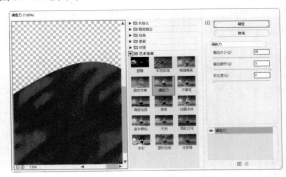

图 10-108

步骤 06 在画面中制作太阳图形。选择工具箱中的"多边形工具"，在选项栏中设置"绘制模式"为"形状"，"边数"为8，设置完成后在画面中绘制图形。绘制完成后在选项栏中设置"填充"为洋红色，"描边"为无，如图10-109所示。

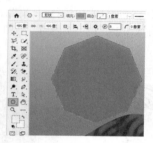

图 10-109

步骤 07 在多边形周围绘制黄色的太阳光。选择工具箱中的"矩形工具"，在选项栏中设置"绘制模式"为"形状"，圆角的半径为6像素，在多边形左侧位置绘制图形。绘制完成后在选项栏中设置"填充"为黄色，"描边"为无，如图10-110所示。

图 10-110

步骤 08 将黄色圆角矩形图层选中，使用快捷键Ctrl+T调出定界框，接着按住Alt键在多边形中间位置单击就可以将中心点位置定位在此处，如图10-111所示。然后在选项栏中设置"旋转角度"为45度，如图10-112所示。旋转完成后按Enter键完成操作。

图 10-111   图 10-112

步骤 09 使用快捷键Ctrl+Shift+Alt+T复制并旋转一份相同的图形，如图10-113所示。然后继续多次使用该快捷键进行复制，制作出太阳光，如图10-114所示。

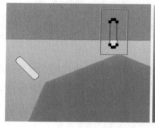 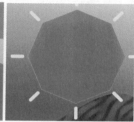

图 10-113   图 10-114

步骤 10 继续使用"矩形工具"绘制一个稍小一些的圆角矩形，如图10-115所示。然后使用同样的方法将该图形以22.5度的"旋转角度"进行旋转复制，此时太阳制作完成，效果如图10-116所示。

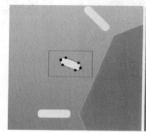 

图 10-115   图 10-116

步骤 11 将人物素材1置入，放在画面左侧位置。同时将该图层进行栅格化处理，如图10-117所示。

步骤 12 将文字素材2置入，放在洋红色多边形中间位置。此时本实例制作完成，效果如图10-118所示。

图 10-117   图 10-118

实例：使用多种形状工具制作花朵标签

文件路径	第10章\使用多种形状工具制作花朵标签
技术掌握	矩形工具、椭圆工具、自定形状工具

实例说明：

　　当形状工具不能满足工作需要时，可以使用"自定形状工具"进行绘制。本实例就是使用该工具在画面中创建了一个花朵形状，然后再结合使用"矩形工具"和"椭圆工具"在画面中绘制其他图形来制作花朵标签。

扫一扫，看视频

实例效果：

　　实例效果如图10-119所示。

图 10-119

操作步骤：

步骤 01　首先新建一个大小合适的空白文档，同时将背景图层填充为青色。接着在画面中添加花朵图案，执行"窗口→形状"命令打开"形状"面板，单击"面板菜单"按钮，执行"旧版形状及其他"命令，旧版形状即可导入到"形状"面板中。接着选择工具箱中的"自定形状工具"，在选项栏中设置"绘制模式"为"形状"，在"形状"下拉面板中展开"旧版形状及其他→所有旧版默认形状→形状"形状组，单击选择花朵图形，设置完成后在画面中按住Shift键的同时拖曳鼠标绘制一个花朵图形。绘制完成后在选项栏中设置"填充"为白色，"描边"为无，如图10-120所示。

图 10-120

步骤 02　在花朵图形内部绘制虚线描边正圆。选择工具箱中的"椭圆工具"，在选项栏中设置"绘制模式"为"形状"，在花朵图案内部，按住Shift键的同时按住鼠标左键拖曳绘制正圆。绘制完成后在选项栏中设置"填充"为无，"描边"为青色，"粗细"为10像素，在"描边选项"面板中选择合适的虚线样式，如图10-121所示。

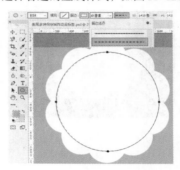

图 10-121

步骤 03　选择工具箱中的"矩形工具"，在选项栏中设置"绘制模式"为"形状"，在花朵图案下方位置绘制矩形。绘制完成后在选项栏中设置"填充"为青色，"描边"为无，如图10-122所示。

步骤 04　将文字素材1置入，放在画面中间位置，同时将该图层进行栅格化处理。此时本实例制作完成，效果如图10-123所示。

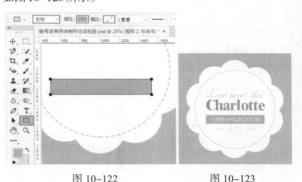

图 10-122　　　　　　　　图 10-123

实例：绘制精确尺寸的矩形

文件路径	第10章\绘制精确尺寸的矩形
技术掌握	矩形工具、自定形状工具

扫一扫，看视频

实例说明：

　　在UI设计中，大多数图标、按钮等控件都需要按照特定的尺寸进行制作，而直接拖曳绘制的方法显然无法得到精确尺寸的图形。但是可以通过使用形状工具在画面中单击，在弹出的参数设置窗口中进行设置得到特定尺寸的图形。

实例效果：

实例效果如图10-124所示。

图10-124

操作步骤：

步骤 01 首先新建一个宽度为2500像素、高度为1500像素的文档，同时将背景图层填充为深青色。接着在画面中绘制圆角矩形，在本实例中要绘制精确尺寸的图形。选择工具箱中的"矩形工具"，在选项栏中设置"绘制模式"为"形状"。设置完成后在画面中要绘制图形的位置单击，在弹出的"创建矩形"窗口中设置"宽度"和"高度"均为1024像素，圆角的半径为160像素。设置完成后单击"确定"按钮。绘制完成后在选项栏中设置"填充"为青色，"描边"为无，如图10-125所示。

步骤 02 随即在画面中出现一个精确尺寸的圆角矩形，如图10-126所示。

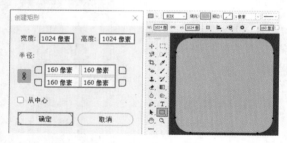

图10-125　　　　　　图10-126

步骤 03 选择工具箱中的"自定形状工具"，在选项栏中设置"绘制模式"为"形状"，选择一个心形图形，在圆角矩形中间位置绘制形状。绘制完成后在选项栏中设置"填充"为白色，"描边"为无，如图10-127所示。

步骤 04 在文档中添加文字。选择工具箱中的"横排文字工具"，在选项栏中设置合适的字体、字号和颜色，设置完成后在圆角矩形下方位置单击添加文字，如图10-128所示。

图10-127　　　　　　图10-128

实例秘诀

App图标的尺寸与其圆角尺寸通常都是成比例的。例如苹果系统手机图标：长、宽为1024像素，圆角半径为180像素；长、宽为512像素，圆角半径为90像素；长、宽为114像素，圆角半径为20像素。所以，在进行此类设计时，要注意尺寸的设定。

10.3 矢量对象的编辑操作

在进行矢量绘图时，最常用到的就是"路径"以及"形状"这两种矢量对象。"形状"对象由于是单独的图层，所以操作方式与图层的操作基本相同。但是"路径"对象是一种"非实体"对象，不依附于图层，也不具有填色描边等属性，只能通过转换为选区后再进行其他操作。所以"路径"对象的操作方法与其他对象有所不同，想要调整"路径"位置，对"路径"进行对齐分布等操作，都需要使用特殊的工具。

实例：使用路径运算制作电影海报

文件路径	第10章\使用路径运算制作电影海报
技术掌握	矩形工具、椭圆工具、多边形工具、路径运算、路径对齐方式

扫一扫，看视频

实例说明：

当我们想要制作一些中心镂空的对象，或者想要制作出由几个形状组合在一起的形状或路径时，甚至是想要从一个图形中去除一部分图形，都可以使用"路径操作"功能。

在使用"钢笔工具"或"形状工具"以"形状模式"或者"路径模式"进行绘制时，选项栏中可以看到"路径操作"按钮，单击该按钮，在下拉菜单中就可以看到多种路径的操作方式。想要对路径进行"相加"或"相减"，需要在绘制之前就在选项栏中设置好"路径操作"的方式，然后再进行绘制。（在绘制第一个路径/形状时，选择任何方式都会以"新建图层"的方式进行绘制。在绘制下一个图形时，才会以选定的方式进行运算。）

实例效果：

实例效果如图10-129所示。

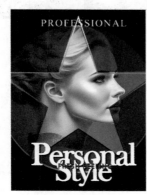

图10-129

操作步骤：

步骤 01 执行"文件→打开"菜单命令打开人物素材1，如图10-130所示。

图10-130

步骤 02 选择工具箱中的"矩形工具"，在选项栏中设置"绘制模式"为"形状"，设置路径操作为"减去顶层形状"。然后绘制一个与画面等大的矩形，绘制完成后在选项栏中设置"填充"为紫红色，如图10-131所示。接着使用"椭圆工具"，保持之前的选项设置，在画面中绘制一个正圆，此时从矩形中减去了一个圆形，如图10-132所示。

图10-131　　　　　　　图10-132

步骤 03 选择该图层，设置"混合模式"为"线性加深"，如图10-133所示。效果如图10-134所示。

图10-133　　　　　　　图10-134

步骤 04 选择工具箱中的"椭圆工具"，在选项栏中设置"绘制模式"为"形状"，在选项栏中设置路径操作为"减去顶层形状"，在画面下方按住Shift键的同时按住鼠标左键拖曳绘制一个正圆。绘制完成后在选项栏中设置"填充"为黑色，"描边"为无，如图10-135所示。

步骤 05 选择工具箱中的"多边形工具"，设置"绘制模式"为"形状"，设置"边数"为5。单击 ⚙ 按钮，在下拉面板中设置"星形比例"为50%，然后在画面中正圆的中心按住Shift键的同时按住鼠标左键绘制一个正的五角星，如图10-136所示。

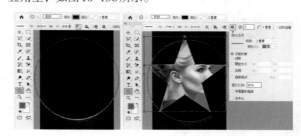

图10-135　　　　　　　图10-136

步骤 06 将五角星与正圆两个图形的中心位置重合。首先隐藏其他对象，使用"路径选择工具"将两个路径选中，如图10-137所示。

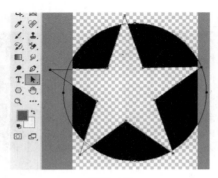

图 10-137

步骤 07 单击选项栏中的路径对齐方式按钮，设置对齐方式为"水平居中对齐"，如图 10-138 所示。

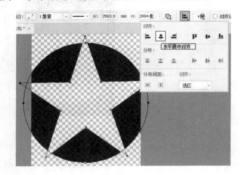

图 10-138

步骤 08 显示出其他图层，并将该图形移动到画面中。接着设置该图层的"不透明度"为 60%，如图 10-139 所示。效果如图 10-140 所示。

图 10-139　　　　　图 10-140

步骤 09 继续使用"多边形工具"，在选项栏中设置"绘制模式"为"形状"，在画面中绘制星形。绘制完成后在选项栏中设置"填充"为无，"描边"为黑白色的线性渐变，"粗细"为 20 像素，如图 10-141 所示。

步骤 10 置入文字素材，最终效果如图 10-142 所示。

图 10-141　　　　　　图 10-142

实例秘诀

在使用"多边形工具"绘制过星形之后，如果不进行参数更改，继续绘制仍然是星形。如果想要绘制多边形而非星形，则需要在多边形工具选项栏中设置"星形比例"为 100%。

实例：使用路径描边制作镂空图形

文件路径	第 10 章\使用路径描边制作镂空图形
技术掌握	钢笔工具、"路径"面板、描边路径

扫一扫，看视频

实例说明：

"描边路径"命令能够以设置好的绘画工具沿路径的边缘创建描边，如使用画笔、铅笔、橡皮擦、仿制图章等工具进行路径描边。本实例就是利用"描边路径"功能沿矢量图形的形态绘制斑点效果。

实例效果：

实例效果如图 10-143 所示。

图 10-143

操作步骤：

步骤 01 首先新建一个宽度为 1500 像素、高度为 1000

中文版Photoshop 2024完全案例教程（微课视频版）

像素的文档，接着为背景图层填充渐变。选择工具箱中的"渐变工具"，在选项栏中设置"渐变模式"为"经典渐变"，在"渐变编辑器"窗口中编辑一个从淡土黄色到白色的径向渐变，设置完成后单击"确定"按钮，如图10-144所示。

图 10-144

步骤 02 按住鼠标左键在画面中拖曳为背景图形填充渐变，如图10-145所示。

图 10-145

步骤 03 在画面中绘制形状。选择工具箱中的"钢笔工具"，在选项栏中设置"绘制模式"为"形状"，在画面中绘制形状。绘制完成后在选项栏中设置"填充"为无，"描边"为橘色，"粗细"为60点，如图10-146所示。

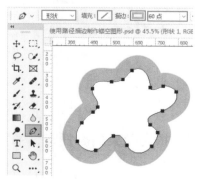

图 10-146

步骤 04 为绘制的图形添加图形样式，丰富画面效果。

将该形状图层选中，执行"图层→图层样式→内发光"菜单命令，在弹出的"图层样式"窗口中设置"混合模式"为"正片叠底"，"不透明度"为44%，"颜色"为深橘色，"方法"为"柔和"，"源"为"边缘"，"大小"为40像素，如图10-147所示。效果如图10-148所示。

图 10-147　　　　　图 10-148

步骤 05 启用"图层样式"右侧的"投影"图层样式，设置"混合模式"为"正片叠底"，"颜色"为深橘色，"不透明度"为18%，"距离"为1像素，"大小"为18像素。设置完成后单击"确定"按钮，如图10-149所示。效果如图10-150所示。

图 10-149　　　　　图 10-150

步骤 06 对绘制的路径进行复制。执行"窗口→路径"命令，打开"路径"面板。接着选择面板中的"形状1形状路径"，按住鼠标左键不放向下拖曳至"创建新路径"按钮位置，如图10-151所示。释放鼠标即可完成路径的复制，如图10-152所示。

图 10-151　　　　　图 10-152

步骤 07 新建一个图层，接着选择工具箱中的"画笔工具"，使用快捷键F5调出"画笔设置"面板。在该面板中选择圆形的画笔，设置"大小"为120像素，"硬度"为100%，"间距"为98%，如图10-153所示。然后设置前景色为橘色。

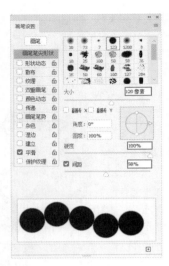

图 10-153

步骤 08 设置完成后在使用"钢笔工具"的状态下，右击执行"描边路径"命令，如图 10-154 所示。接着在弹出的窗口中选择"工具"为"画笔"，如图 10-155 所示。

图 10-154　　　　　　图 10-155

步骤 09 此时效果如图 10-156 所示。

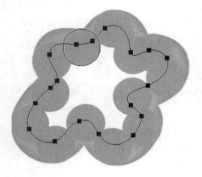

图 10-156

步骤 10 此时绘制的图案有多余的部分，需要进行隐藏。将该图层选中，右击执行"创建剪贴蒙版"命令，创建剪贴蒙版，将图案不需要的部分隐藏，如图 10-157 所示。效果如图 10-158 所示。

图 10-157　　　　　　图 10-158

步骤 11 再次显示出刚刚的路径，然后新建图层，设置稍小的画笔大小，颜色设置为白色。在使用"画笔工具"的状态下按Enter键也可以快速进行路径描边，如图 10-159 所示。描边完成后可以在使用"钢笔工具"的状态下，右击执行"删除路径"命令，删除路径。

步骤 12 创建剪贴蒙版，将画笔绘制的图案不需要的部分隐藏，效果如图 10-160 所示。

图 10-159　　　　　　图 10-160

步骤 13 使用同样的方法制作另外一种颜色的镂空图形。此时本实例制作完成，效果如图 10-161 所示。

图 10-161

实例：制作拼图效果的摩托车详情页

文件路径	第10章\制作拼图效果的摩托车详情页
技术掌握	矩形工具、钢笔工具、自定形状工具

实例说明：

在本实例中多次使用了矢量绘图工具，其中包括对矢量图形的绘制、变换、复制等操作。还会将绘制的矢量图形作为基底图层，创建剪贴蒙版。

实例效果：

实例效果如图10-162所示。

扫一扫，看视频

图 10-162

操作步骤：

步骤 01 首先新建一个大小合适的竖版文档。接着选择工具箱中的"矩形工具"，在选项栏中设置"绘制模式"为"形状"，在画面中上方位置绘制矩形。绘制完成后在选项栏中设置"填充"为深灰色，"描边"为无，如图10-163所示。

步骤 02 将素材1置入，放在深灰色矩形上方，同时将该图层进行栅格化处理，如图10-164所示。

图 10-163　　　　　图 10-164

步骤 03 选择素材1图层，右击执行"创建剪贴蒙版"

命令，创建剪贴蒙版，将素材超出矩形的范围隐藏，如图10-165所示。

图 10-165

步骤 04 制作主体文字。单击工具箱中的"横排文字工具"，在选项栏中设置合适的字体、字号，文字颜色设置为暗红色，设置完毕后在画面中合适的位置单击建立输入文字的起始点，接着输入文字，文字输入完毕后按快捷键Ctrl+Enter，如图10-166所示。

图 10-166

步骤 05 在"图层"面板中选中文字图层，执行"图层→图层样式→投影"菜单命令，在"图层样式"窗口中设置"混合模式"为"正片叠底"，"颜色"为黑色，"不透明度"为37%，"角度"为132度，"距离"为1像素，"大小"为4像素，参数设置如图10-167所示。设置完成后单击"确定"按钮，效果如图10-168所示。

图 10-167　　　　　图 10-168

步骤 06 继续使用同样的方法输入主体文字上方的文字，如图10-169所示。

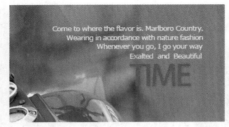

图 10-169

步骤 07 选择工具箱中的"矩形工具"，在选项栏中设置"绘制模式"为"形状"，在画面中间位置按住鼠标左键拖曳绘制出一个矩形。绘制完成后在选项栏中设置"填充"为暗红色，"描边"为无，如图 10-170 所示。然后使用同样的方法绘制一个稍小的红色矩形，如图 10-171 所示。

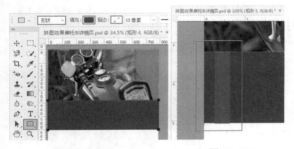

图 10-170　　　　　图 10-171

步骤 08 在"图层"面板中选中红色矩形图层，接着执行"编辑→变换→斜切"菜单命令调出定界框，将光标定位在上方控制点上，按住鼠标左键将其向右拖曳，如图 10-172 所示。图形调整完毕之后按 Enter 键结束变换。在"图层"面板中选中变形后的红色图层，使用快捷键 Ctrl+J 复制出一个相同的图层，然后按住 Shift 键的同时按住鼠标左键将其向右拖曳，进行水平移动的操作，如图 10-173 所示。

图 10-172　　　　　图 10-173

步骤 09 选择工具箱中的"椭圆工具"，在选项栏中设

置"绘制模式"为"形状"，在画面中合适的位置按住快捷键 Shift+Alt 的同时按住鼠标左键拖曳绘制一个正圆形。绘制完成后在选项栏中设置"填充"为白色，"描边"为无，如图 10-174 所示。

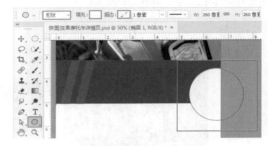

图 10-174

步骤 10 单击工具箱中的"横排文字工具"按钮，在选项栏中设置合适的字体、字号，文字颜色设置为白色，设置完毕后在画面中合适的位置单击建立输入文字的起始点，接着输入文字，文字输入完毕后按快捷键 Ctrl+Enter，如图 10-175 所示。继续使用同样的方法输入右侧其他文字，如图 10-176 所示。

图 10-175

图 10-176

步骤 11 在工具箱中选择"自定形状工具"，接着在选项栏中设置"绘制模式"为"形状"，选择"旧版形状及其他→所有旧版默认形状→自然"组中的波浪图形。设置完成后在画面中按住鼠标左键拖曳绘制一个波浪图形。绘制完成后在选项栏中设置"填充"为绿色，"描边"为无，如图 10-177 所示。（如果没有该图形组，可以执行"窗口→形状"命令，在"形状"面板菜单中执行"旧版形状及其他"命令。）

图 10-177

步骤 12 制作下方的商品模块。单击工具箱中的"钢笔工具",在选项栏中设置"绘制模式"为"形状",在画面中合适的位置绘制出一个四边形。绘制完成后在选项栏中设置"填充"为橘色,"描边"为无,如图 10-178 所示。

图 10-178

步骤 13 将素材2置入,调整大小后放在橘色图形上方,并将该图层进行栅格化处理,如图 10-179 所示。

步骤 14 选择该图层,执行"图层→创建剪贴蒙版"菜单命令创建剪贴蒙版,将素材超出四边形的范围隐藏,效果如图 10-180 所示。

图 10-179

图 10-180

步骤 15 继续使用同样的方法在画面中绘制其他形状,接着将相应的素材置入,然后创建剪贴蒙版将素材不需要的部分进行隐藏,效果如图 10-181 所示。

步骤 16 继续使用"钢笔工具",在选项栏中设置"绘制模式"为"形状",在最后一个模块左侧绘制出一个四边形。绘制完成后在选项栏中设置"填充"为暗红色,"描边"为无,如图 10-182 所示。

图 10-181　　　　　　图 10-182

步骤 17 使用"横排文字工具"在形状上方输入文字,如图 10-183 所示。此时本实例制作完成,效果如图 10-184 所示。

图 10-183　　　　　　图 10-184

扫一扫，看视频

第11章

文字

本章内容简介：

　　文字是设计作品中常见的元素。文字不仅可以用来表述信息，很多时候也能起到美化版面的作用。在Photoshop中有着非常强大的文字创建与编辑功能，不仅有多种文字工具可供使用，更有多个参数设置面板可以用来修改文字的效果。

重点知识掌握：

- 熟练掌握文字工具的使用方法。
- 熟练使用"字符"面板与"段落"面板进行文字属性的更改。

通过本章的学习，我能做什么？

　　通过本章的学习，我们可以向版面中添加多种类型的文字元素。掌握了文字工具的使用方法，从标志设计到名片制作，从海报设计到杂志书籍排版……诸如此类的工作都可以进行了。同时，我们还可以结合前面所学的矢量工具以及绘图工具的使用制作出有趣的艺术字效果。

11.1 使用文字工具

在Photoshop的工具箱中右击"横排文字工具"按钮 **T**,打开文字工具组。其中包括4种工具,即"横排文字工具" **T**、"直排文字工具" **↓T**、"直排文字蒙版工具" **↓T** 和"横排文字蒙版工具" **T**,如图11-1所示。

图 11-1

"横排文字工具"和"直排文字工具"主要用来创建实体文字,如点文字、段落文字、路径文字、区域文字,如图11-2所示。而"直排文字蒙版工具"和"横排文字蒙版工具"则是用来创建文字形状的选区,如图11-3所示。

图 11-2   图 11-3

"横排文字工具"和"直排文字工具"的使用方法相同,区别在于输入文字的排列方式不同。"横排文字工具"输入的文字是横向排列的,是目前最为常用的文字排列方式,如图11-4所示;而"直排文字工具"输入的文字是纵向排列的,常用于古诗的编排,如图11-5所示。

图 11-4   图 11-5

实例:在照片上添加文字

文件路径	第11章\在照片上添加文字
技术掌握	横排文字工具、创建点文本

实例说明:

"点文本"是最常见的文本形式。在点文本输入状态下输入的文本会一直沿着横向或纵向进行排列,如果输入文字过多甚至会超出画面的显示区域,此时需要按Enter键才能换行。点文本常用于较短文字的输入,如文章标题、海报上少量的宣传文字与艺术字等。

实例效果:

实例效果如图11-6所示。

扫一扫,看视频

图 11-6

操作步骤:

步骤 01 首先将素材1打开,接着选择工具箱中的"横排文字工具",在选项栏中设置合适的字体、字号,文字颜色为白色。设置完成后在画面右下角的位置单击,如图11-7所示。

图 11-7

选项解读:设置文字选项

切换文本取向 **T**:单击该按钮,横向排列的文字将变为直排,直排文字将变为横排。其功能与执行"文字→取向→水平/垂直"菜单命令相同。

设置字体系列 Kaufmann BT :在选项栏中单击"设置字体"下拉箭头,并在下拉列表中单击可选择合适的字体。

设置字体样式 Regular :字体样式只针对部分字体有效。输入字符后,可以在该下拉列表中选择需要的字体样式,包含Regular(规则)、Italic(斜体)、Bold

（粗体）和Bold Italic（粗斜体）。

设置字体大小 T [90点]：如果要设置文字的大小，可以直接输入数值，也可以在下拉列表中选择预设的字体大小。

设置消除锯齿的方法 aa [浑厚]：输入文字后，可以在该下拉列表中为文字指定一种消除锯齿的方法。选择"无"时，Photoshop不会消除锯齿，文字边缘会呈现出不平滑的效果；选择"锐利"时，文字的边缘最为锐利；选择"犀利"时，文字的边缘比较锐利；选择"浑厚"时，文字的边缘会变粗一些；选择"平滑"时，文字的边缘会非常平滑。

设置文本对齐方式 ≡ ≡ ≡：根据输入字符时光标的位置来设置文本对齐方式。

设置文本颜色 □：单击该颜色块，在弹出的"拾色器"窗口中可以设置文字颜色。如果要修改已有文字的颜色，可以先在文档中选择文本，然后在选项栏中单击颜色块，在弹出的窗口中设置所需要的颜色。

创建文字变形 エ：选中文本，单击该按钮，在弹出的窗口中可以为文本设置变形效果。

切换字符和段落面板 ▤：单击该按钮，可以在"字符"面板或"段落"面板之间进行切换。

取消所有当前编辑 ⊘：在文本输入或编辑状态下显示该按钮，单击即可取消当前的编辑操作。

提交所有当前编辑 ✓：在文本输入或编辑状态下显示该按钮，单击即可确定并完成当前的文字输入或编辑操作。文本输入或编辑完成后，需要单击该按钮，或者按快捷键Ctrl+Enter完成操作。

从文本创建3D 3D：单击该按钮，可将文本对象转换为带有立体感的3D对象。

步骤 02 单击后会出现闪烁的光标，接着输入文字，文字输入完成后单击选项栏中的"提交所有当前编辑"按钮 ✓，完成文字的编辑操作，如图11-8所示。

图11-8

在不知道使用哪种字体、字号的情况下，可以先输入文字，然后将文字选中，再去选项栏中挑选适合版面的文字和字号。

步骤 03 制作文字上的纹理效果。选中文字图层，单击"图层"面板下方的"添加图层蒙版"按钮，为该图层添加图层蒙版。接着将前景色设置为黑色，使用快捷键Alt+Delete将蒙版填充为黑色。此时文字完全隐藏，如图11-9所示。

步骤 04 将文字的局部显示出来。单击选择图层蒙版，单击工具箱中的"画笔工具"按钮，在选项栏中设置较小笔尖的画笔，硬度为100%，设置前景色为白色，设置完成后在蒙版中文字位置按住鼠标左键随意绘画涂抹，将文字的大致轮廓涂抹出来，如图11-10所示。

图11-9　　　　　　　　图11-10

步骤 05 在涂抹的过程中可以在选项栏中降低画笔的"不透明度"，然后继续涂抹，这样能够让涂抹的效果有明暗的变化，如图11-11所示。

步骤 06 继续进行涂抹，直至显示出整个文字，效果如图11-12所示。

图11-11　　　　　　　　图11-12

步骤 07 制作下方的文字。选择工具箱中的"横排文字工具"，在选项栏中设置合适的字体、字号，文字的对齐方式为"右对齐"，文字颜色为白色。然后在标题文字的下方单击，接着输入文字，在需要进行换行的位置按Enter键进行换行。文字输出完成后按快捷键Ctrl+Enter，如图11-13所示。

图 11-13

💡 提示：设置字号的技巧

　　设置字号时，单击右侧的倒三角按钮，在下拉列表中选择字号，但是字号最大为72点，这时可以直接在数值框内输入数值，或者将鼠标指针放在图标的位置，等光标变为⟷状后，按住鼠标左键向左拖曳可以将字号调小，向右拖曳可以将字号调大。

步骤 08 选择工具箱中的"矩形工具"，在选项栏中设置"绘制模式"为"形状"，在标题文字下方绘制一个细长的矩形，绘制完成后在选项栏中设置"填充"为白色，"描边"为无，如图 11-14 所示。

图 11-14

步骤 09 使用同样的方法在文字下方位置绘制一个细长的矩形，实例完成效果如图 11-15 所示。

图 11-15

实例：使用文字工具制作时装广告

文件路径	第11章\使用文字工具制作时装广告
技术掌握	直排文字工具、横排文字工具、创建点文本

实例说明：

　　"横排文字工具"使用起来很简单，但是文字排版却是一门大学问，在本实例中主要使用"横排文字工具"添加文字，并将文字的对齐方式设置为居中对齐，需要注意的是要将标题文字和说明文字的字号差距增大，增加版式内容的层次感。

实例效果：

扫一扫，看视频

　　实例效果如图 11-16 所示。

图 11-16

操作步骤：

步骤 01 新建一个大小合适的竖版文档，同时将背景图层填充为棕色。接着将人物素材1置入，并将该图层进行栅格化处理，如图 11-17 所示。

步骤 02 置入的人物素材有多余的部分，需要将其隐藏。选择工具箱中的"多边形套索"，绘制梯形选区，如图 11-18 所示。

图 11-17　　　　　图 11-18

步骤 03 在当前选区状态下，单击"图层"面板底部的"添加图层蒙版"按钮，为该图层添加"图层"面板，将选区以外的部分隐藏，如图11-19所示。效果如图11-20所示。

图 11-19   图 11-20

步骤 04 在文档中添加文字。选择工具箱中的"直排文字工具"，在选项栏中设置合适的字体、字号和颜色，设置完成后在画面右上角单击后输入文字，如图11-21所示。文字输入完成后按快捷键Ctrl+Enter完成操作。

图 11-21

提示："直排文字工具"选项栏

"直排文字工具"与"横排文字工具"的选项栏参数基本相同，区别在于"对齐方式"。其中，▥表示顶对齐文本，▥表示居中对齐文本，▥表示底对齐文本，如图11-22所示。

图 11-22

步骤 05 选择工具箱中的"横排文字工具"，在选项栏中设置合适的字体、字号和颜色，设置完成后在画面下方位置单击输入文字，如图11-23所示。

图 11-23

步骤 06 对输入完成的文字属性进行调整。将该文字图层选中，执行"窗口→字符"菜单命令，打开"字符"面板。在该面板中设置"垂直缩放"为130%，单击"全部大写字母"按钮，将全部字母设置为大写，如图11-24所示。效果如图11-25所示。

图 11-24   图 11-25

步骤 07 继续使用"横排文字工具"，在选项栏中设置合适的字体、字号和颜色，同时单击"居中对齐文本"按钮。设置完成后在主体文字下方位置单击输入字号小一些的文字，如图11-26所示。

图 11-26

步骤 08 选择工具箱中的"矩形工具"，在选项栏中设置"绘制模式"为"形状"，在画面下方横排文字中间位置绘制矩形，增加画面的细节效果，绘制完成后在选项栏中设置"填充"为淡棕色，"描边"为无，如图11-27所示。此时本实例制作完成，效果如图11-28所示。

图 11-27　　　　　　　　图 11-28

实例：服装展示页面

文件路径	第11章\服装展示页面
技术掌握	直排文字工具、横排文字工具、创建段落文字

实例说明：

　　顾名思义，"段落文本"是一种用来制作大段文本的常用方式。"段落文本"可以使文字限定在一个矩形区域内，而这个矩形区域中的文字会自动换行，并且文字区域的大小还可以方便地进行调整。配合对齐方式的设置，可以制造出整齐排列的效果。"段落文本"常用于书籍、杂志、报纸或其他包含大量整齐排列的文字版面的设计。

实例效果：

　　实例效果如图11-29所示。

扫一扫，看视频

图 11-29

操作步骤：

步骤 01 首先新建一个大小合适的空白文档，接着将背景图层填充为灰色。然后选择工具箱中的"矩形工具"，在选项栏中设置"绘制模式"为"形状"，在画面中间位置绘制矩形，绘制完成后在选项栏中设置"填充"为白色，"描边"为无，如图11-30所示。

步骤 02 继续使用该工具，在白色矩形左侧绘制一个任意颜色的矩形，如图11-31所示。

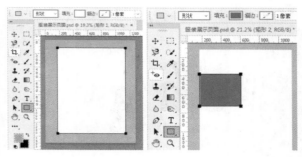

图 11-30　　　　　　　　图 11-31

步骤 03 将人物素材1置入，调整大小后放在画面左侧位置，同时将该图层进行栅格化处理，如图11-32所示。然后选择人物素材图层，右击执行"创建剪贴蒙版"命令创建剪贴蒙版，将素材不需要的部分隐藏，如图11-33所示。

图 11-32　　　　　　　　图 11-33

步骤 04 使用同样的方法在画面中的其他位置绘制矩形，同时将素材置入。然后创建剪贴蒙版，将素材中多余的部分隐藏。完成对服装进行不同部位的详细展示，效果如图11-34所示。

步骤 05 在画面中添加文字。选择工具箱中的"横排文字工具"，在选项栏中设置合适的字体、字号和颜色，设置完成后在画面右上角位置单击输入文字，如图11-35所示。

图 11-34　　　　　　　　图 11-35

步骤 06 文字输入完成后按快捷键Ctrl+Enter完成操作。然后继续使用该工具，单击输入其他文字，效果如

图11-36所示。

图 11-36

步骤 07 选择工具箱中的"直排文字工具"，在选项栏中设置合适的字体、字号和颜色，设置完成后在画面右下角位置单击输入竖排文字，如图11-37所示。

图 11-37

步骤 08 在画面左下角的空白位置输入段落文字。选择工具箱中的"横排文字工具"，在选项栏中设置合适的字体、字号和颜色，设置完成后在画面左下角位置按住鼠标左键拖曳绘制一个文本框，然后在文本框中输入合适的文字，如图11-38所示。

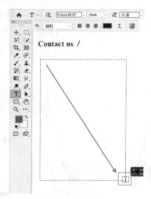

图 11-38

步骤 09 文字输入完成后按快捷键Ctrl+Enter完成操作，如图11-39所示。

图 11-39

步骤 10 对输入的段落文字样式进行调整。将段落文字图层选中，执行"窗口→段落"菜单命令，打开"段落"面板。在该面板中单击"最后一行左对齐"按钮，设置段落的对齐方式，如图11-40所示。效果如图11-41所示。

图 11-40　　　　　　图 11-41

步骤 11 置入图标素材，摆放在页面的右上角，如图11-42所示。

图 11-42

步骤 12 使用同样的方式置入其他的图标素材，效果如图11-43所示。此时本实例制作完成。

中文版Photoshop 2024完全案例教程（微课视频版）

图 11-43

实例：在特定区域内添加文字

文件路径	第11章\在特定区域内添加文字
技术掌握	横排文字工具、创建区域文本、粘贴 Lorem ipsum

扫一扫，看视频

实例说明：

　　"区域文本"与"段落文本"比较相似，都是被限定在某个特定的区域内。区别在于"段落文本"处于一个矩形文本框中，而"区域文本"的外框可以是任何图形。本实例是制作一组摆放在平行四边形范围内的文字。首先使用"钢笔工具"在画面右侧空白位置绘制路径，然后使用"横排文字工具"在路径内输入文字，制作区域文字效果。

实例效果：

　　实例效果如图11-44所示。

图 11-44

操作步骤：

步骤 01 将背景素材1打开，如图11-45所示。

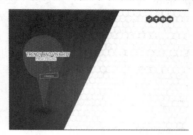

图 11-45

步骤 02 在画面右侧空白位置绘制路径。选择工具箱中的"钢笔工具"，在选项栏中设置"绘制模式"为"形状"，设置完成后在画面中绘制一个平行四边形，如图11-46所示。

步骤 03 在路径内输入文字。选择工具箱中的"横排文字工具"，在选项栏中设置合适的字体、字号和颜色，将光标移动到路径范围内，光标变为带有圆形围绕的图标，如图11-47所示。

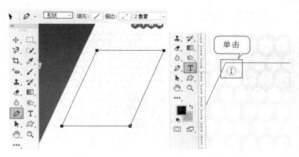

图 11-46　　　　　　图 11-47

步骤 04 这时在路径范围内单击，路径范围内变为文字输入状态，执行"文字→粘贴Lorem ipsum"菜单命令，即可快速在区域内填充满字符，如图11-48所示。文字输入完成后按快捷键Ctrl+Enter完成操作，此时本实例制作完成。

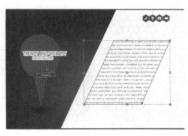

图 11-48

实例秘诀

在使用Photoshop制作包含大量文字的版面时，通常需要对版面中内容的摆放位置以及所占区域进行规划。此时利用"占位符"功能可以快速输入文字，填充文本框。在设置好文本的属性后，在修改时只需删除占位符文本，并重新贴入需要使用的文字即可。

实例：使用变形文字制作宠物头像

文件路径	第11章\使用变形文字制作宠物头像
技术掌握	横排文字工具、创建文字变形

实例说明：

在制作艺术字效果时，经常需要对文字进行变形。利用Photoshop提供的"创建文字变形"功能，可以通过多种方式进行文字的变形。本实例就是使用该种方式制作宠物头像。

实例效果：

实例效果如图11-49所示。

扫一扫，看视频

图 11-49

操作步骤：

步骤 01 首先新建一个大小合适的空白文档，同时将背景图层填充为粉色。接着将小狗素材1置入，放在画面中间位置。然后将该图层进行栅格化处理，如图11-50所示。

图 11-50

步骤 02 在画面中添加文字。选择工具箱中的"横排文字工具"，在选项栏中设置合适的字体、字号和颜色，设置完成后在画面中单击输入文字，如图11-51所示。

图 11-51

步骤 03 在该文字工具使用状态下，在选项栏中单击"创建文字变形"按钮，在弹出的"变形文字"窗口中设置"样式"为"扇形"，"弯曲"为+100%，单击"确定"按钮，如图11-52所示。效果如图11-53所示。文字调整完成后按快捷键Ctrl+Enter完成操作。

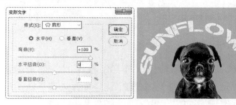

图 11-52　　　　　　图 11-53

步骤 04 将变形文字图层选中，使用快捷键Ctrl+T调出定界框，将光标放在定界框一角的控制点外侧，按住鼠标左键进行旋转。旋转完成后按Enter键完成操作，效果如图11-54所示。

步骤 05 继续使用"横排文字工具"，在画面中单击输入3组文字，如图11-55所示。

图 11-54　　　　　　图 11-55

步骤 06 按住Ctrl键依次加选这3个文字图层，然后使用快捷键Ctrl+T调出定界框，将文字进行旋转，旋转完

中文版Photoshop 2024完全案例教程（微课视频版）

296

成后按Enter键确定变换操作，效果如图11-56所示。

步骤 07 在小狗素材左侧位置输入文字并进行适当的旋转，然后在"变形文字"窗口中设置"样式"为"扇形"，"弯曲"为+21%，效果如图11-57所示。

图11-56　　　　　　　　　图11-57

步骤 08 使用同样的方法在小狗素材右侧和下方制作变形文字，在"变形文字"窗口中均设置"样式"为"下弧"，"弯曲"为+50%，效果如图11-58所示。

步骤 09 继续使用"横排文字工具"，在画面右下角单击输入文字，效果如图11-59所示。

图11-58　　　　　　　　　图11-59

步骤 10 为画面添加一些装饰性的小元素，丰富画面效果。选择工具箱中的"钢笔工具"，在选项栏中设置"绘制模式"为"形状"，在画面右侧绘制一个水滴状的图形，绘制完成后在选项栏中设置"填充"为蓝色，"描边"为无，如图11-60所示。

步骤 11 继续使用该工具绘制其他形状，效果如图11-61所示。

图11-60　　　　　　　　　图11-61

步骤 12 继续使用"钢笔工具"，在选项栏中设置"绘制模式"为"形状"，在画面中绘制一段弧线，绘制完成后在选项栏中设置"填充"为无，"描边"为白色，"粗细"为10像素，在"描边选项"下拉列表中选择合适的虚线样式，同时设置"端点"为"圆角"，如图11-62所示。

步骤 13 使用同样的方法绘制另外一段弧线，如图11-63所示。

图11-62　　　　　　　　　图11-63

步骤 14 此时本实例制作完成，效果如图11-64所示。

图11-64

实例：创建文字选区处理图像

文件路径	第11章\创建文字选区处理图像
技术掌握	横排文字蒙版工具、矩形工具

实例说明：

与其称"文字蒙版工具"为"文字工具"，不如称之为"选区工具"。"文字蒙版工具"主要用于创建文字的选区，而不是实体文字。虽然文字选区并不是实体，但是文字选区在设计制图过程中也是很常用的，如以文字选区对画面的局部进行编辑，或者从图像中复制出局部文字内容等。

实例效果：

实例效果如图11-65所示。

扫一扫，看视频

图 11-65

操作步骤：

步骤 01 将背景素材1打开，接着选择工具箱中的"横排文字蒙版工具"，在选项栏中设置合适的字体和字号，设置完成后在画面中单击输入文字，如图11-66所示。

图 11-66

步骤 02 输入的文字没有完全显示出来，将光标移动至文字以外区域，光标变为移动状态，如图11-67所示。此时按住鼠标左键拖曳，可以移动文字蒙版的位置，如图11-68所示。

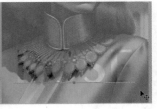

图 11-67　　　　图 11-68

步骤 03 文字位置调整完成后单击选项栏中的"提交所有当前编辑"按钮，如图11-69所示。得到输入文字的选区，效果如图11-70所示。

图 11-69

图 11-70

步骤 04 在当前文字选区状态下，执行"图层→新建调整图层→色相/饱和度"菜单命令，创建一个"色相/饱和度"调整图层。在"属性"面板中设置"饱和度"为-100，"明度"为-60，如图11-71所示。效果如图11-72所示。

图 11-71　　　　　　图 11-72

步骤 05 选择工具箱中的"矩形工具"，在选项栏中设置"绘制模式"为"形状"，在主体文字下方绘制矩形，绘制完成后在选项栏中设置"填充"为黑色，"描边"为无，如图11-73所示。

步骤 06 选中该矢量图层，右击执行"栅格化图层"命令，如图11-74所示。随后该图层变为普通图层。

图 11-73　　　　　　　图 11-74

步骤 07 继续使用"横排文字蒙版工具"，在矩形中间位置单击输入文字，然后单击"提交所有当前编辑"按钮得到文字的选区，如图11-75所示。

步骤 08 在当前文字选区状态下，将矩形图层选中，按Delete键将选区内的图形删除。让画面呈现出镂空效果，然后使用快捷键Ctrl+D取消选区。此时本实例制作完成，效果如图11-76所示。

图 11-75　　　　　　　图 11-76

11.2 文字属性的设置

在文字属性的设置方面，利用文字工具选项栏来进行设置是最方便的方式，但是在选项栏中只能对一些常用的属性进行设置，而对于间距、样式、缩进、避头尾法则等选项的设置则需要使用"字符"面板和"段落"面板。这两个面板是我们进行文字版面编排时最常用的功能。

实例：杂志内页排版

文件路径	第11章\杂志内页排版
技术掌握	横排文字工具、"字符"面板、"段落"面板

实例说明：

所输入的文字会生成文字图层，只要文字图层不栅格化，就可以对文字的属性进行设置。本实例使用了大量的文字，需要借助"字符"面板、"段落"面板进行参数设置。

实例效果：

实例效果如图11-77所示。

扫一扫，看视频

图 11-77

操作步骤：

步骤 01 首先将背景素材1打开，接着使用快捷键Ctrl+R将标尺显示出来，然后在画面中拖曳，添加参考线，将画面进行区域的划分，参考线位置如图11-78所示。

图 11-78

步骤 02 制作杂志的左侧页面。选择工具箱中的"横排文字工具"，在选项栏中设置合适的字体、字号和颜色，设置完成后在画面左上方的位置单击输入文字，如图11-79所示。文字输入完成后按快捷键Ctrl+Enter完成操作。

图 11-79

步骤 03 对文字的字符属性进行调整。将该文字图层选中，执行"窗口→字符"菜单命令，打开"字符"面板。在该面板中设置"字符间距"为20，"水平缩放"为105%，单击"全部大写字母"按钮，将字母全部设置为大写，如图11-80所示。效果如图11-81所示。

图 11-80　　　　　　图 11-81

> **选项解读："字符"面板**
>
> 虽然在文字工具的选项栏中可以进行一系列文字属性的设置，但并未包含所有的文字属性。执行"窗口→字符"菜单命令打开"字符"面板。在"字符"面板中除了能对常见的字体、字体样式、字体大小、文本颜色和消除锯齿的方法等进行设置，也可以对行距、字距等属性进行设置，如图11-82所示。

图 11-82

设置行距：行距就是上一行文字基线与下一行文字基线之间的间距。选择需要调整的文本图层，然后在"设置行距"文本框中输入行距值或在下拉列表中选择预设的行距值，设置完成后按Enter键即可。

字距微调：用于设置两个字符之间的字距微调。在设置时，先要将光标插入需要进行字距微调的两个字符之间，然后在该文本框中输入所需的字距微调数量（也可以在下拉列表框中选择预设的字距微调数量）。输入正值时字距会扩大；输入负值时字距会缩小。

字距调整：用于设置所选字符的字距调整。输入正值时，字距会扩大；输入负值时，字距会缩小。

比例间距：比例间距是按指定的百分比来减少字符周围的空间，因此字符本身并不会被伸展或挤压，而是字符之间的间距被伸展或挤压了。

垂直缩放/水平缩放：用于设置文字的垂直或水平缩放比例，以调整文字的高度或宽度。

基线偏移：用于设置文字与文字基线之间的距离。输入正值时，文字会上移；输入负值时，文字会下移。

文字样式：用于设置文字的特殊效果，包括仿粗体、仿斜体、全部大写字母、小型大写字母、上标、下标、下划线、删除线。

Open Type功能：包括标准连字、上下文替代字、自由连字、花饰字、替代样式、标题替代字、序数字、分数字。

语言设置：对所选字符进行有关连字符和拼写规则的语言设置。

消除锯齿：输入文字后，可以在该下拉列表中为文字指定一种消除锯齿的方法。

步骤 04 将文字进行适当的旋转。将文字图层选中，使用快捷键Ctrl+T调出定界框。然后在选项栏中设置"旋转角度"为-5度，如图11-83所示。操作完成后按Enter键完成操作。

图 11-83

步骤 05 将树叶素材2置入，调整大小后放在画面左下角位置。接着将该素材图层选中，执行"图层→图层样式→内阴影"菜单命令，在弹出的"图层样式"窗口中设置"混合模式"为"正片叠底"，"颜色"为黑色，"不透明度"为35%，"角度"为120度，"距离"为6像素，"大小"为1像素，如图11-84所示。效果如图11-85所示。

图 11-84　　　　　　图 11-85

步骤 06 启用"图层样式"窗口左侧的"颜色叠加"图层样式，设置"混合模式"为正常，"颜色"为黄色，"不透明度"为100%。设置完成后单击"确定"按钮，如图11-86所示。效果如图11-87所示。

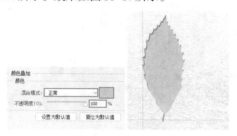

图 11-86　　　　　图 11-87

步骤 07 将添加图形样式的树叶图层选中，将其复制一份放在已有树叶的右侧。接着将复制得到的树叶在自由变换状态下进行适当的放大，同时右击执行"水平翻转"命令，将树叶进行水平翻转，如图11-88所示。操作完成后按Enter键完成操作。

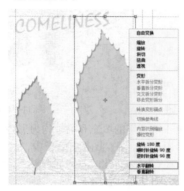

图 11-88

步骤 08 对复制得到的树叶颜色进行调整。将该图层选中，在"图层样式"窗口中将"颜色叠加"的颜色更改为绿色，如图11-89所示。效果如图11-90所示。

图 11-89　　　　　图 11-90

步骤 09 在黄色树叶上方输入点文字。选择工具箱中的"横排文字工具"，在选项栏中设置合适的字体、字号和颜色，设置完成后在黄色树叶上方单击输入文字，如

图11-91所示。然后对该文字进行适当的旋转，效果如图11-92所示。

图 11-91　　　　　图 11-92

步骤 10 对文字的字符属性进行调整。将该文字图层选中，执行"窗口→字符"菜单命令，打开"字符"面板。在该面板中设置"字符间距"为20，"水平缩放"为105%，单击"仿粗体"按钮将文字进行加粗，如图11-93所示。效果如图11-94所示。

图 11-93　　　　　图 11-94

步骤 11 继续使用"横排文字工具"，在已有文字下方单击输入文字。同时将文字在自由变换状态下进行适当的旋转，效果如图11-95所示。

步骤 12 在绿色树叶上方制作区域文字。选择工具箱中的"钢笔工具"，在选项栏中设置"绘制模式"为"形状"，设置完成后在绿色树叶上方绘制路径，如图11-96所示。

图 11-95　　　　　图 11-96

步骤 13 选择工具箱中的"横排文字工具"，在选项栏

中设置合适的字体、字号和颜色。设置完成后在路径内部单击插入光标，然后输入合适的文字，如图11-97所示。文字输入完成后按快捷键Ctrl+Enter完成操作。

图11-97

步骤 14 将该区域文字选中，执行"窗口→段落"菜单命令，打开"段落"面板。在该面板中单击"最后一行左对齐"按钮，设置段落文本的对齐方式，如图11-98所示。效果如图11-99所示。

图11-98　　　　　图11-99

步骤 15 继续使用"横排文字工具"，在区域文字下方单击输入文字。同时在"段落"面板中单击"居中对齐文本"按钮，将文本进行居中对齐，如图11-100所示。然后继续使用该工具，输入其他的点文字和段落文字，效果如图11-101所示。

图11-100　　　　　图11-101

步骤 16 将素材4置入，放在两段文字中间的空白区域，效果如图11-102所示。此时杂志左侧页面基本完成。

步骤 17 制作画面左下角的页码效果。使用"横排文字

工具"在选项栏中设置合适的字体、字号和颜色，设置完成后单击输入文字，如图11-103所示。

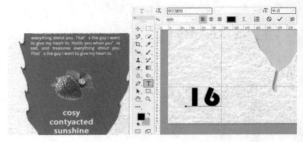

图11-102　　　　　图11-103

步骤 18 为该文字添加描边效果。将该文字图层选中，执行"图层→图层样式→描边"菜单命令，在弹出的"图层样式"窗口中设置"大小"为1像素，"位置"为"外部"，"颜色"为黑色，设置完成后单击"确定"按钮，如图11-104所示。效果如图11-105所示。

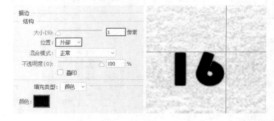

图11-104　　　　　图11-105

步骤 19 由于该文字的填充和描边均为黑色，所以描边效果就显示不出来。在"图层"面板中，将该文字图层的"填充"设置为0%。此时将黑色描边效果显示出来，效果如图11-106所示。此时杂志的左侧页面全部完成。

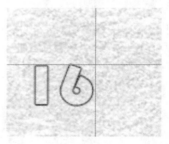

图11-106

步骤 20 制作杂志右侧版面的内容。将左侧最上方的标题文字复制一份，放在右侧位置。接着在"横排文字工具"使用状态下对文字的字号和颜色进行更改，如图11-107所示。然后使用同样的方法制作其他文字，效果如图11-108所示。

中文版Photoshop 2024完全案例教程（微课视频版）

图 11-107　　　　　　　图 11-108

步骤 21 在文档右侧添加段落文本。选择工具箱中的"横排文字工具"，在选项栏中设置合适的字体、字号和颜色，设置完成后在画面中按住鼠标左键拖曳绘制文本框，然后在文本框中输入合适的文本，如图 11-109 所示。

图 11-109

步骤 22 调整段落文本的对齐方式和段落间距。选择段落文本对象，然后在"段落"面板中单击"最后一行左对齐"按钮，接着设置"段前添加空格"为 10 点，如图 11-110 所示。效果如图 11-111 所示。

图 11-110　　　　　　图 11-111

选项解读："段落"面板

左对齐文本：文本左对齐，段落右端参差不齐。

居中对齐文本：文本居中对齐，段落两端参差不齐。

右对齐文本：文本右对齐，段落左端参差不齐。

最后一行左对齐：最后一行左对齐，其他行左右两端强制对齐。段落文本、区域文本可用，点文本不可用。

最后一行居中对齐：最后一行居中对齐，其他行左右两端强制对齐。段落文本、区域文本可用，点文本不可用。

最后一行右对齐：最后一行右对齐，其他行左右两端强制对齐。段落文本、区域文本可用，点文本不可用。

全部对齐：在字符间添加额外的间距，使文本左右两端强制对齐。段落文本、区域文本可用，点文本不可用。

左缩进：用于设置段落文本向右（横排文字）或向下（直排文字）的缩进量。

右缩进：用于设置段落文本向左（横排文字）或向上（直排文字）的缩进量。

首行缩进：用于设置段落文本中每个段落的第一行向右（横排文字）或第一列文字向下（直排文字）的缩进量。

段前添加空格：设置光标所在段落与前一段落之间的间距距离。

段后添加空格：设置光标所在段落与后一段落之间的间距距离。

避头尾法则设置：在中文书写习惯中，标点符号通常不会位于每行文字的第一位。在 Photoshop 中可以通过"避头尾法则设置"来设置不允许出现在行首或行尾的字符。

间距设置：为日语字符、罗马字符、标点、特殊字符、行开头、行结尾和数字的间距指定文本编排方式。

连字：选中"连字"复选框后，在输入英文单词时，如果段落文本框的宽度不够，英文单词将自动换行，并在单词之间用连字符连接起来。

步骤 23 选择工具箱中的"矩形工具"，在选项栏中设置"绘制模式"为"形状"，"填充"为浅灰色，"描边"为无，设置圆角的半径为 30 像素。设置完成后在画面右侧绘制图形，如图 11-112 所示。

图 11-112

步骤 24 将圆角矩形图层选中，将该图形复制两份，放在已有圆角矩形下方位置，如图11-113所示。

步骤 25 将素材6置入并栅格化，调整大小后放在第一个圆角矩形上方位置，同时将该图层移动到第一个圆角矩形的上一层。此时置入的素材有多余的部分，选择素材图层，右击执行"创建剪贴蒙版"命令，创建剪贴蒙版，将素材不需要的部分隐藏，如图11-114所示。

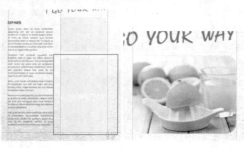

图 11-113　　　　　图 11-114

步骤 26 使用同样的方法将其他素材置入，并创建剪贴蒙版。此时本实例制作完成，效果如图11-115所示。

图 11-115

11.3 编辑文字

　　文字是一类特殊的对象，既具有文本属性，又具有图像属性。Photoshop虽然不是专业的文字处理软件，但也具有文字内容的编辑功能。例如，可以查找并替换文本、英文拼写检查等。除此之外，还可以将文字对象转换为位图、形状图层，以及自动识别图像中包含的文字字体。

实例：栅格化文字制作文字翅膀

文件路径	第11章\栅格化文字制作文字翅膀
技术掌握	横排文字工具、栅格化文字、画笔工具

扫一扫，看视频

实例说明：

　　在Photoshop中经常会进行栅格化操作，如栅格化智能对象、栅格化图层样式、栅格化3D对象等。而这些操作通常都是指将特殊对象变为普通对象的过程。文字也是比较特殊的对象，无法直接进行形状或者内部像素的更改。此时"栅格化文字"命令就派上用场了。在"图层"面板中选择一个文字图层，然后在图层名称上右击，在弹出的快捷菜单中执行"栅格化文字"命令，就可以将文字图层转换为普通图层。本实例就是将文字栅格化后进行变形，制作出翅膀的效果。

实例效果：

　　实例效果如图11-116所示。

图 11-116

操作步骤：

步骤 01 首先新建一个大小合适的横版文档，接着为背景图层填充渐变。选择工具箱中的"渐变工具"，在选项栏中设置"渐变模式"为"经典渐变"，在"渐变编辑器"窗口中编辑一个浅绿色系的线性渐变。然后在画面中按住鼠标左键自上而下拖曳鼠标为背景图层填充渐变，如图11-117所示。

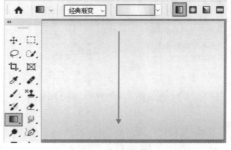

图 11-117

步骤 02 将人物素材2置入，放在画面左侧位置。同时将该图层进行栅格化处理，如图11-118所示。

步骤 03 选择工具箱中的"横排文字工具",在选项栏中设置合适的字体、字号和颜色,设置完成后在人物素材右侧单击输入文字,如图11-119所示。

图 11-118 　　　　　　　图 11-119

步骤 04 调整图层顺序,将文字图层放置在人物素材图层下方,效果如图11-120所示。然后将文字图层选中,右击执行"栅格化文字"命令,将文字图层进行栅格化处理,如图11-121所示。

图 11-120 　　　　　　　图 11-121

步骤 05 对栅格化的文字进行变形。将该图层选中,使用快捷键Ctrl+T调出定界框,右击执行"变形"命令。接着调整文字四周的控制点的位置,如图11-122所示。

步骤 06 对文字进行变形,将其调整为类似翅膀的形状。操作完成后按Enter键完成调整,效果如图11-123所示。

图 11-122 　　　　　　　图 11-123

步骤 07 在变形文字上方添加亮部和暗部,增加文字的立体感。首先制作暗部,新建一个图层,接着选择工具箱中的"画笔工具",在选项栏中设置大小合适的柔边圆画笔,降低画笔的不透明度,设置前景色为黑色。设置完成后在变形文字上方按照文字的走向涂抹出暗部区域,如图11-124所示。

图 11-124

步骤 08 此时绘制的暗部有多余的部分,需要将其隐藏。将画笔绘制的暗部图层选中,右击执行"创建剪贴蒙版"命令创建剪贴蒙版,如图11-125所示。只保留文字内部的暗部区域,效果如图11-126所示。

图 11-125 　　　　　　　图 11-126

步骤 09 使用同样的方法制作亮部,效果如图11-127和图11-128所示。

图 11-127 　　　　　　　图 11-128

步骤 10 继续使用"横排文字工具"在画面右下角位置单击输入点文字。此时本实例制作完成,效果如图11-129所示。

图 11-129

实例：将文字转换为形状制作艺术字

文件路径	第11章\将文字转换为形状制作艺术字
技术掌握	横排文字工具、转换为形状、自定形状工具、椭圆工具

实例说明：

　　"转换为形状"命令可以将文字对象转换为矢量的"形状图层"。转换为形状图层之后，就可以使用钢笔工具组和选择工具组中的工具对文字的外形进行编辑。由于文字对象变成了矢量对象，所以在变形的过程中，文字是不会模糊的。通常在制作一些变形艺术字的时候，需要将文字对象转换为形状图层。

实例效果：

　　实例效果如图11-130所示。

扫一扫，看视频

图11-130

操作步骤：

　步骤 01 首先新建一个大小合适的横版文档，同时将背景图层填充为黄色，接着选择工具箱中的"矩形工具"，在选项栏中设置"绘制模式"为"形状"，圆角的半径为30像素，在画面中间位置绘制图形，绘制完成后在选项栏中设置"填充"为白色，"描边"为蓝色，"粗细"为4点，如图11-131所示。

图11-131

　步骤 02 继续使用"矩形工具"，绘制一个描边的"粗细"为1点，圆角的半径为8像素的圆角矩形，如

图11-132所示。

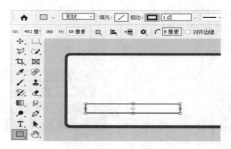

图11-132

　步骤 03 将素材1置入，放在画面下方位置。同时将该图层进行栅格化处理，如图11-133所示。

图11-133

　步骤 04 在文档中添加文字。选择工具箱中的"横排文字工具"，在选项栏中设置合适的字体、字号和颜色，设置完成后在大的圆角矩形内部单击输入文字，如图11-134所示。

　步骤 05 文字输入完成后按快捷键Ctrl+Enter完成操作。然后继续使用该工具输入其他文字，效果如图11-135所示。

图11-134　　　　　　　图11-135

　步骤 06 在工具箱中选择"自定形状工具"，接着在选项栏中设置"绘制模式"为"形状"，在"形状"下拉面板中选择"旧版形状及其他→所有旧版默认形状→自然"组中的叶子3图形。设置完成后在文字右侧按住鼠标左键拖曳绘制一个叶子图形，绘制完成后在选项栏中设置"填充"为蓝色，"描边"为无，如图11-136所示。（如果没有该图形组，可以执行"窗口→形状"命令，在"形状"面板中执行"旧版形状及其他"命令。）

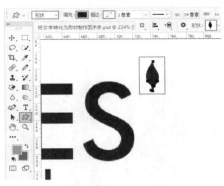

图 11-136

步骤 07 对绘制的树叶形状进行旋转。将该图层选中，使用快捷键Ctrl+T调出定界框，将光标放在定界框一角的控制点外侧，按住鼠标左键进行旋转。操作完成后按Enter键完成操作，如图 11-137 所示。然后将该树叶形状复制两份，将复制得到的树叶进行适当的旋转，放在已有树叶下方位置，效果如图 11-138 所示。

图 11-137   图 11-138

步骤 08 继续使用"横排文字工具"，在选项栏中设置合适的字体、字号和颜色，设置完成后在树叶右侧单击输入一个较大的数字，如图 11-139 所示。

步骤 09 将该文字图层选中，右击执行"转换为形状"命令，将文字图层转换为形状图层，如图 11-140 所示。

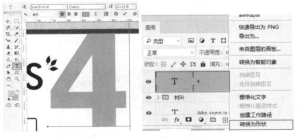

图 11-139   图 11-140

步骤 10 将转换为形状的文字图层选中，使用"直接选择工具"将锚点选中，接着按住鼠标左键向上拖曳，对文字进行变形，如图 11-141 所示。

步骤 11 继续选中下方的两个锚点，向下移动，拉长笔画，效果如图 11-142 所示。

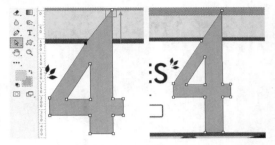

图 11-141   图 11-142

步骤 12 选择工具箱中的"椭圆工具"，在选项栏中设置"绘制模式"为"形状"，在变形文字右侧按住Shift键的同时按住鼠标左键拖曳绘制正圆，绘制完成后在选项栏中设置"填充"为红色，"描边"为无，如图 11-143 所示。

步骤 13 在正圆左下角绘制形状，制作对话框的效果。选择工具箱中的"钢笔工具"，在选项栏中设置"绘制模式"为"形状"，然后绘制形状，绘制完成后在选项栏中设置"填充"为红色，"描边"为无，如图 11-144 所示。

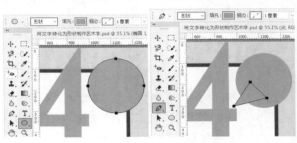

图 11-143   图 11-144

步骤 14 在文档中添加文字。选择工具箱中的"横排文字工具"，在选项栏中设置合适的字体、字号和颜色，设置完成后在正圆上方单击输入文字，如图 11-145 所示。

图 11-145

步骤 15 继续使用该工具输入其他文字，同时对输入的感叹号进行适当的旋转，效果如图11-146所示。

图 11-146

步骤 16 为字母S添加描边效果。将该文字图层选中，执行"图层→图层样式→描边"命令，在弹出的"图层样式"窗口中设置"大小"为6像素，"位置"为"外部"，"混合模式"为"正常"，"不透明度"为100%，"填充类型"为"颜色"，"颜色"为白色，设置完成后单击"确定"按钮，如图11-147所示。效果如图11-148所示。

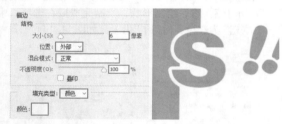

图 11-147   图 11-148

步骤 17 此时本实例制作完成，效果如图11-149所示。

图 11-149

实例：创建文字路径制作斑点字

文件路径	第11章\创建文字路径制作斑点字
技术掌握	横排文字工具、创建工作路径、路径描边

实例说明：

在Photoshop中可以快速地创建文字路径，得到文字路径后可以进行描边路径的操作。在本实例中就是得到文字路径，然后为路径进行描边，制作斑点文字效果。

实例效果：

实例效果如图11-150所示。

图 11-150

操作步骤：

步骤 01 首先新建一个大小合适的横版文档，接着为背景图层填充渐变。选择工具箱中的"渐变工具"，在选项栏中设置"渐变模式"为"经典渐变"，接着在"渐变编辑器"窗口中编辑一个橙红色系的径向渐变，设置"渐变模式"为径向渐变。然后按住鼠标在画面中心向外拖曳，为背景图层填充渐变色，如图11-151所示。

图 11-151

步骤 02 在文档中添加文字。选择工具箱中的"横排文字工具"，在选项栏中设置合适的字体、字号和颜色，设置完成后在画面中间位置单击输入文字，如图11-152所示。文字输入完成后按快捷键Ctrl+Enter完成操作。

图 11-152

步骤 03 在文字下方绘制形状，增加画面细节感。选择工具箱中的"钢笔工具"，在选项栏中设置"绘制模式"为"形状"，在文字下方绘制形状，绘制完成后在选项栏中设置"填充"为白色，"描边"为无，如图11-153所示。绘制完成后，按住Ctrl键加选文字图层和该形状图层，使用快捷键Ctrl+G将其编组。

图 11-153

步骤 04 将图层组选中，执行"图层→图层样式→斜面和浮雕"菜单命令，在弹出的"图层样式"窗口中设置"样式"为"内斜面"，"方法"为"平滑"，"深度"为170%，"方向"为"上"，"大小"为15像素，"软化"为10像素，阴影"角度"为98度，阴影"高度"为16度，"高光模式"为"滤色"，"颜色"为白色，"不透明度"为75%，"阴影模式"为"正片叠底"，"颜色"为黑色，"不透明度"为20%，如图11-154所示。效果如图11-155所示。

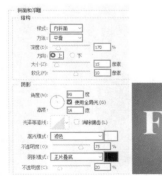

图 11-154

图 11-155

步骤 05 在"图层样式"窗口左侧启用"投影"样式，设置"混合模式"为"正片叠底"，"颜色"为红色，"不透明度"为75%，"角度"为98度，"距离"为15像素，"大小"为5像素。设置完成后单击"确定"按钮，如图11-156所示。效果如图11-157所示。

图 11-156

图 11-157

步骤 06 为文字创建路径。将文字图层选中，右击执行"创建工作路径"命令，创建文字路径，如图11-158所示。可以看到文字周围出现了路径，在"路径"面板中也可以看到创建的路径，如图11-159所示。

图 11-158

图 11-159

步骤 07 在"图层"面板最上方新建一个图层。然后选择工具箱中的"画笔工具"，使用快捷键F5调出"画笔设置"面板。在面板中设置"大小"为40像素，"硬度"为100%，"间距"为140%，如图11-160所示。

步骤 08 设置前景色为黄色，接着选择工具箱中的"钢笔工具"，在路径上右击执行"描边路径"命令，如图11-161所示。

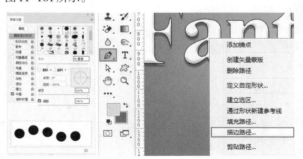

图 11-160　　　　　　　图 11-161

步骤 09 在弹出的"描边路径"窗口中设置"工具"为"画笔"，然后单击"确定"按钮，如图11-162所示。效果如图11-163所示。

图 11-162

第11章 文字

309

图 11-163

步骤 10 选择黄色圆形图层，右击执行"创建剪贴蒙版"命令，将超出文字的部分隐藏，如图11-164所示。

图 11-164

步骤 11 使用同样的方法对文字下方图形添加相同的画笔图案，并创建剪贴蒙版，效果如图11-165所示。

图 11-165

步骤 12 将素材1置入，调整大小后放在文字左上角位置，同时将该图层进行栅格化处理。此时本实例制作完成，效果如图11-166所示。

图 11-166

中文版Photoshop 2024完全案例教程（微课视频版）

滤镜

本章内容简介：

滤镜主要是用来实现图像的各种特殊效果。在Photoshop中有数十种滤镜，有些滤镜效果通过几个参数的设置就能让图像"改头换面"，如"油画"滤镜、"液化"滤镜；有些滤镜效果则让人摸不着头脑，如"纤维"滤镜、"彩色半调"滤镜。这是因为在有些情况下，需要几种滤镜相结合才能制作出令人满意的滤镜效果。这就需要开动脑筋，将多种滤镜相结合使用，从而制作出神奇的效果。我们还可以通过网络进行学习，在网页的搜索引擎中输入"Photoshop 滤镜 教程"关键词，相信能为我们开启一个更广阔的学习空间！

重点知识掌握：

- 掌握滤镜库的使用方法。
- 掌握液化滤镜。
- 掌握高斯模糊滤镜。
- 掌握智能锐化滤镜。
- 掌握滤镜组滤镜的使用方法。

通过本章的学习，我能做什么？

"滤镜"种类非常多，不同类型的滤镜可制作的效果也大不相同。通过使用滤镜功能，我们能够对数码照片进行各种操作，如增强清晰度（锐化）、模拟大光圈的景深效果（模糊）、对人像进行液化瘦身、美化五官结构等。还可以通过多个滤镜的协同使用制作一些特殊效果，如素描效果、油画效果、水彩画效果、拼图效果、火焰效果、做旧杂色效果、雾气效果等。

12.1 使用滤镜

Photoshop中的"滤镜"功能可以为图像添加一些"特殊效果"，例如把照片变成木刻画效果，为图像打上马赛克，使整个照片变模糊，把照片变成"石雕"等。Photoshop中的滤镜集中在"滤镜"菜单中，单击菜单栏中的"滤镜"按钮，在菜单列表中可以看到很多种滤镜，如图12-1所示。

图 12-1

位于滤镜菜单上半部分的几个滤镜通常称为"特殊滤镜"，因为这些滤镜的功能比较强大，有点像独立的软件。

滤镜菜单的第二大部分为"滤镜组"，这里的每个菜单命令下都包含多个滤镜效果，这些滤镜大多数使用起来非常简单，只需执行相应的命令并调整简单参数就能够得到有趣的效果。关于滤镜的参数可以参考本书附赠的电子书《Photoshop滤镜速查手册》。

滤镜菜单的第三大部分为"外挂滤镜"，Photoshop支持使用第三方开发的滤镜，这种滤镜通常被称为"外挂滤镜"。外挂滤镜的种类非常多，如用于人像皮肤美化的滤镜、照片调色滤镜、降噪滤镜、材质模拟滤镜等。这部分可能在菜单中并没有显示，这是因为没有安装其他外挂滤镜（也可能是没有安装成功）。

实例：使用滤镜库制作手绘卡通水果效果

文件路径	第12章\使用滤镜库制作手绘卡通水果效果
技术掌握	滤镜库

实例说明：

滤镜库中集合了很多滤镜，虽然滤镜效果风格迥异，但是使用方法却非常相似。在滤镜库中不仅能够添加一个滤镜，还可以添加多个滤镜，制作出多种滤镜混合的

效果。本章主要讲解如何使用滤镜库，并通过滤镜库制作手绘效果。

实例效果：

实例效果如图12-2所示。

扫一扫，看视频

图 12-2

操作步骤：

步骤 01 将素材1打开，如图12-3所示。本实例主要通过执行"滤镜库"命令，为素材添加"海报边缘"来制作手绘卡通水果效果。

图 12-3

步骤 02 选择背景图层，执行"滤镜→滤镜库"菜单命令，在弹出的"滤镜库"窗口中首先需要选择一个滤镜组，单击"艺术效果"滤镜组。展开滤镜组之后可以在其中单击选择一个滤镜，例如此处选择"海报边缘"滤镜。接着在窗口右侧设置参数，设置"边缘厚度"为3，"边缘强度"为4，"海报化"为1。随着参数的设置，可以直接在左侧看到画面的效果，设置完成后单击"确定"按钮，如图12-4所示。

图 12-4

步骤 03 完成滤镜操作后，滤镜窗口随即被关闭，画面效果如图 12-5 所示。

图 12-5

实例：使用滤镜库制作素描效果

文件路径	第12章\使用滤镜库制作素描效果
技术掌握	去色、曲线、滤镜库

实例说明：

本实例首先对素材进行去色，使其变为黑白图片；接着创建"曲线"调整图层增加画面的明暗对比度；然后盖印画面，使用"滤镜库"命令，为素材使用"粗糙蜡笔"滤镜，从而制作出素描绘画效果。

实例效果：

实例效果如图 12-6 所示。

扫一扫，看视频

图 12-6

操作步骤：

步骤 01 将素材1打开，如图 12-7 所示。执行"图像→调整→去色"菜单命令，将素材进行去色处理，如图 12-8 所示。

图 12-7

图 12-8

步骤 02 增强黑白画面的明暗对比度。执行"图层→新建调整图层→曲线"菜单命令，创建一个"曲线"调整图层。在"属性"面板中对曲线形态进行调整，如图 12-9 所示。效果如图 12-10 所示。然后在该图层选中状态下使用快捷键Ctrl+Shift+Alt+E将图层进行盖印。

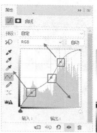

图 12-9　　　　　图 12-10

步骤 03 选择盖印的图层，执行"滤镜→滤镜库"菜单命令，在弹出的窗口中展开"艺术效果"效果组，在其中单击"粗糙蜡笔"按钮，然后在右侧设置"描边长度"为14，"描边细节"为11，"纹理"为"画布"，"缩放"为100%，"凸现"为18，"光照"为"下"。设置完成后单击"确定"按钮，如图 12-11 所示。

图 12-11

步骤 04 将素材2置入，调整大小后使其充满整个画布，同时将该图层进行栅格化处理，如图 12-12 所示。接着设置"混合模式"为"正片叠底"，如图 12-13 所示。

图 12-12　　　　　图 12-13

步骤 05 此时本实例制作完成，效果如图 12-14 所示。

图 12-14

 实例秘诀

在使用"滤镜库"中的滤镜为图像添加效果时，可以进行多次尝试。选择不同的滤镜，进行不同的参数设置，都会呈现不同的效果。在实际的操作中不一定一次就选中合适的滤镜，只有在经过多次尝试之后才会让画面呈现出最佳效果。

实例：校正照片的透视问题

文件路径	第12章\校正照片的透视问题
技术掌握	"镜头校正"滤镜

扫一扫，看视频 **实例说明：**

在使用数码相机拍摄照片时，经常会出现扭曲、歪斜、四角失光等现象，而使用"镜头校正"滤镜可以轻松校正这一系列问题。

实例效果：

实例对比效果如图12-15和图12-16所示。

图 12-15　　　　　　图 12-16

操作步骤：

步骤01 首先将素材1打开，如图12-17所示。此时可以看到画面中存在地平线向下凹陷且四角较暗等问题。

图 12-17

步骤02 执行"滤镜→镜头校正"菜单命令，打开"镜头校正"窗口。在该窗口中勾选底部的"显示网格"，这样便于观察地平线的变形情况，如图12-18所示。

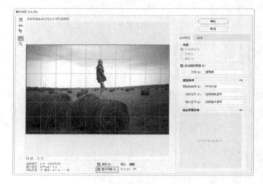

图 12-18

步骤03 对地平线进行调整。在右侧单击"自定"按钮切换到"自定"选项卡，设置"移去扭曲"为-24.00。此时地平线基本处于水平状态，如图12-19所示。

图 12-19

步骤04 校正画面四角的偏暗的问题。设置晕影"数量"为+30，此时可以看到四角的亮度被提高，如图12-20所示。

图 12-20

步骤 05 此时画面有一些倾斜，需要对画面进行适当旋转。在"变换"选项中设置"角度"为 1.50°。设置完成后单击"确定"按钮，如图 12-21 所示。此时将照片的透视调整到合适的状态。

图 12-21

实例秘诀

在实际的图像处理中，设置的参数往往都是通过大量尝试才可以得到合适的数值，所以在进行练习时，可以尝试不同的参数效果来理解选项的功能。

实例：使用"液化"滤镜制作抽象背景

文件路径	第 12 章\使用"液化"滤镜制作抽象背景
技术掌握	"液化"滤镜

实例说明：

在"液化"滤镜中，图片就如同刚画好的油画，用手"推"一下画面中的油彩，就能使图像内容发生变形。"液化"滤镜主要应用于两个方向：一个是改变图形的形态；另一个是修饰人像面部以及身形。

实例效果：

实例效果如图 12-22 所示。

扫一扫，看视频

图 12-22

操作步骤：

步骤 01 首先新建一个大小合适的横版文档。接着选择工具箱中的"椭圆工具"，在选项栏中设置"绘制模式"为"形状"，在画面中间位置按住Shift键的同时按住鼠标左键拖曳绘制一个正圆，绘制完成后在选项栏中设置"填充"为深蓝色，"描边"为无。如图 12-23 所示。

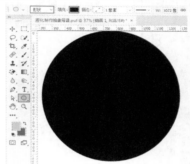

图 12-23

步骤 02 将正圆图层选中，使用快捷键Ctrl+J将其复制一份。接着选择复制得到的图层，在"椭圆工具"使用状态下将其颜色更改为深橘色。然后使用快捷键Ctrl+T调出定界框，将光标放在定界框一角的控制点外侧，按住快捷键Shift+Alt的同时按住鼠标左键拖曳进行等比例中心缩小，如图 12-24 所示。操作完成后按Enter键完成操作。

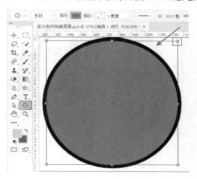

图 12-24

步骤 03 使用同样的方法多次对正圆图层进行复制，并进行颜色的更改。然后在自由变换状态下将复制得到的图形进行等比例中心缩小，效果如图12-25所示。按住Ctrl键依次加选所有正圆图层，使用快捷键Ctrl+G进行编组。然后选择图层组，使用快捷键Ctrl+T调出定界框，然后按住快捷键Alt+Shift将正圆等比例放大，使其能够覆盖住整个画面，如图12-26所示。变换完成后按Enter键确定变换。

图 12-25　　　　　　图 12-26

步骤 04 选择图层组并复制一个图层组，右击执行"转换为智能对象"命令，将该图层组转换为智能对象，如图12-27所示。以备后面操作使用。

图 12-27

步骤 05 将智能对象图层选中，执行"滤镜→液化"菜单命令，打开"液化"窗口。在该窗口中单击左侧工具箱中的"顺时针旋转扭曲工具"按钮，设置较大笔尖的画笔，设置完成后在画面中按住鼠标左键不放对图形进行扭曲旋转，如图12-28所示。

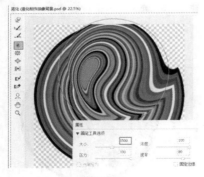

图 12-28

选项解读："液化"滤镜的工具

向前变形工具 ：在画面中按住鼠标左键并拖曳，可以向前推动像素。

重建工具 ：用于恢复变形的图像，类似于撤销。在变形区域单击或拖曳鼠标进行涂抹时，可以使变形区域的图像恢复到原来的效果。

平滑工具 ：在画面中按住鼠标左键并拖曳，可以将不平滑的边界区域变得平滑。

顺时针旋转扭曲工具 ：按住鼠标左键拖曳鼠标可以顺时针旋转像素。如果按住Alt键按住鼠标左键进行操作，则可以逆时针旋转像素。

褶皱工具 ：按住鼠标左键并拖曳可以使像素向画笔区域的中心移动，使图像产生内缩效果。

膨胀工具 ：按住鼠标左键并拖曳可以使像素向画笔区域中心以外的方向移动，使图像产生向外膨胀的效果。

左推工具 ：按住鼠标左键向上拖曳时像素会向左移动；反之，像素则向右移动。

冻结蒙版工具 ：在进行液化细节调节时，有可能附近的部分也被液化了，因此就需要把某一些区域冻结，这样就不会影响到这部分区域了。

解冻蒙版工具 ：使用该工具在冻结区域涂抹，可以将其解冻。

脸部工具 ：单击该工具，将光标移动至脸部的边缘会显示控制点，然后拖曳控制点即可对面部进行变形。

步骤 06 重复该操作使图形继续扭曲，操作完成后单击"确定"按钮，效果如图12-29所示。

步骤 07 选择工具箱中的"矩形工具"，在选项栏中设置"绘制模式"为"形状"，在画面中间位置绘制矩形，绘制完成后在选项栏中设置"填充"为黑色，"描边"为无，如图12-30所示。

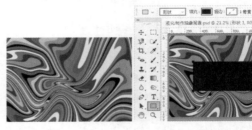

图 12-29　　　　　　图 12-30

步骤 08 将该矩形选中，在"图层"面板中设置"不透明度"为80%，将下方的图形显示出来，如图12-31所示。

步骤 09 继续使用"矩形工具"，在选项栏中设置"绘制模式"为"形状"，在黑色矩形上方绘制一个矩形，绘制完成后在选项栏中设置"填充"为无，"描边"为白色，"粗细"为3像素，如图12-32所示。

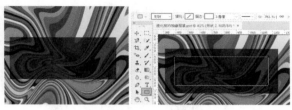

图 12-31　　　　　　　图 12-32

步骤 10 在画面中添加文字。选择工具箱中的"横排文字工具"，在选项栏中设置合适的字体、字号和颜色，设置完成后在白色描边矩形上方单击添加文字，如图12-33所示。文字输入完成后按快捷键Ctrl+Enter完成操作。

图 12-33

步骤 11 继续使用该工具，在选项栏中设置合适的字体、字号和颜色，设置完成后在已有文字下方单击输入文字，如图12-34所示。

图 12-34

步骤 12 对后输入的文字间距进行调整。将该文字图层选中，执行"窗口→字符"菜单命令，打开"字符"面板。在该面板中设置"字符间距"为1100，如图12-35所示。

效果如图12-36所示。

图 12-35　　　　　　　图 12-36

实例：使用"液化"滤镜调整人物身形

文件路径	第12章\使用"液化"滤镜调整人物身形
技术掌握	"液化"滤镜

实例说明：

　　本实例主要使用液化中的"向前变形工具"针对头发、脸颊及腰身的位置进行调整，使用"褶皱工具"对手臂进行"瘦身"处理。从而得到一张身材纤瘦、发型柔美的人物写真像。 扫一扫，看视频

实例效果：

　　实例对比效果如图12-37和图12-38所示。

图 12-37　　　　　图 12-38

操作步骤：

步骤 01 将素材1打开，接着将背景图层复制一份，如图12-39所示。

图 12-39

步骤 02 选择复制得到的图层，执行"滤镜→液化"菜单命令，打开"液化"窗口。首先调整人物右侧的发型。在该窗口中单击左侧工具箱中的"向前变形工具" 按钮，接着在窗口右侧设置画笔"大小"为250，"密度"为50，"压力"为100，勾选"固定边缘"，设置完成后将光标放置在左侧头发处，按住鼠标左键由外向内拖曳，如图12-40所示。

图 12-40

> **选项解读："向前变形"工具选项**
>
> 画笔大小：用来设置扭曲图像的画笔大小。
>
> 画笔浓度：控制画笔边缘的羽化范围。画笔中心产生的效果最强，边缘处最弱。
>
> 画笔压力：控制画笔在图像上产生扭曲的速度。
>
> 画笔速率：设置使用的工具（如旋转扭曲工具）在预览图像中保持静止时扭曲所应用的速度。
>
> 光笔压力：当计算机配有压感笔和数位板时，勾选该选项可以通过压感笔的压力来控制工具。
>
> 固定边缘：勾选该选项，在对画面边缘进行变形时，不会出现透明的缝隙。

步骤 03 调整右侧发型，保持画笔属性不变，将光标放置在右侧头发处，按住鼠标左键继续由外向内拖曳，如图12-41所示。

图 12-41

步骤 04 准备调整身形。在"液化"窗口左侧单击"冻结蒙版工具" 按钮，在窗口右侧设置画笔"大小"为100，"密度"为50，"压力"为100，然后将光标放置在两只手臂处进行涂抹，防止在调整身形过程中将手臂变形，如图12-42所示。

步骤 05 开始调整身形，切换到"向前变形工具"按钮，在右侧设置画笔"大小"为100，其他不变，然后将其背部、腰部及腹部线条向内移动，如图12-43所示。

图 12-42   图 12-43

步骤 06 对手臂进行液化处理。在"液化"窗口中单击"解冻蒙版工具" 按钮。将刚才冻结的位置擦去，如图12-44所示。

图 12-44

> **提示：快速去除蒙版**
>
> 使用"解冻蒙版工具"可以方便地对局部区域的蒙版进行擦除，而如果想要快速去除全部蒙版，则可以单击右侧"蒙版选项"中的"无"，如图12-45所示。

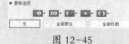

图 12-45

步骤 07 单击"褶皱工具"按钮，并在右侧设置画笔"大小"为250，"密度"为50，"压力"为1，"速度"为80，设置完成后将光标移动到手臂处，按住鼠标左键并拖曳，对手臂进行液化处理，使之变瘦。完成操作后单击"确定"按钮，如图12-46所示。

中文版Photoshop 2024完全案例教程（微课视频版）

步骤 08 此时本实例制作完成,效果如图12-47所示。

图 12-46　　　　　图 12-47

实例:尝试使用滤镜组处理图像

文件路径	第12章\尝试使用滤镜组处理图像
技术掌握	滤镜组的使用

实例说明:

Photoshop的滤镜多达几十种,一些效果相近的、工作原理相似的滤镜被集合在滤镜组中,滤镜组中的滤镜的使用方法非常相似:几乎都是"选择图层"→"执行命令"→"设置参数"→"单击确定"这几个步骤。差别在于不同的滤镜,其参数选项略有不同,但是好在滤镜的参数效果大部分都是可以实时预览的,所以可以随意调整参数来观察效果。

实例效果:

实例对比效果如图12-48和图12-49所示。

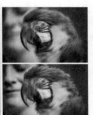

图 12-48　　　　　图 12-49

操作步骤:

步骤 01 将素材1打开,接着选择需要进行滤镜操作的图层,如图12-50所示。例如,执行"滤镜→模糊→径向模糊"菜单命令,随即可以打开"径向模糊"窗口,接着进行参数的设置,单击"确定"按钮可以完成操作,如图12-51所示。

图 12-50　　　　　　图 12-51

步骤 02 此时画面效果如图12-52所示。

步骤 03 在任何一个滤镜对话框中按住Alt键,"取消"按钮都将变成"复位"按钮,如图12-53所示。单击"复位"按钮,可以将滤镜参数恢复到默认设置。

图 12-52　　　　　　图 12-53

> **提示:如何终止滤镜效果**
>
> 在应用滤镜的过程中,如果要终止处理,可以按Esc键。

步骤 04 如果图像中存在选区,则滤镜效果只应用在选区之内,如图12-54和图12-55所示。

图 12-54　　　　　　图 12-55

步骤 05 刚刚使用到的滤镜无法直接预览效果,而有些滤镜是可以在参数设置窗口中直接观察到效果的。例如,执行"滤镜→模糊→高斯模糊"菜单命令,随即可以打开"高斯模糊"窗口,接着进行参数的设置,在该窗口左侧的预览窗口中可以预览滤镜效果,在预览窗口的下方可以单击放大镜按钮放大或缩小画面显示比例,如图12-56所示。

图 12-56

 提示：重复使用上一次滤镜

当应用完一个滤镜以后，"滤镜"菜单下的第1行会出现该滤镜的名称。执行该命令或按快捷键Alt+Ctrl+F，可以按照上一次应用该滤镜的参数配置再次对图像应用该滤镜。

实例：使用智能滤镜对画面局部添加滤镜

文件路径	第12章\使用智能滤镜对画面局部添加滤镜
技术掌握	智能滤镜、"查找边缘"滤镜、"油画"滤镜

实例说明：

直接对图层进行滤镜操作时是直接应用于画面本身的，这是具有"破坏性"的。所以我们也可以使用"智能滤镜"使其变为"非破坏"并且可以再次调整的滤镜。

应用于智能对象的任何滤镜都是智能滤镜，智能滤镜属于"非破坏性滤镜"，因为可以进行参数调整、移除、隐藏等操作。而且智能滤镜还带有一个蒙版，可以调整其作用范围。

扫一扫，看视频

实例效果：

实例效果如图12-57所示。

图 12-57

操作步骤：

步骤 01 将背景素材1打开。接着将背景素材复制一份，执行"滤镜→转换为智能滤镜"菜单命令，在弹出的窗口中单击"确定"按钮。选择的图层即可变为智能图层，如图12-58所示。

图 12-58

步骤 02 选择转换为智能滤镜的图层，接着为该图层使用滤镜命令。执行"滤镜→风格化→查找边缘"菜单命令，此时可以看到"图层"面板中的智能图层发生了变化，如图12-59所示。效果如图12-60所示。

图 12-59　　　　　　　图 12-60

步骤 03 执行"滤镜→风格化→油画"菜单命令，在弹出的窗口中设置"描边样式"为10.0，"描边清洁度"为7.8，"缩放"为1.5，"硬毛刷细节"为10.0，"角度"为-60度，"闪亮"为1.3，如图12-61所示。

图 12-61

步骤 04 此时可以看到"图层"面板中添加了该效果的滤镜，如图12-62所示。效果如图12-63所示。

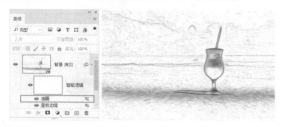

图 12-62　　　　　图 12-63

步骤 05 将添加的滤镜效果部分隐藏，将图像的原本色彩显示出来。选择该图层的滤镜蒙版，使用大小合适的半透明柔边圆画笔，同时设置前景色为黑色，设置完成后在蒙版区域涂抹，隐藏部分的滤镜效果，如图12-64所示。效果如图12-65所示。此时本实例制作完成。

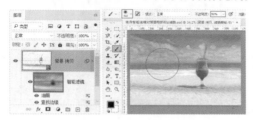

图 12-64　　　　　图 12-65

步骤 06 如果想要重新调整滤镜的参数，双击已添加的滤镜名称即可重新弹出参数设置窗口，如图12-66所示。

图 12-66

实例秘诀

智能滤镜需要应用于智能对象图层，所以首先要将普通图层转换为智能对象。

有些滤镜是没有实时预览功能的，所以在应用这些滤镜时，难免需要多次调整参数，这时使用"智能滤镜"功能就可以方便地随时调整参数了。

智能对象不仅可以应用智能滤镜，还可以应用调色命令，且调色命令也会像应用过的智能滤镜一样排列在"图层"面板中。

12.2 "风格化"滤镜组

执行"滤镜→风格化"菜单命令，在子菜单中可以看到多种滤镜，如图12-67所示。滤镜效果如图12-68所示。

图 12-67　　　　　图 12-68

实例：制作拼贴感背景

文件路径	第12章\制作拼贴感背景
技术掌握	"拼贴"滤镜

实例说明：

使用"拼贴"命令能够将图像分割成若干小块，呈现出拼贴效果。

实例效果：

实例效果如图12-69所示。

图 12-69

操作步骤：

步骤 01 首先将背景素材1打开。接着将背景图层复制一份，然后选择复制得到的背景图层，执行"滤镜→转换为智能滤镜"菜单命令，在弹出的窗口中单击"确定"按钮，将该图层转换为智能滤镜，如图12-70所示。

图12-70

步骤 02 为智能滤镜图层添加滤镜，制作拼贴画效果。首先设置前景色为白色，接着将该图层选中，执行"滤镜→风格化→拼贴"菜单命令，在弹出的"拼贴"窗口中设置"拼贴数"为10，"最大位移"为10%，"填充空白区域用"为"前景颜色"。设置完成后单击"确定"按钮，如图12-71所示。效果如图12-72所示。

图12-71　　　　　　图12-72

步骤 03 此时主体物也被分割成若干小块，所以需要将该位置的拼贴效果隐藏。单击智能滤镜蒙版缩览图，选择大小合适的柔边圆画笔，设置前景色为黑色，设置完成后在篮子位置涂抹，将滤镜效果隐藏。图层蒙版如图12-73所示。效果如图12-74所示。

图12-73　　　　　　　　图12-74

步骤 04 此时画面呈现出拼贴画的背景，而主体物清晰可见，效果如图12-75所示。

图12-75

实例：青色调油画效果

文件路径	第12章\青色调油画效果
技术掌握	"油画"滤镜

扫一扫，看视频

实例说明：

在本实例中，先为图像添加"油画"滤镜将画面转换为油画效果，然后进行颜色的调整，制作出冷色调的色彩。

实例效果：

实例对比效果如图12-76和图12-77所示。

图 12-76　　　　图 12-77

操作步骤：

步骤 01 将素材1打开，复制背景图层，如图12-78所示。

图 12-78

步骤 02 隐藏上层图层，对下层图层执行"滤镜→风格化→油画"菜单命令，在弹出的窗口中设置"描边样式"为10.0，"描边清洁度"5.0，"缩放"为0.1，"角度"为158度，"闪亮"1.5，设置完成后单击"确定"按钮提交操作，如图12-79所示。此时画面效果如图12-80所示。

图 12-79　　　　图 12-80

步骤 03 选择并显示出上层图层，再次执行"滤镜→风格→油画"菜单命令，在弹出的窗口中设置"描边样式"为0.8，"描边清洁度"5.0，"缩放"为0.1，"角度"为158度，"闪亮"1.5，设置完成后单击"确定"按钮提交操作，如图12-81所示。此时画面效果如图12-82所示。

图 12-81　　　　图 12-82

选项解读：油画滤镜

描边样式：通过调整参数调整笔触样式。

描边清洁度：通过调整参数设置纹理的柔化程度。

缩放：设置纹理缩放程度。

硬毛刷细节：设置画笔细节程度，数值越大，毛刷纹理越清晰。

光照：启用该选项，画面中会显出画笔肌理受光照后的明暗感。

角度：启用"光照"选项，可以通过"角度"设置光线的照射方向。

闪亮：启用"光照"选项，可以通过"闪亮"控制纹理的清晰度，产生锐化效果。

步骤 04 选中上层图层，单击"图层"面板底部的"添加图层蒙版"按钮为该图层添加图层蒙版。选中图层蒙版，将前景色设置为黑色，选择工具箱中的"画笔工具"，设置合适的笔尖大小，然后在画面中的天空位置涂抹，隐藏该图层天空的部分，露出下一层中的内容。如图12-83所示。效果如图12-84所示。

图 12-83　　　　图 12-84

步骤 05 提高草坪区域的亮度。单击"调整"面板中的

"曲线"按钮，新建一个"曲线"调整图层。在"属性"面板中对曲线形态进行调整，如图12-85所示。效果如图12-86所示。

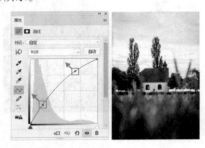

图 12-85　　　　图 12-86

步骤 06 单击"曲线"调整图层蒙版，将前景色设置为黑色，选择工具箱中的"画笔工具"，设置合适的笔尖大小，然后在画面中的天空位置涂抹，隐藏天空位置的调色效果，如图12-87所示。

图 12-87

步骤 07 对整体色调进行调整。单击"调整"面板中的"可选颜色"按钮，新建一个"可选颜色"调整图层。接着在"属性"面板中设置"颜色"为"白色"，设置"青色"为+60%，如图12-88所示；设置"颜色"为"黑色"，设置"青色"为+20%，如图12-89所示。

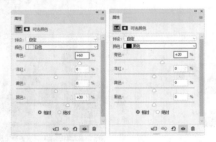

图 12-88　　　　图 12-89

步骤 08 此时本实例制作完成，效果如图12-90所示。

图 12-90

12.3 "模糊"滤镜组

在"模糊"滤镜组中集合了多种模糊滤镜，为图像应用模糊滤镜能够使图像内容变得柔和，并能淡化边界的颜色。使用"模糊"滤镜组中的滤镜可以进行磨皮、制作景深效果或者模拟高速摄像机跟拍效果。

执行"滤镜→模糊"菜单命令，可以在子菜单中看到多种用于模糊图像的滤镜。这些滤镜适合应用于不同的场合，"高斯模糊"是最常用的图像模糊滤镜；"模糊""进一步模糊"属于无参数滤镜，无参数可供调整，适合轻微模糊的情况；"表面模糊""特殊模糊"常用于为图像降噪；"动感模糊""径向模糊"会沿着一定方向进行模糊；"方框模糊""形状模糊"是以特定的形状进行模糊；"镜头模糊"常用于模拟大光圈摄影效果；"平均"用于获取整个图像的平均颜色值。

实例：使用"高斯模糊"滤镜处理背景突出主体物

文件路径	第12章\使用"高斯模糊"滤镜处理背景突出主体物
技术掌握	"高斯模糊"滤镜

实例说明：

"高斯模糊"滤镜是滤镜组中使用频率最高的滤镜。使用该滤镜能够使图片产生模糊的效果。在本实例中，将照片进行高斯模糊，使其形成虚化的背景，从而突出前景的文字。

实例效果：

实例效果如图12-91所示。

扫一扫，看视频

中文版Photoshop 2024完全案例教程（微课视频版）

图 12-91

操作步骤：

步骤 01 将背景素材1打开，如图12-92所示。执行"滤镜→模糊→高斯模糊"菜单命令，在弹出的"高斯模糊"窗口中设置"半径"为35.0像素，设置完成后单击"确定"按钮，如图12-93所示。效果如图12-94所示。

图 12-92   图 12-93

图 12-94

> 选项解读："高斯模糊"滤镜
>
> 　　半径：调整用于计算指定像素平均值的区域大小。数值越大，产生的模糊效果越强烈。

步骤 02 选择工具箱中的"矩形工具"，在选项栏中设置"绘制模式"为"形状"，在画面中间位置绘制矩形，绘制完成后在选项栏中设置"填充"为白色到灰色的线性渐变，设置"渐变角度"为90°，"缩放"为100%，"描边"为无，如图12-95所示。

图 12-95

步骤 03 在文档中添加文字。选择工具箱中的"横排文字工具"，在选项栏中设置合适的字体、字号和颜色，设置完成后在渐变矩形上方单击添加文字，如图12-96所示。文字输入完成后按快捷键Ctrl+Enter完成操作。

图 12-96

步骤 04 将该文字图层选中，执行"窗口→字符"菜单命令，在弹出的"字符"面板中设置"水平缩放"为118%，然后单击"仿粗体"按钮将文字进行加粗，如图12-97所示。效果如图12-98所示。

图 12-97   图 12-98

步骤 05 再次将背景素材置入，放在主体文字上方，并将其进行栅格化处理，如图12-99所示。然后将背景素材图层选中，右击执行"创建剪贴蒙版"命令，为其创建剪贴蒙版，将素材不需要的部分隐藏，如图12-100所示。

图 12-99 　　　　　　图 12-100

步骤 06 使用同样的方法在主体文字上方和下方输入其他的点文字，并在"字符"面板中对文字进行加粗和将字母全部设置为大写等设置，效果如图 12-101 所示。

图 12-101

步骤 07 使用矩形工具，在选项栏中设置"绘制模式"为"形状"，在文字之间绘制一个小的矩形条，将文字分割开来，绘制完成后在选项栏中设置"填充"为灰色，"描边"为无，图 12-102 所示为画面增加细节效果。此时本实例制作完成，效果如图 12-103 所示。

图 12-102 　　　　　　图 12-103

实例：使用"高斯模糊"滤镜制作海报

文件路径	第12章\使用"高斯模糊"滤镜制作海报
技术掌握	"高斯模糊"滤镜

实例说明：

本实例主要使用"高斯模糊"滤镜为图像添加模糊效果，然后再结合"横排文字工具"的使用来制作海报。

实例效果：

实例效果如图 12-104 所示。

扫一扫，看视频

图 12-104

操作步骤：

步骤 01 将素材打开。单击工具箱中的"多边形套索"工具，在画面右下方绘制梯形，如图 12-105 所示。

图 12-105

步骤 02 在当前选区状态下，使用快捷键Ctrl+J将选区内的图形复制形成一个新图层。然后将该新图层选中，执行"滤镜→模糊→高斯模糊"菜单命令，在弹出的"高斯模糊"窗口中设置"半径"为10.0像素。设置完成后单击"确定"按钮，如图 12-106 所示。效果如图 12-107 所示。

图 12-106 　　　　　　图 12-107

中文版Photoshop 2024完全案例教程（微课视频版）

步骤 03 继续选择背景图层，使用同样的方法将素材上半部分的选区绘制出来，将其复制形成新图层，如图12-108所示。然后在"高斯模糊"窗口中设置"半径"为20.0像素，如图12-109所示。效果如图12-110所示。

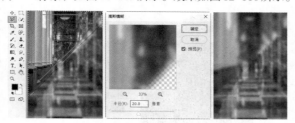

图 12-108　　　　图 12-109　　　　图 12-110

步骤 04 选择工具箱中的"直线工具"，在选项栏中设置"绘制模式"为"形状"，"粗细"为5像素。在两个不同模糊数值图像的交接位置绘制直线，绘制完成后在选项栏中设置"填充"为白色，"描边"为无，如图12-111所示。

步骤 05 选择工具箱中的"矩形工具"，在选项栏中设置"绘制模式"为"形状"，在白色直线上方绘制一个矩形，绘制完成后在选项栏中设置"填充"为无，"描边"为灰色，"粗细"为17.5点，如图12-112所示。

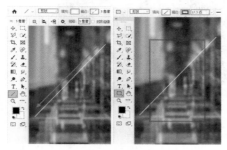

图 12-111　　　　　　　图 12-112

步骤 06 在画面中添加文字。选择工具箱中的"横排文字工具"，在选项栏中设置合适的字体、字号和颜色，设置完成后在画面中单击输入文字，如图12-113所示。文字输入完成后按快捷键Ctrl+Enter完成操作。

图 12-113

步骤 07 选择该文字图层，在"图层"面板中将"不透明度"设置为80%，如图12-114所示。

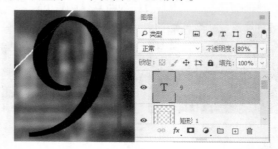

图 12-114

步骤 08 将文字图层移动至两个添加"高斯模糊"滤镜的图像图层中间位置，将文字的左上角遮挡起来，如图12-115所示。然后使用同样的方法在画面中添加其他文字。本实例制作完成，效果如图12-116所示。

图 12-115　　　　　　图 12-116

实例：使用"镜头模糊"滤镜虚化背景

文件路径	第12章\使用"镜头模糊"滤镜虚化背景
技术掌握	"镜头模糊"滤镜

实例说明：

　　摄影爱好者对于"大光圈"这个词肯定不陌生，使用大光圈可以拍摄出主体物清晰而背景虚化柔和的效果，也就是专业术语中所说的"浅景深"。这种"浅景深"效果在拍摄人像或者静物时十分常用。而在Photoshop中，"镜头模糊"滤镜能够模仿出非常逼真的浅景深效果。这里所说的"逼真"是因为"镜头模糊"滤镜可以通过"通道"或"蒙版"中的黑白信息为图像中的不同部分施加以不同程度的模糊。而"通道"和"蒙版"中的信息则是我们可以控制的。

扫一扫，看视频

实例效果：

实例对比效果如图12-117和图12-118所示。

图 12-117

图 12-118

操作步骤：

步骤 01 将素材1打开。选择工具箱中的"快速选择工具"，单击选项栏中的"添加到选区"按钮，设置合适的笔尖大小，然后在画面顶部区域按住鼠标左键拖动，得到其选区，如图12-119所示。

图 12-119

步骤 02 在当前选区状态下，执行"窗口→通道"菜单命令，打开"通道"面板。在该面板中单击下方的"将选区存储为通道"按钮 ▣，新建一个Alpha 1通道，如图12-120所示。此时蒙版黑白关系如图12-121所示。最后使用快捷键Ctrl+D取消选区的选择。

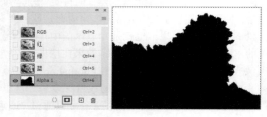
图 12-120　　　　　　　图 12-121

步骤 03 将前景色设置为白色，选择工具箱中的"画笔工具"，设置合适的笔尖大小，然后在右下方的位置

涂抹，使其边缘变得柔和，这样模糊后就不会出现生硬的边缘，如图12-122所示。单击RGB复合通道，如图12-123所示。

图 12-122　　　　　　　图 12-123

步骤 04 回到"图层"面板中，选择背景图层，执行"滤镜→模糊→镜头模糊"菜单命令，在弹出的"镜头模糊"窗口中设置"源"为Alpha 1，"模糊焦距"为0，"半径"为40。设置完成后单击"确定"按钮，如图12-124所示。此时主体花朵清晰，背景花朵模糊，画面也产生了一定的空间感。

图 12-124

> **选项解读："镜头模糊"滤镜**
>
> 　　深度映射：从"源"下拉列表中可以选择使用Alpha通道或图层蒙版来创建景深效果（前提是图像中存在Alpha通道或图层蒙版），其中通道或蒙版中的白色区域将被模糊，而黑色区域则保持原样；"模糊焦距"选项用来设置位于焦点内的像素的深度；"反相"选项用来反转Alpha通道或图层蒙版。
>
> 　　光圈：该选项组用来设置模糊的显示方式。"形状"选项用来选择光圈的形状；"半径"选项用来设置模糊的数量；"叶片弯度"选项用来设置对光圈边缘进行平滑处理的程度；"旋转"选项用来旋转光圈。

镜面高光：该选项组用来设置镜面高光的范围。"亮度"选项用来设置高光的亮度；"阈值"选项用来设置亮度的停止点，比停止点值亮的所有像素都被视为镜面高光。

杂色："数量"选项用来在图像中添加或减少杂色；"分布"选项用来设置杂色的分布方式，包含"平均"和"高斯分布"两种；如果选择"单色"选项，则添加的杂色为单一颜色。

实例：使用"平均"滤镜制作与画面匹配的颜色

文件路径	第12章\使用"平均"滤镜制作与画面匹配的颜色
技术掌握	"平均"滤镜

实例说明：

在平面设计中，色彩搭配非常重要。对于一些新手来说，为画面选择一种合适的颜色是一件非常头疼的事情。本实例就来学习一种快速获得画面相匹配颜色的方法。本实例是将主图进行复制，并利用"平均"滤镜得到画面颜色的"平均值"，然后将这种颜色作为文字底色，与图像进行搭配。

实例效果：

实例效果如图12-125所示。

扫一扫，看视频

图 12-125

操作步骤：

步骤 01 将背景素材1打开，如图12-126所示。接着使用快捷键Ctrl+J将背景图层复制一份。然后选择复制得到的背景图层，执行"滤镜→模糊→平均"菜单命令，得到画面颜色的平均值。效果如图12-127所示。

图 12-126　　　　图 12-127

步骤 02 选择工具箱中的"矩形选框工具"，在画面中绘制矩形选区，如图12-128所示。接着使用快捷键Ctrl+Shift+I将选区反选，然后按Delete键将选区内的图形删除，如图12-129所示。操作完成后使用快捷键Ctrl+D取消选区。

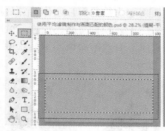 

图 12-128　　　　　　　图 12-129

步骤 03 选择工具箱中的"矩形工具"，在选项栏中设置"绘制模式"为"形状"，在绿色矩形上边框位置绘制一个小的矩形条，绘制完成后在选项栏中设置"填充"为白色，"描边"为无，如图12-130所示。

步骤 04 将白色矩形图层选中，使用快捷键Ctrl+J将该图层复制一份。然后将复制得到的图形向下移动至绿色矩形的下边框位置，如图12-131所示。

图 12-130　　　　　　图 12-131

步骤 05 将文字素材2置入，放在绿色矩形中间位置。同时将该图层进行栅格化处理。此时本实例制作完成，效果如图12-132所示。

图 12-132

12.4 "模糊画廊"滤镜组

"模糊画廊"滤镜组中的滤镜同样是对图像进行模糊处理的，但这些滤镜主要用于为数码照片制作特殊的模糊效果，如模拟景深效果、旋转模糊、移轴摄影、微距摄影等特殊效果。这些简单、有效的滤镜非常适合摄影工作者。图 12-133 所示为不同滤镜的效果。

场景模糊　　　　光圈模糊　　　　倾斜模糊

路径模糊　　　　旋转模糊

图 12-133

实例：制作移轴摄影效果

文件路径	第12章\制作移轴摄影效果
技术掌握	"移轴模糊"滤镜

扫一扫，看视频 **实例说明：**

移轴摄影即移轴镜摄影，泛指利用移轴镜头创作的作品。从画面上看所拍摄的照片效果就像是缩微模型一样，非常特别。那么，如果没有移轴镜头但想要制作移轴效果该怎么办呢？答案当然是通过Photoshop进行后期调整，在该软件中可以使用"移轴模糊"滤镜轻松地

模拟"移轴摄影"效果。本实例是要将画面中除了中间船的部位之外的其他区域进行模糊，然后再对其自然饱和度、亮度/对比度进行调整。

实例效果：

实例对比效果如图 12-134 和图 12-135 所示。

图 12-134　　　　　　　图 12-135

操作步骤：

步骤 01 将背景素材1打开，执行"滤镜→模糊画廊→移轴模糊"菜单命令，打开"移轴模糊"窗口。首先将光标放在"控制点"位置，按住鼠标左键将其适当地向下移动，移动至船的位置，这样船的位置就不会被模糊，如图 12-136 所示。接着设置"模糊"为160像素。设置完成后单击"确定"按钮，如图 12-137 所示。

图 12-136　　　　　　　图 12-137

> **提示：调整模糊过渡效果**
>
> 拖曳上下两端的"虚线"可以调整清晰和模糊范围的过渡效果，如图 12-138 所示。按住鼠标左键拖曳实线上圆形的控制点可以旋转控制框，如图 12-139 所示。

图 12-138　　　　　　　图 12-139

步骤 02 此时画面整体颜色偏灰，颜色饱和度较低，需要适当提高画面的自然饱和度。执行"图层→新建调整

图层→自然饱和度"菜单命令，创建一个"自然饱和度"调整图层。然后在"属性"面板中设置"自然饱和度"为+100，如图 12-140 所示。效果如图 12-141 所示。

图 12-140　　　　　　图 12-141

步骤 03　提高整个画面的亮度。执行"图层→新建调整图层→亮度/对比度"菜单命令，创建一个"亮度/对比度"调整图层。在"属性"面板中设置"亮度"为43，如图 12-142 所示。此时本实例制作完成，效果如图 12-143 所示。

图 12-142　　　　　　图 12-143

实例：使用"场景模糊"滤镜制作飞驰的汽车

文件路径	第 12 章\使用"场景模糊"滤镜制作飞驰的汽车
技术掌握	"场景模糊"滤镜、"旋转模糊"滤镜

实例说明：

　　本实例用到"模糊画廊"滤镜组中的两种滤镜，先将图层转换为智能图层，然后添加"旋转模糊"滤镜制作车轮旋转飞驰的效果，再添加"场景模糊"滤镜，制作场景模糊的效果。

实例效果：

　　实例效果如图 12-144 所示。

扫一扫，看视频

图 12-144

操作步骤：

步骤 01　将素材 1 打开，如图 12-145 所示。同时将背景图层复制一份，以备后面操作使用。选择复制的背景图层，右击执行"转换为智能对象"命令，将普通图层转换为智能图层。

图 12-145

步骤 02　首先对汽车的前车轮进行模糊。选择复制得到的背景图层，执行"滤镜→模糊画廊→旋转模糊"菜单命令，接着拖曳中心控制点将其移动至车轮的位置，如图 12-146 所示。再拖曳控件边缘位置的控制点，调整模糊控制器的形状，如图 12-147 所示。

图 12-146　　　　图 12-147

步骤 03　在窗口右侧设置"模糊角度"为 80°。此时车轮有了旋转模糊的效果，如图 12-148 所示。设置完成后单击"确定"按钮。接着对后车轮进行旋转模糊。继续在后车轮上单击，添加一个模糊控制器，使用同样的方法对后车轮进行旋转模糊操作。效果如图 12-149 所示。

图 12-148　　　　图 12-149

步骤 04　对车轮的模糊制作完成，接着对地面、车身以及周边的环境进行模糊，增加效果的真实性。首先对地面进行模糊，再次执行"滤镜→模糊画廊→场景模糊"菜单命令，在弹出的窗口中将控制点移动至左下角的地面位置，设置"模糊"为 15 像素，如图 12-150 所示。接着在车的位置单击添加控制点，因为车的位置是需要保持清晰的，所以设置"模糊"为 0 像素，此时车的位置恢复了清晰，如图12-151所示。

图 12-150　　　　　　图 12-151

步骤 05 在画面右上角和右下角单击添加控制点，并设置"模糊"为15像素，如图12-152所示。

步骤 06 设置完成后单击"确定"按钮，实例完成效果如图12-153所示。

图 12-152　　　　　　图 12-153

12.5 "扭曲"滤镜组

执行"滤镜→扭曲"命令，在子菜单中可以看到多种滤镜，如图12-154所示。不同滤镜效果如图12-155所示。

图 12-154　　　　　　图 12-155

实例：模拟鱼眼镜头效果

文件路径	第12章\模拟鱼眼镜头效果
技术掌握	"极坐标"滤镜、自动混合图层

实例说明：

"极坐标"滤镜可以将图像从平面坐标转换为极坐标，或从极坐标转换为平面坐标。简单来说，该滤镜的两种方式可以分别实现以下两种效果：第一种是将水平排列的图像以图像左右两侧作为边界，首尾相连，中间

的像素将会被挤压，四周的像素将会被拉伸，从而形成一个"圆形"；第二种则相反，将原本环形内容的图像从中"切开"，并"拉"成平面。本实例就是通过"极坐标"滤镜制作鱼眼镜头效果。

实例效果：

实例效果如图12-156所示。

扫一扫，看视频

图 12-156

操作步骤：

步骤 01 将背景素材打开。接着按住Alt键的同时将光标放在背景图层上方双击，将背景图层转换为普通图层，如图12-157所示。

步骤 02 将画布的横向扩大1倍的宽度。选择素材图层，执行"图像→画布大小"菜单命令，在弹出的"画布大小"窗口中设置新的宽度为原始宽度的2倍。设置完成后单击"确定"按钮，如图12-158所示。然后将素材移动至画布最左边位置，在右侧呈现出扩大后的空白画布大小。效果如图12-159所示。

图 12-157　　　　　　图 12-158

图 12-159

步骤 03 将素材图层选中，使用快捷键Ctrl+J将其复制一份。接着需要将复制得到的素材画面中的树和倒影去除。首先选择工具箱中的"套索工具"建立树和其倒影的选区，如图12-160所示。

步骤 04 在当前选区状态下执行"编辑→填充"菜单命令（快捷键Shift+F5），打开"填充"窗口。在该窗口中的"内容"选项栏中选择"内容识别"，设置完成后单击"确定"按钮，如图12-161所示。此时可以看到选区内的图像消失不见了，如图12-162所示。然后使用快捷键Ctrl+D取消选区。

图 12-160   图 12-161

图 12-162

步骤 05 将经过内容识别处理的素材图像移动至画面右侧，将空白区域覆盖住，如图12-163所示。此时可以看到两个图像衔接位置出现明显的痕迹，需要进行处理。将右侧素材图层选中，使用快捷键Ctrl+T调出定界框，右击执行"水平翻转"命令，将图像进行水平翻转，如图12-164所示。操作完成后按Enter键完成操作。

图 12-163

图 12-164

步骤 06 两张图像中间位置的画面效果处于衔接状态，但还是有拼接的痕迹，所以需要将这两张图像混合成一张图像。首先按住Ctrl键依次加选两个图像图层，执行"编辑→自动混合图层"命令，在弹出的"自动混合

图层"窗口中设置"混合方法"为"全景图"，设置完成后单击"确定"按钮，如图12-165所示。此时将两张图像混合为一张图像，中间的衔接痕迹消失，效果如图12-166所示。

图 12-165

图 12-166

步骤 07 将自动混合图像的图层选中，使用快捷键Ctrl+E合并为一个图层。接着执行"编辑→变换→垂直翻转"菜单命令，如图12-167所示。

图 12-167

步骤 08 选择垂直翻转后的图像图层，执行"滤镜→扭曲→极坐标"菜单命令，在弹出的"极坐标"窗口中勾选"平面坐标到极坐标"，设置完成后单击"确定"按钮，如图12-168所示。效果如图12-169所示。

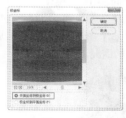

图 12-168

图 12-169

步骤 09 此时图像变为鱼眼镜头的效果，但是由于画布太长，让效果处于过度拉伸变形的状态，需要将其宽度缩短。使用快捷键Ctrl+T调出定界框，将光标放在定界框右侧位置，按住鼠标左键向左拖曳。在调整的过程中可以看到，随着宽度的缩短，鱼眼镜头效果逐渐明显，如图12-170所示。调整完成后按Enter键完成操作。此时本实例制作完成，效果如图12-171所示。

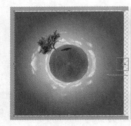 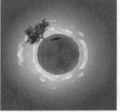

图 12-170　　　　　图 12-171

12.6 "锐化"滤镜组

在Photoshop中，"锐化"与"模糊"是相反的关系。"锐化"就是使图像"看起来更清晰"，而这里所说的"看起来更清晰"并不是增加了画面的细节，而是使图像中像素与像素之间的颜色反差增大、对比增强，从而产生一种"锐利"的视觉感受。

"锐化"操作能够增强颜色边缘的对比，使模糊的图形变得清晰。但是过度的锐化会造成噪点、色斑的出现，所以锐化的数值要适当使用。在图12-172中可以看到同一图像中模糊、正常与锐化过度的3个效果。

执行"滤镜→锐化"菜单命令，可以在子菜单中看到多种用于锐化的滤镜，如图12-173所示。这些滤镜适合应用的场合不同，"USM锐化""智能锐化"是最为常用的锐化图像滤镜，参数可调性强；"进一步锐化""锐化""锐化边缘"属于"无参数"滤镜，无参数可供调整，适用于轻微锐化的情况。

USM 锐化...
进一步锐化
锐化
锐化边缘
智能锐化...

模糊　　正常　　锐化过度

图 12-172　　　　　图 12-173

提示：在进行锐化时，有两个误区

误区一："将图片进行模糊后再进行锐化，能够使图像变成原图的效果。"这是一个错误的观点，这两种操作是不可逆转的，画面一旦经过模糊操作，原始细节会彻底丢失，不会因为锐化操作而被找回。

误区二："一张特别模糊的图像，经过锐化可以变得很清晰、很真实。"这也是一个很常见的错误观点。锐化操作是对模糊图像的一个"补救"，实属"没有办法的办法"。只能在一定的程度上增强画面感官上的锐利度，因为无法增加细节，所以不会使图像变得更真实。如果图像损失特别严重，那么是很难仅通过锐化将其变得又清晰又自然的。就像30万像素镜头的手机，无论把镜头擦得多干净，也拍不出2000万像素镜头的效果。

实例：使用"智能锐化"滤镜制作细节丰富的HDR效果

文件路径	第12章\使用"智能锐化"滤镜制作细节丰富的HDR效果
技术掌握	"智能锐化"滤镜

扫一扫，看视频

实例说明：

"智能锐化"滤镜是"锐化"滤镜组中最为常用的滤镜之一，"智能锐化"滤镜具有"USM锐化"滤镜所没有的锐化控制功能，可以设置锐化算法，或控制在阴影和高光区域中的锐化数量。而且能避免"色晕"等问题。如果想要达到更好的锐化效果，那么这个滤镜必须学会！在本实例中，画面整体较暗且细节不明显，通过"智能锐化"制作细节丰富的HDR效果。

实例效果：

实例效果如图12-174所示。

图 12-174

操作步骤：

步骤 01 将素材1打开，如图12-175所示。

图 12-175

步骤 02 执行"滤镜→锐化→智能锐化"菜单命令，在弹出的"智能锐化"窗口中设置"数量"为157%，"半径"为13.0像素。设置完成后单击"确定"按钮，如图12-176所示。此时可以看到画面细节丰富了很多，效果如图12-177所示。

图 12-176

图 12-177

选项解读：智能锐化

数量： 用来设置锐化的精细程度。数值越高，越能强化边缘之间的对比度。

半径： 用来设置受锐化影响的边缘像素的数量。数值越高，受影响的边缘就越宽，锐化的效果也越明显。

减少杂色： 用来消除锐化产生的杂色。

移去： 选择锐化图像的算法。选择"高斯模糊"选项，可以使用"USM锐化"滤镜的方法锐化图像；选择"镜头模糊"选项，可以查找图像中的边缘和细节，并对细节进行更加精细的锐化，以减少锐化的光晕；选择"动感模糊"选项，可以激活下面的"角度"选项，通过设置"角度"值可以减少由于相机或对象移动而产生

的模糊效果。

渐隐量： 用于设置阴影或高光中的锐化程度。

色调宽度： 用于设置阴影和高光中色调的修改范围。

半径： 用于设置每个像素周围的区域的大小。

12.7 "像素化"滤镜组

"像素化"滤镜组可以将图像进行分块或平面化处理。"像素化"滤镜组包含7种滤镜："彩块化""彩色半调""点状化""晶格化""马赛克""碎片""铜版雕刻"。执行"滤镜→像素化"菜单命令即可看到该滤镜组中的命令，如图12-178所示。图12-179所示为滤镜效果。

图 12-178　　　　图 12-179

实例：半调效果海报

文件路径	第12章\半调效果海报
技术掌握	"彩色半调"滤镜

实例说明：

"彩色半调"滤镜可以模拟在图像的每个通道上使用放大的半调网屏效果。本实例就是使用该滤镜为人物添加"彩色半调"滤镜，制作出斑点效果的海报。

实例效果：

实例效果如图12-180所示。

扫一扫，看视频

图 12-180

操作步骤：

步骤 01 首先将人物素材1打开。接着需要对人物进行去色处理，执行"图层→新建调整图层→黑白"菜单命令，创建一个"黑白"调整图层。在"属性"面板中使用默认参数即可，如图12-181所示。效果如图12-182所示。

图 12-181　　　　　图 12-182

步骤 02 此时人物调整为黑白人像，但此时的黑白对比度不够，需要进一步加强。创建一个"曲线"调整图层，在"属性"面板中对曲线形态进行调整，如图12-183所示。效果如图12-184所示。然后，在该图层选中状态下使用快捷键Ctrl+Shift+Alt+E将图层进行盖印。

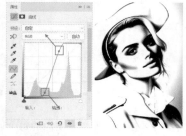

图 12-183　　　　　图 12-184

步骤 03 为盖印的图层添加彩色半调效果。将盖印图层选中，执行"滤镜→像素化→彩色半调"菜单命令，设置"最大半径"为10像素，设置完成后单击"确定"按钮，如图12-185所示。效果如图12-186所示。

图 12-185　　　　　图 12-186

步骤 04 此时五官细节效果不够细腻，需要对面部进行单独处理。先将盖印图层隐藏，选择工具箱中的"套索工具"，在人物面部建立选区，然后使用快捷键Ctrl+Shift+C进行合并复制，如图12-187所示。

图 12-187

步骤 05 选择并显示盖印图层，然后使用快捷键Ctrl+V进行粘贴，这样新生成的图层就会在盖印图层的上一层。将盖图层显示出来，如图12-188所示。

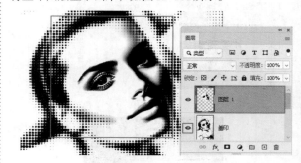

图 12-188

步骤 06 为复制得到的人像五官图像图层添加一个数值较小的彩色半调效果。将该图层选中，执行"滤镜→像素化→彩色半调"菜单命令，在弹出的"彩色半调"窗口中设置"最大半径"为5像素，设置完成后单击"确定"按钮，如图12-189所示。此时人物的五官仍能较为清晰地显示出来。效果如图12-190所示。

图 12-189　　　　　图 12-190

步骤 07 为画面中的人物"上色"。新建一个图层，同时设置前景色为青色，设置完成后使用快捷键

Alt+Delete进行前景色填充，效果如图12-191所示。此时添加的颜色将下方的人物遮挡住，所以设置该图层的混合模式为"滤色"，将该色彩和下方的人物融合在一起，效果如图12-192所示。

图12-191　　　　图12-192

步骤 08 在画面中绘制一些正圆作为装饰，丰富画面效果。选择工具箱中的"椭圆工具"，在选项栏中设置"绘制模式"为"形状"，在画面右侧按住Shift键的同时按住鼠标左键拖曳绘制一个正圆，绘制完成后在选项栏中设置"填充"为黄色，"描边"为无，如图12-193所示。然后使用同样的方法在画面中的其他位置绘制不同颜色与大小的正圆，效果如图12-194所示。

图12-193　　　　图12-194

步骤 09 按住Ctrl键单击加选正圆图层，然后使用快捷键Ctrl+G进行编组。选择该图层组，设置其混合模式为"正片叠底"，如图12-195所示。画面效果如图12-196所示。

步骤 10 在绘制的正圆上方添加文字，最终效果如图12-197所示。

图12-195　　　　图12-196　　　图12-197

实例：使用"马赛克"滤镜制作色块背景

文件路径	第12章\使用"马赛克"滤镜制作色块背景
技术掌握	"马赛克"滤镜

扫一扫，看视频

实例说明：

"马赛克"滤镜常用于隐藏画面的局部信息，也可以用来制作一些特殊的图案效果。该窗口中的"单元格大小"则用来设置每个多边形色块的大小，数值越大，多边形色块越大；反之，则越小。本实例主要通过使用"马赛克"滤镜设置较大的数值，快速制作出色块背景。

实例效果：

实例效果如图12-198所示。

图12-198

操作步骤：

步骤 01 将背景素材1打开，如图12-199所示。

图12-199

步骤 02 执行"滤镜→像素化→马赛克"菜单命令，在弹出的"马赛克"窗口中设置"单元格大小"为172方形，设置完成后单击"确定"按钮，如图12-200所示。由于数值较大，所以画面变为由色块组成的效果，如图12-201所示。

图 12-200　　　　　　　图 12-201

步骤 03 在画面中添加文字。选择工具箱中的"横排文字工具"，在选项栏中设置合适的字体、字号和颜色。设置完成后在画面中单击添加文字，如图 12-202 所示。文字输入完成后按快捷键 Ctrl+Enter 完成操作。

步骤 04 继续使用"横排文字工具"，在已有文字下方单击输入其他点文字，效果如图 12-203 所示。

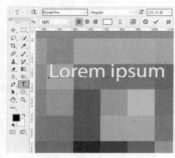

图 12-202　　　　　　　图 12-203

步骤 05 选择工具箱中的"矩形工具"，在选项栏中设置"绘制模式"为"形状"，在最下方文字上方绘制矩形，绘制完成后在选项栏中设置"填充"为深绿色，"描边"为无，在最下方文字上方绘制矩形，如图 12-204 所示。

步骤 06 将绘制的矩形图层选中，按住鼠标左键向下拖曳该图层至文字图层下方位置，将遮挡的文字显示出来。此时本实例制作完成，效果如图 12-205 所示。

图 12-204　　　　　　　图 12-205

12.8 "渲染"滤镜组

"渲染"滤镜组在滤镜中算是"另类"，该滤镜组中的滤镜特点是其自身可以产生图像。比较典型的就是"云彩"滤镜和"纤维"滤镜，这两个滤镜可以利用前景色与背景色直接产生效果。在新版本中还增加了"火焰""图片框"和"树"3个滤镜，执行"滤镜→渲染"菜单命令即可看到该滤镜组中的滤镜，如图 12-206 所示。图 12-207 所示为该组中的滤镜效果。

图 12-206　　　　　　　图 12-207

实例：朦胧的云雾效果

文件路径	第12章\朦胧的云雾效果
技术掌握	"云彩"滤镜

扫一扫，看视频

实例说明：

"云彩"滤镜常用于制作云彩、薄雾效果。该滤镜可以根据前景色和背景色生成云彩图案。本实例将通过执行"云彩"命令，为其增添一层朦胧的云雾效果。

实例效果：

实例效果如图 12-208 所示。

图 12-208

操作步骤：

步骤 01 将素材1打开，如图 12-209 所示。

步骤 02 新建一个图层，同时设置前景色为黑色，背

中文版Photoshop 2024完全案例教程（微课视频版）

景色为白色，设置完成后执行"滤镜→渲染→云彩"菜单命令（该滤镜没有参数设置窗口），画面效果如图 12-210 所示。

图 12-209　　　　　　图 12-210

步骤 03 此时添加的云雾将下方的图像遮挡住，需要将其显示出来。将该图层选中，设置"混合模式"为"滤色"，如图 12-211 所示。这时云雾图层中的黑色像素被去掉了，效果如图 12-212 所示。

图 12-211　　　　　　图 12-212

步骤 04 现在云雾效果有些浓重，需要将部分区域隐藏。选择图层，为该图层添加图层蒙版。接着使用大小合适的半透明柔边圆画笔，同时设置前景色为黑色。设置完成后在蒙版中涂抹，隐藏部分云雾效果，如图 12-213 所示。效果如图 12-214 所示。本实例制作完成。

图 12-213　　　　　　图 12-214

实例：使用"镜头光晕"滤镜制作炫光背景

文件路径	第12章\使用"镜头光晕"滤镜制作炫光背景
技术掌握	"镜头光晕"滤镜

扫一扫，看视频

实例说明：

　　"镜头光晕"滤镜常用于模拟由于光照射到相机镜头产生的折射，在画面中实现炫光的效果，或用来增强日光和灯光效果。在本实例中背景的位置添加"镜头光晕"滤镜来丰富背景内容，增加画面趣味。

实例效果：

　　实例效果如图 12-215 所示。

图 12-215

操作步骤：

步骤 01 首先新建一个大小合适的横版文档，并将背景图层填充为深蓝色，如图 12-216 所示。接着将前景色设置为青色，然后选择工具箱中的"画笔工具"，在"画笔预设选取器"中选择一个柔边缘画笔，设置笔尖大小为900 像素，然后拖曳"设置画笔角度和圆度"控制点将圆形笔尖调整为椭圆形，如图 12-217 所示。

图 12-216　　　　　　图 12-217

步骤 02 在画面中涂抹，如图 12-218 所示。再将前景色设置为非常浅的绿色，适当地减小笔尖大小，并设置"流量"为50%，设置完成后在画面中涂抹，效果如图 12-219 所示。渐变色背景制作完成。

图 12-218　　　　　　图 12-219

步骤 03 在画面中添加光晕效果。新建一个图层，并将其填充为黑色。然后执行"滤镜→渲染→镜头光晕"菜单命令，打开"镜头光晕"窗口。在缩览图中拖曳"十"字标志的位置，可调整光源的位置。同时设置"亮度"为100%，"镜头类型"为"50～300毫米变焦"，设置完成后单击"确定"按钮，如图12-220所示。效果如图12-221所示。

图 12-220　　　　　　　图 12-221

步骤 04 此时添加的光晕将下方的效果遮挡住，选择光晕图层，设置该图层的"混合模式"为"滤色"，将新建图层中的黑色像素去掉，如图12-222所示。

图 12-222

步骤 05 将添加光晕的图层复制两份，以此来增强画面的光晕效果，如图12-223所示。效果如图12-224所示。

图 12-223　　　　　　　图 12-224

步骤 06 将素材1置入，放在画面中间位置。同时将该图层进行栅格化处理。此时本实例制作完成，效果如图12-225所示。

图 12-225

12.9 "杂色"滤镜组

　　"杂色"滤镜组可以添加或移去图像中的杂色，这样有助于将选择的像素混合到周围的像素中。"杂色"又称"噪点"，一直都是大部分摄影爱好者最为头疼的问题。在暗环境下拍照片，好好的照片放大一看全是细小的噪点。或者有时想要拍一张怀旧感的"年代照片"，却怎么也弄不出合适的噪点。这些问题都可以通过"杂色"滤镜组得到解决。

　　"杂色"滤镜组包含5种滤镜："减少杂色""蒙尘与划痕""去斑""添加杂色""中间值"。"添加杂色"滤镜常用于画面中噪点的添加。而另外4种滤镜都是用于降噪，也就是去除画面中的噪点。

实例：添加杂色制作噪点画面

文件路径	第12章\添加杂色制作噪点画面
技术掌握	"添加杂色"滤镜

实例说明：

扫一扫，看视频

　　"添加杂色"滤镜可以在图像中添加随机的单色或彩色像素点。本实例主要通过执行"添加杂色"命令为图片添加杂色，来制作胶片电影的颗粒感。

实例效果：

　　实例对比效果如图12-226和图12-227所示。

图 12-226　　　　　　　图 12-227

操作步骤:

步骤01 将素材1打开。选择背景图层,执行"滤镜→杂色→添加杂色"菜单命令,在弹出的"添加杂色"窗口中设置"数量"为30%,"分布"为"平均分布",勾选"单色"选项。设置完成后单击"确定"按钮,如图12-228所示。效果如图12-229所示。

图 12-228　　　　　　图 12-229

步骤02 为画面调整色调,让其呈现出复古一些的色调。执行"图层→新建调整图层→渐变映射"菜单命令,创建一个"渐变映射"调整图层。在"属性"面板中编辑一个棕色系的渐变色,如图12-230所示。效果如图12-231所示。

图 12-230　　　　　　图 12-231

步骤03 选择调整图层,设置"不透明度"为50%,如图12-232所示。此时画面色调如图12-233所示。

图 12-232　　　　　　图 12-233

步骤04 选择工具箱中的"矩形工具",在选项栏中设置"绘制模式"为"形状",在画面上方绘制矩形,绘制完成后在选项栏中设置"填充"为黑色,"描边"为无,如图12-234所示。将矩形图层复制一份,将复制得到

的矩形放置在画面下方。此时本实例制作完成,效果如图12-235所示。

图 12-234　　　　　　图 12-235

> **实例秘诀**
>
> "添加杂色"滤镜也可以用来修复图像中经过重大编辑过的区域。图像经过较大程度的变形或者绘制涂抹后,会造成表面细节缺失等问题。而使用"添加杂色"滤镜能够在一定程度上为该区域增添一些略有差异的像素点,以增强细节感。

12.10 "其他"滤镜组

"其他"滤镜组中包括HSB/HSL滤镜、"高反差保留"滤镜、"位移"滤镜、"自定"滤镜、"最大值"滤镜与"最小值"滤镜。

实例:彩色的素描效果

文件路径	第12章\彩色的素描效果
技术掌握	"最大值"滤镜、"最小值"滤镜

实例说明:

"最大值"滤镜可以在指定的半径范围内,用周围像素的最高亮度值替换当前像素的亮度值。该滤镜对于修改蒙版非常有用。而且该滤镜具有阻塞功能,可以展开白色区域,而阻塞黑色区域。"最小值"滤镜具有伸展功能,可以扩展黑色区域,而收缩白色区域。本实例首先为素材进行去色处理,将其变为一张黑白图片。接着为黑白图片添加"最大值"与"最小值"滤镜效果;最后为其添加合适的渐变色来制作彩色的素描效果。

实例效果:

实例效果如图12-236所示。

扫一扫,看视频

图 12-236

操作步骤：

步骤 01 将素材打开，如图 12-237 所示。首先对素材进行去色处理。选择背景图层，使用快捷键 Ctrl+J 将其复制一份。接着选择复制得到的图层，执行"图像→调整→去色"菜单命令，将素材进行去色，使其变为一张黑白图片，如图 12-238 所示。

图 12-237　　　　　　图 12-238

步骤 02 再次使用快捷键 Ctrl+J 将其复制一份。选择复制的图层，执行"滤镜→其他→最大值"菜单命令，在弹出的"最大值"窗口中设置"半径"为 10 像素，"保留"为"方形"，设置完成后单击"确定"按钮，如图 12-239 所示。效果如图 12-240 所示。

图 12-239　　　　　　图 12-240

步骤 03 执行"滤镜→其他→最小值"菜单命令，在弹出的"最小值"窗口中设置"半径"为 10 像素，"保留"为"方形"。设置完成后单击"确定"按钮，如图 12-241 所示。效果如图 12-242 所示。

图 12-241　　　　　　图 12-242

步骤 04 此时素材中的画面效果细节缺失，所以设置该图层的"混合模式"为"划分"，如图 12-243 所示。效果如图 12-244 所示。

图 12-243　　　　　　图 12-244

步骤 05 为素材画面添加渐变色彩。新建一个图层，接着选择工具箱中的"渐变工具"，在选项栏中设置"渐变模式"为"经典渐变"，接着在"渐变编辑器"窗口中编辑一种合适的线性渐变颜色，设置完成后单击"确定"按钮。然后在画面中按住鼠标左键自左上向右下拖曳填充渐变色，如图 12-245 所示。

图 12-245

步骤 06 将填充渐变色的图层选中，设置"混合模式"为"颜色加深"，将渐变色与下方的图像融合在一起，如图 12-246 所示。此时本实例制作完成，效果如图 12-247 所示。

图 12-246　　　　　　图 12-247

中文版Photoshop 2024完全案例教程（微课视频版）

扫一扫，看视频

Chapter
13
第13章

通道

本章内容简介：

"通道"是一个用于存储颜色信息和选区信息的功能面板。在Photoshop中有3种类型的通道：颜色通道、专色通道和Alpha通道。"颜色通道""专色通道"用于存储颜色信息，而"Alpha通道"则用于存储选区。在学习了通道相关知识的基础上，可以利用通道进行调色、抠图等操作。

重点知识掌握：

- 了解通道的原理。
- 掌握通道与选区之间的转换。
- 掌握专色通道的创建与编辑方法。

通过本章的学习，我能做什么？

通过本章的学习，我们了解了通道的工作原理。利用通道与选区的关系，我们可以制作出各种复杂的选区，还可以利用通道进行调色。除此之外，专色通道的创建与使用也是印刷设计行业必须了解的知识。

13.1 认识"通道"

我们都知道，一张RGB颜色模式的彩色图像是由R（红）、G（绿）、B（蓝）3种颜色构成的。每种颜色以特定的数量通过一定的模式进行混合，得到彩色的图像。而每种颜色所占的比例则由黑白灰在通道中体现，如图13-1所示。

图 13-1

执行"窗口→通道"菜单命令，打开"通道"面板，在"通道"面板中可以看到一个彩色的缩览图和几个灰色的缩览图，这些就是通道。"通道"面板主要用于创建、存储、编辑和管理通道，如图13-2所示。

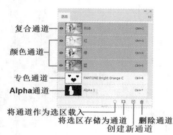

图 13-2

 选项解读："通道"面板

复合通道：用来记录图像的所有颜色信息。

颜色通道：用来记录图像颜色信息。不同颜色模式的图像显示的颜色通道个数不同，如RGB图像显示红、绿和蓝3个颜色通道，而CMYK则显示青色、洋红、黄色、黑色4个通道。

Alpha通道：用来保存选区的通道，可以在Alpha通道中绘画、填充颜色、填充渐变、应用滤镜等。在Alpha通道中，白色部分为选区内部，黑色部分为选区外部，灰色部分则为半透明的选区。

将通道作为选区载入 ○：单击该按钮可以载入所选通道的选区。在通道中，白色部分为选区内部，黑色部分为选区外部，灰色部分则为半透明的选区。

将选区存储为通道 ▣：如果图像中有选区，单击该按钮，可以将选区中的内容存储到通道中。选区内部会被填充为白色，选区外部会被填充为黑色，羽化的选区为灰色。

创建新通道 ⊞：单击该按钮，可以新建一个Alpha通道。

删除通道 🗑：将通道拖曳到该按钮上，可以删除选择的通道。在删除颜色通道时，特别要注意，如果删除的是红、绿、蓝通道中的一个，那么RGB通道也会被删除。如果删除的是复合通道，那么将删除Alpha通道和专色通道以外的所有通道。

13.2 颜色通道

颜色通道用于将构成整体图像的颜色信息整理并表现为单色图像。默认情况下显示为灰度图像。

默认情况下，打开一张图片，"通道"面板中显示的是颜色通道。这些颜色通道与图像的颜色模式是一一对应的。例如，RGB颜色模式的图像，其"通道"面板显示着RGB通道、"红"通道、"绿"通道和"蓝"通道，如图13-3所示。RGB通道属于复合通道，显示整张图像的全通道效果，其他3个颜色通道则控制着各自颜色在画面中显示的多少。根据图像颜色模式的不同，颜色通道的数量也不同。CMYK颜色模式的图像有CMYK、青色、洋红、黄色、黑色5个通道，如图13-4所示。

图 13-3　　　　　图 13-4

实例：移动颜色通道制作"故障艺术"效果

文件路径	第13章\移动颜色通道制作"故障艺术"效果
技术掌握	"通道"面板、选择通道、移动通道

实例说明：

本实例主要在"通道"面板中对局部区域的颜色通道进行位置的移动，使画面产生通道错位的效果，进而制作出"故障艺术"效果。

实例效果：

实例效果如图13-5所示。

扫一扫，看视频

图13-5

操作步骤：

步骤 01 将人物素材1打开，如图13-6所示。

步骤 02 选择背景图层，将其复制一份。然后执行"窗口→通道"菜单命令打开"通道"面板。在该面板中首先选择"红"通道，接着单击RGB通道前方的"眼睛"按钮，将其他通道显示出来。使用快捷键Ctrl+A将图像全选。然后使用"移动工具"将光标放在图像上方按住鼠标左键向左上角拖曳，移动了红通道的位置，画面产生了红色错位的效果，如图13-7所示。

图13-6　　　　　　　图13-7

提示：为什么选择某个通道后该通道会呈现灰度效果

单击某一个通道后，会自动隐藏其他通道，而默认通道为灰度效果，所以选择某一通道时，画面显示为该通道的灰度图像。如果想要观察整个画面的全通道效果，可以单击复合通道前方的 □ 图标，使之变为 👁 。

步骤 03 在当前选区状态下，在"通道"面板中选择"蓝"通道，然后按住鼠标左键向右上角拖曳，此时蓝色也产生了错位效果，如图13-8所示。操作完成后使用快捷键Ctrl+D取消选区。

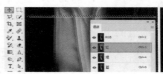

图13-8

提示：隐藏通道

隐藏任何一个颜色通道时，复合通道都会被隐藏。

步骤 04 颜色通道的整体移动制作完成，接着需要制作特定选区内通道的移动错位效果。选择工具箱中的"矩形选框工具"，在画面中绘制一个矩形选区。接着在"通道"面板中选择"红"通道，然后在该面板中单击RGB通道前方的"眼睛"按钮，将其他通道显示出来。操作完成后按住鼠标左键向左下角拖曳，如图13-9所示。同时使用快捷键Ctrl+D取消选区。效果如图13-10所示。

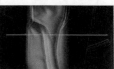

图13-9　　　　　　　图13-10

步骤 05 继续使用"矩形选框工具"绘制选区，并对"红"通道局部进行移动。以相同的方式在"绿"通道中绘制选区，然后移动选区，效果如图13-11所示。

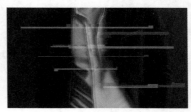

图13-11

步骤 06 将画面边缘的通道移动痕迹去除。新建一个图层，使用大小合适的柔边圆画笔，设置"前景色"为与画面背景相同的颜色，设置完成后在画面周围涂抹，将边缘的通道颜色遮挡住，如图13-12所示。

步骤 07 将前景素材2置入，放在画面左下角位置。同时将该素材图层进行栅格化处理。此时本实例制作完成，效果如图13-13所示。

图13-12　　　　　图13-13

实例：使用CMYK颜色模式快速打造奇特色调

文件路径	第13章\使用CMYK颜色模式快速打造奇特色调
技术掌握	更改颜色模式、复制通道、粘贴通道

实例说明：

通过"替换通道"的操作可以更改画面的颜色。本实例主要是将一个通道的内容进行复制，然后将其粘贴到另外一个通道中，由于通道的黑白关系发生了变化，画面也会发生明显的颜色变化。

实例效果：

实例效果如图13-14所示。

扫一扫，看视频

图13-14

操作步骤：

步骤 01 将素材1打开，如图13-15所示。接着执行"图像→模式→CMYK颜色"菜单命令，将图像更改为

CMYK模式。接着在弹出的窗口中单击"确定"按钮，完成格式转换，如图13-16所示。

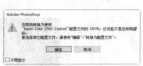

图13-15　　　　　图13-16

步骤 02 执行"窗口→通道"菜单命令，进入"通道"面板，可以看到当前图像的通道发生了变化，如图13-17所示。

图13-17

步骤 03 利用通道来调整画面颜色。选择"洋红"通道，如图13-18所示。使用快捷键Ctrl+A进行全选，使用快捷键Ctrl+C将"洋红"通道进行复制，如图13-19所示。

图13-18　　　　　图13-19

步骤 04 单击"黄色"通道，如图13-20所示。使用快捷键Ctrl+V将"洋红"通道复制到"黄色"通道中，接着单击复合通道显示图像效果，此时画面中包含黄色的区域颜色都发生了变化，如图13-21所示。操作完成后使用快捷键Ctrl+D取消选区。

图13-20　　　　　图13-21

步骤 05 除此之外，还可以对其他通道进行尝试。例如，将"洋红"通道粘贴到"青色"通道中，效果如图13-22所示；将"黄色"通道粘贴到"青色"通道中，效果如图13-23所示。

图 13-22 　　　　　　图 13-23

实例：使用RGB通道进行偏色问题的校正

文件路径	第13章 使用RGB通道进行偏色问题的校正
技术掌握	对单独的通道进行调整

实例说明：

很多调色命令都能够对单独的通道进行调整。本实例素材的偏色问题比较明显，画面整体呈现出红黄成分过多的情况，人物的肤色几乎为黄色。而我们知道RGB颜色模式的图像是由红、绿、蓝3种颜色成分构成的，偏红黄则是红色、绿色成分过多，需要适当减少过多的颜色成分，增加另外的颜色成分。本实例就是通过"曲线"命令对单独通道中的黑白关系进行更改，以实现校正画面偏色情况的目的。

扫一扫，看视频

实例效果：

实例对比效果如图13-24和图13-25所示。

图 13-24 　　　　　　图 13-25

操作步骤：

步骤 01 将素材1打开。执行"图层→新建调整图层→曲线"菜单命令，新建一个"曲线"调整图层。由于红色成分过多，所以首先对"红"通道进行操作，将通道设置为"红"，将"红"通道曲线微微向下压，如图13-26所示。此时偏红的情况有所缓解，效果如图13-27所示。

图 13-26 　　　　　　图 13-27

步骤 02 因为图像蓝色偏少，所以需要增加图像中的蓝色成分，设置通道为"蓝"，在曲线上添加两个控制点，在暗部增加蓝色，亮部区域无须增加过多，曲线形态如图13-28所示。画面中蓝色成分增加，抵消了过多的黄绿色，效果如图13-29所示。

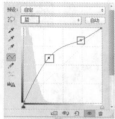

图 13-28 　　　　　　图 13-29

步骤 03 此时偏色的现象已经被校正，但是图像有些偏暗，继续调整RGB通道曲线形状，曲线形态如图13-30所示，使画面提亮，效果如图13-31所示。

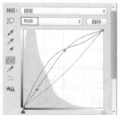

图 13-30 　　　　　　图 13-31

🤓 实例秘诀

很多调色命令中都带有通道的设置，如"曲线"命令。如果针对RGB通道进行调整，则会影响画面整体的明暗和对比度，如果对"红""绿""蓝"通道进行调整，则会使画面的颜色倾向发生更改。

例如，提亮"红"的曲线，其实就相当于使"红"通道的明度升高，而"红"通道明度的升高就意味着画面中红色的成分被增多，所以画面会倾向于红色。

如果压暗了"蓝"的曲线，就相当于使"蓝"通道的明度降低，画面中蓝色的成分减少，反之红和绿的成分会增多，画面会更倾向于红绿相加的颜色，也就是黄色。所以，如果想要对图像的颜色倾向进行调整，也可以直接对通道中的明暗程度进行调整。

实例：使用Lab颜色模式快速打造唯美色调

文件路径	第13章\使用Lab颜色模式快速打造唯美色调
技术掌握	转换颜色模式

实例说明：

本实例通过改变颜色模式，对Lab通道的各个通道明度进行调整，以达到更改画面颜色的目的。

实例效果：

实例效果如图13-32所示。

扫一扫，看视频

图13-32

操作步骤：

步骤 01 将颜色模式为RGB的素材文件1打开，如图13-33所示。由于图像是RGB模式，所以执行"图像→模式→Lab颜色"菜单命令，将图像的颜色模式更改为Lab，进入"通道"面板可以看到当前图像的通道发生了变化，如图13-34所示。

图13-33

图13-34

步骤 02 通过调整Lab的各个通道来调整画面的整体颜色。执行"图层→新建调整图层→曲线"菜单命令，创建一个"曲线"调整图层。在"属性"面板中设置"通道"为"明度"，接着调整曲线的形状，提亮画面的亮度，如图13-35所示。效果如图13-36所示。

图13-35　　　　　　图13-36

步骤 03 设置调整"通道"为a，a通道用于控制洋红和青色，调整曲线形状，使亮部偏向于洋红色，暗部偏向于青色，如图13-37所示。效果如图13-38所示。

图13-37　　　　　　图13-38

步骤 04 设置"通道"为b，b通道用于控制黄色和蓝色。对曲线形状进行调整，使画面亮部倾向于黄色，暗部倾向于蓝色，如图13-39所示。此时可以看到图像发生了明显的变化，效果如图13-40所示。

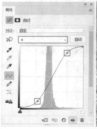

图13-39　　　　　　图13-40

步骤 05 为了增强画面的梦幻感，可以使用较大的圆形柔边圆画笔，降低画笔不透明度，将前景色设置为白色，在画面四周适当涂抹，营造出一种朦胧的氛围。本实例最终效果如图13-41所示。

图 13-41

> ⚙ 实例秘诀
>
> 　　不同的颜色模式，其通道控制的颜色也不相同，Lab颜色模式中的3个通道分别控制画面亮度（明度通道）以及颜色倾向（a通道、b通道）。
> 　　增强明度通道的明度即可提亮画面，降低则压暗画面。
> 　　增强a通道明度可以使画面更倾向于洋红色，降低a通道明度则可以使画面更倾向于青色。
> 　　增强b通道明度可以使画面倾向于黄色，降低b通道明度则可以使画面更倾向于蓝色。

13.3 Alpha通道

　　与其说Alpha通道是一种"通道"，不如说它是一个存储与编辑选区的工具。Alpha通道能够以黑白图的形式存储选区，白色为选区内部，黑色为选区外部，灰色为羽化的选区。将选区以图像的形式进行表现，更方便我们进行形态的编辑。

实例：制作奇妙的人物剪影

文件路径	第13章\制作奇妙的人物剪影
技术掌握	复制通道、载入通道选区

实例说明：

　　本实例主要利用通道与选区之间可以进行相互转换的特点，载入通道选区，并以选区为其他图层添加图层蒙版，以制作出奇妙的人物剪影效果。

扫一扫，看视频

实例效果：

　　实例效果如图13-42所示。

图 13-42

操作步骤：

步骤01 首先将背景素材1打开。接着将人物素材2置入，放在画面中间位置，同时将该图层进行栅格化处理，如图13-43所示。

步骤02 置入风景素材3，摆放在顶部，如图13-44所示。

图 13-43　　　　　　图 13-44

步骤03 将人物以外的图层隐藏，选择人物素材图层，执行"窗口→通道"菜单命令，打开"通道"面板。在该面板中选择"绿"通道，右击执行"复制通道"命令，如图13-45所示。得到一个新的Alpha通道——"绿 拷贝"通道，如图13-46所示。

图 13-45　　　　　　图 13-46

　　单击"创建新通道"按钮 ⊞，可以新建一个Alpha通道。此时的Alpha通道为纯黑色，没有任何选区。接下来可以在Alpha通道中使用黑、白、灰进行填充渐变、绘图等操作。单击该Alpha通道，并单击面板底部的"将通道作为选区载入"按钮，得到选区。通道中白色为选区内，黑色为选区外，灰色为半透明选区。

　　还可以基于当前选区创建Alpha通道，当图像中包含选区时，单击"通道"面板底部的"将选区存储为通道"按钮 ▣，即可得到一个Alpha通道。其中，选区内的部分被填充为白色，选区外的部分被填充为黑色。

　　这种方式就相当于将选区存储在通道中，需要使用的时候可以随时调用。而且将选区创建Alpha通道后，选区变成了可见的灰度图像，对灰度图像进行编辑即可实现对选区形态编辑的目的。

步骤 04 在"绿 拷贝"通道选中的状态下，使用快捷键Ctrl+I将图像的黑白关系反选，如图13-47所示。效果如图13-48所示。

图13-47　　　　　图13-48

步骤 05 在当前通道反选状态下，单击"通道"面板底部的"将通道作为选区载入"按钮，如图13-49所示。载入人物选区，如图13-50所示。

图13-49　　　　　图13-50

步骤 06 回到"图层"面板中选择风景素材3图层，为该图层添加图层蒙版，如图13-51所示。此时风景照片呈现出半透明的"人影"。将人物图层隐藏，然后将背景图层显示出来，如图13-52所示。

图13-51　　　　图13-52

13.4 专色通道

　　我们都知道，彩色印刷品的印刷是通过将C（青色）、M（洋红）、Y（黄色）、K（黑色）4种颜色的油墨以特定的比例混合形成各种各样的色彩，如图13-53所示。而"专色"则是指在印刷时，不通过C、M、Y、K 4色合成的颜色，而是专门用一种特定油墨印刷的颜色，如图13-54所示。

图13-53　　　　　　图13-54

　　什么时候适合使用专色印刷呢？例如，画面中只包含一种颜色，这种颜色想要通过四色印刷则需要两种颜色进行混合而成。而使用专色印刷只需一种颜色就可以，不仅色彩准确，而且成本也会降低。包装印刷中经常采用专色印刷工艺印刷大面积底色。

　　专色通道是什么？专色通道就是用来保存专色信息的一种通道。每个专色通道可以存储一种专色的颜色信息以及该颜色所处的范围。除位图模式无法创建专色通道外，其他色彩模式的图像都可以创建专色通道。

实例：为印刷品添加专色通道

扫一扫，看视频

文件路径	第13章\为印刷品添加专色通道
技术掌握	专色通道

实例说明：

　　使用专色可使颜色印刷效果更加精准。但是需要注意的是，并不是我们随意设置出来的"专色"都能够被印刷厂准确地调配出来，所以没有特殊要求的情况下不要轻易使用自己定义的专色。

实例效果：

实例效果如图13-55所示。

图13-55

操作步骤：

步骤 01 将素材1打开，此时可以看到在该文档中包含整个制作好的源文件，如图13-56所示。图层组1为画面中的文字，而文字以外的部分为专色印刷的区域。选择组1图层组，将其复制一份。然后选择复制得到的图层组，使用快捷键Ctrl+E将其合并为一个图层，如图13-57所示。

图13-56   图13-57

步骤 02 因为本实例是要将除了文字之外的所有部位添加专色，所以首先载入文字选区，如图13-58所示。然后在当前选区状态下使用快捷键Ctrl+Shift+I将选区反选，得到的选区即为作为专色印刷的区域，如图13-59所示。

图13-58   图13-59

步骤 03 在当前选区状态下进入"通道"面板。在该面板中单击右上角的按钮，在弹出的下拉菜单中执行"新建专色通道"命令，如图13-60所示。在弹出的"新建专色通道"窗口中设置合适的"名称"，接着单击"颜色"按钮，如图13-61所示。

图13-60

图13-61

步骤 04 在弹出的"拾色器（专色）"窗口中单击"颜色库"按钮，如图13-62所示。

图13-62

步骤 05 打开"颜色库"窗口，首先选择合适的"色库"，接着对弹出的颜色进行选择。选择完成后单击"确定"按钮，如图13-63所示。

图 13-63

步骤 06 在"新建专色通道"窗口中再次单击"确定"按钮。此时"通道"面板中出现了专色通道，如图13-64所示。效果如图13-65所示。

图 13-64   图 13-65

步骤 07 对操作完成的文档进行保存。执行"文件→存储副本"菜单命令，在弹出的"存储副本"窗口中一定要勾选"专色"选项，否则添加的专色效果就不会被存储。然后单击"保存"按钮，如图13-66所示。此时本实例制作完成。

图 13-66

> **实例秘诀**
>
> 专色通道的创建是为了告诉"印刷机"哪个部分需要使用特定油墨进行印刷，而哪些区域无须使用特殊印刷。所以带有专色通道的文档一定要存储为PSD/PSB/TIFF等可保存专色信息的格式，如果存储为JPG，那么专色通道信息会丢失。

网页切片与输出

本章内容简介：

网页设计是近年来比较热门的设计类型。与其他类型的平面设计不同，网页由于其呈现介质的不同，在设计制作的过程中需要注意一些问题，如颜色、文件大小等。当我们打开一个网页时，会自动从服务器上下载网站页面上的图像内容。那么图像内容的大小在很大程度上能够影响网页的浏览速度。所以，在输出网页内容时就需要设置合适的输出格式以及图像压缩比率。

重点知识掌握：

- 安全色的设置与使用。
- 切片的划分。
- 将网页导出为合适的格式。

通过本章的学习，我能做什么？

通过本章的学习，我们能够完成网站页面设计的后几个步骤：切片的划分与网页内容的输出。这些步骤虽然看起来与设计过程无关，但是网页输出得恰当与否也在很大程度上决定了网站的浏览速度。

14.1 Web安全色

Web安全色是指能在不同操作系统和不同浏览器中同时正常显示的颜色。为什么在设计网页时需要使用安全色呢？这是由于网页需要在不同的操作系统下或在不同的显示器中浏览，而不同操作系统或浏览器的颜色都有一些细微的差别。所以确保制作出的网页颜色能够在所有显示器中显示相同的效果是非常重要的，这就需要我们在制作网页时使用"Web安全色"，如图14-1所示。

图 14-1

实例：将非安全色转换为安全色

文件路径	第14章\将非安全色转换为安全色
技术掌握	转换为安全色

扫一扫，看视频

实例说明：

在"拾色器"窗口中选择颜色时，在所选颜色右侧出现⚠警告图标，就说明当前选择的颜色不是Web安全色。在本实例中，就是将非安全色转换为颜色接近的安全色。

实例效果：

实例效果如图14-2所示。

图 14-2

操作步骤：

步骤 01 打开分层文件素材1.psd，下面需要检查一下其中按钮使用的颜色是否为安全色。双击"圆角矩形1"图层缩览图，如图14-3所示。

步骤 02 在弹出的"拾色器（纯色）"窗口中可以看到右侧出现⚠警告图标，就说明当前选择的颜色不是Web安全色，如图14-4所示。

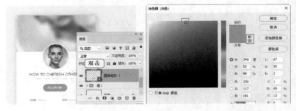

图 14-3　　　　　　　　　图 14-4

步骤 03 单击⚠图标，即可将当前颜色替换为与其最接近的Web安全色，然后单击"确定"按钮，如图14-5所示。此时效果如图14-6所示。

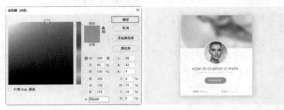

图 14-5　　　　　　　　　图 14-6

实例：使用安全色设计网页

文件路径	第14章\使用安全色设计网页
技术掌握	安全色模式

扫一扫，看视频

实例说明：

在"拾色器"窗口中选择颜色时，勾选窗口左下角的"只有Web颜色"选项，拾色器色域中的颜色明显减少，但此时可供选择的颜色皆为安全色。在本实例中，就是在安全色模式下选择颜色。

实例效果：

实例效果如图14-7所示。

图 14-7

中文版Photoshop 2024完全案例教程（微课视频版）

操作步骤:

步骤 01 打开素材1,如图14-8所示。

图14-8

步骤 02 制作标志,选择工具箱中的"自定形状工具",在选项栏中设置"绘制模式"为"形状",选择"旧版形状及其他→所有旧版默认形状→旧版默认形状"组中的"红心型卡"图形。接着在选项栏中选择心形,然后在画面左上角按住鼠标左键拖曳进行绘制,如图14-9所示。(如果没有该图形组,可以执行"窗口→形状"命令,在"形状"面板菜单中执行"旧版形状及其他"命令。)

图14-9

步骤 03 绘制完成后单击选项栏中的"填充"按钮,在下拉面板中单击"拾色器"按钮,如图14-10所示。在弹出的"拾色器(填充颜色)"窗口中勾选"只有Web颜色"选项,此时拾色器颜色减少,然后在其中选择一种红色,设置完成后单击"确定"按钮,如图14-11所示。

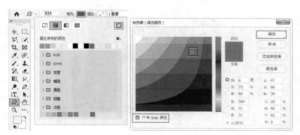

图14-10　　　　　　　图14-11

步骤 04 输入文字。选择工具箱中的"横排文字工具",在选项栏中设置合适的字体、字号、颜色仍然设置为刚刚使用的红色。接着在红心的右侧单击后输入文字,如图14-12所示。

图14-12

提示:设置颜色的小技巧

因为心形和文字都是红色的,设置心形的颜色后,可以将RGB的数值记录下来,然后在设置文字的时候直接输入数值即可。

步骤 05 使用相同的方法输入灰色文字,如图14-13所示。

步骤 06 继续使用"横排文字工具"在画面中输入文字作为导航栏和主体文字。在设置文字颜色时,需要在勾选"只有Web颜色"选项时进行颜色的设置,如图14-14所示。

图14-13　　　　　　　图14-14

步骤 07 制作灰色的按钮。选择工具箱中的"矩形工具",在选项栏中设置绘制模式为"形状",然后设置圆角的半径为160像素,在主体文字下按住鼠标左键拖曳绘制圆角矩形,绘制完成后在选项栏中设置"填充"为深灰色,如图14-15所示。

步骤 08 使用"横排文字工具"添加文字。实例完成效果如图14-16所示。

图14-15　　　　　　　图14-16

实例秘诀

除了在"拾色器"窗口中可以进行Web安全色的设

置，在"颜色"面板和"色板"面板中也可以进行相应的设置，如图14-17和图14-18所示。

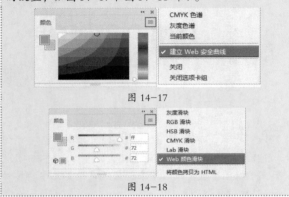

图 14-17

图 14-18

14.2 网页切片

在网站设计工作中，页面的美化是至关重要的一个步骤。页面设计师在Photoshop中完成了版面内容的编排后，并不能直接将整张网页图片传到网络上，需要先将网页进行"切片"。"切片"是将图片转化成可编辑网页的中间环节，通过切片可以将普通图片变成Dreamweaver可以编辑的网页格式。而且切片后的图片可以更快地在网络上传播。

"网页切片"可以简单理解成将网页图片切分为一些小碎片的过程。为了网页浏览的流畅性，在网页制作中往往不会直接使用整张大尺寸的图像。通常情况下都会将整张图像"分割"为多个部分，这就需要用到"切片技术"。"切片技术"就是将一整张图切割成若干小块，并以表格的形式加以定位和保存。图14-19所示为一个完整网页设计的图片，图14-20所示为将网页切片导出后的效果。

图 14-19　　　　　　图 14-20

实例：为网站首页进行切片

文件路径	第14章\为网站首页进行切片
技术掌握	切片工具、切片选择工具、提升切片

扫一扫，看视频

实例说明：

"切片工具"的使用方法非常简单，选择工具后按住鼠标左键拖曳即可创建切片，释放鼠标后即可创建"用户切片"，而"用户切片"以外的部分会创建"自动切片"。"自动切片"可以经过"提升"转换为"用户切片"。在本实例中，将会使用"切片工具"创建切片，并将自动切片转换为用户切片。

实例效果：

实例效果如图14-21所示。

图 14-21

操作步骤：

步骤 01 打开素材1.jpg，接着选择工具箱中的"切片工具"，然后在画面中按住鼠标左键拖曳，松开鼠标后完成"用户切片"的创建，如图14-22所示。

图 14-22

💡 提示：用户切片与自动切片

释放鼠标左键以后就可以创建一个用户切片，而用户切片以外的部分将生成自动切片，如图14-23所示。

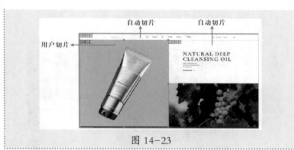

图 14-23

步骤 02 要调整切片的大小，可以将光标移动至边框位置，待光标变为双向箭头后，按住鼠标左键并拖曳即可调整切片的大小，如图 14-24 所示。

步骤 03 继续使用"切片工具"在画面右下角的位置绘制切片，如图 14-25 所示。

图 14-24

图 14-25

步骤 04 此时可以看到画面中有两处自动切片，而自动切片也是需要保留的。此时可以将"自动切片"提升为"用户切片"。选择工具箱中的"切片选择工具"，在"自动切片"上单击即可选中，然后单击选项栏中的"提升"按钮，如图 14-26 所示。

步骤 05 随即"自动切片"将被提升为"用户切片"，如图 14-27 所示。

图 14-26   图 14-27

提示：如何隐藏切片

如果切片处于隐藏状态，执行"视图→显示→切片"菜单命令可以显示切片。

步骤 06 继续使用同样的方法将画面顶部的"自动切片"提升为"用户切片"。完成效果如图 14-28 所示。

图 14-28

实例：使用"基于参考线的切片"与"组合切片"功能进行切片

文件路径	第14章\使用"基于参考线的切片"与"组合切片"功能进行切片
技术掌握	基于参考线创建切片、组合切片

实例说明：

除了使用"切片工具"创建切片，还可以根据参考线创建切片，这种创建切片的方式更加精准。通常使用这种方式创建切片后，需要将部分切片进行组合。在本实例中先基于参考线创建切片，然后将部分不合理的切片进行组合。

实例效果：

实例效果如图 14-29 所示。

扫一扫，看视频

图 14-29

操作步骤：

步骤 01 打开素材 1.jpg，然后使用快捷键 Ctrl+R 调出标尺，如图 14-30 所示。然后根据网页的布局创建参考线，如图 14-31 所示。

图 14-30　　　　　　　　图 14-31

步骤 02 选择工具箱中的"切片工具"，单击选项栏中的"基于参考线的切片"按钮，如图 14-32 所示。

图 14-32

步骤 03 随即会创建出大量切片，如图 14-33 所示。

图 14-33

步骤 04 进行切片的组合。选择工具箱中的"切片选择工具"，按住 Shift 键单击加选顶部的切片 01 ～ 04，然后右击执行"组合切片"命令，如图 14-34 所示。

图 14-34

选项解读：切片选择工具

调整切片堆叠顺序 ⬚ ⬚ ⬚ ⬚：创建切片以后，最后创建的切片处于堆叠顺序中的顶层。如果要调整切片的堆叠顺序，可以利用"置为顶层"按钮 ⬚、"前移一层"按钮 ⬚、"后移一层"按钮 ⬚ 和"置为底层"按钮 ⬚ 来完成。

提升：单击该按钮，可以将所选的自动切片或图层切片提升为用户切片。

划分：单击该按钮，可以打开"划分切片"对话框，在该对话框中可以对所选切片进行划分。

对齐与分布切片 ⬚ ⬚ ⬚ ⬚ ⬚ ⬚ ⬚ ⬚：选择多个切片后，可以单击相应的按钮来对齐或分布切片。

隐藏自动切片：单击该按钮，可以隐藏自动切片。

为当前切片设置选项 ⬚：单击该按钮，可在弹出的"切片选项"窗口中设置切片的名称、类型、指定 URL 地址等。

步骤 05 随即选中的 4 个切片组合成了一个切片，如图 14-35 所示。

图 14-35

中文版 Photoshop 2024 完全案例教程（微课视频版）

> **提示：删除切片**
>
> 　　使用"切片选择工具"选择切片以后，右击执行"删除切片"命令，可以删除切片。也可以按Delete键或Backspace键来完成删除操作。删除了用户切片或基于图层的切片后，将会重新生成自动切片以填充文档区域。
>
> 　　执行"视图→清除切片"菜单命令，可以删除所有的用户切片和基于图层的切片。

步骤 **06** 使用同样的方法组合其他的切片，完成效果如图14-36所示。

图 14-36

实例：使用"划分切片"功能对详情页进行切片

文件路径	第14章\使用"划分切片"功能对详情页进行切片
技术掌握	划分切片

实例说明：

　　对于一些排版规整的页面，可以采用自动划分切片的方法快速地进行切片的创建。在本实例中，先在排版规整的区域绘制一个大的切片，然后通过"划分切片"功能将大切片分为多个小切片。

实例效果：

　　实例效果如图14-37所示。

扫一扫，看视频

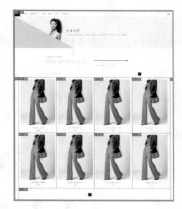

图 14-37

操作步骤：

步骤 **01** 打开素材1.jpg，可以看到页面下半部分为8个相同大小的模块，可以划分为相同大小的切片。选择工具箱中的"切片工具"，然后在画面中比较规则的位置按住鼠标左键拖曳进行切片的绘制，如图14-38所示。

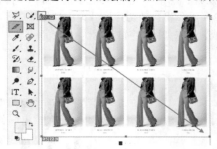

图 14-38

步骤 **02** 释放鼠标后完成绘制操作，然后使用"切片选择工具"选中切片，右击执行"划分切片"命令，如图14-39所示。

图 14-39

提示: 复制切片

　　使用"切片选择工具"选择切片，然后按住Alt键的同时拖曳切片，即可复制出相同的切片。

步骤 03 在弹出的"划分切片"窗口中勾选"水平划分为"选项，然后设置数值为2；接着勾选"垂直划分为"选项，然后设置数值为4，设置完成后单击"确定"按钮，如图14-40所示。切片效果如图14-41所示。

图 14-40　　　　　　图 14-41

步骤 04 其他位置还有另外几个自动切片需要进行"提升"。接着使用"切片选择工具"，按住Shift键单击，加选自动切片，然后单击选项栏中的"提升"按钮，如图14-42所示。将自动切片提升为用户切片后，本实例制作完成，效果如图14-43所示。

图 14-42　　　　　　图 14-43

提示: 锁定切片

　　执行"视图→锁定切片"菜单命令，可以锁定所有的用户切片和基于图层的切片。锁定切片以后，将无法对切片进行移动、缩放或其他更改。再次执行"视图→锁定切片"菜单命令即可取消锁定。

14.3　网页翻转按钮

　　网页上通常都包含很多按钮，而按钮通常都有几种不同的状态，如按钮空闲时、将光标放在按钮上时、单击按钮时，这些不同的状态下按钮可能都呈现出不同的

颜色或者不同的样式，方便用户了解当前操作状态，这就是"翻转按钮"，如图14-44所示。

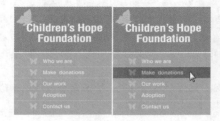

图 14-44

实例: 制作按钮翻转效果

文件路径	第14章\制作按钮翻转效果
技术掌握	自定形状工具、矩形工具、钢笔工具

实例说明:

扫一扫，看视频

　　在本实例中，将制作"点赞"按钮的按下时与弹起时的不同效果。

实例效果:

　　实例对比效果如图14-45和图14-46所示。

图 14-45　　　　　　图 14-46

操作步骤:

步骤 01 打开素材1.psd，如图14-47所示。选中"点赞"图层组，然后使用快捷键Ctrl+J进行复制，将复制得到的图层组名称更改为"点赞 翻转"，如图14-48所示。

图 14-47　　　　　　图 14-48

步骤 02 打开"点赞 翻转"图层组，找到心形所在的形

状图层，然后选择工具箱中任意一种形状工具，接着在选项栏中设置填充为红色。设置完成后心形被填充了红色。效果如图14-49所示。

图14-49

步骤 03 选择工具箱中的"钢笔工具"，在选项栏中设置"绘制模式"为"形状"，在草莓的右侧绘制一个三角形，绘制完成后在选项栏中设置"填充"为白色，如图14-50所示。

图14-50

步骤 04 选择工具箱中的"矩形工具"，在选项栏中设置"绘制模式"为"形状"，然后在画面的边缘按住鼠标左键拖曳绘制矩形。接着在选项栏中设置"填充"为无，"描边"为浅红色，描边粗细为20像素，接着单击"设置形状描边类型"按钮，在下拉列表中设置描边的"对齐"为"内部"，如图14-51所示。

图14-51

步骤 05 翻转按钮效果如图14-52所示。

图14-52

> **实例秘诀**
>
> 要创建按钮的翻转效果，至少需要两张图像，一张用于表示处于正常状态的图像，另一张则用于表示处于更改状态的图像。而创建按钮翻转的方式有很多，可以通过更改按钮的底色更改按钮上的文字，也可以更改按钮上的图形等。

实例：制作播放器暂停与播放状态

文件路径	第14章\制作播放器暂停与播放状态
技术掌握	多边形工具、矩形工具、图层样式

实例说明：

在本实例中使用钢笔工具、矩形工具绘制播放与暂停按钮，然后为图形添加描边和外发光样式丰富按钮效果。

实例效果：

实例效果如图14-53和图14-54所示。

扫一扫，看视频

图14-53　　图14-54

操作步骤：

步骤 01 打开素材1.jpg，如图14-55所示。

步骤 02 选择工具箱中的"多边形工具"，在选项栏中设置"绘制模式"为"形状"，设置"边"为3，然后在正圆的中心位置按住鼠标左键拖曳绘制三角形，绘制完成后在选项栏中设置"填充"为白色，"描边"为无，如图14-56所示。

图 14-55　　　　　　图 14-56

步骤 03 选中三角形，执行"图层→图层样式→描边"菜单命令，在弹出的"图层颜色"窗口中设置描边的"大小"为2像素，"位置"为"外部"，"混合模式"为"正常"，"颜色"为深蓝色。参数设置如图14-57所示。

图 14-57

> **提示：其他添加描边的方法**
> 此处的描边效果也可以通过形状工具的选项栏进行添加。

步骤 04 单击选择"外发光"样式，设置"混合模式"为"正片叠底"，"不透明度"为43%，"杂色"为19%，"颜色"为深蓝色，"方法"为"柔和"，"扩展"为21%，"大小"为70像素，参数设置如图14-58所示。设置完成后单击"确定"按钮，效果如图14-59所示。此时播放按钮就制作完成了。

图 14-58　　　　　　图 14-59

步骤 05 制作暂停按钮，在制作之前需要将播放按钮图层隐藏。接着选择工具箱中的"矩形工具"，设置"绘制模式"为"形状"，然后绘制一个矩形，绘制完成后在选项栏中设置"填充"为白色，"描边"为无，如图14-60

所示。选中矩形图层，使用快捷键Ctrl+J将图层进行复制，然后将复制的矩形向右拖曳，如图14-61所示。

图 14-60　　　　　　图 14-61

步骤 06 加选两个矩形图层，使用快捷键Ctrl+E将其进行合层，如图14-62所示。

步骤 07 选中播放按钮图层，右击执行"拷贝图层样式"命令，如图14-63所示。

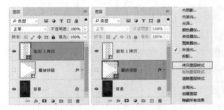

图 14-62　　　　　　图 14-63

步骤 08 选中暂停按钮图层，右击执行"粘贴图层样式"按钮，为该图层添加图层样式，如图14-64所示。本实例制作完成，效果如图14-65所示。

图 14-64　　　　　　图 14-65

14.4 Web图形输出

对于网页设计师而言，在Photoshop中完成了网站页面制图工作后，需要对网页进行切片，如图14-66所示。创建切片后对图像进行优化可以减小图像的大小，而较小的图像可以使Web服务器更加高效地存储、传输和下载图像。这时需要对切分为碎片的网站页面进行导出。执行"文件→导出→存储为Web所用格式(旧版)"菜单命令，打开"存储为Web所用格式"窗口，在该窗口中可以对图像格式以及压缩比率进行设置，如图14-67所示。设置完成后单击"存储"按钮，选择存储的位置，即可在设置的存

中文版Photoshop 2024完全案例教程（微课视频版）

储位置看到导出为切片的图片文件，如图14-68所示。

图 14-66

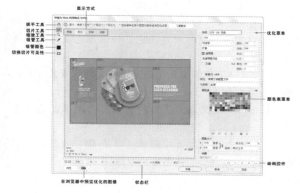

图 14-67

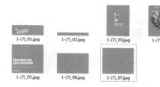

图 14-68

实例：将制作好的网页切片输出

文件路径	第14章\将制作好的网页切片输出
技术掌握	存储为Web所用格式(旧版)

实例说明：

网页制作完成后需要先进行切片，然后进行输出。通过"存储为Web所用格式(旧版)"菜单命令进行输出。执行该命令后，会打开"存储为Web所用格式"窗口，在该窗口中可以对图像格式以及压缩比率进行设置。

实例效果：

实例效果如图14-69所示。

扫一扫，看视频

图 14-69

操作步骤：

步骤 01 打开素材1.jpg，然后使用快捷键Ctrl+R调出标尺，接着根据布局创建参考线，如图14-70所示。

图 14-70

步骤 02 选中"切片工具"，单击选项栏中的"基于参考线的切片"按钮，如图14-71所示。随即完成切片的创建，如图14-72所示。

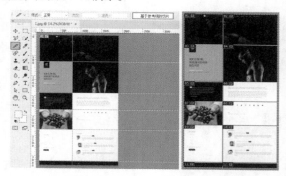

图 14-71　　　　　　　图 14-72

步骤 03 选中工具箱中的"切片选择工具"，按住Shift键单击加选顶部的切片01和02，如图14-73所示。

图 14-73

步骤 04 右击执行"组合切片"命令，将两个切片进行组合，如图14-74所示。

步骤 05 使用同样的方法将底部的两个切片进行组合，如图14-75所示。

图 14-74 　　　　　　图 14-75

步骤 06 切片完成后，接下来进行输出。执行"文件→导出→存储为Web所有格式(旧版)"菜单命令，设置格式为JPEG，"品质"为"高"，然后单击"存储"按钮，如图14-76所示。

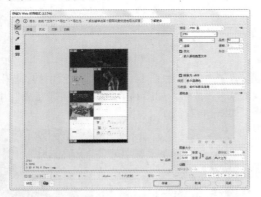

图 14-76

选项解读：存储为Web所有格式 (旧版)

显示方式：单击"原稿"选项卡，窗口只显示没有优化的图像；单击"优化"选项卡，窗口只显示优化的图像；单击"双联"选项卡，窗口会显示优化前和优化后的图像；单击"四联"选项卡，窗口会显示图像的4个版本，除了原稿以外的3张图像可以进行不同的优化。

抓手工具⩜/缩放工具⩀：使用"抓手工具"⩜可以移动查看图像；使用"缩放工具"⩀可以放大图像窗口，按住Alt键单击窗口则会缩小显示比例。

切片选择工具✄：当一张图像上包含多个切片时，可以使用该工具选择相应的切片，以进行优化。

吸管工具⫶/吸管颜色▆：使用"吸管工具"⫶在图像上单击，可以拾取单击处的颜色，并显示在"显示颜色"图标中。

切换切片可见性▢：激活该按钮，在窗口中才能显示出切片。

优化菜单：在该菜单中可以存储优化设置，设置优化文件大小等。

颜色表：将图像优化为GIF、PNG-8、WBMP格式时，可以在"颜色表"中对图像的颜色进行优化设置。

颜色表菜单：该菜单下包含与颜色表相关的一些命令，可以删除颜色、新建颜色、锁定颜色或对颜色进行排序等。

图像大小：将图像大小设置为指定的像素尺寸或原稿大小的百分比。

状态栏：这里显示光标所在位置的图像颜色值等信息。

在浏览器中预览优化图像：单击 🆀 ✓ 按钮，可以在Web浏览器中预览优化后的图像。

步骤 07 在弹出的窗口中找到合适的存储位置，然后单击"保存"按钮，如图14-77所示。

图 14-77

步骤 08 存储完成后，打开存储的文件夹即可查看切片，如图14-78所示。

图 14-78

扫一扫，看视频

创建 3D 立体效果

本章内容简介：

　　Photoshop虽然是一款主要用于图像处理以及平面设计的软件，但是在近年来的更新中，其3D功能也日益强大。本章主要讲解如何使用Photoshop进行3D图形的设计和制作。在Photoshop中，既可以从零开始创建3D对象，又可以将已有的2D图层转换为3D对象。

重点知识掌握：

- 掌握从图层、选区、路径创建3D对象的方法。
- 掌握3D对象材质的编辑。
- 掌握3D灯光的使用。
- 掌握渲染3D对象的方法。

通过本章的学习，我能做什么？

　　通过本章的学习，我们能够掌握3D对象从模型创建，到赋予材质、为场景添加光源、设置视图角度，最后进行渲染的全过程。通过3D功能，我们能够将已有的平面图形制作为立体对象，创建出3D文字，制作出常见的3D几何形体。此外，还可以向当前文档中添加使用其他软件制作的更为精细的3D模型来丰富画面效果。

15.1 创建与编辑3D对象

3D对象的制作思路与平面图形的绘制方法不太一样，需要经过建模→赋予材质→添加光源→渲染这几个步骤才能将3D对象呈现出来，如图15-1所示。

（1）创建模型：模型是3D对象的根本，可以从外部导入已经做好的3D模型，也可以在Photoshop中创建3D模型。

（2）为模型赋予材质：材质就是3D对象表面的质感、图案、纹理等能够从外观"看得到"的属性。比如一个玻璃杯子，它的材质就是"玻璃材质"。想要真实地模拟出玻璃材质，就需要分析玻璃的属性，如"无色+透明+些许反光"。然后在进行材质属性编辑时，通过参数设置使材质具有这些属性。

图 15-1

（3）在3D场景中添加光源：没有光的世界是一片黑暗的，在3D世界中也是一样。有了光才能够看到模型，模型上出现光影才会产生立体感。在场景中添加光源既可以照亮画面，又可以制作出特殊的光感效果。

（4）渲染：到这里虽然可以看到基本成形的3D对象，但是为了使3D对象的效果更接近真实，还需要对3D场景进行渲染。

实例：创建内置3D图形来制作饮料包装

文件路径	第15章\创建内置3D图形来制作饮料包装
技术掌握	从图层新建网格

实例说明：

扫一扫，看视频

Photoshop中内置了多种常见的3D模型，执行"3D→从图层新建网格"菜单命令即可进行创建。在本实例中创建汽水模型，制作出饮料包装的3D展示效果。

实例效果：

实例效果如图15-2所示。

图 15-2

操作步骤：

步骤 01 打开背景素材1，置入饮品包装平面图2，并将其栅格化处理，如图15-3所示。

图 15-3

步骤 02 选择包装平面图所在图层，执行"3D→从图层新建网格→网格预设→汽水"菜单命令，如图15-4所示。随即会创建汽水模型，且包装平面图会自动出现在汽水瓶上，如图15-5所示。

图 15-4　　　　　　　　图 15-5

步骤 03 在背景图层上方新建图层，然后使用"画笔工具"在汽水底部绘制阴影，如图15-6所示。本实例制作完成。

图 15-6

中文版Photoshop 2024完全案例教程（微课视频版）

实例秘诀

本实例创建3D模型时选择了带有内容的图层，而图层内容会被粘贴显示在创建出来3D模型的一个表面上。如果所选图层为空图层，那么创建出的3D模型则为浅灰色，表面不会具有任何的图案材质。当然，没有材质的3D模型也可以通过对材质进行编辑，而使之产生合适的外观。

实例：立体手机界面展示效果

文件路径	第15章\立体手机界面展示效果
技术掌握	从所选图层新建3D模型

实例说明：

"从所选图层新建3D模型"命令能将选中的图层以添加厚度、旋转等方式创建为3D模型。在本实例中就是通过该命令将手机平面图制作为带有立体效果的模型。

实例效果：

实例效果如图15-7所示。

扫一扫，看视频

图 15-7

操作步骤：

步骤 01 将背景素材1.jpg打开。然后将手机素材2.png置入文档，命名为"图层1"，并将图层栅格化，如图15-8所示。

步骤 02 选择手机图层，执行"3D→从所选图层新建3D模型"菜单命令，创建3D模型。此时由于手机正面面对屏幕，所以无法观察到手机模型的立体感，如图15-9所示。

图 15-8   图 15-9

步骤 03 单击工具箱中的"移动工具"，在选中当前3D模型图层的情况下，可以使用选项栏中的视图工具"旋转3D对象"，在画面中按住鼠标左键并拖曳，将模型进行旋转使其产生倾斜的效果，此时可以看到3D模型的立体效果，如图15-10所示。

图 15-10

提示：3D相机工具与3D对象工具

Photoshop中有两类3D工具：3D相机工具与3D对象工具。这两类工具都可以用于移动、旋转、缩放等调整。在3D面板中选中"当前视图"时，显示为3D相机工具；在3D面板中选中模型对象时，显示为3D对象工具。3D相机工具与3D对象工具非常相似，使用方法基本相同，只需在画面中按住鼠标左键拖曳，即可观察到效果，如图15-11所示。

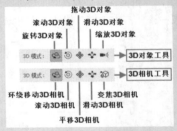

图 15-11

旋转3D对象工具：单击该按钮，在画面中按住鼠标左键水平拖曳，可以围绕y轴旋转模型；上下拖曳，可以围绕x轴旋转模型。按住Shift键拖曳，可以沿水平或垂直方向旋转对象。

滚动3D对象工具：若要围绕z轴旋转模型，可以使用"3D对象滚动工具"在两侧拖动。

拖动3D对象工具：单击该按钮，在画面中按住鼠标左键拖曳，即可移动对象。

滑动3D对象工具：单击该按钮，在画面中按住鼠标左键拖曳,可以将对象拉近或移到远处。

缩放 3D 对象工具 ⓐ：单击该按钮,在画面中按住鼠标左键拖曳,可以放大或缩小 3D 对象。向上拖曳可以等比放大对象；向下拖曳可以等比缩小对象。

步骤 04 调整模型的厚度。打开 3D 面板和"属性"面板,在 3D 面板中选中手机模型,然后在"属性"面板中设置"凸出深度"为 2 厘米,如图 15-12 所示。

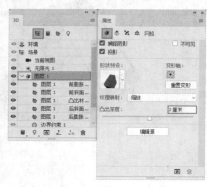

图 15-12

提示：3D 面板与"属性"面板

在 3D 面板的顶部可以切换"整个场景""网格""材质"和"光源"组件的显示。单击"整个场景"按钮 ⓔ,则会显示整个 3D 场景中包含的内容条目,如网格模型条目、材质条目、相机条目、灯光条目等,如图 15-13 所示。单击某一条目,即可在"属性"面板中进行相应参数的设置。

图 15-13

步骤 05 此时效果如图 15-14 所示。如果当前 3D 模型无须进行进一步编辑,可以将其栅格化。在该图层上右击执行"栅格化图层"命令,即可将该图层转换为普通图层,如图 15-15 所示。

图 15-14   图 15-15

实例秘诀

本实例是从普通图层创建出的 3D 模型,除此之外,Photoshop 还可以为闭合路径创建 3D 模型。选择路径,执行"3D→从所选路径新建 3D 模型"菜单命令,即可建立 3D 模型。

还可以从当前选区新建 3D 模型。首先选择一个有内容的图层(必须是非空白图层),然后在上面绘制一个选区,执行"3D→从当前选区新建 3D 模型"菜单命令,选区以内的部分变成了 3D 效果,而选区以外的部分则被删除了。

15.2 编辑3D对象材质

3D 材质的调整主要是根据材质本身的物理属性来进行分析的。想要为 3D 对象设置材质,首先需要在 3D 面板中单击选中材质条目,接着在"属性"面板中便可以看到材质设置选项,如图 15-16 所示。

图 15-16

3D 对象纹理会显示在 3D 图层的下方,并按照漫射、凹凸和光泽度等类型编组显示。除了通过参数设置 3D 对象的纹理,还可以使用绘画工具和调整工具对纹理进行编辑,如图 15-17 所示。

图 15-17

实例：制作红砖文字

文件路径	第15章\制作红砖文字
技术掌握	从所选图层新建3D模型、使用预设材质

实例说明：

在3D材质的编辑创建中，不仅可以进行材质各种属性的设置，还可以从材质预设列表中选择适合的材质。

在本实例中首先需要创建立体的文字，然后为模型的前膨胀材质添加"石砖"材质，为立面添加"红木"材质。

实例效果：

实例效果如图15-18所示。

扫一扫，看视频

图 15-18

操作步骤：

步骤 01 打开背景素材1.jpg，然后使用"横排文字工具"添加文字，如图15-19所示。

图 15-19

步骤 02 选择文字图层，执行"3D→从所选图层新建3D模型"菜单命令，创建3D模型。然后将文字进行旋转，效果如图15-20所示。

图 15-20

步骤 03 打开3D面板和"属性"面板。在3D面板中选中模型Ps，在"属性"面板中单击"形状预设"倒三角按钮，在弹出的下拉列表中单击"凸出"样式，接着设置"凸出深度"为590像素，如图15-21所示。此时模型效果如图15-22所示。

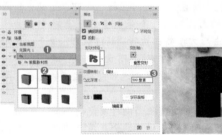

图 15-21　　　　　　　　　图 15-22

步骤 04 在3D面板中选择"前膨胀材质"条目，然后单击"属性"面板中材质球右侧的倒三角按钮，在下拉列表中可以看到很多预设的材质类型，单击选择"石砖"材质，如图15-23所示。此时模型上出现了相应的效果，如图15-24所示。

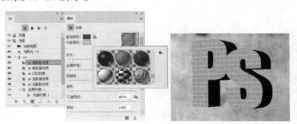

图 15-23　　　　　　　　　图 15-24

步骤 05 如果对当前效果的细节不满意，还可以在"属性"面板中继续更改材质的参数。设置"发光"为5%，

"粗糙度"为54%，"高度"为62%，参数设置如图15-25所示。此时文字效果如图15-26所示。

图 15-25　　　　　　　图 15-26

环境：存储3D模型周围环境的图像。环境映射会作为球面全景来应用。

步骤 06 在3D面板中按住Ctrl键单击加选除了前膨胀材质以外的4个材质条目，然后单击"属性"面板中材质球右侧的倒三角按钮，在下拉列表中单击选择"红木"材质，如图15-27所示。此时效果如图15-28所示。

步骤 07 使用相同的方法继续制作底部的3D文字。实例完成效果如图15-29所示。

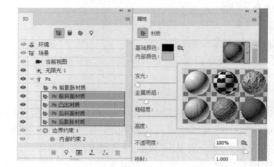

图 15-27

图 15-28　　　　　　　图 15-29

实例：制作木质3D文字

文件路径	第15章\制作木质3D文字
技术掌握	为模型添加材质

实例说明：

预设的材质类型可能很难满足日常设计制图的需求，更多的时候需要为3D模型添加某些图案或纹理的图片，使之产生相应的质感。本实例首先制作文字的立体效果，然后为模型侧面添加"木灰"材质，为"前膨胀材质"添加木板纹理。

实例效果：

实例效果如图15-30所示。

扫一扫，看视频

图 15-30

操作步骤：

步骤 01 打开背景素材，然后使用"横排文字工具"在画面中添加文字。在"字符"面板中设置合适的字体、字号，减小两行文字的行间距，单击"仿粗体"和"全部大写字母"按钮，如图15-31所示。此时文字效果如图15-32所示。

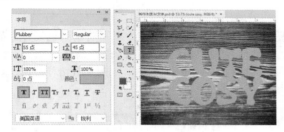

图 15-31   图 15-32

步骤 02 选中文字图层，执行"3D→从所选图层新建3D模型"菜单命令，创建3D模型。然后将文字模型适当旋转，如图15-33所示。

图 15-33

> **提示：向文档中添加3D模型**
>
> 在Photoshop中可以打开一些常见的3D文件，如".3DS"".OBJ"等文件。要想向当前文档中添加3D模型，可以在已有的文档中执行"3D→从文件新建3D图层"命令，在弹出的窗口中打开右下方的格式下拉列表，从中可以看到Photoshop支持的3D文件格式，如图15-34所示。选中需要打开的文件，单击"打开"按钮。在弹出的"新建"窗口中可以进行3D场景大小的设置，如图15-35所示。

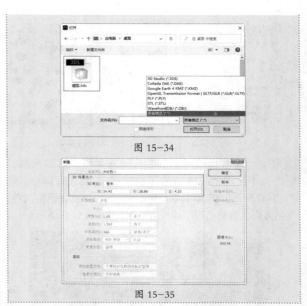

图 15-34

图 15-35

步骤 03 打开3D面板和"属性"面板。在3D面板中选中模型，在"属性"面板中单击"形状预设"倒三角按钮，并在下拉列表中单击"凸出"样式，接着设置"凸出深度"为380像素，如图15-36所示。此时模型效果如图15-37所示。

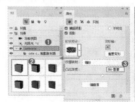

图 15-36   图 15-37

步骤 04 在3D面板中按住Shift键单击加选除了前膨胀材质以外的4个材质条目，然后单击"属性"面板中材质球右侧的倒三角按钮，在下拉列表中单击选择"木灰"材质，如图15-38所示。此时效果如图15-39所示。

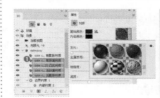

图 15-38   图 15-39

步骤 05 在3D面板中单击前膨胀材质，然后在"属性"面板中单击漫射后侧的 📁 按钮，执行"编辑纹理"命令，如图15-40所示。随即会打开一个新的文档，如图15-41所示。

图 15-40　　　　　　　　图 15-41

步骤 06 将木板纹理素材2.jpg置入文档，然后调整合适的大小，调整完成后使用快捷键Ctrl+S进行保存，如图15-42所示。接着可以将该文件关闭，回到之前的文档，文字表面也自动出现了该纹理效果，如图15-43所示。

图 15-42　　　　　　　　图 15-43

步骤 07 提高画面的亮度。执行"图层→新建调整图层→曲线"菜单命令，在"属性"面板中添加控制点向上拖曳。曲线形状如图15-44所示。实例完成后的效果如图15-45所示。

图 15-44　　　　　　　　图 15-45

实例：随意绘制3D对象表面的纹理

文件路径	第15章\随意绘制3D对象表面的纹理
技术掌握	选择可绘画区域

实例说明：

　　因为模型视图不能提供与2D纹理之间一一对应的关系，所以直接在模型上绘画与直接在2D纹理映射上绘画是不同的，这就可能导致无法明确判断是否可以成功地在某些区域绘画。执行"3D→选择可绘画区域"命令，即可方便地选择模型上可以绘画的最佳区域。本实例就是讲解如何在3D模型上进行绘画的。

实例效果：

　　实例效果如图15-46所示。

扫一扫，看视频

图 15-46

操作步骤：

步骤 01 新建一个空白文档，然后将前景色设置为黄色，然后使用快捷键Alt+Delete进行前景色填充，如图15-47所示。新建一个图层，将其填充为洋红色，如图15-48所示。

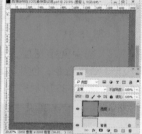

图 15-47　　　　　　　　图 15-48

步骤 02 执行"3D→从图层新建网格→网格预设→圆环"菜单命令，随即会创建出3D模型。然后将模型进行适当旋转，效果如图15-49所示。

步骤 03 执行"3D→选择可绘画区域"菜单命令，随即会得到可绘制区域的选区，如图15-50所示。

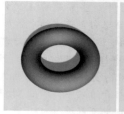
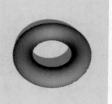

图 15-49　　　　　　　　图 15-50

步骤 04 选择工具箱中的"画笔工具",将前景色设置为白色,设置合适的画笔大小。完成后在选区内多次单击绘制出白色斑点,如图15-51所示。绘制完成后使用快捷键Ctrl+D取消选区的选择,如图15-52所示。

图 15-51   图 15-52

提示:工具箱中的部分工具不见了怎么办

在使用3D功能时,我们会发现工具箱中的工具"缺"了很多。这时右击工具箱底部的 **···** 按钮,打开隐藏的工具列表,在其中单击即可选择其他工具,如图15-53所示。

图 15-53

15.3 添加3D光源

光在真实世界中是必不可少的,万事万物都是因为光的存在才能够被肉眼观察到。在3D软件中,灯光也是不可或缺的一个组成部分,不仅仅是为了照亮场景,更能起到烘托气氛的作用。图15-54所示为没有灯光和带有灯光的对比效果。

未使用灯光   使用灯光照明   特效灯光

图 15-54

实例:为3D模型添加光源

文件路径	第15章\为3D模型添加光源
技术掌握	更改模型颜色、调整光源位置

实例说明:

光源的位置和颜色都会影响模型的效果,有光源就有阴影,调整光源的位置对阴影也会有影响。在本实例中将调整光源位置,并取消阴影。

实例效果:

实例效果如图15-55所示。

扫一扫,看视频

图 15-55

操作步骤:

步骤 01 打开背景素材,然后新建一个图层,选择该图层,执行"3D→从图层新建网格→网格预设→球形"菜单命令,随即会创建模型,然后使用视图工具调整模型的位置,如图15-56所示。

图 15-56

步骤 02 在3D面板中选择球体材质条目,然后单击"属性"面板中材质球右侧的倒三角按钮,在下拉列表中单击选择"光面塑料"材质,如图15-57所示。模型效果如图15-58所示。

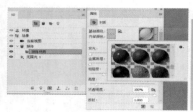

图 15-57　　　　　　　　　图 15-58

步骤 03 在3D面板中单击选择"球体材质"条目，然后在"属性"面板中设置"基础颜色"为黄色，如图15-59所示。设置完成后的效果如图15-60所示。

图 15-59　　　　　　　　　图 15-60

步骤 04 接着在3D面板中单击光源按钮，选择"无限光"条目。接着在"属性"面板中设置"颜色"为白色，"强度"为76%，取消勾选"阴影"选项，如图15-61所示。效果如图15-62所示。

图 15-61　　　　　　　　　图 15-62

选项解读：3D光照属性

预设：包含多种内置光照效果，切换即可预览效果。

类型：设置当前光源的类型，包括"点光""聚光灯"和"无限光"。

强度：用来设置光照的强度。数值越大，灯光越亮。

颜色：用来设置光源的颜色。单击"颜色"右侧的颜色块，打开"选择光照颜色"窗口，从中可以自定义光照的颜色。

阴影：选中该复选框后，可以从前景表面到背景表面、从单一网格到其自身，或从一个网格到另一个网格产生投影。

柔和度：对阴影边缘进行模糊，使其产生衰减效果。

光照衰减：在使用"点光源"时，可以在"属性"面板中选中"光照衰减"复选框，设置衰减区域的内径以及外径。

"聚光"和"锥形"：在使用"点光源"时，需要在"属性"面板中设置"聚光"和"锥形"参数值。这两个参数值用于控制聚光区域与光线衰减区域的大小。如果两个参数值非常接近，那么光照区域边缘非常"硬"，受光区域与不受光区域分隔明显；而当两个参数值差异较大时，受光区域与不受光区域过渡较为柔和。

步骤 05 将素材2.png置入文档，然后移动到球体的右下方，如图15-63所示。

步骤 06 制作台球的倒影效果。加选3D图层和素材图层，使用快捷键Ctrl+Alt+E进行盖印，然后将合并的图层移动至背景图层的上方，如图15-64所示。

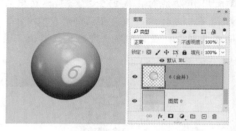

图 15-63　　　　　　　　　图 15-64

步骤 07 使用快捷键Ctrl+T调出定界框，右击执行"垂直翻转"命令，如图15-65所示。将翻转后的图形向下移动，如图15-66所示。

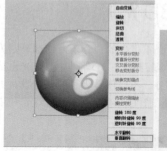

图 15-65　　　　　　　　　图 15-66

步骤 08 为该图层添加图层蒙版，然后将前景色设置为黑色，使用柔边圆画笔在底部进行涂抹，将下半部分进行隐藏，如图15-67所示。最后将倒影图层的不透明度设置为40%，实例完成效果如图15-68所示。

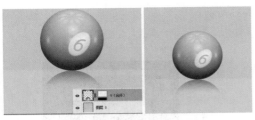

图 15-67　　　　　　图 15-68

实例：制作冷暖对比的光源效果

文件路径	第15章\制作冷暖对比的光源效果
技术掌握	更改光源颜色

实例说明：

光源颜色会影响模型的颜色。在本实例中，通过更改光源的颜色可以查看不同光源颜色下对模型颜色的影响。

扫一扫，看视频

实例效果：

实例效果如图15-69所示。

图 15-69

操作步骤：

步骤 01 在之前制作的实例"为3D模型添加光源"中，制作的台球光源为白色，如图15-70所示。效果如图15-71所示。

图 15-70　　　　　　图 15-71

步骤 02 现在将画面整体色调为暖色调，在"属性"面板中将无限光的"颜色"设置为黄色，"强度"设置为110%，如图15-72所示。此时可以看到模型的色调没有发生改变，只是颜色变得更亮、更暖，如图15-73所示。

图 15-72　　　　　　图 15-73

步骤 03 如果将光源颜色更改为青色，如图15-74所示。因为模型的固有色是黄色，而光源为青色，那么此时模型变成了绿色，如图15-75所示。由此可见，不同的光源对模型的影响是不同的。

图 15-74　　　　　　图 15-75

15.4　渲染与输出3D对象

"渲染"是指将制作的3D内容用软件本身或者辅助软件制作成最终精美2D图像的过程。在完成模型、灯光、材质的设置后，可以对画面中的3D对象进行渲染。

实例：3D立体图标

文件路径	第15章\3D立体图标
技术掌握	从所选图层新建3D模型、3D材质的编辑、渲染

实例说明：

本实例主要制作立体感图标，首先需要制作出图标的平面图，并利用"从所选图层新建3D模型"命令将其创建出3D模型，然后进行渲染。

实例效果：

实例效果如图15-76所示。

扫一扫，看视频

图 15-76

操作步骤:

步骤 01 新建一个空白文档,选择工具箱中的"渐变工具",打开渐变编辑器,然后编辑一个深蓝色系的渐变。接着设置"渐变模式"为"经典渐变",然后在画面中按住鼠标左键拖曳进行填充,如图 15-77 所示。

步骤 02 选择工具箱中的"横排文字工具",在画面中添加文字,如图 15-78 所示。

图 15-77   图 15-78

步骤 03 为文字添加描边使其加粗。选中文字图层,执行"图层→图层样式→描边"菜单命令,在弹出的"图层样式"窗口中设置描边的"大小"为2像素,"位置"为"外部","混合模式"为"正常","不透明度"为100%,"填充类型"为"颜色","颜色"为与文字相同的青色,如图 15-79 所示。设置完成后单击"确定"按钮,效果如图 15-80 所示。

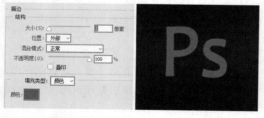

图 15-79   图 15-80

步骤 04 选择工具箱中的"矩形工具",设置"绘制模式"为"形状",在文字外侧按住鼠标左键拖曳绘制矩形,绘制完成后在选项栏中设置"填充"为无,"描边"为与文字相同的颜色,"描边粗细"为18像素,如

图 15-81 所示。

图 15-81

步骤 05 加选文字图层和形状图层,使用快捷键Ctrl+G进行编组。选中图层组,使用快捷键Ctrl+Alt+E进行合并,然后将原图层组隐藏,此时图层如图 15-82 所示。选中合并的图层,执行"3D→从所选图层新建3D模型"菜单命令,创建3D模型。此时画面效果如图 15-83 所示。

图 15-82   图 15-83

步骤 06 将图形进行旋转,效果如图 15-84 所示。

步骤 07 打开3D面板和"属性"面板。在3D面板中单击选择"凸出材质",然后单击"属性"面板中的"基础颜色"按钮,如图 15-85 所示。

图 15-84   图 15-85

步骤 08 在弹出的"拾色器(漫射颜色)"窗口中设置颜色为稍深一些的青色,设置完成后单击"确定"按钮,如图 15-86 所示。此时图形效果如图 15-87 所示。

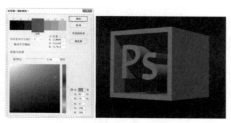

图 15-86　　　　　图 15-87

步骤 09 在 3D 面板中单击选中模型，在"属性"面板中单击"形状预设"倒三角按钮，在下拉列表中单击"凸出"样式，接着设置"凸出深度"为 3 厘米，如图 15-88 所示。此时模型效果如图 15-89 所示。

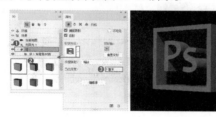

图 15-88　　　　　图 15-89

步骤 10 单击"属性"面板下方的"渲染"按钮进行渲染，如图 15-90 所示。经过一段时间的等待，渲染效果如图 15-91 所示。

图 15-90　　　　　图 15-91

实例：立体广告文字

文件路径	第 15 章\立体广告文字
技术掌握	从所选图层新建 3D 模型、调整 3D 灯光、渲染

实例说明：

　　本实例的主体物为 3D 立体文字，但是如果仅仅通过 3D 功能的使用，可能很难制作出

扫一扫，看视频

带有发光且细节丰富的外观。所以本实例先通过 3D 功能制作立体文字效果，然后通过图层样式丰富文字的外观。

实例效果：

　　实例效果如图 15-92 所示。

图 15-92

操作步骤：

步骤 01 打开背景素材 1.jpg，然后使用"横排文字工具"添加文字，如图 15-93 所示。

图 15-93

步骤 02 选中文字图层，单击选项栏中的"创建文字变形"按钮，在弹出的"变形文字"窗口中设置"样式"为"扇形"，勾选"水平"，设置"弯曲"为-9%，设置完成后单击"确定"按钮，如图 15-94 所示。文字效果如图 15-95 所示。

图 15-94　　　　　图 15-95

步骤 03 选中文字，执行"图层→图层样式→渐变叠加"菜单命令，在弹出的"图层样式"窗口中设置"渐变

叠加"的"混合模式"为"正常","不透明度"为100%，"渐变"为橘黄色系的渐变颜色，"样式"为"线性"。设置完成后单击"确定"按钮，如图15-96所示。效果如图15-97所示。

图 15-96　　　　　　　图 15-97

步骤 04 使用同样的方法制作另外一行文字，效果如图15-98所示。

步骤 05 加选两个文字图层，使用快捷键Ctrl+Alt+E进行合并。然后将两个文字图层隐藏，如图15-99所示。

图 15-98　　　　　　　图 15-99

步骤 06 选中合并的图层，执行"3D→从所选图层新建3D模型"菜单命令，创建3D模型。然后打开"属性"面板，单击"形状预设"倒三角按钮，在下拉列表中单击选择"凸出"，然后设置"凸出深度"为700像素，如图15-100所示。此时模型效果如图15-101所示。

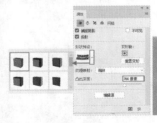

图 15-100　　　　　　　图 15-101

步骤 07 打开3D面板，单击选择"凸出材质"，然后单击"属性"面板中"基础颜色"后方的🖼按钮，执行"编辑纹理"命令，如图15-102所示。

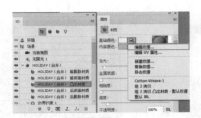

图 15-102

步骤 08 在打开的文档内填充一个橘红色的线性渐变，如图15-103所示。然后使用快捷键Ctrl+S进行保存，如图15-104所示。保存后将该文档关闭，此时文字的立面变成了橘红色渐变。

图 15-103　　　　　　　图 15-104

步骤 09 在3D面板中单击选择无限光，然后在"属性"面板中设置"颜色"为白色，"强度"为160%，如图15-105所示。

步骤 10 拖曳控制柄调整光源方向，如图15-106所示。

图 15-105　　　　　　　图 15-106

步骤 11 单击3D面板底部的"渲染"按钮进行渲染，如图15-107所示。渲染完成后的效果如图15-108所示。

图 15-107　　　　　　　图 15-108

步骤 12 再次显示两个文字图层，然后加选两个文字图层，使用快捷键Ctrl+Alt+E进行合并，然后将合并图层移动至"图层"面板的最上方。隐藏原始文字，如图15-109所示。

图 15-109

步骤 13 执行"窗口→样式"菜单命令，打开"样式"面板，接着单击"面板菜单"按钮，执行"导入样式"命令。在弹出的"载入"窗口中选择样式。然后单击"载入"按钮将样式导入，如图15-110所示。

图 15-110

步骤 14 选择合并的文字图层，单击"样式"面板中刚刚载入的样式按钮，如图15-111所示。此时文字效果如图15-112所示。

图 15-111

图 15-112

步骤 15 将装饰素材3.png置入文档，实例完成效果如图15-113所示。

图 15-113

视频与动画

本章内容简介：

　　作为一款著名的图像处理+设计制图软件，Photoshop的功能并不仅限于处理"静态"的内容，还可以进行动态图的制作以及视频的编辑。相对于比较专业的视频处理软件Adobe After Effects、Adobe Premiere Pro，Photoshop虽然还有一定的差异，但是在简单的动态效果制作以及视频编辑方面也称得上是一种方便、快捷的工具。本章主要围绕"时间轴"面板进行动画的制作与编辑，学习Photoshop的动态视频编辑功能。

重点知识掌握：

- 掌握透明度、位置、缩放、样式动画的制作。
- 掌握创建帧动画的方法。

通过本章的学习，我能做什么？

　　通过"时间轴"面板，我们可以进行一些简单的动态效果制作，如透明度动画、位置移动动画、旋转动画、缩放动画、样式动画等；还可以制作一些有趣的GIF动态图片。

16.1 视频编辑

在Photoshop中，想要制作或者编辑动态文件，可以使用"时间轴"面板。"时间轴"面板主要用于组织和控制影片中图层和帧的内容。执行"窗口→时间轴"菜单命令，打开"时间轴"面板。单击创建模式右侧的▼按钮，在弹出的下拉列表中有两个选项，即"创建视频时间轴"和"创建帧动画"，如图16-1所示。选择不同的选项可以打开不同模式的"时间轴"面板，而不同模式的"时间轴"面板创建与编辑动态效果的方式也不相同。

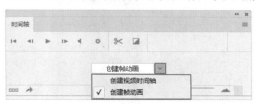

图 16-1

在此选择"创建视频时间轴"选项，打开"视频时间轴"模式的"时间轴"面板。在"视频时间轴"模式的"时间轴"面板中，每个图层都会作为一个"视频轨道"（背景图层除外），对于每个视频轨道可以进行持续时间的调整、切分以及设置动画等操作，主要部分介绍如图16-2所示。

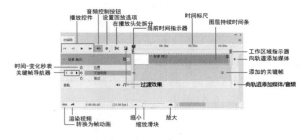

图 16-2

选项解读：视频"时间轴"面板

播放控件：其中包括"转到第一帧"按钮 ◄|、"转到上一帧"按钮 ◄|、"播放"按钮 ► 和"转到下一帧"按钮 |►，用于控制视频的播放。

时间−变化秒表 ⏱：单击该按钮，即可启用或停用图层属性的关键帧设置。

关键帧导航器 ◄ ◇ ►：左右两侧的箭头按钮用于将当前时间指示器从当前位置移动到上一个或下一个关键帧；单击中间的按钮可以添加或删除当前时间的关键帧。

音频控制按钮 🔊：用于关闭或启用音频的播放。

在播放头处拆分 ✂：用于切分视频轨道。首先将当前时间指示器 🔻 移动到需要切分的位置。然后单击该按钮，即可将一个视频轨道切分为两个视频轨道。切分之后可以将视频轨道进行移动。

过渡效果 ◪：单击该按钮，在弹出的下拉列表中设置"持续时间"，并从中选择所需的过渡效果，即可为视频添加指定的过渡效果，创建专业的淡化和交叉淡化效果。

当前时间指示器 🔻：拖曳当前时间指示器可以浏览帧或更改当前时间或帧。

时间标尺：根据当前文档的持续时间和帧速率，水平测量持续时间或帧计数。

图层持续时间条：指定图层在视频或动画中的时间位置。

工作区域指示器：拖曳位于顶部轨道任一端的蓝色标签，可以标记要预览或导出的动画或视频的特定部分。

向轨道添加媒体/音频 ➕：单击该按钮，在弹出的窗口中进行相应的设置，可以将视频或音频添加到轨道中。

"转换为帧动画"按钮 ▥▥▥：单击该按钮，可以将"视频时间轴"模式的"时间轴"面板切换为"帧动画"模式的"时间轴"面板。

实例：制作景区展示转场特效

文件路径	第16章\制作景区展示转场特效
技术掌握	创建视频时间轴动画、转场效果、添加音频

实例说明：

在Photoshop中可以针对图层创建不透明度动画、位置动画、图层样式动画等。制作方法基本相同，都是在不同的时间点上创建出"关键帧"，然后对图层的透明度、位置、样式等属性进行更改，两个时间点之间就会形成两种效果之间的过渡动画。

扫一扫，看视频

本实例是将两张静态的风景照片处理成动态的视频，画面的动态效果主要为两张图片的过渡效果，除此之外，还需要为其添加背景音乐。

实例效果：

实例效果如图16-3所示。

图 16-3

操作步骤：

步骤 01 打开素材1.psd，其中包含两个图层，如图16-4所示。

图 16-4

步骤 02 执行"窗口→时间轴"菜单命令，在弹出的"时间轴"面板中单击☑按钮，在下拉列表中选择"创建视频时间轴"，如图16-5所示。然后单击该按钮，进入到"时间轴"面板中。文档中的两个图层都以视频轨道的形式出现在"时间轴"面板中，如图16-6所示。

图 16-5

图 16-6

提示：背景图层不会出现在"时间轴"面板中

背景图层由于无法移动、缩放、调整透明度、添加图层样式等操作，所以在创建视频时间轴动画时，是无法以视频轨道的形式出现的。如果需要对背景图

层进行动画的制作，则需要将背景图层转化为普通图层后再进行视频时间轴动画的创建。

步骤 03 调整视频持续的时间。将光标移动至轨道的末端，然后按住鼠标左键向左拖曳，将其拖曳至02:00f后释放鼠标，如图16-7所示。同样将另一个图层的轨道移动至02:00f处，此时两个视频轨道的时长都被缩短，如图16-8所示。

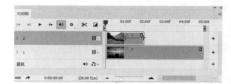

图 16-7

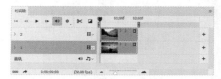

图 16-8

步骤 04 在"时间轴"面板中选中图层1，然后按住鼠标左键向图层2后侧拖曳，如图16-9所示。

图 16-9

步骤 05 释放鼠标后，两个图层在同一轨道上，如图16-10所示。此时"图层"面板中两个图层被转换为视频组，如图16-11所示。

图 16-10

图 16-11

中文版Photoshop 2024完全案例教程（微课视频版）

步骤 06 单击"播放"按钮▶，即可观察到随着时间的移动两张图像连续播放，但是过渡效果比较生硬，可以添加"转场"特效。接着单击█按钮，选择"交叉渐隐"，按住鼠标左键向两段视频之间拖曳，如图16-12所示。

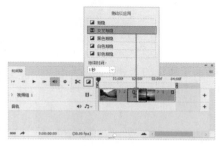

图 16-12

步骤 07 释放鼠标即可完成过渡效果添加操作，如图16-13所示。当前时间指示器♥移动到交叉处时，可以看到图像的过渡效果，此时画面效果如图16-14所示。

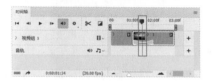

图 16-13

图 16-14

步骤 08 为视频添加背景音乐。单击"添加音频"按钮，执行"添加音频"命令，如图16-15所示。

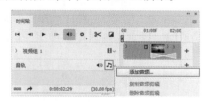

图 16-15

步骤 09 在弹出的"打开"窗口中单击选择2.mp3，然后单击"打开"按钮，如图16-16所示。

图 16-16

步骤 10 此时可以看到音轨，当前的音频轨道超出了视频轨道的长度，需要去除多余部分，如图16-17所示。

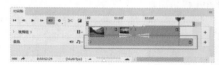

图 16-17

步骤 11 将光标移动至音轨的末端，按住鼠标左键向左拖曳，拖曳至03:00f处，如图16-18所示。

图 16-18

步骤 12 到这里视频制作完成，执行"文件→导出→渲染视频"菜单命令，在弹出的"渲染视频"窗口中设置合适的名称，然后单击"选择文件夹"按钮，如图16-19所示。

图 16-19

步骤 13 稍后即可得到视频文档。接着可以使用播放器播放视频，如图16-20所示。

图 16-20

实例秘诀

本实例是对两个静态图像进行拼接，当然也可以打开或导入动态视频并进行编辑。

打开视频素材：一些常规的视频、音频文件在Photoshop中都能打开，如MOV、FLV、AVI、MP3、WMA等格式文件。执行"文件→打开"菜单命令即可。随即视频文件在Photoshop中被打开，"图层"面板中出现该视频图层组。

向文档中添加视频素材：对已经打开的文件，如要向其中添加视频文件，可以执行"图层→视频图层→从文件新建视频图层"菜单命令。

将视频导入为视频帧：执行"文件→导入→视频帧到图层"菜单命令，在弹出的"打开"窗口中选择一个视频文件，然后单击"打开"按钮。在"将视频导入图层"窗口中可以设置视频导入范围。

实例：飞走的小鸟

文件路径	第16章\飞走的小鸟
技术掌握	位置动画

实例说明：

本实例要制作的是小鸟从画面右侧飞入，到画面左侧飞出的动态效果。此类动态效果主要集中在小鸟的位置变化上，所以也就是通常所说的"位置动画"。

实例效果：

实例效果如图16-21所示。

图 16-21

操作步骤：

步骤 01 打开包含小鸟和背景的分层素材1.psd，然后执行"窗口→时间轴"菜单命令，然后单击"创建视频时间轴"按钮，创建时间轴动画，如图16-22所示。

图 16-22

步骤 02 此时面板中只显示了小鸟所在的图层。接着将光标移动至轨道的末端，然后按住鼠标左键拖曳至02:00f处，设置视频的时长，如图16-23所示。

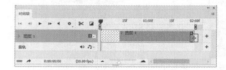

图 16-23

步骤 03 在"时间轴"面板中将"当前时间指示器"移动至0秒处，然后展开图层1，接着单击"位置"左侧的 按钮，添加关键帧，如图16-24所示。接着在画面中将小鸟移动至画面的右上方，并只露出一小部分，如图16-25所示。

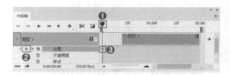

图 16-24

图 16-25

步骤 04 将"当前时间指示器"向右移动，移动到01:07f处，然后单击"位置"左侧的 按钮添加关键帧，如图16-26所示。接着在画面中移动小鸟的位置，如图16-27所示。

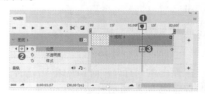

图 16-26

图 16-27

图 16-31

步骤 05 将"当前时间指示器"向右移动，移动到02:00f处，然后单击"位置"左侧的 ◇ 按钮添加关键帧，如图16-28所示。接着将小鸟向左上角移动并移动至画板以外，如图16-29所示。

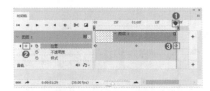

图 16-28

图 16-29

步骤 06 单击"播放"按钮 ▶ 进行播放，如图16-30所示。可以看到小鸟的位置发生了变化，画面也就产生了动态效果，如图16-31所示。

图 16-30

实例：制作商品显现动画

文件路径	第16章\制作商品显现动画
技术掌握	透明度动画

实例说明：

　　本实例需要制作出产品逐渐显现的动画效果。逐渐显现的产品主要是利用到了不透明度的设置，不透明度由0%到100%的过渡，就产生了产品逐渐显示的效果。

扫一扫，看视频

实例效果：

　　实例效果如图16-32所示。

图 16-32

操作步骤：

步骤 01 打开素材 1.psd，如图16-33所示。然后执行"窗口→时间轴"菜单命令，单击"创建视频时间轴"按钮，创建时间轴动画，如图16-34所示。

图 16-33

图 16-34

步骤 02 拖曳轨道将视频时长设置为01:00f，如图16-35所示。

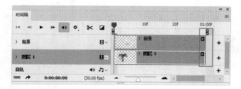

图 16-35

步骤 03 在"时间轴"面板中将"当前时间指示器"移动至0秒处，然后展开图层1所在的轨道，接着单击"不透明度"左侧的 ⏱ 按钮启用并添加关键帧，如图16-36所示。接着在"图层"面板中将图层1的不透明度设置为0%，如图16-37所示。

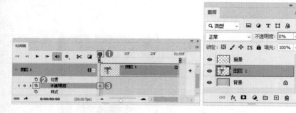

图 16-36   图 16-37

步骤 04 将"当前时间指示器"移动至01:00f处，然后单击"不透明度"左侧的 ◇ 按钮添加关键帧，如图16-38所示。然后在"图层"面板中将图层1的不透明度设置为100%，如图16-39所示。

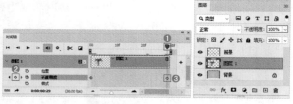

图 16-38   图 16-39

步骤 05 此时不透明度动画制作完成，单击"时间轴"面板中的播放 ▶ 按钮进行播放，如图16-40所示。

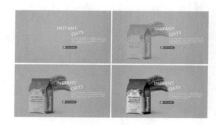

图 16-40

实例：制作动态广告

文件路径	第16章\制作动态广告
技术掌握	变换动画、透明度动画

扫一扫，看视频

实例说明：

本实例制作标题文字逐渐放大的效果。缩放的动态效果需要制作"变换"动画。在对"变换"添加关键帧之前，需要将所选图层转换为智能图层。在文字的动态效果制作完成后，制作光效闪烁的效果。

实例效果：

实例效果如图16-41所示。

图 16-41

操作步骤：

步骤 01 打开素材1.psd，因为只有智能图层才能制作带有变换的动画，所以选择"标题文字"图层，右击执行"转换为智能对象"命令，将该图层转换为智能图层，如图16-42所示。

图 16-42

步骤 02 执行"窗口→时间轴"菜单命令，然后单击"创建视频时间轴"按钮，创建时间轴动画。拖曳轨道将视

386

中文版Photoshop 2024完全案例教程（微课视频版）

频时长设置为03:00f，如图16-43所示。

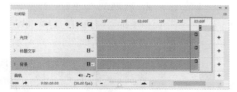

图16-43

步骤 03 在"时间轴"面板中将"当前时间指示器"移动至0秒处，然后展开"标题文字"图层，接着单击"变换"左侧的 ☉ 按钮启用并添加关键帧，如图16-44所示。接着使用快捷键Ctrl+T调出定界框，将文字等比缩小，如图16-45所示。缩放完成后按Enter键确定变换操作。

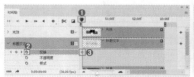

图16-44　　　　　　图16-45

步骤 04 继续在03:00f处添加关键帧，如图16-46所示。接着将文字适当放大，如图16-47所示。

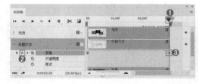

图16-46　　　　　　图16-47

步骤 05 制作闪烁的光效。选择光效图层，接着在"时间轴"面板中将"当前时间指示器"移动至0秒处，然后展开"光效"图层，接着单击"不透明度"左侧的 ☉ 按钮启用并添加关键帧，如图16-48所示。在"图层"面板中将光效图层的"不透明度"设置为0%，如图16-49所示。

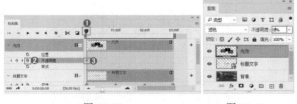

图16-48　　　　　　图16-49

步骤 06 在01:00f处添加关键帧，在"图层"面板中将光效图层的"不透明度"设置为100%，如图16-50所示。

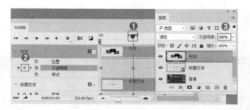

图16-50

步骤 07 在02:00f处添加关键帧，在"图层"面板中将光效图层的"不透明度"设置为0%，如图16-51所示。

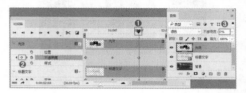

图16-51

步骤 08 在03:00f处添加关键帧，在"图层"面板中将光效图层的"不透明度"设置为100%，如图16-52所示。

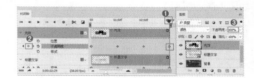

图16-52

步骤 09 设置完成后单击"播放"按钮查看效果，如图16-53所示。

图16-53

实例：制作按钮动态效果

文件路径	第16章\制作按钮动态效果
技术掌握	样式动画

实例说明：

　　在本实例中制作按钮逐渐变色的效果，颜色的变化需要通过"样式动画"进行制作。在创建时间轴动画后添加关键帧并通过更改"渐变叠加"样式中的颜色制作出按钮变色的效果。

实例效果：

实例效果如图16-54所示。

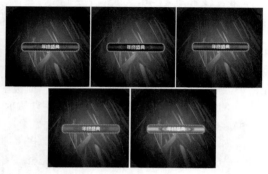

图 16-54

操作步骤：

步骤 01 打开素材1.psd，然后执行"窗口→时间轴"菜单命令，单击"创建视频时间轴"按钮，创建时间轴动画，如图16-55所示。

图 16-55

步骤 02 将视频时长设置为2秒，如图16-56所示。

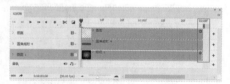

图 16-56

步骤 03 选择圆角矩形图层，在"时间轴"面板中展开圆角矩形图层的选项，然后将"当前时间指示器"移动至10f处，接着单击"样式"左侧的 ⏱ 按钮启用并添加关键帧，如图16-57所示。

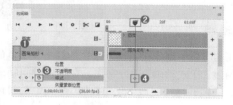

图 16-57

步骤 04 选择圆角矩形图层，打开"图层样式"窗口，设置"渐变叠加"的"混合模式"为正常，"渐变"为紫色系的渐变，"样式"为"线性"，"角度"为90度。参数设置如图16-58所示。此时画面效果如图16-59所示。

图 16-58　　　　　　　　图 16-59

步骤 05 将"当前时间指示器"移动至20f处，然后单击"样式"左侧的 ◇ 按钮添加关键帧，如图16-60所示。

图 16-60

步骤 06 选择圆角矩形图层，打开"图层样式"窗口，然后将"渐变"更改为深蓝色系的渐变，参数设置如图16-61所示。此时画面效果如图16-62所示。

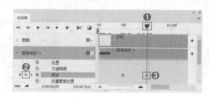

图 16-61　　　　　　　　图 16-62

步骤 07 继续调整时间指示器，添加第3个关键帧，并更改"渐变叠加"图层样式的颜色，如图16-63和图16-64所示。

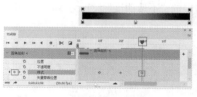

图 16-63

图 16-64

中文版Photoshop 2024完全案例教程（微课视频版）

388

步骤 08 添加第4个关键帧，并更改"渐变叠加"图层样式的颜色，如图16-65和图16-66所示。

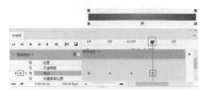

图 16-65

图 16-66

步骤 09 添加第5个关键帧，并更改"渐变叠加"图层样式的颜色，如图16-67和图16-68所示。

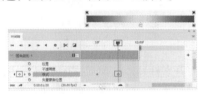

图 16-67

图 16-68

步骤 10 单击"时间轴"面板中的"播放"按钮，如图16-69所示。

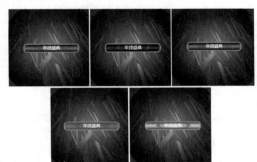

图 16-69

步骤 11 执行"文件→导出→存储为Web所用格式（旧版）"菜单命令，在弹出的"存储为Web所用格式（25%）"窗口中设置"预设"为"GIF 128 仿色"，格式为GIF，设置完成后单击"存储"按钮，如图16-70所示。

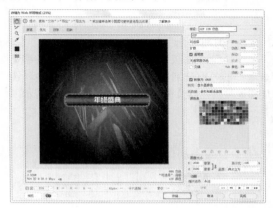

图 16-70

步骤 12 在弹出的"将优化结果存储为"窗口中选择合适的存储位置，然后单击"保存"按钮。完成动态图片的存储操作，得到GIF格式动态图，如图16-71所示。

图 16-71

16.2 制作帧动画

　　Photoshop还有一种动画形式，即帧动画。这种动画形式是通过将多幅图像快速播放，从而形成动态的画面效果。

　　"帧动画"与电影胶片、动画片的播放模式非常接近，都是在"连续的关键帧"中分解动作，然后连续播放形成动画。

　　执行"窗口→时间轴"菜单命令，打开"时间轴"面板。单击创建模式右侧的■按钮，在弹出的下拉列表中选择"创建帧动画"选项，如图16-72所示。

图 16-72

此时"时间轴"面板显示为"帧动画"模式。在该模式下,"时间轴"面板中显示出动画中每个帧的缩览图;面板底部的各项分别用于浏览各个帧、设置循环选项、添加和删除帧,以及预览动画等,如图16-73所示。

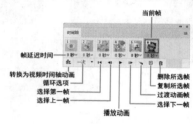

图 16-73

 选项解读:帧动画"时间轴"面板

帧延迟时间:设置帧在回放过程中的持续时间。

"转换为视频时间轴动画"按钮 :将"帧动画"模式的"时间轴"面板切换为"视频时间轴"模式的"时间轴"面板。

循环选项 :设置动画在作为动画GIF文件导出时的播放次数。

"选择第一帧"按钮 :单击该按钮,可以选择序列中的第一帧作为当前帧。

"选择上一帧"按钮 :单击该按钮,可以选择当前帧的上一帧。

"播放动画"按钮 :单击该按钮,可以在文档窗口中播放动画。如果要停止播放,可以再次单击该按钮。

"选择下一帧"按钮 :单击该按钮,可以选择当前帧的下一帧。

"过渡动画帧"按钮 :在两个现有帧之间添加一系列帧,通过插值的方法使新帧之间的图层属性均匀。单击"过渡动画帧"按钮,在弹出的"过渡"窗口中可以对过渡的方式、过渡的帧数等选项进行设置。设置完成后在"时间轴"面板中会添加过渡帧。接着单击"播放"按钮,即可查看过渡的效果。

复制所选帧 :通过复制"时间轴"面板中的选定帧,向动画中添加帧。

删除所选帧 :将所选择的帧删除。

实例:制作不同色彩的产品动态展示

文件路径	第16章\制作不同色彩的产品动态展示
技术掌握	帧动画

扫一扫,看视频

实例说明:

本实例利用帧动画功能,制作出一款产品不同颜色的展示效果,这类动画在网页广告中十分常见。

实例效果:

实例效果如图16-74所示。

图 16-74

操作步骤:

步骤 01 打开素材1.psd,然后执行"窗口→时间轴"菜单命令,然后单击"创建帧动画"按钮,创建帧动画,如图16-75所示。

图 16-75

步骤 02 将帧延迟时间设置为0.5秒,如图16-76所示。

步骤 03 然后单击2次"复制所选帧"按钮,将所选帧复制2份,如图16-77所示。

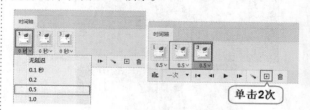

图 16-76   图 16-77

步骤 04 在"时间轴"面板中单击选择第1帧,如图16-78所示。这时显示红色椅子图层,如图16-79所示。

中文版Photoshop 2024完全案例教程(微课视频版)

图 16-78

图 16-79

步骤 05 在"时间轴"面板中单击选择第2帧，如图16-80所示。接着隐藏红色椅子图层1，显示蓝色椅子，如图16-81所示。

图 16-80

图 16-81

步骤 06 在"时间轴"面板中单击选择第3帧，如图16-82所示。接着隐藏红色椅子图层1和蓝色椅子图层2，显示黄色椅子，如图16-83所示。

图 16-82

图 16-83

步骤 07 单击"循环选项"右侧的倒三角按钮，在下拉列表中选择"永远"，接着单击"播放"按钮（图16-84）即可查看播放效果，如图16-85所示。

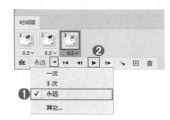

图 16-84

图 16-85

实例：制作QQ动态表情

文件路径	第16章\制作QQ动态表情
技术掌握	帧动画

扫一扫，看视频

实例说明：

本实例通过帧动画制作卡通头像变换的效果，制作完成后导出为GIF格式。GIF格式动图可以作为QQ表情使用。

实例效果：

实例效果如图16-86所示。

图 16-86

操作步骤:

步骤 01 打开素材1.psd，然后执行"窗口→时间轴"菜单命令，单击"创建帧动画"按钮，创建帧动画，如图16-87所示。

图 16-87

步骤 02 单击"选择帧延迟时间"倒三角按钮，在下拉列表中选择0.5，设置时间为0.5秒，如图16-88所示。接着单击3次"复制所选帧"按钮，将所选帧复制3份，如图16-89所示。

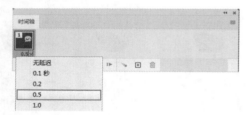

图 16-88

图 16-89

步骤 03 选择第1帧，这时在"图层"面板中显示兔子图层，如图16-90所示。此时画面效果如图16-91所示。

图 16-90　　　　　　图 16-91

步骤 04 选择第2帧，然后在"图层"面板中隐藏兔子图层，显示小猫图层，如图16-92所示。此时画面效果如图16-93所示。

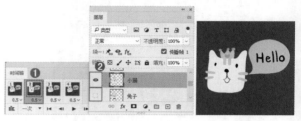

图 16-92　　　　　　图 16-93

步骤 05 选择第3帧，隐藏其他小动物图层，只显示小熊图层，如图16-94所示。

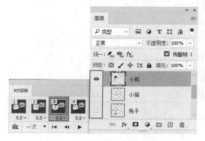

图 16-94

步骤 06 选择第4帧，隐藏其他小动物图层，只显示小虎图层，如图16-95所示。

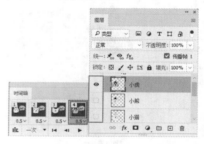

图 16-95

步骤 07 单击"循环选项"右侧的倒三角按钮，在下拉列表中选择"永远"，接着单击"播放"按钮即可查看播放效果，如图16-96所示。

步骤 08 播放完成后可以发现两个卡通头像转换的过程太快，播放效果有些急促，此时可以在每一帧之间添加一帧没有头像的空白画面来减轻这种急促感。选择第1帧，然后单击"复制所选帧"按钮新建帧，如图16-97所示。

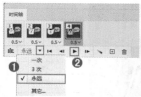

图 16-96　　　　　图 16-97

步骤 09 选择刚刚新建的帧，然后将头像图层隐藏，如图16-98所示。接着单击"选择帧延迟时间"倒三角按钮，在下拉列表中选择0.2，设置时间为0.2秒，如图16-99所示。

图 16-98　　　　　图 16-99

步骤 10 单击3次"复制所选帧"按钮，将所选帧复制3份，如图16-100所示。

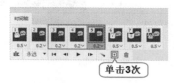

图 16-100

步骤 11 选择新复制的帧，按住鼠标左键向右侧拖曳，拖曳至两个头像帧之间，释放鼠标完成移动帧的操作，如图16-101所示。使用同样的方法移动帧的位置，使两个头像之间都有一个空白画面帧，如图16-102所示。

图 16-101

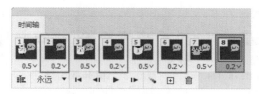

图 16-102

步骤 12 执行"文件→导出→存储为Web所用格式（旧版）"菜单命令，在弹出的"存储为Web所用格式（25%）"窗口中设置"预设"为"GIF 128 仿色"，格式为GIF，设置完成后单击"存储"按钮。接着在弹出的"将优化结果存储为"窗口中选择合适的存储位置，然后单击"保存"按钮。完成导出操作，如图16-103和图16-104所示。

图 16-103

图 16-104

实例：制作多彩变换文字

文件路径	第16章\制作多彩变换文字
技术掌握	帧动画

扫一扫，看视频

实例说明：

　　本实例是通过显示和隐藏调整图层实现画面局部颜色改变的动态效果。

实例效果：

　　实例效果如图16-105所示。

图 16-105

操作步骤:

步骤 01 打开素材 1.psd,在"图层"面板中单击选择s图层,如图 16-106 所示。

图 16-106

步骤 02 在"调整"面板中单击"色相/饱和度"按钮,新建"色相/饱和度"调整图层,然后在"属性"面板中设置"色相"为+130,接着单击"属性"面板底部的 按钮创建剪贴蒙版,使调色效果只针对字母S,如图 16-107 所示。当前文字效果如图 16-108 所示。

图 16-107   图 16-108

步骤 03 选择a图层,在"调整"面板中单击"色相/饱和度"按钮,新建"色相/饱和度"调整图层,然后在"属性"面板中设置"色相"为-180,接着单击"属性"面板底部的 按钮创建剪贴蒙版,使调色效果只针对字母A,如图 16-109 所示。

步骤 04 选择l图层,在"调整"面板中单击"色相/饱和度"按钮,新建"色相/饱和度"调整图层,然后在"属性"面板中设置"色相"为+122,接着单击"属性"面板底部的 按钮创建剪贴蒙版,使调色效果只针对字母L,如图 16-110 所示。

图 16-109   图 16-110

步骤 05 选择e图层,在"调整"面板中单击"色相/饱和度"按钮,新建"色相/饱和度"调整图层,然后在属性面板中设置"色相"为+85,接着单击"属性"面板底部的 按钮创建剪贴蒙版,使调色效果只针对字母E,如图 16-111 所示。此时文字的颜色调整完成,效果如图 16-112 所示。

图 16-111   图 16-112

步骤 06 执行"窗口→时间轴"菜单命令,然后单击"创建帧动画"按钮,创建帧动画,如图 16-113 所示。

图 16-113

步骤 07 将帧延迟时间设置为0.2秒,如图 16-114 所示。然后单击4次"复制所选帧"按钮,将所选帧复制4份,如图 16-115 所示。

图 16-114   图 16-115

步骤 08 单击选择第1帧,在"图层"面板中将4个"色

中文版Photoshop 2024完全案例教程(微课视频版)

相/饱和度"调整图层同时隐藏，如图16-116所示。

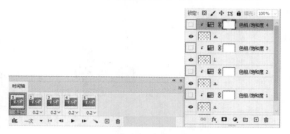

图 16-116

步骤 09 单击选择第2帧，在"图层"面板中将s图层上方的"色相/饱和度"调整图层显示出来，隐藏其他调整图层，如图16-117所示。

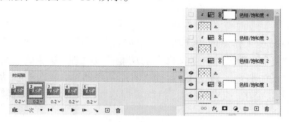

图 16-117

步骤 10 单击选择第3帧，在"图层"面板中将a图层上方的"色相/饱和度"调整图层显示出来，隐藏其他调整图层，如图16-118所示。

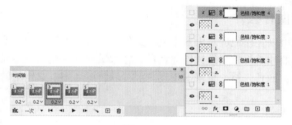

图 16-118

步骤 11 单击选择第4帧，在"图层"面板中将l图层上方的"色相/饱和度"调整图层显示出来，隐藏其他调整图层，如图16-119所示。

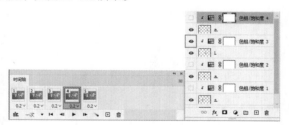

图 16-119

步骤 12 单击选择第5帧，在"图层"面板中将e图层上方的"色相/饱和度"调整图层显示出来，如图16-120所示。

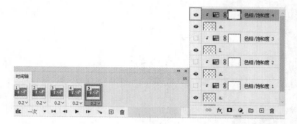

图 16-120

步骤 13 单击"循环选项"右侧的倒三角按钮，在下拉列表中选择"永远"，接着单击"播放"按钮，如图16-121所示。查看播放效果，如图16-122所示。

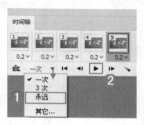

图 16-121

图 16-122

Chapter

17

第17章

扫一扫，看视频

文档的自动处理

本章内容简介：

　　本章主要讲解了几种能够减少工作量的快捷功能。例如，"动作"就是一种能够将在一个文件上进行的操作"复制"到另外一个文件上的功能；"批处理"功能能够快速对大量图片进行相同的操作（如调色、裁切等）；而"图片处理器"功能则能够帮助我们快速将大量的图片尺寸限定在一定范围内。熟练掌握这些功能的使用，能够大大地减轻工作负担。

重点知识掌握：

- 掌握记录动作与播放动作的方法。
- 掌握载入动作库文件的方法。
- 掌握使用批处理快速处理大量文件的方法。

通过本章的学习，我能做什么？

　　通过本章的学习，我们可以轻松地应对大量重复的工作，如快速处理一大批偏色的扫描图片、为一批写真照片进行批量的风格化调色、将大量图片转换为特定尺寸或特定格式等。总体来说，遇到大量、重复的工作，都可以尝试运用本章所学的知识来解决。

17.1 动作：自动处理文件

在Photoshop中可以存储多个动作或动作组，这些动作可以在"动作"面板中找到，"动作"面板是进行文件自动化处理的核心工具之一，在"动作"面板中可以进行"动作"的记录、播放、编辑、删除、管理等操作。

执行"窗口→动作"菜单命令（快捷键Alt+F9），打开"动作"面板，如图17-1所示。

图 17-1

选项解读："动作"面板

切换项目开/关✔：如果动作组、动作和命令前显示有该图标，代表该动作组、动作和命令可以执行；如果没有该图标，代表不可以被执行。

切换对话开/关▢：如果命令前显示该图标，表示动作执行到该命令时会暂停，并打开相应命令的窗口，此时可以修改命令的参数，单击"确定"按钮可以继续执行后面的动作。

停止播放/记录■：用来停止播放动作和停止记录动作。

开始记录●：单击该按钮，可以开始录制动作。

播放选定的动作▶：选择一个动作后，单击该按钮可以播放该动作。

创建新组▢：单击该按钮，可以创建一个新的动作组，以保存新建的动作。

创建新动作⊞：单击该按钮，可以创建一个新的动作。

删除🗑：选择动作组、动作和命令后单击该按钮，可以将其删除。

实例：录制用于调整照片颜色的动作

文件路径	第17章\录制用于调整照片颜色的动作
技术掌握	录制动作

实例说明：

通过"动作"面板能够"录制"动作，之所以被称为"录制"，是因为一旦开始录制，它就如同摄像机一样开始记录所有的操作，而记录下来的动作可以方便之后快速应用给其他图片。本实例通过"动作"面板记录调色动作。

实例效果：

实例效果如图17-2所示。

扫一扫，看视频

图 17-2

操作步骤：

步骤 01 打开人像素材1.jpg，执行"窗口→动作"菜单命令，打开"动作"面板。然后单击"动作"面板底部的"创建新动作"按钮，如图17-3所示。在弹出的"新建动作"窗口中设置合适的名称，将"名称"设置为"暖调"。然后单击"记录"按钮开始记录，如图17-4所示。

图 17-3   图 17-4

步骤 02 新建一个"曲线"调整图层，在曲线上单击添加控制点向上拖曳提高画面的亮度，如图17-5所示。画面效果如图17-6所示。

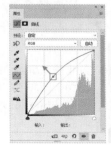

图 17-5   图 17-6

步骤 03 新建"渐变映射"调整图层，编辑一个彩色系的渐变颜色，如图17-7所示。在"图层"面板中设置"不透明度"为20%，如图17-8所示。此时画面效果如图17-9所示。

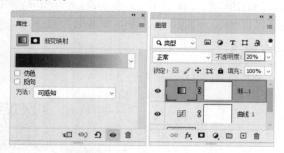

图 17-7   图 17-8

图 17-9

步骤 04 执行"图层→拼合图像"命令，将全部图层合并到背景图层中，如图17-10所示。然后执行"文件→存储"菜单命令存储文档。

步骤 05 存储后将文档关闭，如图17-11所示。

图 17-10   图 17-11

步骤 06 单击"动作"面板底部的"停止播放/记录"按钮，完成动作的录制操作，如图17-12所示。此时在"动作"面板中即可看到录制的动作。（本实例中所录制的动作不要删除，在后面的实例中还会用到。）

图 17-12

实例秘诀

在Photoshop中能够被记录的内容有很多，如绝大多数的图像调整命令、部分工具（选框工具、套索工具、魔棒工具、裁剪、切片、魔术橡皮擦、渐变、油漆桶、文字、形状、注释、吸管和颜色取样器），以及部分面板操作（历史记录、色板、颜色、路径、通道、图层和样式）都可以被记录。

实例：录制用于批量加水印的动作

文件路径	第17章\录制用于批量加水印的动作
技术掌握	记录动作

扫一扫，看视频 **实例说明：**

为了保护版权，经常需要为大量的图像添加相同的水印。逐一添加费时费力，可以尝试"录制"一个添加水印的动作，为对大量照片添加水印而做准备。在本实例中，将录制一个为图片添加水印的动作。

实例效果：

实例效果如图17-13所示。

图 17-13

操作步骤：

步骤 01 将素材1.jpg打开，执行"窗口→动作"菜单命令，打开"动作"面板。然后单击面板底部的"创建新动作"按钮，在弹出的"新建动作"窗口中设置合适的名称，然后单击"记录"按钮，如图17-14所示。

图 17-14

步骤 02 将标志素材2.png置入文档，移动至画面中心的位置，按Enter键确定置入操作，如图17-15所示。

图 17-15

步骤 03 选中标志图层，设置图层的不透明度为60%，如图17-16所示。此时画面效果如图17-17所示。

图 17-16　　　　　　　　图 17-17

步骤 04 执行"图层→拼合图像"命令，将全部图层合并到背景图层中。然后执行"文件→存储"菜单命令存储文档，并将文档关闭，如图17-18所示。

步骤 05 单击"动作"面板底部的"停止播放/记录"按钮，完成动作的录制操作，如图17-19所示。此时在"动作"面板中即可看到录制的动作。

图 17-18　　　　　　　　图 17-19

> **提示：不要删除动作**
> 本实例中所录制的动作不要删除，在后面的实例中还会用到。

实例：使用动作快速调色

文件路径	第17章\使用动作快速调色
技术掌握	播放动作

实例说明：

录制动作的目的是对其他图片"播放"动作。在本实例中就需要利用之前录制好的调色动作，快速为图片进行调色。

扫一扫，看视频

实例效果：

实例效果如图17-20所示。

图 17-20

操作步骤：

步骤 01 打开素材1.jpg，如图17-21所示。为了避免破坏原始图像文件，在进行批处理之前，可以将需要处理的素材文件进行复制。

步骤 02 打开"动作"面板，可以看到之前记录好的动作。单击"暖调"动作，然后单击"播放选定动作"按钮进行动作的播放，如图17-22所示。

图 17-21　　　　　　图 17-22

步骤 03 现在就会进行动作的播放，因为录制的动作比较短，所以很快就播放完成，而且完成操作的图片被关闭了。重新打开图片观察效果，如图17-23所示。

图 17-23

实例：使用动作快速添加防盗水印

文件路径	第17章\使用动作快速添加防盗水印
技术掌握	播放动作

实例说明：

在本实例中将播放添加水印的动作，快速为图片添加水印。

实例效果：

实例效果如图17-24所示。

扫一扫，看视频

图 17-24

操作步骤：

步骤 01 打开素材1.jpg，如图17-25所示。为了避免破坏原始图像文件，在进行批处理之前，可以将需要处理的素材文件进行复制。

步骤 02 打开"动作"面板，单击"添加水印"动作，然后单击"播放选定动作"按钮，进行动作的播放，如图17-26所示。

图 17-25　　　　　　图 17-26

步骤 03 接着就会进行动作的播放，完毕后在图片存储的位置可以找到添加好水印的图片，如图17-27所示。

图 17-27

17.2　存储和载入动作

在Photoshop中，"动作"面板显示着一些默认动作，除此之外，还可以在"动作面板菜单"中看到其他一些动作列表，可以载入这些动作来使用。除此之外，还可以将录制好的"动作"以动作库的形式导出为独立的文件。这样可以在不同的计算机之间使用相同的动作进行图像处理，同时也方便存储。而如果从别处获取到了"动作库"文件，也可以通过"动作面板菜单"中的命令进行载入使用。

实例：载入预设动作并使用

文件路径	第17章\载入预设动作并使用
技术掌握	载入预设动作

扫一扫，看视频

实例说明：

在Photoshop中，有多种预设动作供用户使用，这些动作包括调色、滤镜效果、相框等。本实例是通过"图像效果"组中的"棕褐色调（灰色）"动作快速对图像进行调色，制作单色调写真。

实例效果：

实例效果如图17-28所示。

图 17-28

操作步骤：

步骤 01 打开素材1.jpg，如图17-29所示。

步骤 02 打开"动作"面板，然后单击"动作面板菜单"按钮，在菜单底部有多个预设动作，如图17-30所示。

图 17-29　　　　　图 17-30

步骤 03 执行"图像效果"命令，随后该动作组出现在"动作"面板中。展开"图像效果"动作组，单击"棕褐色调（灰度）"动作，然后单击"播放"按钮，如图17-31所示。这时图片自动进行调色，效果如图17-32所示。

图 17-31　　　　　图 17-32

提示：复位与替换动作

复位动作：在"动作面板菜单"中执行"复位动作"命令，可以将"动作"面板中的动作恢复到默认的状态。

替换动作：在"动作面板菜单"中执行"替换动作"命令，可以将"动作"面板中的所有动作替换为硬盘中的其他动作。

实例：使用外挂动作库

文件路径	第17章\使用外挂动作库
技术掌握	载入动作

扫一扫，看视频

实例说明：

动作可以存储为外部动作库，也可以将动作库载入到软件中，这样就能相互交流、传递，还能够从网络中下载动作库来使用。在本实例中，将练习如何载入外挂动作。

实例效果：

实例效果如图17-33所示。

图 17-33

操作步骤：

步骤 01 打开素材1.jpg，如图17-34所示。

步骤 02 打开"动作"面板，然后单击"动作面板菜单"按钮，执行"载入动作"命令，如图17-35所示。

图 17-34 　　　　　　图 17-35

步骤 03 在弹出的"载入"窗口中单击素材2.atn，然后单击"载入"按钮，如图17-36所示。接着外挂动作将被载入"动作"面板，如图17-37所示。

图 17-36 　　　　　　图 17-37

步骤 04 展开动作组，在其中单击"复古效果"动作，然后单击"播放选定动作"按钮，进行动作的播放，如图17-38所示。动作播放完成后的效果如图17-39所示。

图 17-38 　　　　　　图 17-39

实例：将制作好的动作存储为可以传输的文件

文件路径	第17章\将制作好的动作存储为可以传输的文件
技术掌握	存储动作

实例说明：

录制的动作如果经常需要在不同的计算机中使用，可以将其存储为动作库，并在不同的计算机之间传输使用。在本实例中，将学习动作库的存储操作。

实例效果：

实例效果如图17-40所示。

扫一扫，看视频

图 17-40

操作步骤：

步骤 01 在"动作"面板中选择需要导出的动作，因为在之前的实例中新建了两个动作，并在一个组中。接着单击"动作面板菜单"按钮，执行"存储动作"命令，如图17-41所示。

图 17-41

步骤 02 在弹出的"另存为"窗口中找到存储位置，然后单击"保存"按钮，如图17-42所示。完成动作的导出操作，即可得到一个.atn格式的动作库文件，如图17-43所示。

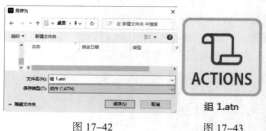

图 17-42 　　　　　　图 17-43

17.3 自动处理大量文件

在工作中经常会遇到将多张数码照片调整到统一尺寸、统一色调或者制作批量的证件照等情况。如果一张一张地进行处理，非常耗费时间与精力。使用"批处理"命令可以快速地、轻松地处理大量的文件。

实例：照片批量调色

文件路径	第17章\照片批量调色
技术掌握	批处理

实例说明：

在之前的实例中录制了一个名为"暖调"的动作，在本实例中将通过"批处理"命令快速对整个文件夹中的图片应用该动作，将全部图片统一处理成暖色调效果，并且存储到另外一个文件夹中。

实例效果：

实例对比效果如图17-44和图17-45所示。

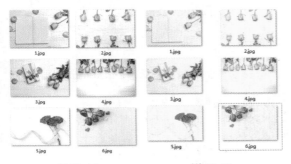

图 17-44   图 17-45

操作步骤：

步骤 01 为了避免破坏原始图像文件，在进行批处理之前，可以将需要处理的素材文件夹进行复制。执行"文件→自动→批处理"菜单命令，在弹出的"批处理"窗口中设置"组"为"组1"，"动作"为"暖调"，"源"为"文件夹"，接着单击"选择"按钮，在弹出的"选取批处理文件夹"窗口中单击选择"素材"所在的文件，然后单击"选择文件夹"按钮，如图17-46所示。

图 17-46

步骤 02 设置输出的目标为"存储并关闭"，勾选"覆盖动作中的'存储为'命令"选项，最后单击"确定"按钮，如图17-47所示。

图 17-47

步骤 03 批处理完成后，打开所选文件夹即可查看效果，如图17-48所示。

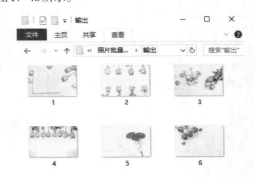

图 17-48

实例：为图像批量添加防盗水印

文件路径	第17章\为图像批量添加防盗水印
技术掌握	批处理

实例说明：

在添加水印时，往往都是对多张图片进行添加，通过批处理能够快速完成添加这一操作，这样不仅能够提高工作效率，还能减少错误。在本实例中，将会使用之前录制的"添加水印"动作。

实例效果：

实例效果如图17-49所示。

图 17-49

操作步骤：

步骤 01 为了避免破坏原始图像文件，在进行批处理之前，可以将需要处理的素材文件夹进行复制。执行"文件→自动→批处理"菜单命令，在弹出的"批处理"窗口中设置"组"为"组1"，"动作"为"添加水印"，"源"为"文件夹"，接着单击"选择"按钮，在弹出的"选取批处理文件夹"窗口中单击选择"素材"所在的文件夹，然后单击"选择文件夹"按钮，如图17-50所示。

图 17-50

步骤 02 设置输出的目标为"存储并关闭"，勾选"覆盖动作中的'存储为'命令"选项，单击"确定"按钮，如图17-51所示。

图 17-51

提示：勾选"覆盖动作中的'存储为'命令"

如果动作中包含"存储为"命令，在勾选该选项后，进行批处理时，动作的"存储为"命令将引用批处理的文件，而不是动作中指定的文件名称和位置。

步骤 03 批处理完成后，打开所选文件夹即可查看效果，如图17-52所示。

图 17-52

实例：批量校正效果图的明暗问题

文件路径	第17章\批量校正效果图的明暗问题
技术掌握	批处理

扫一扫，看视频

实例说明：

由于3D类制图软件的设置问题，经常会出现同一批次渲染得到的全部图像都出现画面偏灰、偏暗等情况，如果图像数量较多，则可以利用Photoshop的批处理功能进行快速处理。

实例效果：

实例对比效果如图17-53和图17-54所示。

图 17-53　　　　　　　图 17-54

操作步骤：

步骤 01 创建一个适用于这批效果图的"动作"，所

中文版Photoshop 2024完全案例教程（微课视频版）

404

以首先复制其中一个图像，并在Photoshop中打开，如图17-55所示。

需要进行统一批处理），如图17-61所示。

> **提示：为什么要复制图像**
>
> 　　复制的这张图像主要是用于动作的记录，动作记录完成后，如果不小心执行了保存操作，该图像会发生颜色变化。如果不复制图像，直接在需要批处理的图像上进行操作，可能会造成该图像被重复处理的现象，导致该图处理过度。

步骤 02 开始记录动作。在"动作"面板中单击"创建新动作"按钮创建动作，如图17-56所示。

图 17-55　　　　　　　图 17-56

步骤 03 执行"图像→调整→亮度/对比度"菜单命令，在"亮度/对比度"窗口中设置"亮度"为28，"对比度"为100，如图17-57所示。设置完成后单击"确定"按钮，效果如图17-58所示。

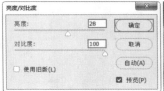

图 17-57　　　　　　　图 17-58

步骤 04 执行"图像→调整→阴影/高光"菜单命令，在"阴影/高光"窗口中设置"阴影"的"数量"为35%，如图17-59所示。设置完成后单击"确定"按钮。此时画面效果如图17-60所示。

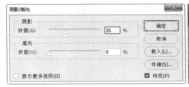

图 17-59　　　　　　　图 17-60

步骤 05 单击"停止播放/记录"按钮，结束动作的录制，然后关闭当前图像（此时不要保存处理效果，因为后面

步骤 06 执行"文件→自动→批处理"菜单命令，在弹出的"批处理"窗口中选择"组"为"组1"，"动作"为"动作1"，设置"源"为"文件夹"，接着单击"选择"按钮，在弹出的"选取批处理文件夹"窗口中找到素材文件的位置，单击进行选择，然后单击"选择文件夹"按钮。接着设置"目标"为"存储并关闭"，选择该选项后将会在原图上调色，并在保存后关闭。设置完成后单击"确定"按钮，如图17-62所示。

图 17-61

图 17-62

步骤 07 批处理完成后，找到素材文件夹，即可查看调色效果，如图17-63所示。

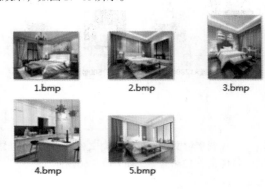

1.bmp　　　2.bmp　　　3.bmp

4.bmp　　　5.bmp

图 17-63

17.4 图像处理器：批量限制图像尺寸

使用"图像处理器"窗口可以快速、统一地对选定图片的格式、大小等选项进行修改，极大地提高了工作效率。

实例：快速将商品图片调整到合适尺寸

文件路径	第17章\快速将商品图片调整到合适尺寸
技术掌握	图像处理器

实例说明：

扫一扫，看视频

要同时对多张图片调整尺寸，除了录制相应的动作，还可以通过"图像处理器"窗口进行调整。在本实例中，将多张图片统一处理成相同尺寸。

实例效果

实例对比效果如图17-64和图17-65所示。

1280像素×1280像素   **500像素×500像素**

图 17-64   图 17-65

操作步骤：

步骤 01 找到素材文件夹，该素材文件夹中的图片尺寸均为1280像素×1280像素，如图17-66所示。

图 17-66

步骤 02 在Photoshop中执行"文件→脚本→图像处理器"菜单命令，在弹出的"图像处理器"窗口中单击"选择要处理的图像"选项组中的"选择文件夹"按钮，在弹出的"选取源文件夹"窗口中找到素材文件夹所在的位置，单击进行选择。然后单击"确定"按钮，如图17-67所示。

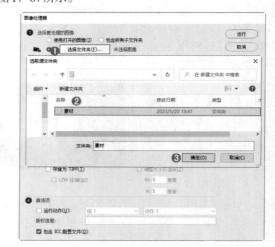

图 17-67

步骤 03 选择输出的位置。在"选择位置以存储处理的图像"中选中"选择文件夹"前的单选按钮激活该选项，然后单击"选择文件夹"按钮，在弹出的"选取目标文件夹"窗口中选择合适的位置，然后单击"选择文件夹"按钮，如图17-68所示。

中文版Photoshop 2024完全案例教程（微课视频版）

图 17-68

步骤 04 设置存储的文件格式和尺寸。勾选"存储为JPEG"选项，勾选"调整大小以适合"选项，设置W为500像素，H为500像素。设置完成后单击"运行"按钮，如图17-69所示。

图 17-69

步骤 05 运行完成后找到输出的文件，能够看到自动生成一个名为JPEG的文件夹，打开该文件夹，选择一张图片，即可看到尺寸被修改为500像素×500像素，如图17-70所示。

图 17-70

407

综合实例

本章内容简介：

    本章为综合实例章节，包含多个大型的实例。在制作过程中需要结合前面多个章节所学的知识进行制作。由于本章实例相对复杂，涉及知识点较多，所以务必在掌握之前章节知识的基础上进行练习。

18.1 实例：梦幻感化妆品广告

文件路径	第18章\梦幻感化妆品广告
技术掌握	画笔工具、图层蒙版、剪贴蒙版、混合模式

实例说明：

　　本实例为一款化妆品的广告，画面以产品展示为主，环境利用到花朵、水花、光效等元素烘托出梦幻感。由于画面中使用了多个素材，为了使素材融合于背景中，使用了"混合模式"配合图层蒙版对素材进行处理。

实例效果：

　　实例效果如图18-1所示。

图18-1

操作步骤：

Part 1　制作广告背景

步骤 01 执行"文件→新建"菜单命令，创建一个大小合适的空白文档。接着设置前景色为淡粉色，然后选择工具箱中的"画笔工具"，在选项栏中设置大小合适的柔边圆画笔，设置较低的不透明度，设置完成后在画面中涂抹，为背景增添一些色彩，如图18-2所示。 扫一扫，看视频

步骤 02 执行"文件→置入嵌入对象"菜单命令，将莲花素材1.jpg置入画面，调整大小后放在画面下方位置并将图层栅格化，如图18-3所示。

图18-2　　　　　　　　图18-3

步骤 03 此时置入的素材带有背景，需要将背景去除。选择莲花素材图层，单击"图层"面板底部的"添加图层蒙版"按钮为该图层添加图层蒙版。然后使用黑色柔边圆画笔在图层蒙版中涂抹，将莲花以外的部分隐藏。"图层"面板如图18-4所示。画面效果如图18-5所示。

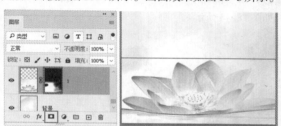

图18-4　　　　　　　　图18-5

步骤 04 在画面上方增添一些细节，让背景更具有层次感。置入素材2.jpg，调整大小后放在画面上方位置并将图层栅格化，如图18-6所示。此时置入的素材底部边缘过于生硬，需要将其进行适当的隐藏。选择该素材图层，为该图层添加图层蒙版。选择工具箱中的"渐变工具"，在选项栏中设置"渐变模式"为"经典渐变"，打开"渐变编辑器"窗口，编辑一个由黑色到透明的渐变颜色。单击选项栏中的"线性渐变"按钮，如图18-7所示。

图18-6　　　　　　　　图18-7

步骤 05 设置完成后在图层蒙版中填充渐变，将不需要的部分隐藏。"图层"面板如图18-8所示。画面效果如图18-9所示。

图 18-8　　　　　图 18-9

步骤 06 选择该素材图层，设置"混合模式"为"柔光"，使该素材与画面更好地融为一体，如图18-10所示。效果如图18-11所示。

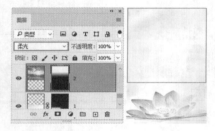

图 18-10　　　　　图 18-11

步骤 07 置入素材3.png，调整大小后放在画面中最上方位置并将该图层栅格化，如图18-12所示。此时置入的素材存在与画面色调不一致的问题。在该图层上方新建图层，然后设置前景色为粉色，使用大小合适的柔边圆画笔在该素材上方涂抹，如图18-13所示。

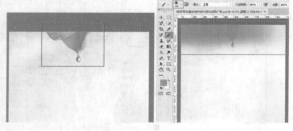

图 18-12　　　　　图 18-13

步骤 08 此时画笔绘制的图形有多余出来的部分，需要将其隐藏。选择该图层，右击执行"创建剪贴蒙版"命令，创建剪贴蒙版，将不需要的部分隐藏，如图18-14所示。效果如图18-15所示。

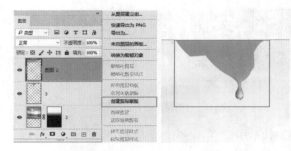

图 18-14　　　　　图 18-15

步骤 09 继续选择该图层，设置"混合模式"为"叠加"，如图18-16所示。此时花瓣颜色发生变化，效果如图18-17所示。

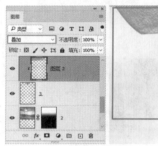

图 18-16　　　　　图 18-17

Part 2　制作主体产品

扫一扫，看视频

步骤 01 将香水素材4.png置入画面，调整大小后放在画面下方莲花素材上方位置，并将图层栅格化，如图18-18所示。

图 18-18

步骤 02 制作香水素材底部的阴影。在香水素材图层下方新建一个图层，然后设置前景色为灰粉色，使用较小笔尖的柔边圆画笔在香水下方涂抹，制作投影效果，如图18-19所示。为了让阴影效果更加真实，设置该图层的"混合模式"为"正片叠底"，效果如图18-20所示。

| 图 18-19 | 图 18-20 |

步骤 03 制作香水底部的水纹效果。置入素材 5.jpg，调整大小后放在画面中香水上方位置，将该素材图层放在香水图层上方，如图 18-21 所示。接着设置该图层的"混合模式"为"正片叠底"，将素材更好地融入画面，效果如图 18-22 所示。

| 图 18-21 | 图 18-22 |

步骤 04 此时底部的水纹过于突出，需要将其适当地隐藏一部分。选择该素材图层，为该图层添加图层蒙版，然后使用大小合适的柔边圆画笔设置前景色为黑色，设置完成后在画面底部进行涂抹，将水纹的部分效果隐藏。"图层"面板如图 18-23 所示。画面效果如图 18-24 所示。

| 图 18-23 | 图 18-24 |

步骤 05 对水纹素材进行调色，使其呈现出与画面整体相协调的粉色。执行"图层→新建调整图层→色相/饱和度"菜单命令，在弹出的"新建图层"窗口中单击"确定"按钮，创建一个"色相/饱和度"调整图层。在"属

性"面板中选择"全图"，设置"色相"为+135，设置完成后单击面板底部的"此调整剪切到此图层"按钮，使调整效果只针对下方图层，如图 18-25 所示。效果如图 18-26 所示。

| 图 18-25 | 图 18-26 |

步骤 06 在画面中添加文字。将文字素材 6.png 置入画面。调整大小后放在画面上方，如图 18-27 所示。

图 18-27

步骤 07 为文字制作光效效果。置入光效素材 7.jpg，调整大小后放在文字上方并将图层栅格化，如图 18-28 所示。然后设置该图层的"混合模式"为"滤色"，如图 18-29 所示。

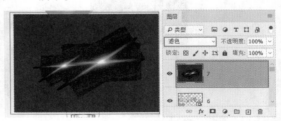

| 图 18-28 | 图 18-29 |

步骤 08 完成的"滤色"效果如图 18-30 所示。此时具有梦幻效果的香水广告制作完成。效果如图 18-31 所示。

图 18-30　　　　　　　图 18-31

文件路径	第18章\房地产海报
技术掌握	图层蒙版、Camera Raw滤镜、形状工具、钢笔工具、横排文字工具

实例说明：

　　本实例为一款竖版的房地产海报，画面以古典建筑为主，搭配现代感的矢量图形元素，展现一种兼具古典风韵与现代奢华的视觉效果。本实例画面以金色、深蓝色为主，所以对于古建筑的处理主要集中在色调上，需要使之呈现出一种倾向于低饱和的金色调。其他的图形元素则可以使用钢笔工具以及形状工具进行制作。

实例效果：

　　实例效果如图18-32所示。

图 18-32

操作步骤：

Part 1　制作主体图形

扫一扫，看视频

步骤 01 执行"文件→新建"菜单命令，新建一个大小合适的空白文档。然后设置前景色为深蓝色，设置完成后使用快捷键Alt+Delete进行前景色填充，效果如图18-33所示。

步骤 02 将素材置入文档。执行"文件→置入嵌入对象"菜单命令，选择素材1.jpg，调整大小后放在画面中并将素材图层栅格化，如图18-34所示。

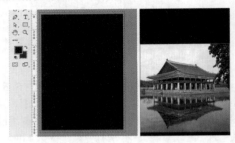

图 18-33　　　　　　　图 18-34

步骤 03 此时置入的素材带有背景，需要将建筑从背景中抠出。选择素材图层，单击工具箱中的"快速选择工具"按钮，在选项栏中单击"添加到选区"按钮，设置大小合适的笔尖，设置完成后将光标放在建筑上方，按住鼠标左键拖曳，仔细地绘制出选区。中间镂空的部分需要设置选区模式为"从选区中间减去"，并配合"多边形套索工具"进行抠图，如图18-35所示。

图 18-35

步骤 04 选择素材图层，单击"图层"面板底部的"添加图层蒙版"按钮，为该图层添加图层蒙版，将不需要的部分隐藏，如图18-36所示。画面效果如图18-37所示。

图 18-36　　　　　　　图 18-37

步骤 05 对建筑素材进行调色，使其与画面整体风格更

中文版Photoshop 2024完全案例教程（微课视频版）

加一致。选择素材图层，执行"滤镜→Camera Raw滤镜"菜单命令，在弹出的Camera Raw窗口中单击右上角的"编辑"按钮，展开"基本"选项，设置"曝光"为+0.20，"对比度"为+30，"高光"为-50，"阴影"为-30，"白色"为-100，"黑色"为-20，"清晰度"为+100，"自然饱和度"为-45，"饱和度"为-30，如图18-38所示。

图18-38

步骤 06 增加画面的锐度，展开"细节"选项组，设置"锐化"为90，"半径"为1.0，"细节"为50，"减少杂色"为36，如图18-39所示。

图18-39

步骤 07 展开"混色器"选项组，单击"色相"选项，设置"红色"为+15，"橙色"为+20，"蓝色"为+30，如图18-40所示。

图18-40

步骤 08 展开"颜色分级"选项组，单击"阴影"按钮 ，设置"色相"为36，"饱和度"为40，如图18-41所示。设置完成后单击"确定"按钮完成操作。

图18-41

步骤 09 选择工具箱中的"椭圆工具"，在选项栏中设置"绘制模式"为"形状"，路径运算模式选择"合并形状"，设置完成后在画面中按住Shift键的同时按住鼠标左键绘制一个正圆。绘制完成后在选项栏中设置"填充"为无，"描边"为淡橘色，"大小"为5像素，如图18-42所示。此时需注意调整图层的顺序，将圆环图层放在建筑图层的下方。

步骤 10 在当前绘制状态下单击工具箱中的"矩形工具"按钮，在选项栏中单击设置路径运算模式为"合并形状"，在描边正圆下方位置绘制矩形，如图18-43所示。

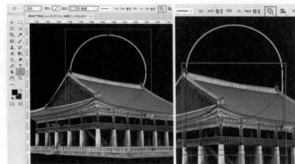

图18-42   图18-43

步骤 11 选择工具箱中的"直线工具"，在选项栏中设置"绘制模式"为"形状"，"粗细"为5像素，在画面中绘制直线。绘制完成后在选项栏中设置"填充"为淡橘色，"描边"为无，如图18-44所示。

图18-44

步骤12 用同样的方法继续绘制直线，效果如图18-45所示。

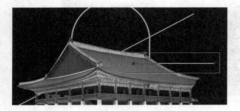

图 18-45

步骤13 单击工具箱中的"钢笔工具"按钮，在选项栏中设置"绘制模式"为"形状"，在建筑右边绘制形状。绘制完成后在选项栏中设置"填充"为淡橘色，"描边"为无，如图18-46所示。

步骤14 选择工具箱中的"椭圆工具"，在选项栏中设置"绘制模式"为"形状"，在直线端点位置按住Shift键的同时按住鼠标左键绘制一个正圆。绘制完成后在选项栏中设置"填充"为淡橘色，"描边"为无，如图18-47所示。

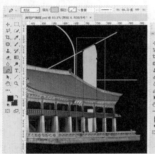

图 18-46　　　　　　　图 18-47

步骤15 多次复制该正圆，并摆放在合适的位置上，效果如图18-48所示。

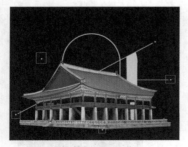

图 18-48

步骤16 选择工具箱中的"矩形工具"，设置圆角的半径为2像素，在选项栏中设置"绘制模式"为"形

状"，在画面左边位置绘制菱形，并旋转45°。接着在选项栏中设置"填充"为淡橘色，"描边"为无，效果如图18-49所示。

图 18-49

步骤17 使用"移动工具"选择菱形图层，将光标放在图形上方，按住Alt键的同时按住鼠标左键将菱形向右拖曳进行复制，如图18-50所示。然后用同样的方法复制多个菱形，效果如图18-51所示。按住Ctrl键依次加选各个菱形图层将其编组命名为"菱形"（为了使多个图形能够均匀排布，可以在复制出一行的时候选中这些图层，并进行对齐、分布的设置）。

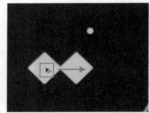 

图 18-50　　　　　　　图 18-51

步骤18 选择"菱形"图层组，将其复制一份，然后选择复制得到的图层组，调整大小后将其放在画面右边，效果如图18-52所示。按住Ctrl键依次加选所有的菱形图层将其编组命名为"图形"。

步骤19 为制作完成的图形叠加一个金色图案。执行"文件→置入嵌入对象"菜单命令，选择素材2.jpg，调整大小后放在画面中并将该图形栅格化处理，如图18-53所示。

图 18-52　　　　　　　图 18-53

中文版Photoshop 2024完全案例教程（微课视频版）

步骤 20 将素材放在"图形"图层组上方，选择素材图层，右击执行"创建剪贴蒙版"命令创建剪贴蒙版，将不需要的部分隐藏，如图18-54所示。效果如图18-55所示。

图 18-54　　　　　　　　图 18-55

步骤 21 继续在画面中添加细节。选择工具箱中的"矩形工具"，在选项栏中设置"绘制模式"为"形状"，圆角的半径为15像素，在建筑底部位置绘制圆角矩形。绘制完成后在选项栏中设置"填充"为无，"描边"为淡橘色，"大小"为5像素，如图18-56所示。

图 18-56

步骤 22 选择圆角矩形图层，将其复制一份；选择复制得到的图层，将其向左移动，效果如图18-57所示。

步骤 23 继续复制圆角矩形，将其放在建筑的左下方，如图18-58所示。

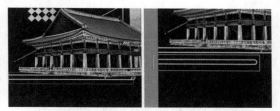

图 18-57　　　　　　　　图 18-58

步骤 24 最后复制得到的圆角矩形有多余出来的部分，选择工具箱中的"矩形选框工具"，在多余出来的部分绘制选区，如图18-59所示。然后执行"选择→反选"菜单命令，将选区反选，如图18-60所示。

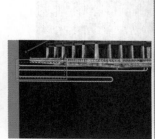

图 18-59　　　　　　　　图 18-60

步骤 25 选择最后复制的圆角矩形图层，单击"图层"面板底部的"添加图层蒙版"按钮，为当前选区添加图层蒙版，如图18-61所示。此时图形效果如图18-62所示。

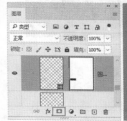

图 18-61　　　　　　　　图 18-62

步骤 26 使用同样的方法绘制其他的线条，如图18-63所示。

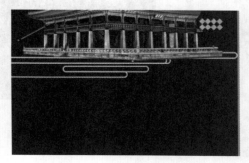

图 18-63

Part 2　添加文字信息

步骤 01 制作顶部的文字。选择工具箱中的"横排文字工具"，在选项栏中设置合适的字体、字号和颜色，设置完成后在画面顶部位置单击添加文字。文字输入完成后按快捷键 Ctrl+Enter完成操作，如图18-64所示。

扫一扫，看视频

图 18-64

步骤 02 选择文字图层，执行"窗口→字符"菜单命令，在弹出的"字符"面板中设置"字符间距"为200，如图18-65所示。效果如图18-66所示。

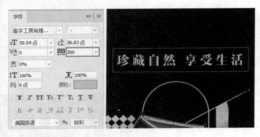

图 18-65　　　　　　　　图 18-66

步骤 03 使用同样的方法在已有文字下方位置单击输入文字。在输入状态下选择字母m后边的数字2，在"字符"面板中单击底部的"上标"按钮，将数字设置为上标；接着设置"字符间距"为100，如图18-67所示。效果如图18-68所示。

图 18-67　　　　　　　　图 18-68

步骤 04 继续使用"横排文字工具"，在选项栏中设置合适的字体、字号和颜色，设置完成后在主体文字上方位置单击输入文字，如图18-69所示。

图 18-69

步骤 05 在"字符"面板中设置"字符间距"为50，效果如图18-70所示。按住Ctrl键依次加选所有文字图层并将其编组命名为"顶部文字"。此时顶部文字制作完成。

图 18-70

步骤 06 制作底部文字。选择工具箱中的"横排文字工具"，在选项栏中设置合适的字体、字号和颜色，设置完成后在建筑下方单击输入文字，如图18-71所示。文字输入完成后按快捷键Ctrl+Enter完成操作。

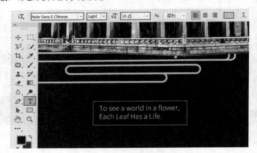

图 18-71

步骤 07 选择英文文字图层，在"字符"面板中单击"全部大写字母"按钮，将文字字母全部设置为大写；在"段落"面板中单击"居中对齐文本"按钮，将文本居中对齐。效果如图18-72所示。

图 18-72

步骤 08 复制之前绘制好的菱形图形，缩放并摆放在文字的左侧，如图18-73所示。

图 18-73

步骤 09 将该图形复制一份放在文字右边位置，效果如图18-74所示。

步骤 10 执行"文件→置入嵌入对象"菜单命令，将素材 3.png置入文档。调整大小后放在英文文字下方并将图层栅格化，如图18-75所示。

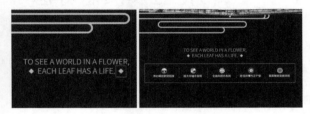

图 18-74　　　　　　　图 18-75

步骤 11 选择工具箱中的"钢笔工具"，在选项栏中设置"绘制模式"为"形状"，在画面左下角位置绘制形状。绘制完成后在选项栏中设置"填充"为浅灰色，"描边"为无，如图18-76所示。

步骤 12 将该形状复制一份放在画面的右边，效果如图18-77所示。

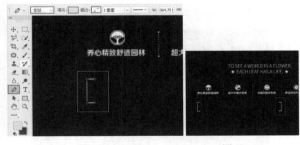

图 18-76　　　　　　　图 18-77

步骤 13 使用"横排文字工具"，在选项栏中设置合适的字体、字号和颜色，设置完成后再在用钢笔工具绘制

的两个形状中间位置单击输入文字，如图18-78所示。

图 18-78

步骤 14 单击工具箱中的"矩形工具"，在选项栏中设置"绘制模式"为"形状"，圆角的半径为10像素，在用钢笔工具绘制的形状右边位置绘制一个圆角矩形。绘制完成后在选项栏中设置"填充"为无，"描边"为淡蓝色，"大小"为2像素，如图18-79所示。

图 18-79

步骤 15 使用"横排文字工具"，在选项栏中设置合适的字体、字号和颜色，设置完成后在圆角矩形中单击输入文字，如图18-80所示。

图 18-80

步骤 16 使用同样的方法在圆角矩形下方位置继续输入文字，如图18-81所示。按住Ctrl键依次加选底部的文

字和形状图层并将其编组命名为"底部文字"。此时画面中的文字添加完成。

图 18-81

步骤 17 执行"文件→置入嵌入对象"菜单命令，将素材 4.png 置入文档。调整大小后放在画面的左上角位置并将图层栅格化处理。设置该图层的"不透明度"为 60%，效果如图 18-82 所示。

图 18-82

步骤 18 将该图层复制一份放在画面的右下角位置，效果如图 18-83 所示。此时需要注意调整图层的顺序，将复制的图层放在"底部文字"图层组的下方。

步骤 19 对画面进行整体暗角的添加。使用快捷键 Ctrl+Shift+Alt+E 进行盖印，得到一个独立的图层，如图 18-84 所示。

图 18-83　　　　　图 18-84

步骤 20 选中盖印得到的图层，执行"滤镜→Camera Raw 滤镜"菜单命令，在弹出的 Camera Raw 窗口中展开"效果"选项组，设置"晕影"为 -38，"中点"为 50，"羽化"为 50，单击"确定"按钮完成操作，如图 18-85 所示。此时房地产的海报制作完成。

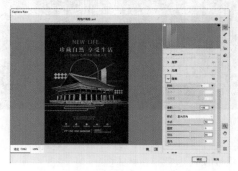

图 18-85

18.3 实例：金属质感标志设计

文件路径	第18章\金属质感标志设计
技术掌握	横排文字工具、图层样式、剪贴蒙版

实例说明：

　　本实例是一款质感强烈的金属标志。首先需要通过对文字形态的编辑制作出与标志主题相匹配的字体。接下来配合图层样式、滤镜、渐变工具、画笔工具以及多个肌理图案素材的使用，模拟出金属质感。最后通过添加光效素材以及绘制高光图形提亮标志。

实例效果：

　　实例效果如图 18-86 所示。

图 18-86

操作步骤：

Part 1　制作主体文字

步骤 01 执行"文件→新建"菜单命令，创建一个大小合适的空白文档。单击工具箱中的"前景色"按钮，在弹出的"拾色器（前景色）"窗口中设置颜色为深蓝色，单击"确定"按钮完成操作。接着使用快捷键Alt+Delete进行填充，效果如图18-87所示。

扫一扫，看视频

图 18-87

步骤 02 选择工具箱中的"画笔工具"，在选项栏中设置较大笔尖的柔边圆画笔，设置前景色为蓝色，设置完成后在画面中间绘制蓝色，如图18-88所示。此时背景制作完成。

图 18-88

步骤 03 选择工具箱中的"横排文字工具"，在选项栏中设置合适的字体、字号和颜色，设置完成后在画面中单击输入文字，如图18-89所示。文字输入完成后按快捷键Ctrl+Enter完成操作。

图 18-89

步骤 04 选择该文字图层，执行"窗口→字符"菜单命令，在弹出的"字符"面板中单击"仿斜体"按钮，将字体倾斜，如图18-90所示。效果如图18-91所示。

图 18-90　　　　　　　　图 18-91

步骤 05 将文字转换为形状，对文字进行变形。选择文字图层，右击执行"转换为形状"命令，将文字转换为形状，如图18-92所示。接着使用"路径选择工具"，在文字上单击即可显示文字上的锚点，如图18-93所示。通过调整锚点可对文字进行变形。

图 18-92　　　　　　　　图 18-93

步骤 06 选择工具箱中的"直接选择工具"，在锚点上单击选中锚点，然后按住鼠标左键拖曳锚点更改文字形状，如图18-94所示。

步骤 07 继续进行文字形态调整的操作，如图18-95所示。

图 18-94　　　　　　　　图 18-95

Part 2　制作文字金属质感

步骤 01 为了便于观察，可以将文字填充。接下来制作文字的厚度，首先按住Ctrl键单

扫一扫，看视频

击变形文字的缩览图，载入选区，如图18-96所示。

图 18-96

步骤 02 执行"选择→修改→扩展"菜单命令，在弹出的"扩展选区"窗口中设置"扩展量"为10像素，单击"确定"按钮完成操作，如图18-97所示。效果如图18-98所示。

图 18-97　　　　　图 18-98

步骤 03 新建一个图层，单击工具箱中的"渐变工具"按钮，在选项栏中设置"渐变模式"为"经典渐变"，接着单击选项栏中的渐变色条，在弹出的"渐变编辑器"窗口中编辑金色系的渐变颜色，设置完成后单击"确定"按钮。然后设置渐变类型为"线性渐变"，如图18-99所示。

步骤 04 在选区中按住鼠标左键拖曳进行填充，效果如图18-100所示。

图 18-99　　　　　图 18-100

步骤 05 使用快捷键Ctrl+D取消选区，然后将金色文字图层移动至灰色文字图层的下方，再将金色的文字向右下方移动，效果如图18-101所示。

图 18-101

步骤 06 为金色文字添加阴影。选中金色文字图层，执行"图层→图层样式→投影"菜单命令，在弹出的"图层样式"窗口中设置"混合模式"为"正片叠底"，"颜色"为黑色，"不透明度"为100%，"角度"为132度，"距离"为0像素，"扩展"为0%，"大小"为30像素，"杂色"为0%，单击"确定"按钮完成操作，如图18-102所示。效果如图18-103所示。

图 18-102　　　　　图 18-103

步骤 07 制作金色文字上的部分压暗区域，使文字的立体感更加真实。在这里我们假定光源由左上到右下照射，所以暗部区域添加的位置主要位于文字右侧的背光面。首先在灰色文字图层下方新建图层并命名为"阴影"。然后使用黑色半透明画笔在文字边缘按住鼠标左键拖曳涂抹，如图18-104所示。继续以同样的方法在其他位置拖曳涂抹，制作出金属光泽的效果，如图18-105所示。

图 18-104　　　　　图 18-105

步骤 08 选择"阴影"图层，右击执行"创建剪贴蒙版"命令，如图18-106所示。使超出金色文字范围的部分隐藏，效果如图18-107所示。

图 18-106　　　　　　图 18-107

步骤 09 强化灰色文字的立体效果。选中灰色的文字图层，执行"图层→图层样式→内发光"菜单命令，设置"混合模式"为"正常"，"不透明度"为73%，"杂色"为0%，"颜色"为淡黄色，"阻塞"为0%，"大小"为10像素，"范围"为50%，"抖动"为0%，如图18-108所示。效果如图18-109所示。

图 18-108　　　　　　图 18-109

步骤 10 启用"图层样式"窗口左侧的"斜面和浮雕"图层样式，设置"样式"为"内斜面"，"方法"为"雕刻清晰"，"深度"为43%，"方向"为"上"，"大小"为13像素，"软化"为0像素；在"阴影"选项中设置"角度"为132度，"高度"为30度，"高光模式"为"滤色"，"颜色"为白色，"不透明度"为50%，"阴影模式"为"正片叠底"，"颜色"为棕色，"不透明度"为100%，单击"确定"按钮完成操作，如图18-110所示。增加变形字体的立体效果。效果如图18-111所示。

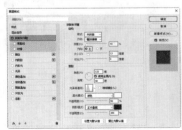

图 18-110　　　　　　图 18-111

步骤 11 为文字添加金属材质。执行"文件→置入嵌入

对象"菜单命令，将素材1.jpg置入画面，调整大小使其将灰色文字覆盖住。效果如图18-112所示。

步骤 12 选择该素材图层，右击执行"创建剪贴蒙版"命令创建剪贴蒙版，将不需要的部分隐藏。效果如图18-113所示。

图 18-112　　　　　　图 18-113

步骤 13 为文字制作金属质感。选择该素材图层，执行"滤镜→杂色→添加杂色"菜单命令，在弹出的"添加杂色"窗口中设置"数量"为16.32%，设置完成后单击"确定"按钮完成操作，如图18-114所示。效果如图18-115所示。

图 18-114　　　　　　图 18-115

步骤 14 进一步丰富文字的金属质感。置入素材2.jpg，调整大小后放在画面中并将素材图层栅格化，如图18-116所示。

步骤 15 选择素材图层，右击执行"创建剪贴蒙版"命令，文字效果如图18-117所示。

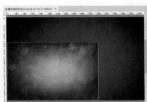

图 18-116　　　　　　图 18-117

步骤 16 设置该图层的混合模式为"叠加"，如图18-118所示。文字效果如图18-119所示。

图 18-118　　　　　图 18-119

步骤 17 为文字制作光泽效果。新建一个图层，选择工具箱中的"矩形选框工具"，然后在画面中绘制一个矩形选区，如图 18-120 所示。

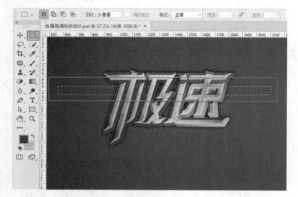

图 18-120

步骤 18 单击工具箱中的"渐变工具"按钮，在选项栏中设置"渐变模式"为"经典渐变"，打开"渐变编辑器"窗口，然后编辑一个由白色到透明的渐变，如图 18-121 所示。然后单击"线性渐变"按钮，设置完成后在选区内填充渐变，如图 18-122 所示。接着使用快捷键 Ctrl+D 取消选区。

图 18-121

图 18-122

步骤 19 选择白色渐变图层，使用快捷键 Ctrl+T 调出定界框，将光标放在定界框外进行旋转，如图 18-123 所示。按 Enter 键完成操作。

步骤 20 选择该图层，右击执行"创建剪贴蒙版"命令创建剪贴蒙版，将不需要的部分隐藏，如图 18-124 所示。

图 18-123　　　　　图 18-124

步骤 21 使用快捷键 Ctrl+J 复制两份白色渐变图层，并将其移动到合适的位置。让文字的光泽效果更加丰富，效果如图 18-125 所示。此时"极速"两个字的金属效果制作完成。

步骤 22 使用同样的方法制作第 2 组文字的金属质感。效果如图 18-126 所示。

图 18-125　　　　　图 18-126

Part 3　制作副标题

步骤 01 选择工具箱中的"横排文字工具"，在选项栏中设置合适的字体、字号和颜色，设置完成后在主体文字下方单击输入文字，

中文版 Photoshop 2024 完全案例教程（微课视频版）

如图18-127所示。

图 18-127

步骤 02 单击工具箱中的"直线工具"按钮，在选项栏中设置"绘制模式"为"形状"，"粗细"为3像素，在输入的文字中间位置按住Shift键的同时按住鼠标左键绘制一条水平直线。绘制完成后在选项栏中设置"填充"为橘色，"描边"为无，如图18-128所示。

图 18-128

步骤 03 选择该直线图层将其复制一份，然后将复制得到的直线向下移动，效果如图18-129所示。按住Ctrl键依次加选直线和文字图层，使用快捷键Ctrl+G将其编组。

图 18-129

步骤 04 为该文字图层组制作渐变的颜色效果。选择图层组，执行"图层→图层样式→渐变叠加"菜单命令，在弹出的窗口中设置"混合模式"为"正片叠底"，"不透明度"为100%，"渐变"为金属色系渐变，"样式"为"线性"，"角度"为141度，"缩放"为10%，如图18-130所示。效果如图18-131所示。

图 18-130

图 18-131

步骤 05 启用"图层样式"中的"投影"图层样式，设置"混合模式"为"正片叠底"，"颜色"为黑色，"不透明度"为100%，"角度"为132度，"距离"为4像素，"扩展"为0%，"大小"为2像素，"杂色"为0%，单击"确定"按钮完成操作，如图18-132所示。效果如图18-133所示。

步骤 06 置入车轮素材3.png，调整大小后放在橘色文字左边位置，如图18-134所示。

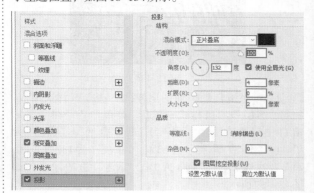

图 18-132

图 18-133

图 18-134

Part 4 制作标志背景

步骤 01 将主体文字的外围轮廓绘制出来，制作文字背景。在主体文字图层下方位置新建一个图层，然后单击工具箱中的"多边形套索工具"按钮，在画面中绘制选区，如图18-135所示。

扫一扫，看视频

图 18-135

步骤 02 设置前景色为深灰色，设置完成后使用快捷键Alt+Delete进行前景色填充，如图18-136所示。然后使用快捷键Ctrl+D取消选区。

图 18-136

步骤 03 为该背景添加图层样式。选择该背景图层，执行"图层→图层样式→投影"菜单命令，在弹出的窗口中设置"混合模式"为"正片叠底"，"颜色"为黑色，"不透明度"为63%，"角度"为132度，"距离"为26像素，"扩展"为0%，"大小"为29像素，如图18-137所示。

步骤 04 启用"图层样式"左侧的"外发光"图层样式，设置"混合模式"为"滤色"，"不透明度"为82%，"杂色"为0%，"颜色"为白色，"扩展"为0%，"大小"为40像素，"范围"为50%，"抖动"为7%，设置完成后单击"确定"按钮完成操作，如图18-138所示。

步骤 05 启用"图层样式"左侧的"内发光"图层样式，设置"混合模式"为"正常"，"不透明度"为73%，"杂色"为0%，"颜色"为粉色，"方法"为"柔和"，"阻塞"为26%，"大小"为35像素，"范围"为50%，"抖动"为

图 18-137　　　　　图 18-138

0%，如图18-139所示。

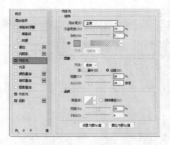

图 18-139

步骤 06 启用"图层样式"左侧的"描边"图层样式，设置"大小"为29像素，"位置"为"居中"，"混合模式"为"线性加深"，"不透明度"为100%，"填充类型"为"图案"，选择合适的图案，"缩放"为100%，如图18-140所示（也可以载入素材文件夹中的图案库素材8.pat，并调用其中的图案）。

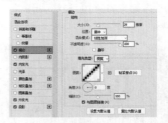

图 18-140

步骤 07 启用"图层样式"左侧的"斜面和浮雕"图层样式，设置"样式"为"描边浮雕"，"方法"为"平滑"，"深度"为657%，"方向"勾选"上"，"大小"为4像素，"软化"为0像素；在"阴影"面板中设置"角度"为132度，"高度"为30度，设置合适的光泽等高线，"高光模式"为"滤色"，"颜色"为白色，"不透明度"为50%，"阴影模式"为"正片叠底"，"颜色"为黑色，"不透明度"为50%，单击"确定"按钮完成操作，如图18-141所示。效果如图18-142所示。

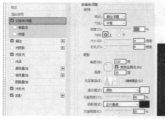

图 18-141　　　　　图 18-142

步骤 08 为文字背景增加墙面的质感。置入素材4.jpg，

中文版Photoshop 2024完全案例教程（微课视频版）

调整大小后放在文字背景上方并将图层栅格化，如图18-143所示。

步骤 09 选择素材图层，右击执行"创建剪贴蒙版"命令，创建剪贴蒙版，将不需要的部分隐藏，效果如图18-144所示。

图 18-143 　　　　　　　图 18-144

步骤 10 制作主体文字在背景上的立体投影效果。在素材4图层上方新建一个图层，选择工具箱中的"画笔工具"，在选项栏中设置大小合适的柔边圆画笔，设置前景色为深灰色，设置完成后在文字位置涂抹，制作立体的遮挡阴影效果，如图18-145所示。此时文字的背景制作完成。

图 18-145

步骤 11 制作文字上方的不同光效效果。首先制作第1种光效，置入素材5.png，调整图层顺序，将其放在图层顶部，然后调整大小后放在画面文字上方并将图层栅格化，如图18-146所示。

图 18-146

步骤 12 选择光效图层，设置"混合模式"为"滤色"，如图18-147所示。此时光效效果如图18-148所示。

图 18-147 　　　　　　　图 18-148

步骤 13 选择光效图层，使用快捷键Ctrl+J将其复制几份，调整大小后分别放在文字的不同位置，效果如图18-149所示。

步骤 14 使用同样的方法置入素材6.png，设置"混合模式"为"滤色"，摆放在文字上，如图18-150所示。

图 18-149 　　　　　　　图 18-150

步骤 15 使用同样的方法置入素材7.png，并设置"混合模式"为"滤色"，效果如图18-151所示。

图 18-151

步骤 16 制作主体文字在底部的投影效果。在背景图层上方新建一个图层，然后使用大小合适的较低不透明度的柔边圆画笔，设置前景色为灰色，设置完成后在画面底部位置涂抹，如图18-152所示。

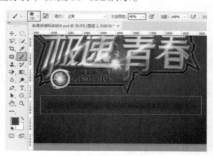

图 18-152

步骤 17 选择制作的阴影图层，使用快捷键Ctrl+T调出定界框，右击执行"变形"命令，然后拖动变换控制点，对阴影进行适当的变形，如图18-153所示。

图 18-153

步骤 18 操作完成后按Enter键完成操作。此时具有金属质感的标志制作完成，效果如图18-154所示。

图 18-154

18.4 实例：红酒包装设计

文件路径	第18章\红酒包装设计
技术掌握	矩形工具、图层样式、横排文字工具、画笔工具

实例说明：

本实例为一款红酒包装的设计方案。酒瓶标签与包装盒的图案相同，主要由多个圆角矩形组成，并辅助一部分较小的矢量图形。为了使图形产生层次感，需要为其添加适当的投影效果。制作好的平面图可以直接作为包装盒的正面，设置混合模式即可使之融合到包装盒上。酒瓶的标签则需要通过进行适当的自由变换操作，使之与瓶身的弧度相匹配。

实例效果：

实例效果如图18-155所示。

图 18-155

操作步骤：

Part 1 制作平面效果图的背景

步骤 01 执行"文件→新建"菜单命令，创建一个背景为透明的空白文档，如图18-156所示。

扫一扫，看视频

图 18-156

步骤 02 选择工具箱中的"矩形工具"，在选项栏中设置"绘制模式"为"形状"，"填充"为渐变，编辑一种黑灰色系的渐变，"样式"为"线性"，"角度"为135°，"缩放"为100%，"描边"为无，设置完成后在画面中绘制矩形，如图18-157所示。

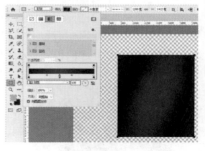

图 18-157

步骤 03 选择工具箱中的"矩形工具"，在选项栏中设置"绘制模式"为"形状"，圆角的半径为120像素，设置完成后在画面中绘制图形。绘制完成后在选项栏中设置"填充"为黄色系的渐变，"描边"为无，如图18-158所示。

步骤 04 使用快捷键Ctrl+T调出定界框，将光标放在定界框外按住鼠标左键进行旋转，如图18-159所示。按

Enter键完成操作。

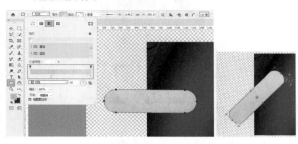

图 18-158　　　　　图 18-159

步骤 05 选择圆角矩形，执行"图层→图层样式→投影"菜单命令，在弹出的"图层样式"窗口中设置"混合模式"为"正片叠底"，"颜色"为黑色，"不透明度"为30%，"角度"为90度，"距离"为17像素，"大小"为7像素。单击"确定"按钮完成操作，如图 18-160 所示。效果如图 18-161 所示。

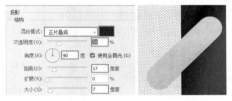

图 18-160　　　　　图 18-161

步骤 06 使用同样的方法绘制其他的圆角矩形，设置合适的渐变填充颜色，并添加同样的投影图层样式，如图 18-162 所示。（可以在已有的图层样式上右击执行"拷贝图层样式"命令，接着到需要添加图层样式的图层上右击执行"粘贴图层样式"命令，即可使其他图层具有相同的样式。）

图 18-162

步骤 07 选择工具箱中的"椭圆工具"，在选项栏中设置"绘制模式"为"形状"，在黑色矩形的左上角按住Shift键拖曳绘制一个正圆。绘制完成后在选项栏中设置"填充"为无，"描边"为黄色系的渐变颜色，"描边粗细"为110像素，"描边位置"为外部，如图 18-163 所示。

步骤 08 为这个正圆添加相同的投影样式，如

图 18-164 所示。

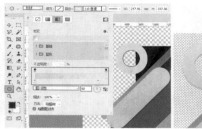

图 18-163　　　　　图 18-164

步骤 09 在"图层"面板中加选所有的圆角矩形和圆环图层，右击执行"创建剪贴蒙版"命令，将超出黑色矩形以外的形状隐藏，如图 18-165 所示。效果如图 18-166 所示。

图 18-165　　　　　图 18-166

步骤 10 选择工具箱中的多边形工具，设置"绘制模式"为"形状"，"边"为3，按住鼠标左键拖曳绘制一个三角形。绘制完成后在选项栏中设置"填充"为淡紫色系的渐变颜色，"描边"为无，如图 18-167 所示。

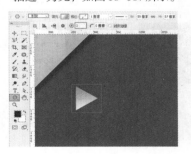

图 18-167

步骤 11 为三角形添加投影图层样式，如图 18-168 所示。

步骤 12 选择三角形图层，使用快捷键Ctrl+J 将图层复

制一份，然后移动三角形的位置，如图18-169所示。

图 18-168　　　　　　　图 18-169

步骤 13 选择任意一个矢量绘图工具，选择复制的三角形图层，然后在选项栏中设置"填充"为橙黄色系的渐变，更改三角形的颜色效果，如图18-170所示。

步骤 14 以同样的方法复制三角形，移动位置并更改颜色，如图18-171所示。

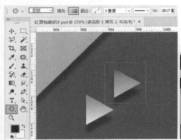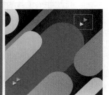

图 18-170　　　　　　　图 18-171

步骤 15 选择"多边形工具"，在选项栏中设置"绘制模式"为"形状"，"边"为5，然后单击 ⚙ 按钮，设置"星形比例"为60%，然后在画面中绘制一个五角星。绘制完成后在选项栏中设置"填充"为浅紫色系的渐变，"描边"为无，如图18-172所示。

图 18-172

步骤 16 为紫色五角星添加投影图层样式，然后复制一份五角星，调整位置并更改渐变颜色，效果如图18-173所示。

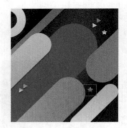

图 18-173

Part 2　制作产品说明性文字

扫一扫，看视频

步骤 01 在画面顶部添加文字。选择工具箱中的"矩形工具"，在选项栏中设置"绘制模式"为"形状"，在画面中绘制图形。绘制完成后在选项栏中设置"填充"为无，"描边"为蓝色，"大小"为6像素，如图18-174所示。

步骤 02 此时绘制的矩形顶部有多余出来的部分，需要将其隐藏。选择工具箱中的"矩形选框工具"，绘制与底图相同大小的选区，如图18-175所示。

图 18-174　　　　　　　图 18-175

步骤 03 在当前状态下，单击"图层"面板底部的"添加图层蒙版"按钮，为该图层添加图层蒙版，将不需要的部分隐藏，如图18-176所示。效果如图18-177所示。

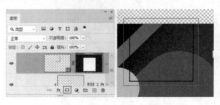

图 18-176　　　　　　　图 18-177

步骤 04 在矩形框内添加文字。选择工具箱中的"横排文字工具"，在选项栏中设置合适的字体、字号和颜色，设置完成后在画面中单击输入文字。文字输入完成后按快捷键Ctrl+Enter完成操作，如图18-178所示。

图 18-178

步骤 05 在已有文字下方继续单击输入文字，如图 18-179 所示。

图 18-179

步骤 06 选择蓝色的文字图层，在"字符"面板中单击"全部大写字母"按钮，将字母全部设置为大写，效果如图 18-180 所示。然后使用同样的方法输入其他文字，效果如图 18-181 所示。

图 18-180　　　　　　　图 18-181

步骤 07 继续使用"矩形工具"，在画面中绘制白色矩形，如图 18-182 所示。

图 18-182

步骤 08 选择工具箱中的"添加锚点工具"，在矩形右侧中间位置单击添加锚点，如图 18-183 所示。

步骤 09 使用"转换点工具"，单击该锚点，使之变为尖角锚点，接着使用"删除锚点工具"将矩形右侧上下两个端点的锚点删除，如图 18-184 所示。

图 18-183　　　　　　　图 18-184

步骤 10 选择该图层，使用快捷键 Ctrl+J 将其复制一份。然后使用快捷键 Ctrl+T 调出定界框，右击执行"水平翻转"命令，将该图形进行水平翻转并移动至相应的位置，如图 18-185 所示。按 Enter 键完成操作。

步骤 11 选择工具箱中的"矩形工具"，在选项栏中设置"绘制模式"为"形状"，在画面中绘制矩形。绘制完成后在选项栏中设置"填充"为白色，"描边"为无，如图 18-186 所示。

图 18-185　　　　　　　图 18-186

步骤 12 使用同样的方法绘制其他两个蓝紫色矩形，效果如图 18-187 所示。

图 18-187

步骤 13 在画面中添加文字。选择工具箱中的"横排文字工具"，在选项栏中设置合适的字体、字号和颜色，单击"居中对齐文本"按钮，设置完成后在白色矩形上方绘制文本框并在其中输入段落文字，如图18-188所示。

图 18-188

步骤 14 文字输入完成后按快捷键Ctrl+Enter完成操作。然后使用同样的方法单击输入点文字，并在"字符"面板中单击"仿粗体"按钮将文字加粗，效果如图18-189所示。

图 18-189

步骤 15 执行"文件→置入嵌入对象"菜单命令，将素材1.jpg置入画面。调整大小后放在文字上方位置并将该图层栅格化，如图18-190所示。此时红酒包装的平面效果图制作完成，效果如图18-191所示。按住Ctrl键依次加选所有图层并将其编组命名为"平面效果图"。

图 18-190　　　　　图 18-191

步骤 16 选择"平面效果图"图层组，复制一个图层组并合并为普通图层，命名为"平面图"，以备后面操作使用，如图18-192所示。

图 18-192

Part 3　制作立体展示效果

扫一扫，看视频

步骤 01 制作右侧包装盒的立体效果。执行"文件→置入嵌入对象"菜单命令，将素材2.jpg置入画面，如图18-193所示。

步骤 02 选择"平面图"图层，将其复制一份并将原图层隐藏保留起来。选择复制的平面图图层，将其移动至素材2的上方位置，将图形放在右侧包装盒上方，如图18-194所示。

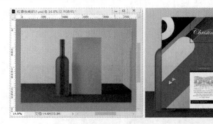

图 18-193　　　　　图 18-194

步骤 03 将平面图多余的部分隐藏。选择工具箱中的"矩形选框工具"，在画面中按照盒子表面绘制选区，如图18-195所示。

图 18-195

步骤 04 基于选区为该图层添加图层蒙版，将不需要的部分隐藏，如图18-196和图18-197所示。

图 18-196　　　　　图 18-197

步骤 05 选择该图层，设置图层的"混合模式"为"叠加"，如图18-198所示。此时盒子表面呈现出明暗区别以及质感，效果如图18-199所示。

图 18-198　　　　　图 18-199

步骤 06 继续选择盒子的平面图图层，执行"图层→图层样式→斜面和浮雕"菜单命令，在弹出的"图层样式"窗口中设置"样式"为"内斜面"，"方法"为"平滑"，"深度"为1000%，"方向"为上，"大小"为10像素，"软化"为3像素，"角度"为150度，"高度"为30度，"高光模式"为"滤色"，"颜色"为白色，"不透明度"为70%，"阴影模式"为"正片叠底"，"颜色"为黑色，"不透明度"为30%，单击"确定"按钮完成操作，如图18-200所示。效果如图18-201所示。

图 18-200

图 18-201

步骤 07 制作左侧红酒瓶的立体效果。将保留的平面图图层再次复制一份。原平面图图层隐藏保留，将复制得到的图形移动至红酒瓶上方，如图18-202所示。

步骤 08 使用快捷键Ctrl+T调出定界框，适当缩放并右击执行"变形"命令，然后拖动变形控制点，将图形进行适当的变形，使其与红酒瓶的外观轮廓线条相吻合，如图18-203所示。按Enter键完成操作。

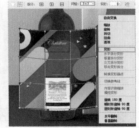

图 18-202　　　　　图 18-203

步骤 09 单击工具箱中的"钢笔工具"按钮，在选项栏中设置"绘制模式"为"路径"，设置完成后在画面中绘制酒瓶路径，然后在选项栏中单击"选区"按钮将路径转换为选区，如图18-204所示。

图 18-204

步骤 10 基于当前选区为该图层添加图层蒙版，将不需要的部分隐藏，如图18-205所示。效果如图18-206所示。

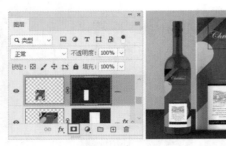

图 18-205　　　　　　图 18-206

步骤 11 为标签添加明暗效果，使标签产生立体感。首先制作中间的暗部，新建图层，设置前景色为黑色，接着选择工具箱中的"画笔工具"，在选项栏中设置大小合适的柔边圆画笔，设置完成后在酒瓶中间位置涂抹（按住Shift键涂抹可得到直线），如图18-207所示。然后右击执行"创建剪贴蒙版"命令创建剪贴蒙版，将不需要的部分隐藏。效果如图18-208所示。

图 18-207　　　　　　图 18-208

步骤 12 此时绘制的暗部颜色过重，选择该图层，设置"混合模式"为"正片叠底"，"不透明度"为30%，效果如图18-209所示。

图 18-209

步骤 13 使用同样的方法制作红酒瓶两侧的暗部和高光。此时红酒包装的立体展示效果制作完成，效果如图18-210所示。

图 18-210

18.5 实例：手机游戏App图标

文件路径	第18章\手机游戏App图标
技术掌握	矩形工具、椭圆工具、钢笔工具、图层样式

实例说明：

　　本实例制作一款手机游戏App的图标。构成图标的图形主要为矢量图形，所以需要使用钢笔工具、形状工具进行绘制，背景处的云朵使用了通道抠图。虽然构成图标的图形元素较多，但是绘制方法基本相同，耐心绘制即可。

实例效果：

　　实例效果如图18-211所示。

图 18-211

操作步骤：

Part 1　制作图标背景

扫一扫，看视频

步骤 01 执行"文件→新建"菜单命令，新建一个大小合适的空白文档。首先在背景中填充渐变，制作渐变背景。选择工具箱中的

中文版Photoshop 2024完全案例教程（微课视频版）

"渐变工具",在选项栏中设置"渐变模式"为"经典渐变",接着设置青色系渐变。单击"线性渐变"按钮,设置完成后在背景中填充渐变,如图18-212所示。

图 18-212

步骤 02 提高背景中间的亮度。执行"图层→新建调整图层→曲线"菜单命令,创建一个"曲线"调整图层。在弹出的"属性"面板中将光标放在曲线中段,按住鼠标左键向左上角拖曳,如图18-213所示。效果如图18-214所示。

图 18-213   图 18-214

步骤 03 此时整个画面都变亮了,选择该调整图层的图层蒙版,将其填充为黑色。然后选择工具箱中的"画笔工具",在选项栏中设置较大笔尖的柔边圆画笔,设置前景色为白色,设置完成后在背景中间位置单击提高亮度,如图18-215和图18-216所示。

图 18-215

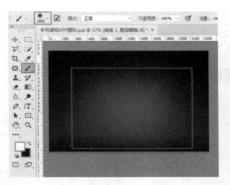

图 18-216

步骤 04 选择工具箱中的"矩形工具",在选项栏中设置"绘制模式"为"形状",在画面中间位置按住Shift键的同时按住鼠标左键绘制一个渐变的正方形。绘制完成后在选项栏中设置"填充"为蓝色系渐变,"描边"为无,如图18-217所示。

图 18-217

步骤 05 选择形状工具箱中的"椭圆工具",在选项栏中设置"绘制模式"为"形状",在渐变正方形下方位置按住Shift键的同时按住鼠标左键绘制一个正圆。绘制完成后在选项栏中设置"填充"为白色,"描边"为无,如图18-218所示。接着用同样的方法绘制其他圆形,效果如图18-219所示。

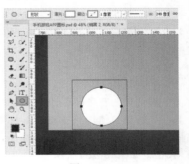

图 18-218

步骤 06 执行"文件→置入嵌入对象"菜单命令,将云朵素材1.jpg置入画面,调整大小后放在白色椭圆上方并将图层栅格化,如图18-220所示。

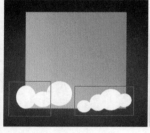 

图 18-219　　　　　　图 18-220

步骤 07 通过通道抠图法将云朵抠出来。将除了云朵素材图层之外的其他图层隐藏,然后选择云朵图层,执行"窗口→通道"菜单命令,在弹出的"通道"面板中选择主体物与背景黑白对比最强烈的通道。经过观察,"红"通道中云朵与背景之间的黑白对比较为明显,如图18-221所示。

图 18-221

步骤 08 选择"红"通道,右击执行"复制通道"命令,在弹出的"复制通道"面板中单击"确定"按钮,创建出"红 拷贝"通道,如图18-222所示。效果如图18-223所示。

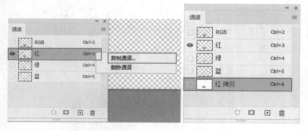

图 18-222　　　　　　图 18-223

步骤 09 为了将选区与背景区分开,需要增强对比度。选择"红 拷贝"通道,使用快捷键Ctrl+M调出"曲线"窗口,在弹出的"曲线"窗口中单击"在图像中取样以设置黑场"按钮,如图18-224所示。然后在背景边缘处单击,背景变为黑色,如图18-225所示。此时需注意不

要单击"曲线"窗口右边的"确定"按钮。

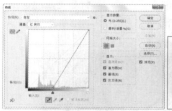 

图 18-224　　　　　　图 18-225

步骤 10 在弹出的"曲线"窗口中继续操作。单击窗口下方的"在图像中取样以设置白场"按钮,如图18-226所示。然后单击云朵部分,此时云朵变为全白,如图18-227所示。设置完成后,单击"曲线"窗口中的"确定"按钮。

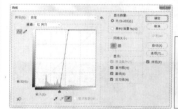 

图 18-226　　　　　　图 18-227

步骤 11 单击"通道"面板下方的"将通道作为选区载入"按钮,得到云朵的选区,如图18-228所示。

图 18-228

步骤 12 回到"图层"面板中,选择云朵图层,单击"图层"面板下方的"添加图层蒙版"按钮,为该图层添加图层蒙版,如图18-229所示。此时将云朵从背景中抠出,将隐藏的图层显示出来。效果如图18-230所示。

图 18-229　　　　　　图 18-230

步骤 13 此时云朵的颜色过重，需要适当地降低不透明度。选择云朵素材图层，设置图层"不透明度"为60%，如图18-231所示。效果如图18-232所示。

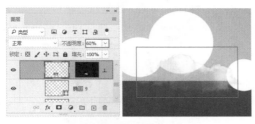

图 18-231　　　　　　图 18-232

步骤 14 将云朵调整为白色。执行"图层→新建调整图层→色相/饱和度"菜单命令，创建一个"色相/饱和度"调整图层。在弹出的"属性"面板中设置"明度"为+100，设置完成后单击面板底部的"此调整剪切到此图层"按钮，使调整效果只针对下方图层，如图18-233所示。效果如图18-234所示。

图 18-233　　　　　　图 18-234

步骤 15 选择云朵图层和相应的调整图层，将其复制两份。然后将复制得到的图形放在画面中合适的位置，效果如图18-235所示。

步骤 16 选择最左边的云朵图层，设置图层的"不透明度"为80%，选择最右边的云朵图层，设置图层的"不透明度"为40%，效果如图18-236所示。按住Ctrl键依次加选除背景图层外的所有图层，将其编组命名为"背景"。

图 18-235　　　　　　图 18-236

步骤 17 选择背景图层组，单击工具箱中的"矩形工具"，在选项栏中设置"绘制模式"为"路径"，圆角的半径为60像素，设置完成后在画面中按住Shift键的同时按住鼠标左键绘制一个正的圆角矩形路径，然后在选项栏中单击"选区"按钮将路径转换为选区，如图18-237所示。

步骤 18 在当前选区状态下，选择背景图层组，单击"图层"面板底部的"添加图层蒙版"按钮，为该图层添加图层蒙版，将边缘不需要的部分隐藏。画面效果如图18-238所示。

图 18-237　　　　　　图 18-238

步骤 19 为背景图层组添加图层样式，增加画面的立体感。选择背景图层组，执行"图层→图层样式→内阴影"菜单命令，在弹出的"图层样式"窗口中设置"混合模式"为"正片叠底"，"颜色"为黑色，"不透明度"为35%，"角度"为180度，"距离"为0像素，"阻塞"为25%，"大小"为27像素，"杂色"为0%，单击"确定"按钮完成操作，如图18-239所示。效果如图18-240所示。

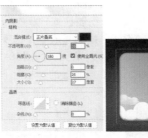

图 18-239　　　　　　图 18-240

步骤 20 选择工具箱中的"矩形工具"，在选项栏中设置"绘制模式"为"形状"，圆角的半径为60像素，设置完成后按住Shift键的同时按住鼠标左键绘制一个正的描边圆角矩形。绘制完成后在选项栏中设置"填充"为无，"描边"为黄色，"大小"为40像素，如图18-241所示。

图 18-241

步骤 21 选择该描边圆角矩形图层，执行"图层→图层样式→内发光"菜单命令，在弹出的"图层样式"窗口中设置"混合模式"为"滤色"，"不透明度"为 50%，"杂色"为 0%，"颜色"为白色，"源"为"边缘"，"阻塞"为 4%，"大小"为 27 像素，单击"确定"按钮完成操作，如图 18-242 所示。效果如图 18-243 所示。

图 18-242   图 18-243

Part 2　绘制主体卡通图形

步骤 01 在画面中绘制小鸟。首先绘制小鸟的身体，选择工具箱中的"钢笔工具"，在选项栏中设置"绘制模式"为"形状"，在画面中绘制形状。绘制完成后在选项栏中设置"填充"为蓝色系渐变，"描边"为无，如图 18-244 所示。

步骤 02 使用同样的方法在绘制好的形状上下两端绘制形状，效果如图 18-245 所示。

图 18-244   图 18-245

步骤 03 绘制小鸟的翅膀。继续使用"钢笔工具"，在选项栏中设置"绘制模式"为"形状"，在小鸟身体上方位置绘制翅膀。绘制完成后在选项栏中设置"填充"为蓝色系渐变，"描边"为无，如图 18-246 所示。

图 18-246

步骤 04 使用同样的方法绘制另外一个翅膀和小鸟的尾巴，效果如图 18-247 和图 18-248 所示。

图 18-247

图 18-248

步骤 05 制作鸟嘴。首先制作鸟嘴的下半部分，选择工具箱中的"钢笔工具"，在选项栏中设置"绘制模式"为"形状"，在小鸟身体右边位置绘制鸟嘴的下半部分。绘制完成后在选项栏中设置"填充"为棕色系渐变，"描边"为无，如图 18-249 所示。

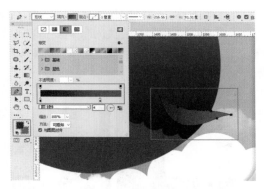

图 18-249

步骤 06 使用同样的方法绘制鸟嘴的上半部分，如图 18-250 所示。

图 18-250

步骤 07 制作鸟嘴中间的阴影效果。继续使用钢笔工具，在选项栏中设置"绘制模式"为"形状"，设置完成后在鸟嘴中间位置绘制形状。绘制完成后在选项栏中设置"填充"为深橘色，"描边"为无，如图 18-251 所示。

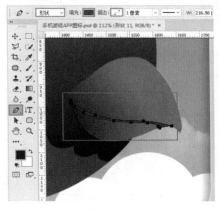

图 18-251

步骤 08 制作鸟嘴上半部分的高光效果。使用同样的方法在鸟嘴上方位置绘制白色的高光图形，如图 18-252 所示。

步骤 09 此时绘制的形状颜色过重，设置该形状图层的"不透明度"为20%，效果如图 18-253 所示。按住Ctrl键依次加选鸟嘴的4个图层，并将其编组命名为"鸟嘴"。此时鸟嘴制作完成。

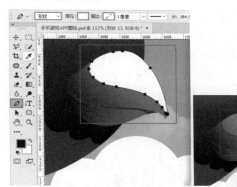

图 18-252　　　　　　图 18-253

步骤 10 制作小鸟眼睛的外部立体轮廓。选择工具箱中的"椭圆工具"，在选项栏中设置"绘制模式"为"形状"，在鸟嘴上方绘制椭圆。绘制完成后在选项栏中设置"填充"为淡蓝色，"描边"为无，如图 18-254 所示。

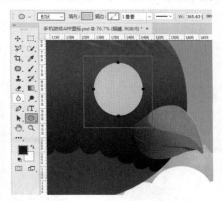

图 18-254

步骤 11 新建一个图层，设置前景色为蓝色，然后单击工具箱中的"画笔工具"，在选项栏中设置大小合适的柔边圆画笔，设置完成后在淡蓝色椭圆中间位置单击，如图 18-255 所示。接着使用同样的方法在该图形上方涂抹白色，并创建剪贴蒙版，将不需要的部分隐藏。效果如图 18-256 所示，增加了制作眼睛效果的立体感。

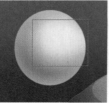

图 18-255　　　　　　图 18-256

步骤 12 继续绘制一个棕色的椭圆形和一个白色的椭圆形，如图 18-257 所示。

步骤 13 按住 Ctrl 键依次加选眼睛的图层，将其编组命名为"眼睛"，此时小鸟的左眼睛制作完成。使用同样的方法制作右眼睛，如图 18-258 所示。

图 18-257　　　　　　图 18-258

步骤 14 制作小鸟的腿。首先制作在身体前面的一条腿，使用"钢笔工具"在身体下方位置绘制形状。绘制完成后在选项栏中设置"填充"为棕色系渐变，"描边"为无，如图 18-259 所示。然后使用同样的方法绘制小鸟的另外一条腿，效果如图 18-260 所示。因为两条腿在身体前后位置不同，所以在颜色上存在差别，在身体后边的腿的颜色一定比在身体前边的腿的颜色重。

图 18-259　　　　　　图 18-260

步骤 15 现在开始绘制阴影，增强立体感。首先制作小鸟翅膀的阴影。选择工具箱中的"钢笔工具"，在选项栏中设置"绘制模式"为"形状"，在小鸟翅膀下方位置绘制与翅膀相匹配的倒置阴影形状。绘制完成后在选项栏中设置"填充"为从黑色到透明的渐变，"描边"为无，

如图 18-261 所示。

步骤 16 此时绘制的形状颜色过重，需要适当地降低不透明度。选择该形状图层，设置图层"不透明度"为50%，效果如图 18-262 所示。

图 18-261　　　　　　图 18-262

步骤 17 使用同样的方法绘制眼睛下方、嘴下方以及腿上方的阴影，如图 18-263 ～图 18-265 所示。

图 18-263

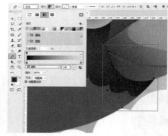

图 18-264　　　　　　图 18-265

步骤 18 将组成小鸟的图层加选后编组，此时效果如图 18-266 所示。

图 18-266

中文版 Photoshop 2024 完全案例教程（微课视频版）

Part 3　制作角标

步骤 01 选择工具箱中的"矩形工具"，在选项栏中设置"绘制模式"为"形状"，圆角的半径为60像素，在黄色边框左下角位置按住Shift键的同时按住鼠标左键绘制一个正圆角矩形。绘制完成后在选项栏中设置"填充"为黄色，"描边"为无，如图18-267所示。

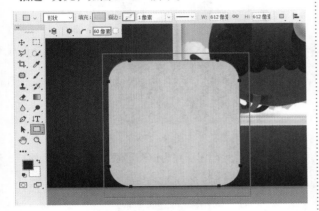

图 18-267

步骤 02 此时绘制的图形边缘有多余出来的部分，需要将其隐藏。选择黄色圆角矩形图层，按住Ctrl键的同时单击该图层的缩览图载入选区，如图18-268所示。

步骤 03 在当前选区状态下选择黄色圆角矩形图层，为该图层添加图层蒙版，将不需要的部分隐藏。画面效果如图18-269所示。

图 18-268　　　　　　图 18-269

步骤 04 为该图形添加图层样式，增加立体效果。选择该图层，执行"图层→图层样式→投影"菜单命令，在弹出的"图层样式"窗口中设置"混合模式"为"正常"，"颜色"为黑色，"不透明度"为30%，"角度"为180度，"距离"为20像素，"扩展"为0%，"大小"为30像素，如图18-270所示。效果如图18-271所示。

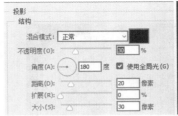 

图 18-270　　　　　　图 18-271

步骤 05 启用"图层样式"中的"内发光"图层样式，设置"混合模式"为"滤色"，"不透明度"为50%，"杂色"为0%，"颜色"为白色，"源"为"边缘"，"大小"为15像素，单击"确定"按钮完成操作，如图18-272所示。效果如图18-273所示。

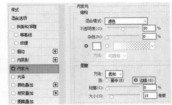 

图 18-272　　　　　　图 18-273

步骤 06 选择工具箱中的"矩形工具"，在选项栏中设置"绘制模式"为"形状"，圆角的半径为90像素，在黄色圆角矩形上方按住Shift键的同时按住鼠标左键绘制一个正圆角矩形。绘制完成后在选项栏中设置"填充"为白色到透明再到白色的渐变，"描边"为无，如图18-274所示。

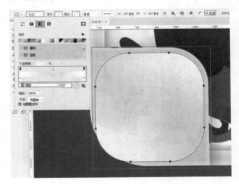

图 18-274

步骤 07 在"属性"面板中单击"将角半径值链接在一起"按钮，取消角半径值的链接，设置"左上角半径"和"右下角半径"均为0像素，"左下角半径"为150像素，"右上角半径"为90像素，如图18-275所示。效果如图18-276所示。

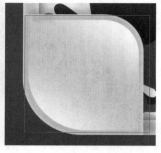

图 18-275　　　　　　图 18-276

步骤 08 单击工具箱中的"钢笔工具"按钮，在选项栏中设置"绘制模式"为形状，在渐变圆角矩形上方绘制图形。绘制完成后在选项栏中设置"填充"为白色渐变，"描边"为无，如图18-277所示。

图 18-277

步骤 09 按住Ctrl键依次加选制作图标的图层，然后使用快捷键Ctrl+G进行编组。此时游戏App图标的主体部分制作完成。效果如图18-278所示。

图 18-278

步骤 10 制作图标部分的倒影。选择图层组，使用快捷键Ctrl+Alt+E进行盖印。然后使用快捷键Ctrl+T调出定界框，右击执行"垂直翻转"命令将图层垂直翻转，并向下移动至两个图层底部相吻合，如图18-279所示。按Enter键完成操作。

图 18-279

步骤 11 选择盖印图层并为该图层添加图层蒙版，然后选择工具箱中的"画笔工具"，在选项栏中设置大小合适的柔边圆画笔，设置前景色为黑色，设置完成后在倒影位置涂抹，图层蒙版效果如图18-280所示。画面效果如图18-281所示。

图 18-280　　　　　　图 18-281

步骤 12 选择倒影图层并设置"不透明度"为80%，效果如图18-282所示。此时手机游戏App图标制作完成。

图 18-282

18.6 实例：青春感网店首页设计

文件路径	第18章\青春感网店首页设计
技术掌握	混合模式、图层样式、不透明度、自由变换、钢笔工具、剪贴蒙版

扫一扫，看视频

实例说明：

本实例的网页主要由大量的矢量元素以及位图元素构成，矢量元素使用了钢笔工具、形状工具等进行制作。网页首屏的宣传图使用了大量的位图进行搭建。进行此类网页页面的设计制作时，要注意由于页面元素较多，在制作不同区域时，可以分别创建图层组，并将图层摆放在各自的图层组中，以便于管理。

实例效果：

实例效果如图18-283和图18-284所示。

图 18-283

图 18-284

操作步骤：

Part 1 制作网店页面背景

步骤 01 执行"文件→新建"菜单命令，创建一个空白文档，如图18-285所示。

步骤 02 为背景填充颜色。单击工具箱底部的"前景色"按钮，在弹出的"拾色器（前景色）"窗口中设置"颜色"为青色，然后单击"确定"按钮。在"图层"面板中选择背景图层，使用快捷键Alt+Delete进行填充，效果如图18-286所示。在"图层"面板中按住Alt键并双击背景图层，将其转变为普通图层。

图 18-285   图 18-286

步骤 03 创建一个新图层，选择工具箱中的"画笔工具"，在选项栏中单击打开"画笔预设选取器"，在下拉面板中选择一个"柔边圆"画笔，设置"画笔大小"为1500像素，"硬度"为49%，如图18-287所示。设置前景色为稍浅一些的颜色，选择刚创建的空白图层，在画面上方位置按住鼠标左键并拖曳绘制，如图18-288所示。

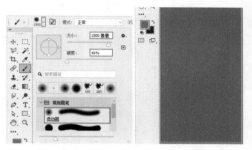

图 18-287   图 18-288

步骤 04 调整画笔大小，继续使用同样的方法在画面的下方位置进行绘制，如图18-289所示。

图 18-289

Part 2　制作店招

步骤 01 单击工具箱中的"矩形工具"，在选项栏中设置"绘制模式"为"形状"，在画面上方按住鼠标左键拖曳绘制出一个矩形。绘制完成后在选项栏中设置"填充"为黄色，"描边"为无，如图18-290所示。继续使用同样的方法在黄色矩形上方绘制浅蓝色矩形，如图18-291所示。

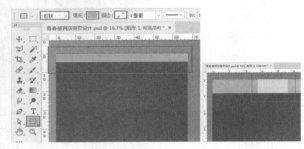

图 18-290　　　　　　图 18-291

步骤 02 选中浅蓝色矩形，执行"编辑→变换→斜切"菜单命令调出定界框，将光标定位在上方控制点上，按住鼠标左键将其向右拖曳，如图18-292所示。图形调整完毕之后按Enter键结束变换。

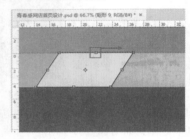

图 18-292

步骤 03 单击工具箱中的"横排文字工具"，在选项栏中设置合适的字体、字号，文字颜色设置为青色，设置完毕后在画面中合适的位置单击建立输入文字的起始点，接着输入文字，文字输入完毕后按快捷键Ctrl+Enter完成文字输入，如图18-293所示。

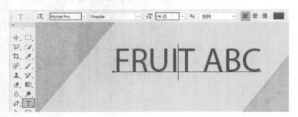

图 18-293

步骤 04 使用前面的方法，在文字上方制作一个粉色四边形，如图18-294所示。

步骤 05 在"图层"面板中选中粉色四边形图层，使用快捷键Ctrl+J复制出一个相同的图层，然后将其向右拖曳，如图18-295所示。

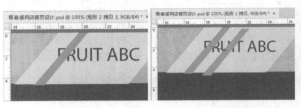

图 18-294　　　　　　图 18-295

步骤 06 选中复制出的四边形，单击工具箱中的任意形状工具，在选项栏中设置"填充"为黄色，如图18-296所示。

图 18-296

步骤 07 继续使用同样的方法制作出绿色四边形，将其摆放在合适的位置，如图18-297所示。

图 18-297

步骤 08 在"图层"面板中按住Ctrl键依次单击加选刚制作的3个四边形图层，右击执行"创建剪贴蒙版"命令，如图18-298所示。画面效果如图18-299所示。

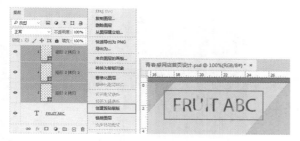

图 18-298   图 18-299

步骤 09 单击工具箱中的"矩形工具"，在选项栏中设置"绘制模式"为"形状"，在文字下方按住鼠标左键拖曳绘制出一个矩形。绘制完成后在选项栏中设置"填充"为黑色，"描边"为无，如图 18-300 所示。

图 18-300

步骤 10 使用"横排文字工具"在黑色矩形上方输入文字，如图 18-301 所示。

图 18-301

Part 3   制作导航栏

步骤 01 使用制作黑色矩形的方法在画面中合适的位置制作长条白色矩形，如图 18-302 所示。

扫一扫，看视频

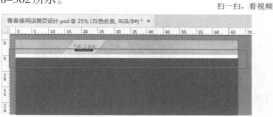

图 18-302

步骤 02 单击工具箱中的"钢笔工具"，在选项栏中设置"绘制模式"为"形状"，在白色矩形下方绘制一段直线。绘制完成后在选项栏中设置"填充"为无，"描边"为浅蓝色，"描边粗细"为 4 点，如图 18-303 所示。

图 18-303

步骤 03 单击工具箱中的"横排文字工具"，在选项栏中设置合适的字体、字号，文字颜色设置为黑色，设置完毕后在白色矩形上方单击建立输入文字的起始点，接着输入文字，文字输入完毕后按快捷键 Ctrl+Enter 完成文字输入，如图 18-304 所示。继续使用同样的方法输入后方文字，如图 18-305 所示。

图 18-304

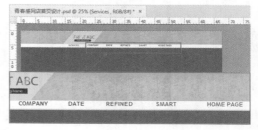

图 18-305

步骤 04 单击工具箱中的"钢笔工具"，在选项栏中设置"绘制模式"为"形状"，在画面中合适的位置绘制一段直线。绘制完成后在选项栏中设置"填充"为无，"描边"为黑色，"描边粗细"为 1 点，如图 18-306 所示。

图 18-306

步骤 05 在"图层"面板中选择竖线图层，使用快捷键 Ctrl+J复制出一个相同的图层，然后按住Shift键的同时按住鼠标左键将其向右拖曳，进行水平移动的操作，如图18-307所示。

步骤 06 继续使用同样的方法制作后方其他竖线，如图18-308所示。

图 18-307　　　　　　图 18-308

Part 4　制作首页广告

扫一扫，看视频

步骤 01 执行"文件→置入嵌入对象"菜单命令，将水花素材1.png置入画面，调整其大小及位置，如图18-309所示。

图 18-309

步骤 02 按Enter键完成置入。在"图层"面板中右击该图层，在弹出的菜单中执行"栅格化图层"命令。在"图层"面板中选中水花素材，设置面板中的"混合模式"为"划分"，效果如图18-310所示。

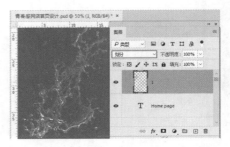

图 18-310

步骤 03 在"图层"面板中选中水花素材图层，使用快捷键Ctrl+J复制出一个相同的图层，然后将其向右移动，如图18-311所示。

步骤 04 执行"编辑→变换→水平翻转"菜单命令，将复制出的水花素材翻转，效果如图18-312所示。

图 18-311　　　　　　图 18-312

步骤 05 向水花中间位置置入水泡素材，调整其大小并进行栅格化，如图18-313所示。

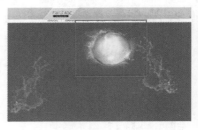

图 18-313

步骤 06 在"图层"面板中选中水泡素材，设置面板中的"混合模式"为"滤色"，画面效果如图18-314所示。

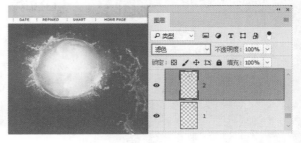

图 18-314

中文版Photoshop 2024完全案例教程（微课视频版）

步骤 07 继续向画面中合适的位置置入棕榈叶素材，调整其大小并进行栅格化，如图18-315所示。

步骤 08 在"图层"面板中选中棕榈叶素材，使用快捷键Ctrl+J复制出一个相同的图层，然后将其向左下方移动，如图18-316所示。

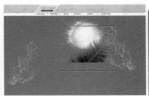 

图 18-315　　　　　　图 18-316

步骤 09 选中复制出的棕榈叶素材，执行"编辑→变换→水平翻转"菜单命令将其翻转，效果如图18-317所示。

步骤 10 使用快捷键Ctrl+T调出定界框，将其放大一些，如图18-318所示。按Enter键结束变换。

图 18-317　　　　　　图 18-318

步骤 11 继续使用同样的方法将第3个棕榈叶制作出来，摆放在合适的位置，如图18-319所示。

步骤 12 向棕榈叶上方置入黄辣椒素材，调整其大小并进行栅格化，图18-320所示。

图 18-319　　　　　　图 18-320

步骤 13 在"图层"面板中选中黄辣椒图层，执行"图层→图层样式→投影"菜单命令，在"图层样式"窗口中设置"混合模式"为"正片叠底"，"颜色"为黑色，"不透明度"为72%，"角度"为152度，"距离"为5像素，"大小"为38像素，参数设置如图18-321所示。设置完成后单击"确定"按钮，效果如图18-322所示。

图 18-321　　　　　　图 18-322

步骤 14 在"图层"面板中选中黄辣椒图层，使用快捷键Ctrl+J复制出一个相同的图层，然后将其移动到右侧，执行"编辑→变换→水平翻转"菜单命令将其翻转，接着使用快捷键Ctrl+T调出定界框，将其旋转和缩放，如图18-323所示。按Enter键结束变换，效果如图18-324所示。

图 18-323　　　　　　图 18-324

步骤 15 继续使用同样的方法将前方黄辣椒制作出来并摆放在合适的位置，保留投影效果，如图18-325所示。

步骤 16 继续向画面中合适的位置置入叶子及花朵素材，调整其大小并进行栅格化，如图18-326所示。

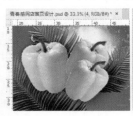 

图 18-325　　　　　　图 18-326

步骤 17 在"图层"面板中选中叶子图层，执行"图层→图层样式→投影"菜单命令，在"图层样式"窗口中设置"混合模式"为"正片叠底"，"颜色"为黑色，"不透明度"为42%，"角度"为152度，"距离"为28像素，"大小"为54像素，参数设置如图18-327所示。设置完成后单击"确定"按钮，效果如图18-328所示。

图 18-327　　　　　　　图 18-328

步骤 18 提高叶子的亮度。执行"图层→新建调整图层→曲线"菜单命令，在弹出的"新建图层"窗口中单击"确定"按钮。接着在"属性"面板中的曲线中间调位置单击添加控制点，然后将其向左上方拖曳提高画面的亮度，单击 ▪□ 按钮使调色效果只针对下方图层，如图 18-329 所示。画面效果如图 18-330 所示。

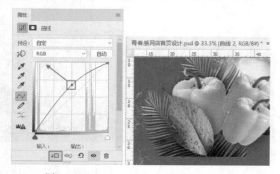

图 18-329　　　　　　　图 18-330

步骤 19 在"图层"面板中选中叶子图层，使用快捷键 Ctrl+J 复制出一个相同的图层，如图 18-331 所示。

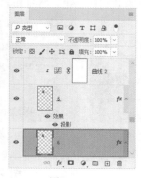

图 18-331

步骤 20 选择无"曲线"效果的叶子图层，将其移动至黄辣椒图层的下方，然后回到画面中将其移动到右侧，接着使用快捷键 Ctrl+T 调出定界框，将其旋转至合适的角度，如图 18-332 所示。按 Enter 键结束变换。

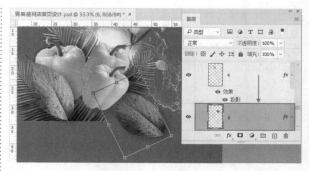

图 18-332

步骤 21 在选中右侧叶子的状态下执行"编辑→变换→水平翻转"命令将其翻转，并移动至合适的位置，效果如图 18-333 所示。

步骤 22 向画面中合适的位置置入花瓣素材，调整其大小并进行栅格化，如图 18-334 所示。

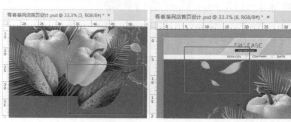

图 18-333　　　　　　　图 18-334

步骤 23 将花瓣素材复制两份并移动到下方合适的位置，如图 18-335 所示。

步骤 24 向画面中合适的位置置入橙子素材，调整其大小并进行栅格化，如图 18-336 所示。

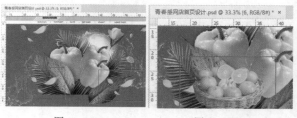

图 18-335　　　　　　　图 18-336

步骤 25 在"图层"面板中选中橙子图层，使用快捷键 Ctrl+J 复制出一个相同的图层，然后将其移动到左下方，效果如图 18-337 所示。

步骤 26 向画面中合适的位置置入人物素材并调整其大小，如图 18-338 所示。

中文版 Photoshop 2024 完全案例教程（微课视频版）

图 18-337　　　　　　图 18-338

步骤 27 对人物素材调色，执行"图层→新建调整图层→曲线"菜单命令，在弹出的"新建图层"窗口中单击"确定"按钮。接着在"属性"面板的曲线中间调位置单击添加控制点，然后将其向左上方拖曳提高画面的亮度；在曲线阴影的位置单击添加控制点，然后将其向左上方拖曳一点，单击 按钮使调色效果只针对下方图层，如图 18-339 所示。画面效果如图 18-340 所示。

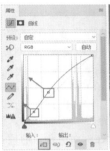

图 18-339　　　　　　图 18-340

步骤 28 制作飘带。单击工具箱中的"钢笔工具"按钮，在选项栏中设置"绘制模式"为"形状"，在画面中合适的位置单击绘制四边形。绘制完成后在选项栏中设置"填充"为黄色，"描边"为无，如图 18-341 所示。

图 18-341

步骤 29 选中四边形，接着执行"编辑→变换→变形"命令调出定界框，按住控制杆向下拖曳调整四边形形状，如图 18-342 所示。按Enter键结束变换。

步骤 30 继续使用同样的方法将左侧暗黄色四边形绘制出来，如图 18-343 所示。

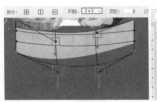

图 18-342　　　　　　图 18-343

步骤 31 在"图层"面板中将暗黄色四边形图层移动至黄色变形四边形图层下方，画面效果如图 18-344 所示。

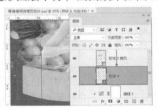

图 18-344

步骤 32 继续使用同样的方法将飘带的其他部分制作完成，如图 18-345 所示。

步骤 33 再次向画面中合适的位置置入橙子素材，如图 18-346 所示。

图 18-345　　　　　　图 18-346

步骤 34 在"图层"面板中选中橙子图层，使用快捷键Ctrl+J复制出一个相同的图层，然后将其向右移动放置在合适的位置，如图 18-347 所示。

步骤 35 向画面中合适的位置依次置入柚子素材、柠檬素材及草莓素材，依次调整大小并栅格化，如图 18-348 所示。

图 18-347　　　　　　图 18-348

步骤 36 新建图层，将前景色设置为黑色，选择工具箱中的"画笔工具"，设置合适的笔尖大小，设置"不透明度"为50%，然后在水果底部绘制出阴影，然后将该图层移动到水果图层的下方，如图18-349所示。

图 18-349

步骤 37 制作路径文字。单击工具箱中的"钢笔工具"，在选项栏中设置"绘制模式"为"路径"，在黄色变形四边形上方沿着其边缘绘制一段路径，如图18-350所示。单击工具箱中的"横排文字工具"，在选项栏中设置合适的字体、字号，文字颜色设置为白色。设置完毕后在路径上方单击建立输入文字的起始点，接着输入文字，文字输入完毕后按快捷键Ctrl+Enter，如图18-351所示。

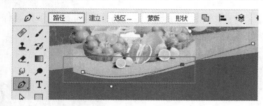

图 18-350

图 18-351

步骤 38 制作标题文字。继续使用工具箱中的"横排文字工具"在画面中添加文字，如图18-352所示。

图 18-352

步骤 39 在"图层"面板中选中刚制作的文字图层，接着使用快捷键Ctrl+T调出定界框将其旋转至合适的大小，如图18-353所示。按Enter键结束变换。

步骤 40 继续使用同样的方法输入下方小文字并将其旋转至合适的角度，如图18-354所示。

图 18-353　　　　　图 18-354

Part 5　制作产品模块

扫一扫，看视频

步骤 01 制作虚线装饰。单击工具箱中的"钢笔工具"，在选项栏中设置"绘制模式"为"形状"，"填充"为无，"描边"为白色，"描边粗细"为4点，在"描边类型"下拉面板中选择合适的虚线，单击"更多选项"按钮，在弹出的"描边"窗口中设置"虚线"为7，"间隙"为7。设置完成后单击"确定"按钮，然后在画面中合适的位置绘制一段虚线，如图18-355所示。

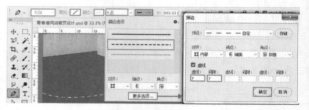

图 18-355

步骤 02 在"图层"面板中选中虚线图层，使用快捷键Ctrl+J复制出一个相同的图层，然后将其向上移动，效果如图18-356所示。

步骤 03 继续使用同样的方法将画面中其他虚线绘制出来，放置在合适的位置，如图18-357所示。

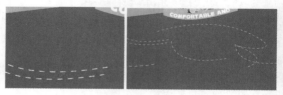

图 18-356　　　　　图 18-357

步骤 04 绘制箭头。单击工具箱中的"钢笔工具",在选项栏中设置"绘制模式"为"形状","填充"为无,"描边"为白色,"描边粗细"为5点,"描边类型"为直线。设置完成后在画面中合适的位置单击绘制折线作为箭头,如图18-358所示。

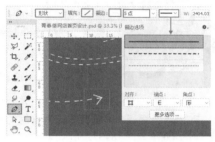

图 18-358

步骤 05 单击工具箱中的"矩形工具",在选项栏中设置"绘制模式"为"形状",在画面中合适的位置按住鼠标左键拖曳绘制出一个矩形。绘制完成后在选项栏中设置"填充"为白色,"描边"为无,如图18-359所示。

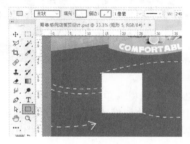

图 18-359

步骤 06 在"图层"面板中选中白色矩形图层,执行"图层→图层样式→投影"菜单命令,在"图层样式"窗口中设置"混合模式"为"正片叠底","颜色"为黑色,"不透明度"为75%,"角度"为152度,"距离"为5像素,"大小"为16像素,参数设置如图18-360所示。设置完成后单击"确定"按钮,效果如图18-361所示。

图 18-360

步骤 07 继续使用同样的方法绘制白色矩形上方的黑色

矩形,如图18-362所示。

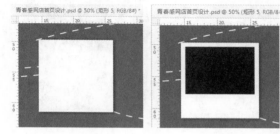

图 18-361　　　　　　　图 18-362

步骤 08 向矩形上方置入西瓜素材,如图18-363所示。接着执行"图层→创建剪贴蒙版"菜单命令,画面效果如图18-364所示。

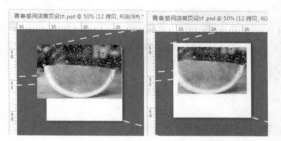

图 18-363　　　　　　　图 18-364

步骤 09 使用"横排文字工具"输入白色矩形上方的文字,如图18-365所示。

图 18-365

步骤 10 在"图层"面板中按住Ctrl键依次单击加选刚制作的两个矩形图层、文字图层及西瓜素材图层,然后使用快捷键Ctrl+G将加选图层编组并命名为1,如图18-366所示。在"图层"面板中选中1图层组,接着使用快捷键Ctrl+T调出定界框,将其旋转至合适的角度,如图18-367所示。按Enter键结束变换。

图 18-366　　　　　　　图 18-367

步骤 11 在"图层"面板中选中1图层组，将其复制一份并命名为2，回到画面中将其向右下方移动，如图18-368所示。

图 18-368

步骤 12 使用快捷键Ctrl+T调出定界框，将其旋转至合适的角度，如图18-369所示。按Enter键结束变换。

图 18-369

步骤 13 在"图层"面板2图层组中选中西瓜图层，按Delete键将此图层删除，然后置入橙子素材并旋转至合适的角度，如图18-370所示。

图 18-370

步骤 14 调整完毕后按Enter键结束变换。接着执

行"图层→创建剪贴蒙版"菜单命令，画面效果如图18-371所示。

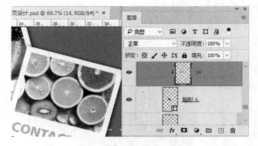

图 18-371

步骤 15 在"图层"面板2图层组中选中黑色文字图层，然后更改文字，效果如图18-372所示。

步骤 16 继续使用同样的方法将右侧两个模块制作出来，如图18-373所示。

图 18-372　　　　　　　图 18-373

步骤 17 制作标题栏。单击工具箱中的"钢笔工具"，在选项栏中设置"绘制模式"为"形状"，在画面中合适的位置绘制四边形。绘制完成后在选项栏中设置"填充"为黄色，"描边"为无，如图18-374所示。

图 18-374

步骤 18 单击工具箱中的"横排文字工具"，在选项栏中设置合适的字体、字号，文字颜色设置为白色，设置完毕后在黄色四边形上方单击建立输入文字的起始点，接着输入文字，按快捷键Ctrl+Enter完成文字输入，如图18-375所示。

中文版Photoshop 2024完全案例教程（微课视频版）

图 18-375

步骤 19 执行"编辑→变换→斜切"菜单命令调出定界框，将光标定位在右上方控制点上按住鼠标左键将其向上拖曳，如图 18-376 所示。按 Enter 键结束变换。

步骤 20 继续使用同样的方法将白色文字下方的小文字制作出来，如图 18-377 所示。

图 18-376　　　　　　　图 18-377

步骤 21 制作下方的产品模块。单击工具箱中的"矩形工具"，在选项栏中设置"绘制模式"为"形状"，在画面中合适的位置按住鼠标左键拖曳绘制出一个矩形。绘制完成后在选项栏中设置"填充"为白色，"描边"为无，如图 18-378 所示。

图 18-378

步骤 22 在白色矩形上方置入红色橙子素材，如图 18-379 所示。接着执行"图层→创建剪贴蒙版"菜单命令，画面效果如图 18-380 所示。

图 18-379　　　　　　　图 18-380

步骤 23 在红色橙子下方位置制作黄色矩形，如图 18-381 所示。

图 18-381

步骤 24 在"图层"面板中按住 Ctrl 键依次单击加选两个刚制作的矩形图层和红色橙子图层，将加选的图层复制一份并按住 Shift 键将其向右移动，画面效果如图 18-382 所示。

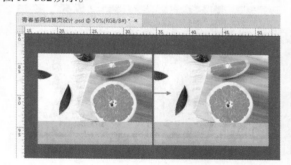

图 18-382

步骤 25 删除右侧红色橙子素材，然后向画面中合适的位置置入蓝莓素材并调整其大小，在"图层"面板中将蓝莓素材放置在右侧白色矩形图层的上方，接着执行"图层→创建剪贴蒙版"菜单命令，画面效果如图 18-383 所示。

图 18-383

步骤 26 使用"横排文字工具"在相应位置添加文字，

如图18-384所示。

图 18-384

步骤27 在选中"横排文字工具"的状态下选中文字中的数字，在选项栏中设置文字颜色为黄色，如图18-385所示。

图 18-385

步骤28 再次向画面中合适的位置置入棕榈叶素材，摆放在左侧，如图18-386所示。

图 18-386

步骤29 在"图层"面板中选中棕榈叶图层，执行"图层→图层样式→投影"菜单命令，在"图层样式"窗口中设置"混合模式"为"正片叠底"，"颜色"为黑色，"不透明度"为24%，"角度"为152度，"距离"为87像素，

"大小"为5像素，参数设置如图18-387所示。设置完成后单击"确定"按钮，效果如图18-388所示。

图 18-387　　　　　　　　图 18-388

步骤30 向画面右侧合适的位置置入冷饮素材并将其旋转至合适的角度，如图18-389所示。按Enter键结束变换。

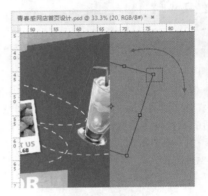

图 18-389

步骤31 在"图层"面板中选中冷饮图层，执行"图层→图层样式→投影"菜单命令，在"图层样式"窗口中设置"混合模式"为"正片叠底"，"颜色"为黑色，"不透明度"为10%，"角度"为152度，"距离"为44像素，"大小"为13像素，参数设置如图18-390所示。设置完成后单击"确定"按钮，效果如图18-391所示。

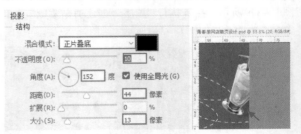

图 18-390　　　　　　　　图 18-391

步骤32 继续使用同样的方法将画面中其他素材置入进来，调整大小并放置在合适的位置，如图18-392所示。

中文版Photoshop 2024完全案例教程（微课视频版）

图 18-392

步骤 33 使用"横排文字工具"输入下方的白色文字，如图 18-393 所示。网页平面图制作完成，此时画面效果如图 18-394 所示。

图 18-393　　　　　　　图 18-394

Part 6　制作展示效果

步骤 01 使用快捷键 Ctrl+Alt+Shift+E 盖印当前画面效果，得到一个图层，如图 18-395 所示。

扫一扫，看视频

图 18-395

步骤 02 打开计算机背景素材。单击工具箱中的"矩形工具"，在选项栏中设置"绘制模式"为"形状"，在计算机屏幕上方按住鼠标左键拖曳绘制出一个与屏幕等大的矩形。绘制完成后在选项栏中设置"填充"为任意色，"描边"为无，如图 18-396 和图 18-397 所示。

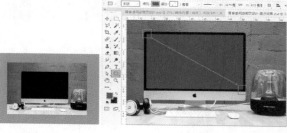

图 18-396　　　　　　　图 18-397

步骤 03 回到之前制作的网页文档中，在"图层"面板中选中盖印的图层，使用快捷键 Ctrl+C 复制图层，再次回到计算机背景素材文件中，使用快捷键 Ctrl+V 将此图层复制到计算机背景素材文档中。接着使用快捷键 Ctrl+T 调出定界框，按住 Shift 键的同时单击角点控制点并拖曳将其缩小，如图 18-398 所示。

图 18-398

步骤 04 调整完毕后按 Enter 键结束变换。接着执行"图层→创建剪贴蒙版"菜单命令，实例完成画面效果如图 18-399 所示。

图 18-399

18.7 实例：外景写真人像精修

文件路径	第18章\外景写真人像精修
技术掌握	双曲线磨皮法、Camera RAW、修补工具、曲线、可选颜色、图层蒙版

实例说明：

本实例是非常常见的人物外景写真照片的精修类项目。此类照片主要的工作可以分为两大方面：人物部分的美化以及环境部分的美化。对于人物部分的修饰基本包括皮肤美化、五官美化、身形美化、服饰美化几个部分；而环境部分的处理工作主要包括去除多余人和物、颜色调整、景物合成等。

实例效果：

实例对比效果如图18-400和图18-401所示。

图 18-400　　　　　　图 18-401

Part 1　人物部分的美化

步骤 01 执行"文件→打开"菜单命令，打开人像素材1.jpg，如图18-402所示。首先在"图层"面板中创建一个用于观察皮肤瑕疵问题的"观察组"图层，其中包括使图像变为黑白效果的图层（在黑白的画面中更容易看到皮肤明暗不均的问题），以及一个强化明暗反差的图层。执行"图层→新建调整图层→黑白"菜单命令，画面呈现出黑白效果，如图18-403所示。

图 18-402　　　　　　图 18-403

步骤 02 为了更清晰地观察到画面的明暗对比，执行"图层→新建调整图层→曲线"菜单命令，在曲线上单击添加两个控制点创建S形曲线，如图18-404所示。此时画面明暗对比更加强烈。将这两个图层放置在一个图层组中，命名为"观察组"，如图18-405所示。通过观察，此时面部皮肤上仍有较多明暗不均匀的情况，需要通过对偏暗的细节进行提亮的方式，使皮肤明暗变得更加均匀。观察完毕后，隐藏"观察组"对背景图层进行美化。

图 18-404　　　　　　图 18-405

步骤 03 使用曲线提亮人物面部。执行"图层→新建调整图层→曲线"菜单命令，在曲线上单击添加一个控制点并向左上角拖曳，提升画面亮度，如图18-406所示。在该调整图层蒙版中填充黑色，并使用白色的、透明度为10%左右的、较小的柔边圆画笔，在蒙版中人物的鼻骨、颧骨、下颚、法令纹及颈部位置按住鼠标左键进行涂抹，蒙版与画面效果如图18-407所示。

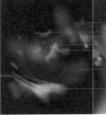

图 18-406　　　　　　图 18-407

中文版Photoshop 2024完全案例教程（微课视频版）

步骤 04 继续提亮颧骨及脸颊等。执行"图层→新建调整图层→曲线"菜单命令，在曲线上单击添加一个控制点并向左上角拖曳，如图18-408所示。设置前景色为黑色，使用快捷键Alt+Delete填充调整图层的图层蒙版。接着将前景色设置为白色，再次单击工具箱中的"画笔工具"，在选项栏中设置合适的画笔"大小"及"不透明度"，在人物面部涂抹，如图18-409所示。

图 18-408　　　　图 18-409

步骤 05 使用同样的方法继续新建一个提亮的曲线调整图层，如图18-410所示。将调整图层的图层蒙版填充为黑色，接着将前景色设置为白色，选择合适的画笔，在人物眼白、颧骨等位置涂抹，再次进行提亮，此时蒙版效果如图18-411所示。画面效果如图18-412所示。

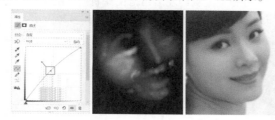

图 18-410　　　图 18-411　　　图 18-412

步骤 06 使用快捷键Ctrl+Alt+Shift+E进行盖印。接下来去除颈纹和胳膊处的褶皱。在工具箱中单击"修补工具"按钮，框选脖子上的颈纹，接着按住鼠标左键向下拖曳，如图18-413所示。拾取近处的皮肤，释放鼠标后颈纹消失，如图18-414所示。

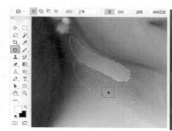

图 18-413　　　　图 18-414

步骤 07 再次选择"修补工具"，使用同样的方法去除其他区域的瑕疵，如图18-415所示。此时效果如图18-416所示。

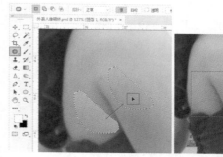

图 18-415　　　　图 18-416

步骤 08 使用"液化"滤镜调整人物形态。在菜单栏中执行"滤镜→液化"菜单命令，在弹出的"液化"窗口中单击"向前变形工具"按钮，设置画笔"大小"为100，接着将光标移动到左脸下方，按住鼠标左键由外自内进行拖曳，如图18-417所示。

图 18-417

步骤 09 此时面部变瘦。使用同样的方法调整腰部及胳膊，如图18-418所示。

图 18-418

步骤 10 新建一个"曲线"调整图层。将调整图层的图层蒙版填充为黑色，设置前景色为白色，单击"画笔工具"按钮，选择一个柔边圆画笔，设置合适的画笔大小和不透明度，接着在人物颧骨和脖子的位置涂抹，涂抹过的位置变亮，如图18-419所示。

图 18-419

步骤 11 再次新建一个"曲线"调整图层，在"属性"面板中的曲线上单击创建一个控制点，然后按住鼠标左键向左上角拖曳控制点，使画面变亮，如图18-420所示。将该调整图层的图层蒙版填充为黑色，单击工具箱中的"画笔工具"按钮，设置画笔"大小"为200，"不透明度"为100%，接着使用白色的柔边圆画笔在人物皮肤上涂抹，提亮肤色，画面效果如图18-421所示。蒙版效果如图18-422所示。

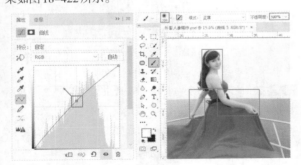

图 18-420　　　　　　　图 18-421

图 18-422

Part 2　环境部分的美化

扫一扫，看视频

步骤 01 去除水面上的建筑和船舶。单击工具箱中的"仿制图章工具"按钮，按住Alt键拾取附近的像素，然后按住鼠标左键进行涂抹，如图18-423所示。

步骤 02 涂抹水面上的船舶和右侧建筑，涂抹完成后的画面效果如图18-424所示。

图 18-423　　　　　　图 18-424

步骤 03 此时放大图像可以看出人物苹果肌和脖子的位置较暗，接下来进行提亮。再次新建一个"曲线"调整图层，在"属性"面板中的曲线上单击创建一个控制点，然后按住鼠标左键向左上角拖曳控制点，使画面变亮，如图18-425所示。此时画面效果如图18-426所示。

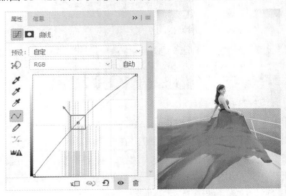

图 18-425　　　　　　图 18-426

步骤 04 调整裙摆色调。新建一个"曲线"调整图层，在"属性"面板中的曲线上单击创建两个控制点并向右下角拖曳，如图18-427所示。将调整图层的图层蒙版填充为黑色，单击工具箱中的"画笔工具"按钮，设置合适的画笔"大小"和"不透明度"，接着使用白色的柔边圆画笔在裙摆上方涂抹，显现调色效果，如图18-428所示。

图 18-433

图 18-427　　　　　　图 18-428

步骤 05 将水面调整为蓝色。执行"图层→新建调整图层→色彩平衡"菜单命令，接着在"属性"面板中设置"色调"为"中间调"，"青色—红色"为−32，"洋红—绿色"为+19，"黄色—蓝色"为+47，如图 18-429 所示。

步骤 06 在调整图层蒙版中使用黑色填充，并使用白色画笔涂抹海水区域，效果如图 18-430 所示。

图 18-429　　　　　　　　图 18-430

步骤 07 压暗远景水面。再次新建一个"曲线"调整图层。在曲线上单击创建一个控制点，然后按住鼠标左键向右下角拖曳控制点，使画面变暗，如图 18-431 所示。设置通道为"蓝"，在"蓝"通道中创建一个控制点并向左上角拖曳，使画面倾向于蓝色，如图 18-432 所示。

步骤 09 制作天空部分。置入素材 2.jpg，并栅格化该图层，如图 18-434 所示。选择素材 2 图层，单击"图层"面板底部的"添加图层蒙版" ▢ 按钮。接着使用黑色柔边圆画笔涂抹遮挡住人物和海水的部分，如图 18-435 所示。

图 18-434　　　　　　图 18-435

步骤 10 再次创建一个"曲线"调整图层，在曲线上单击创建一个控制点，然后按住鼠标左键向左上角拖曳，使画面变亮，如图 18-436 所示。将该调整图层的图层蒙版填充为黑色，选择这个图层蒙版，使用白色的柔边圆画笔在远处天空底部位置涂抹，此时画面效果如图 18-437 所示。

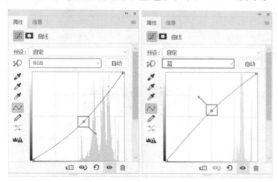

图 18-431　　　　　　图 18-432

步骤 08 在调整图层蒙版中使用黑色填充，并使用白色画笔涂抹远处水面位置，使水面分界线更加明显，效果如图 18-433 所示。

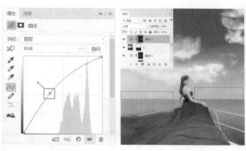

图 18-436　　　　　　图 18-437

步骤 11 调整天空颜色。执行"图层→新建调整图层→色相/饱和度"菜单命令，得到调整图层。接着在"属性"面板中设置"色相"为−6，"饱和度"为−53，"明度"为+22，此时画面呈现偏灰效果，如图 18-438 所示。在"图层"面板中单击该调整图层的图层蒙版，将其填充为黑色，并使用白色柔边圆画笔涂抹天空区域，使天空受到该调整图层的影响，如图18-439所示。

图 18-438　　　　图 18-439

步骤 12 再次新建一个"曲线"调整图层，在曲线上单击添加两个控制点，并调整曲线形态，增强画面对比度，如图18-440所示。将该调整图层的图层蒙版填充为黑色，然后将前景色设置为白色，单击工具箱中的"画笔工具"按钮，选择合适的柔边圆画笔，然后在该调整图层蒙版中使用画笔涂抹裙摆位置，涂抹完成后的效果如图18-441所示。

图 18-440　　　　图 18-441

步骤 13 可以看出右侧地面偏红，再次执行"图层→新建调整图层→色相/饱和度"菜单命令，得到调整图层。接着在"属性"面板中设置"饱和度"为-27，如图18-442所示。此时画面效果如图18-443所示。

图 18-442　　　　图 18-443

步骤 14 将"色相/饱和度"调整图层的图层蒙版填充为黑色，使用白色柔边圆画笔涂抹地面，效果如图18-444所示。

图 18-444

步骤 15 使用快捷键Ctrl+Alt+Shift+E盖印当前画面效果为一个独立图层。选中该图层，执行"滤镜→Camera Raw"菜单命令，展开"基本"选项组，设置"黑色"为+18，将画面中暗部区域变亮一些；展开"细节"选项组，设置"锐化"为100，"半径"为0.5，"细节"为25，"减少杂色"为20，"细节"为40，使画面锐度提升；展开"效果"选项组，设置"晕影"为-70，"中点"为50，"羽化"为50，此时画面四周出现暗角效果，画面主体人物显得更加突出。（注意此处的数值设置与图像尺寸有关，所以处理不同尺寸的图像时，需要注意根据实际情况设置数值。）单击右下角的"确定"按钮完成操作，如图18-445所示。此时画面效果如图18-446所示。

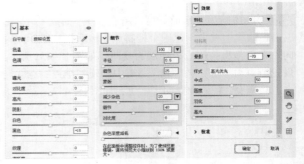

图 18-445

图 18-446

18.8 实例：魔幻风格创意人像

文件路径	第18章\魔幻风格创意人像
技术掌握	Camera Raw滤镜、图层蒙版、曲线、色相/饱和度、曝光度

实例说明：

本实例以人物为主体，结合大量素材的使用，营造出一种魔幻的视觉效果。虽然实例效果看起来比较复杂，但实际上只要把握住基本的操作流程即可。首先需要对人物本身进行处理，由于本实例人物肌肤五官问题不大，所以人像基础处理部分可以忽略。在此基础上需要对颜色倾向进行调整，使之呈现出较为统一且明确的金色。然后对人物造型进行进一步强化，如添加配饰，强化妆面效果等。接下来开始背景部分的制作，背景部分虽然看起来复杂，但实际上是由4种素材多次重复拼接摆放而成。最后是对服装部分的合成，主要使用了带有合适线条感的素材在原始服装上进行叠加而成的。

实例效果：

实例对比效果如图18-447和图18-448所示。

图 18-447　　　　图 18-448

操作步骤：

Part 1 人物处理

步骤 01 执行"文件→打开"菜单命令，将人物素材1.jpg打开。人物整体锐度相对较低，首先需要处理一下这个问题。选择背景图层，使用快捷键Ctrl+J将其复制一份。首先将人物照片的清晰度增强一些，选择复制得到的背景图层，执行"滤镜→Camera Raw滤镜"菜单命令，在弹出的Camera Raw 15.0窗口中展开"基本"选项组，设置

（扫一扫，看视频）

"清晰度"为+42；展开"细节"选项组，设置"锐化"为42，"半径"为1.0，"细节"为25。随着锐度的增加，画面中噪点也出现了很多，所以将"减少杂色"设置为49，"细节"设置为50，设置完成后单击"确定"按钮完成操作，如图18-449所示。效果如图18-450所示。

图 18-449　　　　　　　　图 18-450

步骤 02 更改人物的唇色。在"图层"面板顶部创建一个"色相/饱和度"调整图层，在弹出的"属性"面板中的"预设"选项栏中选择"全图"，设置"色相"为-30，如图18-451所示。

图 18-451

步骤 03 选择该调整图层的图层蒙版，将其填充为黑色，然后使用大小合适的柔边圆画笔，设置前景色为白色，设置完成后在图层蒙版中人物嘴唇部分涂抹更改颜色，图层蒙版效果如图18-452所示。画面效果如图18-453所示。

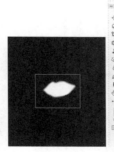 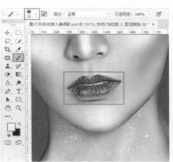

图 18-452　　　　　　　图 18-453

步骤 04 为人物制作鹿角。执行"文件→置入嵌入对象"菜单命令，在窗口中选择素材2.png，然后单击"置入"按钮将素材置入画面，调整大小后放在人物左边位置，效果如图18-454所示。

图 18-454

步骤 05 鹿角的清晰度较低，与人物部分不符。选择置入的鹿角图层，执行"滤镜→Camera Raw滤镜"菜单命令，在弹出的Camera Raw 15.0窗口中展开"基本"选项组，设置"清晰度"为+68；展开"细节"选项组，设置"锐化"为66，"半径"为1.0，"细节"为25，如图18-455所示。设置完成后单击"确定"按钮完成操作，效果如图18-456所示。

图 18-455　　　　　　　图 18-456

步骤 06 选择操作完成的鹿角图层，使用快捷键Ctrl+J将其复制一份。然后选择复制得到的鹿角图层，使用快捷键Ctrl+T调出定界框，右击执行"水平翻转"命令，将鹿角进行水平翻转，并将其移动至人物右边位置，如图18-457所示。按Enter键完成操作。按住Ctrl键依次加选两个鹿角图层，将其编组命名为"鹿角"。

图 18-457

步骤 07 此时两个鹿角的颜色偏暗，需要提高亮度。在鹿角图层组上方位置创建一个"曲线"调整图层，在弹出的"属性"面板中对曲线进行调整，操作完成后单击面板底部的"此调整剪切到图层"按钮，使调整效果只针对下方图层组，如图18-458所示。效果如图18-459所示。

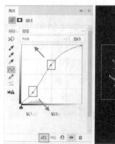 

图 18-458　　　　　　　图 18-459

步骤 08 鹿角的颜色饱和度偏低，需要适当地提高饱和度。在"曲线"调整图层上方创建一个"自然饱和度"调整图层，在弹出的"属性"面板中设置"自然饱和度"为+100，"饱和度"为+15，设置完成后单击面板底部的"此调整剪切到此图层"按钮，使调整效果只针对下方图层组，如图18-460所示。效果如图18-461所示。接着使用快捷键Ctrl+Shift+Alt+E将之前操作的图层盖印，使效果合并为一个图层。

图 18-460　　　　　　　图 18-461

Part 2　制作背景

步骤 01 制作人物的背景及周边的元素。最终效果中背景虽然看起来复杂，但是通过仔细观察可以看到人物周围其实只有几类素材：带有一些发光感的云朵（来自素材3.jpg）、四周的粒子（来自素材4.jpg）、金属质感的羽毛（来自素材5.jpg）。但是在不同的位置摆放的效果却不相同，如图18-462所示。

扫一扫，看视频

图 18-462

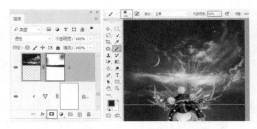

图 18-466　　　　　图 18-467

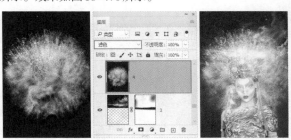

图 18-468　　　　图 18-469　　　　图 18-470

图 18-471　　　　　图 18-472

> 提示：素材的使用
>
> 　　实际上背景部分是通过在已有素材中提取不同的部分，并经过多次复制、变形、堆叠摆放得到的。主要应用到图层的自由变换以及使用图层蒙版隐藏多余部分等基础操作。应用技术较为简单，但是相对比较耗时。所以，在制作过程中可以根据实际情况多次复制相应元素进行摆放，无须与最终效果一模一样。

步骤 02 置入带有发光感的云朵素材3.jpg，这个素材主要通过多次复制、变形摆放在人物周边，用来渲染环境效果。调整大小后放在人物头顶位置并将图层栅格化，如图18-463所示。选择该素材图层，设置"混合模式"为"滤色"，让素材与画面整体更好地融为一体，如图18-464所示。效果如图18-465所示。

步骤 03 此时置入的素材边界比较清晰，需要进一步处理。选择该素材图层，为该图层添加图层蒙版。然后使用大小合适的半透明柔边圆画笔，设置前景色为黑色，设置完成后在画面中涂抹，使素材与画面整体较好地融为一体，如图18-466所示。效果如图18-467所示。

步骤 04 置入带有放射状粒子的素材4.jpg，调整大小后放在画面中间并将图层栅格化，如图18-468所示。选择该素材图层，设置"混合模式"为"滤色"，如图18-469所示。效果如图18-470所示。

步骤 05 置入的素材将人物的脸部遮挡住了，这时需要将人物的脸部显示出来。选择该素材图层，为该图层添加图层蒙版，然后使用大小合适的半透明柔边圆画笔，设置前景色为黑色，设置完成后在人物脸部涂抹将其显示出来，如图18-471所示。效果如图18-472所示。

步骤 06 继续置入素材5.jpg，调整大小后放在画面中间并将图层栅格化。该素材将作为人物头饰的底层，如图18-473所示。此时素材将人物遮挡且有不需要的部分，需要进一步处理。选择该图层并为该图层添加图层蒙版，然后使用大小合适的柔边圆画笔设置前景色为黑色，设置完成后在画面中涂抹，将不需要的部分隐藏，

将人物显示出来，如图18-474所示。效果如图18-475所示。（由于是作为底层，为了表现空间感，所以该素材可以适当模糊一些。）

图 18-473　　　　图 18-474

图 18-475

步骤 07 将该素材图层复制一份，然后选择复制得到的图层，选择该图层的图层蒙版，使用大小合适的柔边圆画笔对素材进一步涂抹，让画面效果更加丰富，如图18-476所示。效果如图18-477所示。

图 18-476　　　　　　图 18-477

步骤 08 复制得到的素材颜色偏暗，需要提高亮度。在复制得到的素材图层上方创建一个"曲线"调整图层，在弹出的"属性"面板中对曲线进行调整，操作完成后单击面板底部的"此调整剪切到此图层"按钮，使调整效果只针对下方图层，如图18-478所示。效果如图18-479所示。

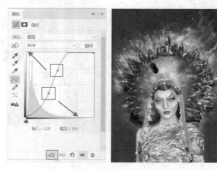

图 18-478　　　　图 18-479

步骤 09 再次置入素材5.jpg，放大到更大的比例，并将图层栅格化，如图18-480所示。接着选择该图层并为其添加图层蒙版，将图层蒙版填充为黑色。然后使用大小合适的半透明柔边圆画笔，设置前景色为白色，设置完成后在画面中涂抹，如图18-481所示。效果如图18-482所示。

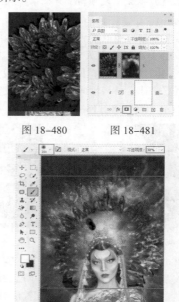

图 18-480　　　　图 18-481

图 18-482

步骤 10 制作金属羽毛。置入素材6.jpg，并将其栅格化。单击工具箱中的"钢笔工具"按钮，在选项栏中设置"绘制模式"为"路径"，接着在素材中绘制出部分羽毛的路径，然后单击选项栏中的"选区"按钮，将绘制的路径转换为选区，如图18-483所示。接着使用快捷键Ctrl+J将选区内的图形复制一份形成一个单独的图层，并将置入的素材6图层隐藏，如图18-484所示。后续操作中需要多次从该素材中提取羽毛，并经过多次复制、变形、擦除以及颜色调整等操作来制作出人物头部周围的羽毛装饰。

图 18-483　　　　　　　图 18-484

步骤 11 选择复制的羽毛图层，使用快捷键Ctrl+T调出定界框，将光标放在定界框外，按住Shift键的同时按住鼠标左键进行等比例缩放，并将图形移动至人物左肩膀位置，按Enter键完成操作，如图18-485所示。

图 18-485

步骤 12 选择该素材图层，设置"混合模式"为"明度"，接着为该图层添加图层蒙版，然后使用大小合适的柔边圆画笔，设置前景色为白色，设置完成后在素材位置涂抹，将不需要的部分隐藏，如图18-486所示。效果如图18-487所示。

图 18-486　　　　　　　图 18-487

步骤 13 将羽毛图层复制并适当旋转，摆放在右侧。创建一个"曲线"调整图层，在弹出的"属性"面板中首先对全图进行调整，将曲线向左上角拖曳，如图18-488所示。接着选择"红"通道对曲线进行调整，操作完成后单击面板底部的"此调整剪切到此图层"按钮，使调整效果只针对下方图层，如图18-489所示。画面效果如图18-490所示。

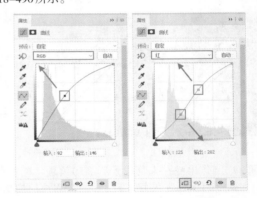

图 18-488　　　　　　　图 18-489

图 18-490

步骤 14 继续复制并进行颜色调整，如图18-491所示。效果如图18-492所示。

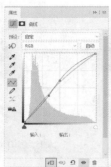

图 18-491　　　　　　图 18-492

步骤 15 通过复制得到多个金属羽毛图层，并通过旋转、缩放等操作将素材摆放在合适位置。借助图层蒙版隐藏多余部分，以丰富画面效果。如需调整金属羽毛的颜色，可以借助调整图层，效果如图 18-493 所示。

步骤 16 按住Ctrl键依次加选各个羽毛图层，将其编组命名为"金属羽毛"，如图 18-494 所示。

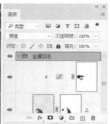

图 18-493　　　　　　图 18-494

步骤 17 制作出蛇在人物脖子后面的效果。置入素材7.jpg，调整大小后放在画面下方位置并将图层栅格化，如图 18-495 所示。选择该素材图层，为该图层添加图层蒙版，使用黑色画笔进行涂抹，将不需要的部分隐藏。画面效果如图 18-496 所示。

图 18-495　　　　　　图 18-496

步骤 18 在该素材上方位置创建一个"曲线"调整图层，

调整曲线形态，增强对比度，并使调整效果只针对下方调整图层，如图 18-497 所示。效果如图 18-498 所示。按住Ctrl键依次加选素材8图层和相对应的曲线调整图层，将其编组命名为"蛇"。

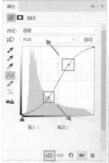

图 18-497　　　　　　图 18-498

步骤 19 继续为画面添加光效。置入素材3.jpg，调整大小后放在画面右边并栅格化，效果如图 18-499 所示。选择该素材图层，设置"混合模式"为"滤色"，并通过图层蒙版隐藏多余部分，如图 18-500 所示。效果如图 18-501 所示。

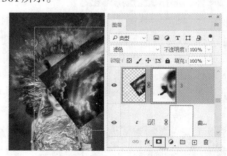

图 18-499　　　　　　图 18-500

图 18-501

步骤 20 在光影效果上方再次添加金属羽毛以及光效

元素，并配合图层蒙版隐藏多余部分，如图18-502和图18-503所示。

图 18-502　　　　　图 18-503

步骤 21 此时人物的头饰部分制作完成，需要将人物头部原有的装饰和鹿角显示出来。选择盖印图层，单击工具箱中的"快速选择工具"按钮，在选项栏中单击"添加到选区"按钮，设置大小合适的笔尖，设置完成后将人物头部的装饰和鹿角的选区绘制出来，如图18-504所示。在当前选区状态下，使用快捷键Ctrl+J将其单独复制出来，形成一个新图层并将该图层移动至"图层"面板最上方位置，如图18-505所示。

图 18-504　　　　　　　图 18-505

步骤 22 选择该复制图层为其添加图层蒙版，然后使用大小合适的柔边圆画笔，设置前景色为黑色，设置完成后在人物额头位置涂抹，将不需要的部分隐藏，如图18-506所示。效果如图18-507所示。

图 18-506　　　　图 18-507

步骤 23 此时复制的鹿角头饰部分偏暗，需要提高亮度。

在该复制图层上方位置创建一个"曲线"调整图层，在弹出的"属性"面板中对曲线进行调整，操作完成后单击面板底部的"此调整剪切到此图层"按钮，使调整效果只针对下方图层，如图18-508所示。效果如图18-509所示。

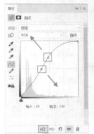 

图 18-508　　　　　图 18-509

步骤 24 此时人物头顶部的3个珠花过亮，需要适当地降低亮度。选择该"曲线"调整图层的图层蒙版，使用大小合适的半透明柔边圆画笔设置前景色为黑色，设置完成后在珠花位置涂抹，适当地降低亮度，如图18-510所示。效果如图18-511所示。

图 18-510　　　　　图 18-511

步骤 25 进一步丰富画面整体的光影效果。置入素材3.jpg，右击执行"顺时针旋转90度"命令，将素材顺时针旋转90度，如图18-512所示。

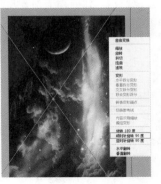

图 18-512

步骤 26 按Enter键完成操作，同时将该素材图层进行栅格化处理。选择该素材图层，设置图层"混合模式"为"滤色"，如图18-513所示。效果如图18-514所示。

图 18-513　　　　图 18-514

步骤 27 画面右侧光效过多，需要隐藏。选择该素材图层，为其添加图层蒙版，然后使用大小合适的半透明柔边圆画笔，设置前景色为黑色，设置完成后在人物右边位置涂抹并将其隐藏，如图18-515所示。效果如图18-516所示。

图 18-515　　　　图 18-516

步骤 28 创建一个"曲线"调整图层，在弹出的"属性"面板中对曲线进行调整，操作完成后单击面板底部的"此调整剪切到此图层"按钮，使调整效果只针对下方图层，如图18-517所示。此时画面对比度增强，效果如图18-518所示。

图 18-517　　　　图 18-518

步骤 29 使用同样的方法在人物头部位置继续添加光影效果。画面效果如图18-519所示。"图层"面板效果如图18-520所示。

图 18-519　　　　图 18-520

Part 3　合成人物服装

扫一扫，看视频

步骤 01 为人物的服装部分增添一些细节。置入素材9.jpg，调整大小后放在画面下方位置并将素材进行适当旋转，如图18-521所示。选择该素材图层，设置"混合模式"为"强光"，让素材与画面更好地融为一体，如图18-522所示。效果如图18-523所示。

图 18-521　　　图 18-522　　　图 18-523

步骤 02 此时素材有多余出来的部分，需要将其隐藏。选择该素材图层，为该图层添加图层蒙版。然后使用大小合适的半透明柔边圆画笔，设置前景色为黑色，设置完成后在素材位置涂抹，将不需要的部分隐藏，如图18-524所示。效果如图18-525所示。

图 18-524　　　　　图 18-525

步骤 03 再次置入素材9.jpg，使用同样的方法对人物衣服下方位置进行操作。"图层"面板效果如图18-526所示。画面效果如图18-527所示。

图 18-526   图 18-527

步骤 04 适当压暗画面下部。新建一个图层，然后使用大小合适的半透明柔边圆画笔设置前景色为黑色，设置完成后在画面下方位置涂抹绘制一些黑色的效果，如图18-528所示。

图 18-528

步骤 05 在新建图层上方位置创建一个"曲线"调整图层，在弹出的"属性"面板中将曲线向右下角拖曳，如图18-529所示。此时调整效果应用到整个画面，选择该"曲线"调整图层的图层蒙版，使用较大笔尖的柔边圆画笔，设置前景色为黑色，设置完成后在画面中间位置涂抹，将人物显示出来，如图18-530所示。

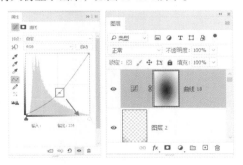

图 18-529   图 18-530

步骤 06 此时画面四周变暗，效果如图18-531所示。

步骤 07 为画面制作暗角效果。在"曲线"调整图层上方位置创建一个"曝光度"调整图层，在弹出的"属性"面板中设置"曝光度"为–20.00，"位移"为–0.3542，"灰度系数校正"为1.00，如图18-532所示。选择该调整图层的图层蒙版，使用较大笔尖的柔边圆画笔设置前景色为黑色，设置完成后在画面中涂抹，将该调整图层应用于画面四角处，如图18-533所示。最终效果如图18-534所示。

图 18-531   图 18-532

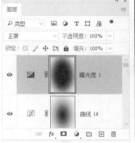

图 18-533   图 18-534